Inhalt

Wichtiger Hinweis:

Wir weisen nachdrücklich darauf hin, daß in der Bundesrepublik Deutschland bzw. bei einer deutschen Seefunkstelle nur solche Personen am Seefunkdienst teilnehmen dürfen, die ein von der Deutschen Bundespost ausgestelltes oder anerkannt gültiges Seefunkzeugnis besitzen. Dabei ist auch der ausschließliche Empfang von Seefunksendungen als Teilnahme am Seefunkdienst zu verstehen.

Die „Allgemeine Genehmigung für den Ton- und Fernseh-Rundfunkempfang" in der Bundesrepublik Deutschland berechtigt nur zum Rundfunkempfang. Der Empfang anderer Funkdienste ist ausschließlich den dazu besonders befugten Personen gestattet. Der vorsätzliche Empfang anderer Funkdienste ist verboten.

Wer unbeabsichtigt solche Aussendungen empfängt, darf Informationen über Inhalt und Umstände der Sendungen nicht an Dritte weitergeben. Wer gegen diese Bestimmungen des Fernmeldeanlagengesetzes (FAG) verstößt, macht sich strafbar. Bitte beachten Sie die gesetzlichen Bestimmungen, insbesondere das Fernmeldeanlagengesetz.

Länderverzeichnis

Karten:

Anwendung dieses Buches

Das vorliegende Buch stellt eine Ergänzung zu den verschiedenen amtlichen Seefunk-Dienstwerken und den anderen Nachschlagewerken und Publikationen zum Seefunkdienst dar. Die gesetzlichen Grundlagen und betrieblichen Vorschriften für den Seefunkdienst sind z.B. im „Handbuch Seefunk" ausführlich und verbindlich dargestellt. Jeder Seefunkoffizier ist verpflichtet, eine ganze Reihe von Dienstbehelfen an seiner Seefunkstelle bereitzuhalten.

Für Freizeitkapitäne, die auf einer Jacht in der Regel eine Sprech-Seefunkstelle unterhalten, ist lediglich vorgeschrieben, daß diese

1. das „Handbuch Seefunk"
2. die „Mitteilungen für Seefunkstellen" (MfS)
3. das Merkblatt für den Sprechfunkverkehr auf Grenzwellen (GW), Kurzwellen (KW) und Ultrakurzwelle (UKW) mitführen.

Jeder Freizeitkapitän, der das „Allgemeine Sprechfunkzeugnis für den Seefunkdienst" besitzt, darf sich auch das gesamte Informationsangebot des weltweiten Seefunkdienstes zu Nutzen machen. Wer auf Nord- und Ostsee unterwegs ist, wird wissen, wie man mit Norddeich Radio Funkkontakt aufnimmt. Eine Zusammenfassung findet sich im bereits erwähnten Merkblatt für den Sprechfunkverkehr. Die Angaben werden aber auch hier in diesem Buch der Vollständigkeit halber ebenfalls zu finden sein.

Interessant wird es aber, wenn man über diesen „heimischen" Bereich hinaus will. Von großem Interesse sind beispielsweise bei Segeltörns ins Mittelmeer oder über den Atlantik die verschiedenen Wetterberichte und Wettervorhersagen, die von den meisten Küstenfunkstellen ausgestrahlt werden. Desweiteren sind dann auch die Kurzwellenfrequenzen der Küstenfunkstellen in aller Welt von Interesse, um z.B. frühzeitig Kontakt aufzunehmen oder auch, um über große Entfernungen Hilfe in Seenotfällen herbeizurufen.

Dieses Buch beinhaltet daher schwerpunktmäßig die Kurzwellenfrequenzen sämtlicher Küstenfunkstellen in aller Welt. Zusätzlich werden für den Bereich Nord- und Ostsee, Nordatlantik und Mittelmeer die Mittelwellen- und Grenzwellenfrequenzen angegeben. Dabei sind immer auch die jeweiligen Wetterdienste mit aufgeführt.

Weiterhin enthält dieses Buch eine Frequenzliste, die zur schnellen Orientierung innerhalb der Seefunkbereiche dient, sowie eine Rufzeichenliste aller Küstenfunkstellen der Welt, die eine rasche Identifizierung der jeweiligen Station erlaubt.

Verschiedene Tabellen und Abkürzungsverzeichnisse, sowie ein Kapitel über Amateurfunk auf Yachten und Informationen über Seefunk-Geräte und nützliche technische Einrichtungen runden das Buch ab. Neben dem Freizeitkapitän wird aber auch der Profi-Funker, d.h. der Seefunkoffizier, dieses Buch wegen der schnellen Informationsmöglichkeit zu schätzen wissen. Wir weisen aber ausdrücklich darauf hin, daß dieses Buch nicht als Ersatz für die national bzw. international vorgeschriebenen Dienstbehelfe für Seefunkstellen gedacht ist oder benutzt werden darf.

Weiterhin sei nachdrücklich darauf hingewiesen, daß in der Bundesrepublik Deutschland bzw. bei einer deutschen Seefunkstelle nur solche Personen am Seefunkdienst teilnehmen dürfen, die ein von der Deutschen Bundespost ausgestelltes oder anerkannt gültiges Seefunkzeugnis besitzen. Dabei ist aber auch der ausschließliche Empfang von Seefunksendungen als Teilnahme am Seefunkdienst zu verstehen. Über die einschlägigen Bestimmungen im Ausland informieren die jeweiligen nationalen Fernmeldebehörden.

Seefunkzeugnis – Voraussetzung zur Teilnahme am Seefunkdienst

Wie schon zuvor erwähnt, dürfen nur solche Personen am Seefunkdienst teilnehmen, die ein Seefunkzeugnis besitzen. Nun ist es aber für kleinere Jachten und Boote nicht unbedingt erforderlich, daß diese mit einer Funkanlage ausgerüstet sind. Erst ab einer bestimmten Größe oder Nutzung (z.B. für gewerbliche Zwecke oder Personenbeförderung) bestehen für deutsche Schiffe bestimmte Funkausrüstungspflichten.

Andererseits ist es sicherlich von großem Nutzen, wenn auch kleine Schiffe in unseren stark befahrenen Seegebieten über Funkanlagen verfügen. Für die Schiffssicherheit und Rettung in Seenotfällen ist eine Funkanlage gar lebensnotwendig.

Jedem Freizeitkapitän sei also empfohlen, ein Sprechfunkzeugnis für den Seefunkdienst durch Ablegen einer entsprechenden Prüfung zu erwerben. Es gibt zwei verschiedene Seefunkzeugnisse:

1. das „Beschränkt gültige Sprechfunkzeugnis für Ultrakurzwellen" (UKW-Sprechfunkzeugnis)
   und
2. das „Allgemeine Sprechfunkzeugnis für den Seefunkdienst".

Der Unterschied ist leicht erklärt: Das UKW-Sprechfunkzeugnis berechtigt nur zur Abwicklung des Funkverkehrs an Bord von Schiffen mit UKW-Seefunkstellen oder auf Binnenschiffen. Dabei ist zu berücksichtigen, daß die UKW-Anlagen auch nur eine sehr begrenzte Reichweite, nämlich maximal etwa 50 km, haben.

Das Allgemeine Sprechfunkzeugnis hingegen berechtigt zur Teilnahme an allen Sprechfunkdiensten, also auf UKW ebenso wie auf Grenzwelle und auf Kurzwelle. Damit lassen sich Funkverbindungen auch über sehr große Entfernungen herstellen.

Ähnlich wie beim Autoführerschein muß man zum Erwerb des Sprechfunkzeugnisses eine Prüfung bestehen, die auch nicht schwieriger als die Führerscheinprüfung ist. Entsprechende Kurse werden an vielen Orten angeboten. Dazu gibt es verschiedene Lehrbücher oder sogar Tonband-Cassetten für praktische Übungen. Beachten Sie bitte dazu das Literatur-Verzeichnis am Ende des Buches.

Ein Funkoffizier an seinem Arbeitsplatz (Foto: DEBEG)

Wozu dient der Seefunkdienst?

Die Notwendigkeit, Schiffe mit Funkeinrichtungen auszustatten, entstand aus dem Sicherheitsbedürfnis der Schiffahrt. Auch heute spielt der Aspekt der Schiffssicherheit eine große Rolle im Seefunk, doch werden mittlerweile die Kommunikationsmöglichkeiten zwischen Schiffen und Funkstellen an Land auf vielfältige Weise genutzt.

Welche Schiffe müssen eine Funkanlage haben?

Nach den Vorschriften des internationalen Schiffssicherheitsvertrages müssen alle Schiffe mit einer Funkanlage ausgerüstet sein, die zu den Fahrgastschiffen zählen (das sind Schiffe mit mehr als 12 möglichen Fahrgästen) oder die als Frachtschiffe die Größe von 300 Bruttoregistertonnen überschreiten. Eine Registertonne (RT) ist übrigens ein Raummaß für Schiffe und entspricht 2,83 Kubikmetern. Die Größe eines Schiffes in Bruttoregistertonnen (BRT) umfaßt den gesamten Vermessungsraum (inklusive aller Maschinenräume sowie Mannschaftsräume und dergleichen).

Kleinere Schiffe von 300 bis 1599 Bruttoregistertonnen müssen lediglich über eine Grenzwellen-Sprechfunkanlage verfügen. Größere Schiffe über 1600 BRT müssen eine Mittelwellen-Telegrafie-Haupt- und Notanlage besitzen.

Heute ist es so, daß die allermeisten Schiffe aus vielerlei Gründen über die Mindestanforderungen hinaus mit weiteren Sende- und Empfangseinrichtungen und Zusatzausstattungen ausgerüstet sind.

Vernünftigerweise sind auch viele kleine Schiffe und „Freizeit"-Schiffe, also rein private Yachten, Motorboote, Segelschiffe und dergleichen mit Funkanlagen ausgerüstet.

Was wird per Funk übertragen?

Die Möglichkeit der Nachrichtenübertragung per Seefunk wird auf vielfältige Weise genutzt. Die Hauptaufgaben und wichtigsten Anwendungsmöglichkeiten sind schnell erklärt.

Seenotfunk, Not- und Sicherheitsverkehr heute ...

An erster Stelle, jedoch nicht vom Verkehrsaufkommen her, sondern von der Wichtigkeit für das menschliche Leben, steht der Seenotfunk. Wenn ein Schiff in Seenot gerät, versucht es auf dem Funkweg Hilfe herbeizuholen.

Ein größeres Schiff würde zunächst auf Mittelwelle 500 kHz das Telegrafiefunk-Alarmzeichen ausstrahlen und dann einen Notanruf „an alle" mit Angaben über Standort, Art des Notfalls und erbetene Hilfeleistung. Der Notanruf und die Notmeldung werden durch das Notzeichen „SOS" eingeleitet. Alle Schiffe mit mehr als 1600 BRT müssen ständig die internationale Seenot- und Anruffrequenz abhören oder mit automatischen Funkalarmgeräten überwachen. Das Alarmzeichen des in Seenot befindlichen Schiffes wird so zwangsweise von allen großen Schiffen im Umkreis von etwa 300 km aufgenommen.

Die in der Nähe befindlichen Schiffe und Küstenfunkstellen werden den Notruf beantworten, untereinander Kontakt aufnehmen (z.B. für Peilungen) und Hilfemaßnahmen koordinieren.

Ist das in Seenot befindliche Schiff mit einer Grenzwellen-Sprechfunkanlage ausgerüstet, was heute durchweg der Fall ist, wird zunächst ein Sprechfunk-Alarmzeichen (zwei verschieden hohe Töne) der Seenot- und Anruffrequenz 2182 kHz im Grenzwellenbereich ausgestrahlt. Die Notmeldung wird dann durch das Sprechfunk-Notzeichen „Mayday" eingeleitet.

Damit eventuelle Notrufe auch gehört werden und nicht im allgemeinen Funkverkehr untergehen, müssen alle am Seefunk beteiligten Funkstellen zweimal stündlich für je drei Minuten auf den **internationalen Not- und Anruffrequenzen** (500 kHz bzw. 2182 kHz) „Funkstille" wahren. Diese Zeiträume nennt man „Sendepause" (SP). In dieser Zeit dürfen nur Not-, Dringlichkeits- oder Sicherheitsmeldungen ausgestrahlt werden. Zudem müssen die Not- und Anruffrequenzen ununterbrochen abgehört werden.

Für 500 kHz beginnt die Funkstille jeweils um h +15 Minuten und h +45 Minuten einer jeden Stunde. Für 2182 kHz beginnt die Funkstille jeweils zu jeder vollen Stunde (h +00) und um h +30 einer jeden Stunde.

Die farbigen Sektoren auf dem Ziffernblatt der Uhr zeigen die Zeiträume an, in denen in halbstündigen Abständen auf den internationalen Not- und Anruffrequenzen absolute Funkstille gehalten werden muß, damit SOS und MAYDAY-Rufe gehört werden können.

... und die Zukunft der Seenotruftechnik

Zukünftig werden Seenotrufe wohl nicht mehr in Telegrafie als SOS gefunkt werden: der Not- und Sicherheitsverkehr im künftigen Weltweiten Seenot- und Sicherheitsfunksystem für die Schiffahrt GMDSS (Global Maritime Distress and Safety System) wird nur noch über Fernschreib- und Sprechfunkfrequenzen im Grenzwellen-, Kurzwellen und UKW-Bereich abgewickelt, sowie über Satelliten, über die zugleich eine automatische Standortbestimmung eines in Not geratenen Schiffes möglich ist. Für die Alarmierung im terrestrischen Seefunkdienst (= nicht über Satellit) wird das Digitale Selektivrufsystem DSC benutzt. Morsetelegrafie-Sendungen sind im GMDSS ausdrücklich nicht mehr vorgesehen.

Das von der Internationalen Seeschiffahrts-Organisation (IMO, eine Sonderorganisation der UNO mit Sitz in London) entwickelte GMDSS wird Teil der Neufassung des Internationalen Übereinkommens zum Schutz des menschlichen Lebens auf See (SOLAS) der IMO.

Notsignal im GMDSS ist das Wort MAYDAY (im Sprechfunk und Fernschreiben). Im GMDSS sind folgende Frequenzen für die Abwicklung des Not- und Sicherheitsverkehrs vorgesehen:

Digitaler Selektivruf DSC: 2187,5 / 4207,5 / 6312 / 8414,5 / 12577 / 16804,5 kHz sowie 156,525 MHz (UKW-Kanal 70).

Sprechfunk: 2182 / 4125 / 6215 / 8291 / 12290 / 16420 kHz sowie 156,8 MHz (UKW-Kanal 16).

Fernschreiben: 2174,5 / 4177,5 / 6288 / 8376,5 / 12520 / 16695 kHz.

Sprechfunk bei koordinierten Such- und Rettungsarbeiten: 3023 / 5680 kHz, sowie 156,3 MHz (UKW-Kanal 6) und 123,1 MHz.

Nachrichten für die Sicherheit der Seeschiffahrt: 518 kHz (NAVTEX), 4209,5 kHz (NAVTEX-ähnlich), 4210 / 6314 / 8416,5 / 12579 / 16806,5 / 19680,5 / 22376 / 26100,5 kHz.

Sicherheitsverkehr zwischen Seefunkstellen: 156,650 MHz (UKW-Kanal 13).

Seenotfunkbaken: 156,525 MHz (UKW-Kanal 70, DSC), 406 – 406,1 MHz (COSPAS-SARSAT), 1645,5 – 1646,5 MHz (INMARSAT).

Nautische Nachrichten

Alle Unregelmäßigkeiten, die die Navigation der Schiffe betreffen, werden per Seefunk bekanntgegeben. Wenn zum Beispiel Lichtzeichen ausfallen, Navigationssender gestört sind oder ein Schiff innerhalb einer Fahrrinne gesunken ist und andere gefährdet, werden diese Informationen im Rahmen nautischer Nachrichten ausgestrahlt.

Blick in den Funkraum eines großen Schiffes, das mit Einrichtungen für Sprechfunk und Telegrafie ausgerüstet ist. (Foto: DEBEG)

Seewetterdienst

Bei aller Technik spielt das Wetter auch heute noch eine große und manchmal fatale Rolle in der Schiffahrt. Schwere Stürme, Nebel oder Eisberge stellen eine große Gefahr für alle Schiffe dar. Demzufolge ist das Wissen um die allgemeine Wetterlage und die Wetterentwicklung von größter Wichtigkeit. Viele Küstenfunkstellen und meteorologische Stationen in aller Welt strahlen mehr oder weniger regelmäßig Wetterberichte, Wettervorhersagen, Sturmwarnungen, Eiswarnungen, Nebelwarnungen und ähnliche Meldungen aus. Diese Wettermeldungen betreffen je nach Bedeutung der Station nur regionale Gebiete, ganze Seegebiete, Meere oder gar Ozeane.

Im vorliegenden Buch finden Sie zahlreiche Informationen gerade über diesen wichtigen und interessanten Bereich der Seewettermeldungen.

Peilfunk

Zwar gibt es heute für Schiffe wunderbare Satellitenfunk-Einrichtungen, um den eigenen Standort verblüffend genau zu bestimmen, doch besteht immer noch die Möglichkeit, sich von Peilfunkstellen anpeilen zu lassen und so den Standort „fremd" zu bestimmen. Notrufe auf 500 kHz / 2182 kHz werden automatisch von den Küstenfunkstellen gepeilt. Dieses Verfahren ist aber nur innerhalb einer begrenzten Entfernung ausreichend zuverlässig.

Revier- und Hafenfunk

Zur Regelung des Schiffverkehrs, insbesondere in dichtbefahrenen Schiffahrtswegen, in Küstennähe (Revieren) und in Häfen oder Hafenzufahrten oder Schleusen ist der Funkkontakt von großem Nutzen.

Öffentlicher Nachrichtenaustausch

Zum öffentlichen Nachrichtenverkehr zählen die Funkverbindungen, die zwischen Seefunkstellen (auf Schiffen) und privaten Teilnehmeranschlüssen an Land (Telefon/Telex) hergestellt werden. Diese Verbindungen zwischen Seefunk und öffentlichem Telefon- und Kommunikationsnetz werden von der Küstenfunkstelle an Land gegen Entgelt hergestellt. In diesem Bereich gibt es natürlich vielfältige Anwendungen. So teilt die Reederei ihrem Tankschiff mit, daß es einen anderen Hafen anlaufen soll, weil dort das geladene Öl zu einem besseren Preis verkauft werden kann. Ein Seemann auf Fischfang in der Nordsee möchte mit der Familie zu Hause sprechen oder ein Gast auf einem Kreuzfahrtschiff in der Karibik will den Freunden in der Heimat vom tollen Urlaub berichten.

Und so weiter ...

Zu erwähnen ist noch die Möglichkeit, ärztliche Ratschläge per Seefunk einzuholen, wenn zum Beispiel ein Besatzungsmitglied erkrankt und kein Arzt an Bord ist. Auch werden per Seefunk Zeitzeichen ausgestrahlt, die zur Navigation wichtig sind. Und für das Bedürfnis an allgemeiner Information dienen Pressefunkdienste. Sie sehen, Aufgaben für den Seefunk gibt es in Hülle und Fülle, doch mit welchen technischen Einrichtungen werden diese Aufgaben erfüllt?

Funkverfahren im Seefunkdienst

Der Seefunkverkehr wird als Sprechfunkverkehr (Telefonie), Telegrafieverkehr (Morsen) oder als Funkfernschreibverkehr abgewickelt. Daneben werden Wetterkarten als Faksimilesendungen (FAX) übertragen und es gibt weitere spezielle Verfahren, die hier aber unberücksichtigt bleiben sollen.

Sprechfunk

Der Sprechfunk im Seefunkdienst wird heute ausschließlich in Einseitenbandtechnik (single side band: SSB) geführt. Bei dieser Einseitenbandmodulation wird grundsätzlich das obere Seitenband (upper side band: USB) benutzt. Die Bezeichnung der Modulationsart nach ITU lautet: Einseitenbandtelefonie mit unterdrücktem Träger (J3E). Daneben kommt auch die Einseitenbandmodulation mit vermindertem Träger (R3E) und die Einseitenbandmodulation mit vollem Träger (H3E) zur Anwendung. Mittels Überleiteinrichtungen bei den Küstenfunkstellen und deren Vermittlung kann man vom Schiff aus ins öffentliche Telefonnetz jeden beliebigen Fernsprechteilnehmer anwählen – und umgekehrt. Die Betriebstechnik ist leicht erlernbar und es gibt preiswerte Geräte. Der Sprechfunk wird daher in der Seefahrt von wachsender Bedeutung sein.

Telegrafiefunk

Die Morsetelegrafie (im Funk oft bezeichnet als CW) ist das traditionelle Funkverfahren im Seefunkdienst. Die Bezeichnung der Modulationsart nach ITU lautet: Morsetelegrafie mit getastetem Träger (A1A).

Die Morsetelegrafie hat auch heute noch den Vorteil, daß man auch über große Entfernungen, bei Störungen und trotz geringer Sendeleistung eine gute Verständlichkeit der Signale verzeichnen kann. Dafür nimmt die Nachrichtenübermittlung per Morsetelegrafie aber ziemlich viel Zeit in Anspruch, da jeder einzelne Buchstabe und jedes Zeichen im Morsealphabet getastet und auch wieder aufgeschrieben werden muß. Auch kann der Tastfunk nur von geübten Funkern bewältigt werden. Moderne Übertragungstechniken und vor allem der Satellitenfunk werden die legendäre Morsetelegrafie schon bald ganz verdrängt haben.

Funkfernschreiben

Nach Entwicklung von Funkfernschreibverfahren (RTTY = Radioteletype), die eine fehlerfreie Übermittlung von Nachrichten auch unter Störungen und anderen Einflüssen (z.B. Fading) garantieren, wurde diese Technik auch im Seefunkdienst eingeführt. Die ITU-Bezeichnung für die Modulationsart lautet: Funkfernschreiben mit Frequenzumtastung (F1B).

Die Technik des fehlererkennenden und korrigierenden Funkfernschreibens wurde unter der Bezeichnung SITOR-A (SITOR) und SITOR-B (FEC) im Seefunk mit Erfolg eingeführt. Mittels Funkfernschreiben kann heutzutage von einem dementsprechend ausgerüsteten Schiff über eine Küstenfunkstation als Überleiteinrichtung im öffentlichen Netz jeder Telex-Teilnehmer erreicht werden – und umgekehrt. Gerade im kommerziellen Bereich oder bei der Übermittlung von Daten ist das eine große Erleichterung.

NAVTEX – Wetter- und Warndienst

Ab 1993 muß jedes größere Frachtschiff und jedes Passagierschiff mit einem sogenannten NAVTEX-Empfänger ausgerüstet sein. NAVTEX steht für „Navigational Telex" und ist ein internationaler Wetter- und Warndienst für die Seeschiffahrt, der zum neuen Sicherheitsfunksystem GMDSS gehört.

NAVTEX arbeitet ausschließlich auf der Frequenz 518 kHz. Dort werden von Stationen rund um den Erdball NAVTEX-Nachrichten ausgestrahlt, und zwar im Fernschreibverfahren SITOR-B. NAVTEX-Nachrichten können sein: (A) Navigationswarnungen, (B) Sturmwarnungen, (C) Eiswarnungen, (D) Informationen über Seenotfälle, (E) Wettervorhersagen, (F) Informationen über Lotsendienste, (G) Hinweise zu elektronischen Navigationshilfen, (L) Warnnachrichten und (Z) Kontrollaussendungen. Die Meldungen werden in einem festen Format gesendet, damit eine computergesteuerte Erkennung und Bearbeitung möglich ist. Beispiel einer NAVTEX-Meldung:

ZCZC LE13
ROGALAND RADIO
... (Wetterbericht) ...
NNNN

Erklärung: ZCZC markiert den Beginn einer Aussendung. Danach folgt zunächst der Kennbuchstabe der Station (hier L für Rogaland) und der Kennbuchstabe für die Art der Meldung (hier E für Wetterbericht); die beiden Ziffern (hier 13) dienen zur fortlaufenden Numerierung der Meldungen. Dann folgt der Name der Station und die eigentlichen Informationen (Art der Meldung, Datum/Zeit,...). NNNN markiert das Ende der Meldung.

Der NAVTEX-Dienst bringt nur Informationen für den Bereich der Küstengewässer bis zu 200 Seemeilen Abstand vom Land. Die Reichweite der Sender beträgt maximal etwa 400 Seemeilen (etwa 700 km). Nachfolgend eine Übersicht über die für uns relevanten NAVTEX-Stationen in Nordwest-Europa. Der Kennbuchstabe kennzeichnet die jeweilige Station, die übrigens zeitversetzt arbeiten. Die Sendezeiten sind in Klammern angegeben.

B: Bodö (LGP), (0018, 0418, 0900, 1218, 1618, 2100 UTC)
F: Brest (FFU), (alle vier Stunden ab 0118 UTC)
G: Cullercoats (GCC), (alle vier Stunden ab 0048 UTC)
H: Härnösand (SAH), (alle vier Stunden ab 0000 UTC)
J: Stockholm (SDJ), (alle vier Stunden ab 0330 UTC)
L: Rogaland (LGQ), (alle vier Stunden ab 0148 UTC)
O: Portpatrick (GPK), (alle vier Stunden ab 0130 UTC)
P: Scheveningen (PBK), (alle vier Stunden ab 0348 UTC)
S: Land's End (GLD), (alle vier Stunden ab 0018 UTC)
T: Oostende (OST), (alle vier Stunden ab 0248 UTC)
U: Tallin (UNS), (alle vier Stunden ab 0030 UTC)
V: Vardö (LGV), (alle vier Stunden ab 0300 UTC)

Die NAVTEX-Empfänger arbeiten vollautomatisch, wobei die Meldungen automatisch ausgedruckt und gespeichert werden können. Außerdem ist es möglich selektiv nur bestimmte Stationen oder bestimmte Meldungen zu empfangen.

Seefunk-Frequenzbereiche und ihre Einsatzmöglichkeiten

Weltweit sind dem beweglichen Seefunkdienst folgende Frequenzbereiche zugewiesen:

Mittelwelle:	415 - 526,5 kHz	
Grenzwelle:	mehrere Teilbereiche zwischen 1606,5 und 3800 kHz.	
Kurzwelle:	4000 ... 4438 kHz	(4-MHz-Bereich)
	6200 ... 6525 kHz	(6-MHz-Bereich)
	8100 ... 8815 kHz	(8-MHz-Bereich)
	12230 ... 13200 kHz	(12-MHz-Bereich)
	16360 ... 17410 kHz	(16-MHz-Bereich)
	18780 ... 18900 kHz	(18-MHz-Bereich)
	19680 ... 19800 kHz	(19-MHz-Bereich)
	22000 ... 22855 kHz	(22-MHz-Bereich)
	25070 ... 25550 kHz	(25-MHz-Bereich)
UKW:	156 ... 174 MHz	

Internationale Not- und Anruffrequenzen: 500 kHz (Telegrafie A1A, A2A)
2182 kHz (Sprechfunk H3E)
156,8 MHz / UKW-Kanal 16 (Sprechfunk F3E)

In welchen Frequenzbereich man geht, um eine Seefunkverbindung herzustellen, hängt in erster Linie von der zu überbrückenden Entfernung ab.

Ultrakurzwellen (UKW)

Die durchschnittliche Reichweite im UKW-Bereich beträgt etwa 50 km. Daher wird der UKW-Sprechfunk für ausgesprochene Nahverbindungen eingesetzt, zum Beispiel im Küstenbereich, beim Anlaufen von Häfen oder Schleusen, im Lotsendienst oder zwischen verschiedenen Schiffen, die nahe beieinander sind.

Dem Seefunkdienst wurde ein Teilbereich im 2-m-UKW-Sprechfunkband zugewiesen. Zwischen 156 und 174 MHz stehen 56 Kanäle zur Verfügung. Davon ist der Kanal Nr. 16 (156,8 MHz) als internationale Not- und Sicherheitsfrequenz und als Anruffrequenz ausgewiesen.

Die relativ preiswerten und leicht zu bedienenden UKW-Sprechfunkanlagen ermöglichen es auch kleinen Schiffen und Yachten, am Seefunkdienst auf bequeme Weise teilzunehmen.

Mittelwelle (MW)

Der für den Seefunkdienst reservierte Mittelwellenbereich reicht von 415 bis 526,5 kHz. Die Mittelwelle wird für Verbindungen über nahe bis mittlere Entfernungen (etwa 50 bis 300 km) eingesetzt. Bei Nacht sind auf Mittelwelle allerdings auch größere Reichweiten möglich.

Auf Mittelwelle darf nur Telegrafie- und Funkfernschreibverkehr abgewickelt werden. Von großer Bedeutung ist der Bereich von 490 bis 510 kHz, denn auf 500 kHz liegt die internationale Not- und Anruffrequenz für Telegrafiefunk. Dort dürfen nur ganz bestimmte Sendungen ausgestrahlt werden und zwischen 490 und 510 kHz ist jede andere Aussendung verboten.

Grenzwelle (GW)

Der sogenannte Grenzwellenbereich liegt zwischen 1.606,5 und 3.800 kHz und wird so bezeichnet, weil er sich an der Grenze zwischen Mittelwellen und den Kurzwellen befindet. Die Grenzwelle wird für Verbindungen über nahe bis mittlere Entfernungen (etwa 50 bis 300 km) eingesetzt. Auch hier sind bei Nacht größere Reichweiten möglich.

Im Seefunkdienst wird die Grenzwelle hauptsächlich für den Sprechfunkverkehr (SSB) benutzt.

Kurzwelle (KW)

Die Kurzwelle wird benutzt, wenn man mittlere bis große (weltweite) Entfernungen auf dem Funkweg überbrücken möchte. Durch die Reflexion der Kurzwellenausstrahlungen an der Ionosphäre können KW-Signale sozusagen in Sprüngen zwischen Erde und Ionosphäre die ganze Welt umrunden. Mittels Kurzwelle kann z.B. Norddeich Radio Funkverbindungen mit Schiffen in allen Weltmeeren herstellen. Da die Ausbreitungsbedingungen sehr stark von verschiedenen Faktoren abhängen, z.B. Jahres- und Tageszeit, werden dem Seefunk innerhalb des Kurzwellenspektrums, das von 3 bis 30 MHz reicht, verschiedene Teilbereiche zugewiesen, um die jeweils optimale Frequenz wählen zu können. Die vorangestellte Tabelle nennt die genauen Grenzen der Seefunkbänder auf Kurzwelle.

Zur optimalen Nutzung und zum möglichst störungsfreien Funkverkehr werden die KW-Seefunkbereiche unterteilt in Arbeitsbereiche für Seefunkstellen (Schiffe) und für Küstenfunkstellen. Und diese Arbeitsbereiche sind wiederum unterteilt nach Bereichen für die verschiedenen Betriebsarten, z.B. für Telegrafie, Funkfernschreiben und für Sprechfunk.

WOO

OCEAN GATE RADIO

UKW-Kanaltabelle

Kanal-Nr.	Sendefrequenzen in MHz SeeFuSt	KüFuSt	Kanal-Nr.	Sendefrequenzen in MHz SeeFuSt	KüFuSt
1	156,050	160,650	60	156,025	160,625
2	156,100	160,700	61	156,075	160,675
3	156,150	160,750	62	156,125	160,725
4	156,200	160,800	63	156,175	160,775
5	156,250	160,850	64	156,225	160,825
6	156,300		65	156,275	160,875
7	156,350	160,950	66	156,325	160,925
8	156,400		67	156,375	156,375
9	156,450	156,450	68	156,425	156,425
10	156,500	156,500	69	156,475	156,475
11	156,550	156,550	70	156,525	
12	156,600	156,600	71	156,575	156,575
13	156,650	156,650	72	156,625	
14	156,700	156,700	73	156,675	156,675
15	156,750	156,750	74	156,725	156,725
16	156,800	156,800	75	Sperrbereich	
17	156,850	156,850	76	Sperrbereich	
18	156,900	161,500	77	156,875	
19	156,950	161,550	78	156,925	161,525
20	157,000	161,600	79	156,975	161,575
21	157,050	156,050/161,650	80	157,025	161,625
22	157,100	161,700	81	157,075	161,675
23	157,150	156,150/161,750	82	157,125	161,725
24	157,200	161,800	83	157,175	156,175/161,775
25	157,250	161,850	84	157,225	161,825
26	157,300	161,900	85	157,275	161,875
27	157,350	161,950	86	157,325	161,925
28	157,400	162,000	87	157,375	161,975
			88	157,425	162,025

Besondere Kanalzuweisungen im UKW-Seefunk

Kanal-Nr.	Hinweise
16	Anruffrequenzen und Not- und Sicherheitsfrequenz
28	Anruffrequenz, wenn Kanal 16 belegt ist
06	Internationale Schiff-Schiff-Frequenz, bei koordinierten Such- und Rettungsfällen vorzugsweise für Verbindungen mit Luftfahrzeugen, z.B. SAR-Hubschrauber, in der Eisperiode vorzugsweise für Verbindungen mit Eisbrechern und Hubschraubern
08	Schiff-Schiff-Frequenz für Fracht- und Fahrgastschiffe
09	Schiff-Schiff-Frequenz für Boote der Wasserschutzpolizei und Lotsendienste
13	Schiff-Schiff-Frequenz für Behördenfahrzeuge
70	Schiff-Schiff-Frequenz für Lotsen
10/77	Schiff-Schiff-Frequenz für Fischereifahrzeuge
67/73	Schiff-Schiff-Frequenz für Bagger im Einsatz und den mit ihnen arbeitenden Schleppern und Schuten
72/69	Schiff-Schiff-Frequenz für Sportboote und Yachten
09/70/72	Luftfunkstellen bei maritimen Unterstützungseinsätzen (Ausnahme)
10/67/73	Luftfunkstellen bei Such- und Rettungseinsätzen (Ausnahme)

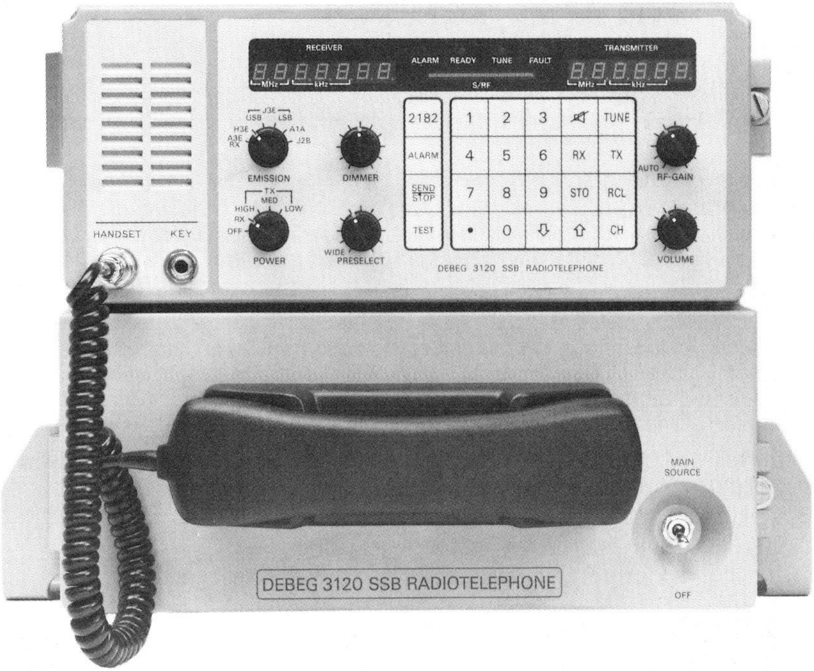

oben: SSB-Sprechfunkgerät DEBEG 3120 für Grenzwelle und Kurzwelle (Foto: DEBEG)

unten: UKW-Sprechfunkgerät „Sailor" RT2047 (Foto: ELNA)

Seefunk via Satellit – die Zukunft

Die stürmische technische Entwicklung der letzten Jahrzehnte sorgte dafür, daß vor wenigen Jahren eine grundlegende Änderung der Seefunktechnik begann, die bis zum Ende der 90er Jahre abgeschlossen sein wird. Von der internationalen Satellitenorganisation für die Seefahrt (INMARSAT) wurde ein weltumspannendes Satellitensystem aufgebaut, mit dessen Hilfe man von fast jedem Standort auf der Welt eine sichere Funkverbindung aufbauen kann.

Um die 10000 Schiffe auf allen Weltmeeren sind schon heute Tag und Nacht per Satellit zu erreichen – zum Teil auch schon im Selbstwählverfahren. Und deren Zahl wächst ständig, denn der Satellitenfunk bietet wesentlich bessere und sichere Kommunikationsmöglichkeiten als der bisherige Kurzwellenfunk.

Der Fernmeldeverkehr (Telefon, Telefax, Telex und Datenübertragung) funktioniert dabei weitestgehend wie an Land.

Die Satellitenfunkanlagen werden in Serie produziert und sind entsprechend preiswert. Als Problem könnte der Leser jetzt erkennen, daß man ja so eine Satelliten-„Schüssel" ziemlich genau auf den Satellit ausrichten muß. Das geschieht an Bord des Schiffes durch eine automatische Steuerung, wobei ein Computer ausgehend vom aktuellen Standort (der ebenfalls durch Satellitennavigation bestimmt wird) die exakte Ausrichtung vornimmt.

Und auch die Bedienung einer solchen Satelliten-Seefunkanlage ist fast kinderleicht, d.h. der gesamte Verbindungsaufbau wird automatisch gesteuert. Die Folge: Seefunkoffiziere werden überflüssig, das Personal auf der Brücke bedient die Funkanlage so nebenbei. Auf der Landseite sieht das nicht anders aus (beachten Sie dazu bitte das Kapitel über Norddeich Radio).

Dazu kommt das neue Seenot- und Sicherheitsfunksystem GMDSS (General Maritime Distress and Safety System). Das gute, alte „SOS" hat dann ausgedient, weil die Seenotalarmierung automatisch über Satellit abläuft. Dazu gehören übrigens auch die Seenotfunkbaken, die man schon jetzt auf vielen Schiffen sieht, und die beim Sinken eines Schiffes selbsttätig aufschwimmen und Notmeldungen aussenden.

Schiffe, die am neuen Funksystem teilnehmen, müssen entsprechend dem vorgesehenen Einsatzgebiet ausgerüstet werden. In Bereichen, die durch UKW-Küstenfunkstellen abgedeckt werden, reicht eine UKW-Funkanlage. In Seegebieten bis zu 150 Seemeilen um Küstenfunkstellen herum reicht eine UKW- und Grenzwellen-Funkanlage. Sozusagen für große Fahrt ist dann zusätzlich eine Kurzwellenanlage oder eine Satellitenfunkanlage vorgeschrieben. Die bisher notwendige Mittelwellenfunkanlage entfällt ganz, ebenso wie auch die Morsetelegrafie dann ausdrücklich nicht mehr vorgesehen ist. Zusätzlich werden die erwähnten Seenotfunkbaken gefordert, wobei im Nahbereich eine UKW-Seenotfunkbake ausreicht. Ein NAVTEX-Empfänger ist dann ebenfalls Pflicht (siehe besonderes Kapitel).

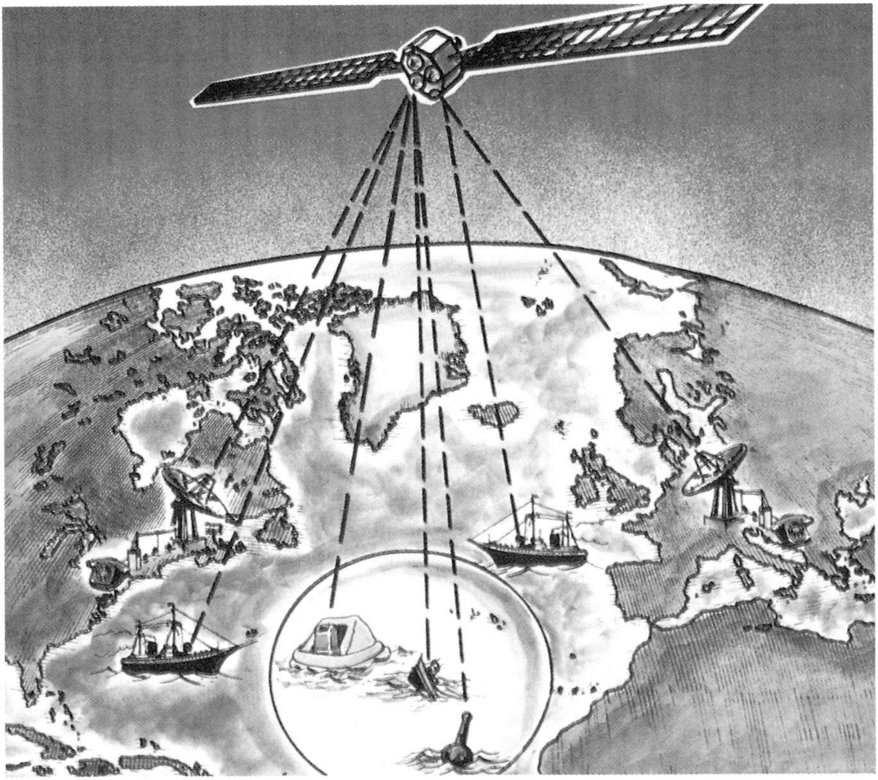

Diese Abbildung verdeutlicht die Anwendung der geostationären Satelliten im neuen Seenot- und Sicherheitsfunksystem GMDSS. (Abb.: DLR)

Eine solche Seenotfunkbake werden Sie auf immer mehr Schiffen entdecken. (Foto: DLR)

Funkstellen und Rufzeichen

Am Seefunkdienst sind eine ganze Reihe Funkstellen von unterschiedlicher Art beteiligt. Wir unterscheiden zunächst zwischen Funkstellen an Bord eines Schiffes, das sind die Seefunkstationen, und den Funkstellen an Land. Die Funkstellen an Land können wie folgt unterteilt werden:

– Küstenfunkstellen (Costal Stations)	... RADIO
– Peilfunkstellen	... GONIO
– Revier- und Hafenfunkstellen	... PORT RADIO
– Lotsendienstfunkstellen	... PILOT RADIO
– Radarberatungsfunkstellen	... RADAR RADIO
– Schiffslenkungsfunkstellen in bestimmten Revieren	... REVIER RADIO
– Kanal-Funkstellen	... CANAL RADIO
– Schleusenfunkstellen	... LOCK RADIO
– Flußfunkstellen	... RIVER RADIO
– Rettungsfunkstellen	... RESCUE
– Küstenwachenfunkstelle	... COAST GUARD
– Marinefunkstelle (Naval Stations)	... MARINE RADIO ... NAVAL RADIO

Eine Funkstelle meldet sich immer mit der Ortsbezeichnung und dem oben genannten Zusatz je nach Funktion. So heißt die deutsche Küstenfunkstelle „Norddeich Radio" und die Hafenfunkstelle in Hamburg „Hamburg Port Radio".

Neben den zivilen Funkstellen unterhalten viele (Küsten)Länder in aller Welt auch militärische Funkstellen der jeweiligen Marine. Der militärische Seefunkverkehr wird zum Teil in den normalen Seefunk-Frequenzbereichen abgewickelt. Darüber hinaus arbeiten die Marinestationen aber auch auf anderen Frequenzen.

Rufzeichenzuteilung

Die Zuteilung der Rufzeichen für alle am Seefunk beteiligten Stationen richtet sich nach dem international verbindlichen ITU-Rufzeichenplan. Ein Rufzeichen besteht aus einer Kombination von Buchstaben und Ziffern. Den einzelnen Ländern sind bestimmte Rufzeichenreihen zugeteilt (siehe ITU-Rufzeichenplan am Ende dieses Buches). Beispiel: Die Rufzeichen der bundesdeutschen Funkstellen beginnen alle mit den Buchstaben aus dem alphabetischen Bereich zwischen DAA und DRZ.

Die Rufzeichen der Küstenfunkstellen bestehen aus drei Buchstaben oder Ziffern, die von einer oder zwei Ziffern ergänzt werden können, die ungleich null oder eins sind, z.B.:

DAN	Norddeich Radio
A9M	Bahrain Radio
8PO	Barbados Radio
HEB28	Bern Radio
TAH	Istanbul Radio

Zusätze hinter dem Rufzeichen dienen in der Regel dazu, beispielsweise zwischen den verschiedenen Arbeitsfrequenzen einer Küstenfunkstation zu unterscheiden oder um untergeordnete Funkstellen zu kennzeichnen.

Die Rufzeichen der Seefunkstellen (Schiffe) bestehen aus vier Buchstaben oder vier Buchstaben gefolgt von einer Ziffer, z.B. DLAB oder GZNK3. Schiffe ohne Telegrafiefunkanlage können ein Rufzeichen bestehend aus zwei Buchstaben gefolgt von vier Ziffern führen, z.B. DB3456.

Im Funkverkehr identifizieren sich die Küstenfunkstellen entweder mit ihrem Rufzeichen (in Telegrafie), z.B. „GKA", oder nennen den Namen, z.B. „Portishead Radio". Die Seefunkstellen nennen im Telegrafieverkehr ihr Rufzeichen und ggf. den Schiffsnamen; im Sprechfunkverkehr wird der Schiffsname und ggf. das Rufzeichen genannt.

Darüber hinaus gibt es für den Selektivruf eine sogenannte SELCALL-Nummer, mit der jede Seefunkstelle weltweit ganz speziell angesprochen und ggf. automatisch aktiviert werden kann.

Zu Zeiten der legendären Windjammer war das Barometer und die gute Nase des Käpt'ns die einzige Wettervorhersage. Und wenn dunkle Wolken den Himmel bedeckten, konnte auch der Sextant im Schapp liegen bleiben. Heute sind Navigation und Kommunikation durch moderne Elektronik selbst für den Skipper einer Yacht selbstverständlich, wie diese Aufnahme zeigt. (Foto: ELNA)

Verkehrsabwicklung – Anrufverfahren

Anruf- und Arbeitsfrequenzen/Kanäle/Duplex-Betrieb

Im Seefunkdienst senden die beiden an einer Verbindung beteiligten Stationen, also die Seefunkstelle (Schiff) und die Küstenfunkstelle, in der Regel auf zwei unterschiedlichen Frequenzen. Man nennt dieses Verfahren „duplex". Das Frequenzpaar wird als Kanal bezeichnet. Jeder Funkkanal besteht aus zwei einander fest zugeordneten Frequenzen (im Sprechfunk- und im Fernschreibverkehr).

Die Seefunkfrequenzbereiche sind eingeteilt in Arbeitsbereiche für Schiffe und für Küstenfunkstellen und innerhalb dieser Bereiche ist eine weitere Unterteilung nach Betriebsarten festgelegt. Diese Untergliederung ist auch aus der Frequenzliste weiter hinten im Buch ersichtlich.

Zurück zum Funkkanal. Zur Verdeutlichung ein Beispiel: Die Hauptarbeitsfrequenz von Norddeich Radio auf Grenzwelle ist 2614 kHz. Die dazugehörige Sendefrequenz der Seefunkstelle ist 2023 kHz. Der Funker an Bord eines Schiffes hört Norddeich Radio auf 2614 kHz, sendet aber selbst auf 2023 kHz, wo wiederum Norddeich hört.

Ein weiteres Beispiel: Eine Hauptarbeitsfrequenz von Portishead Radio ist 8764 kHz. Auf dieser Frequenz sendet Portishead, hört aber auf der fest zugeordneten Frequenz 8240 kHz, dies wiederum wäre die Arbeitsfrequenz eines Schiffes, das Verbindung mit Portishead aufnehmen will.

Unsere Tabelle der Sprechfunkkanäle enthält alle Frequenzen für den Duplex-Betrieb. Außerdem ist in der Frequenzliste weiter hinten in diesem Buch jeweils der „QSX"-Angabe zu entnehmen, auf welcher Frequenz die Küstenfunkstation hört. QSX bedeutet: Ich höre auf ... kHz (oder MHz).

Im Telegrafiefunkverkehr besteht keine feste Zuordnung der Arbeitsfrequenzen für Schiffe und Küstenfunkstellen. Ein Schiff ruft zunächst auf bestimmten Anruffrequenzen und erhält dann eine freie Arbeitsfrequenz zugewiesen. Doch dazu später mehr. Außer dem Duplex-Betrieb (auf 2 Frequenzen) gibt es auch den Simplex-Betrieb. Dabei arbeiten beide Stationen auf der gleichen Frequenz. Simplex-Betrieb wird aber nur in wenigen Fällen angewandt.

Anrufverfahren im Sprechfunk

Will ein Schiff eine Verbindung mit einer Küstenfunkstelle herstellen, läuft der Anruf wie folgt ab:

1. höchstens dreimal der Name der gerufenen Funkstelle
2. die Wörter „hier ist" (Englisch: „this is")
3. höchstens dreimal der Name der rufenden Funkstelle, dabei einmal mit Rufzeichen
4. den Grund des Anrufes (z.B. Gesprächsanmeldung)
5. ggf. gewünschte Arbeitsfrequenzen oder Arbeitskanäle
6. die Wörter „bitte kommen" (Englisch: „over").

Beispiel: Das Schiff „Seewolf" mit dem Rufzeichen „DASW" will ein Gespräch über Norddeich Radio führen:

„Norddeich Radio Norddeich Radio Norddeich Radio – hier ist Seewolf Seewolf Seewolf Delta Alpha Sierra Whiskey – ich habe eine Gesprächsanmeldung – bitte kommen".

Dann meldet sich die gerufene Station, in diesem Fall Norddeich Radio, gibt eventuell die Arbeitsfrequenz bekannt und wickelt das eigentliche Funkgespräch ab.

Eine ausführliche Darstellung des Ablaufes von Anrufverfahren und Sprechverkehr mit allen verbindlichen Regeln ist z.B. im „Handbuch Seefunk" zu finden.

Anrufverfahren im Telegrafiefunk

Ein Schiff ruft eine Küstenfunkstelle auf einer der Telegrafie-Anruffrequenzen und wickelt den weiteren Funkverkehr auf einer der Arbeitsfrequenzen ab.

Pro Anruffrequenzbereich gibt es zwei allgemeine Kanäle (common channels, Nr. 3 und 4 in den Bereichen 4 ... 22 MHz, Kanal C auf 25 MHz), sowie weitere 8 Kanäle in den Bereichen 4 ... 22 MHz, bzw. 2 weitere Kanäle auf 25 MHz.

Ein Beispiel:

Das Schiff LABC möchte die Küstenfunkstelle Perth Radio (VIP) auf 12 MHz rufen, weil es über diese Küstenfunkstelle ein Telegramm nach Australien übermitteln möchte.

Der Empfänger an Bord des Schiffes wird auf die Frequenz von VIP (12994 kHz) eingestellt und bleibt dort stehen.

Ist VIP dort mit einer CW-Schleife hörbar, kann die Küstenfunkstelle auf einer der Anruffrequenzen gerufen werden, beispielsweise auf dem common channel 4 (12553,5 kHz): VIP de LABC, mit der Angabe „QSS 427". Dieser Anruf wird solange wiederholt, bis VIP ihn hört und auf 12994 kHz dem Schiff antwortet „LABC DE VIP LABC DE VIP LABC DE VIP QRU? K".

QSS ... bedeutet „ich werde die Arbeitsfrequenz ... kHz benutzen." Da im Augenblick auf 12 MHz gearbeitet wird, kann mit QSS 427 eindeutig nur die Arbeitsfrequenz 12427 kHz gemeint sein. Auf diese Arbeitsfrequenz wechselt dann das Schiff und übermittelt das vorliegende Telegramm an die Küstenfunkstelle.

Die Küstenfunkstelle bestätigt den Empfang auf ihrer unverändert gebliebenen Frequenz 12994 kHz und leitet das empfangene Telegramm alsbald über Telex an die Empfängeradresse weiter.

CQ-Schleife (Voice Mirror, CW-Marker)

Mit der sogenannten CQ-Schleife (CQ = allgemeine Anrufangabe) zeigt eine Küstenfunkstelle ihre Hör- bzw. Sendebereitschaft an. Diese Ansage kommt fortlaufend vom Endlosband, z.B. „This is XY-Radio, this is XY-Radio, listening on ..., you can reply on ...". Diese gesprochene Ansage nennt man in Englisch auch „voice mirror". Auf Telegrafie- und Funkfernschreibfrequenzen werden ähnliche Kennungen ausgestrahlt, die man dann „CW-Marker" nennt. Beispiele dazu finden Sie einige Seiten weiter.

Empfang von Seefunksendungen

Wer die Informationsmöglichkeiten des Seefunkdienstes, z.B. Wetterberichte, nautische Warnnachrichten und andere Nachrichten „an alle" (CQ) nutzen möchte, muß nicht unbedingt eine Seefunksendeanlage haben. Freizeitkapitäne, die zum Beispiel auf einer Segelyacht oder einem kleinen Schiff lediglich mit einer UKW-Sprechfunkanlage ausgerüstet sind oder sogar gar keine Sendeanlage haben, z.B. weil das betreffende Seefahrzeug noch nicht funkausrüstungspflichtig ist, können mit einem entsprechenden Empfänger leicht die Seefunkdienste hören.

Obwohl der Seefunkdienst auf Grenzwelle und Kurzwelle mit jedem besseren Weltempfänger abgehört werden kann, dürfen bei uns nur solche Empfänger benutzt werden, die als „Funkempfänger mit begrenztem Anwendungsbereich zum Einsatz bei Empfangsstellen für den Seefunkdienst auf Seefahrzeugen" von der Deutschen Bundespost TELEKOM zugelassen sind und eine entsprechende FTZ- oder ZZF-Nummer haben.

Solche Geräte sind für den Empfang der von Küstenfunkstellen für die Seeschiffahrt verbreiteten Wetterberichte, Eisberichte, nautische Warnnachrichten, Zeitzeichen, Wetterwarnungen, Nebelwarnungen und anderen Nachrichten „an alle" (CQ) sowie für den Empfang von Sendungen des einseitigen Sprechfunkverkehrs über die Küstenfunkstellen der Deutschen Bundespost bestimmt.

Wer eine „Empfangsfunkstelle für den Seefunkdienst" errichten möchte, muß eine entsprechende Genehmigung beantragen. Die Genehmigung der Deutschen Bundespost TELEKOM ist erforderlich, weil nach dem Gesetz über Fernmeldeanlagen (FAG) das Errichten und Betreiben von Funkanlagen (dazu zählen auch reine Funkempfänger) genehmigungspflichtig ist! Die Allgemeine Empfangsgenehmigung für den Rundfunk deckt diesen Bereich nicht ab! Es ist daher nicht gestattet, Sendungen des Seefunkdienstes ohne ausdrückliche Genehmigung zu empfangen!

Für Genehmigungen zum Errichten und Betreiben von Seefunkstellen in der Bundesrepublik Deutschland das

Fernmeldeamt 6
Postfach 301792
2000 Hamburg 36
Telefon (040) 31 18 06-0

zuständig. Von dort können auch weitere Informationen und eine Liste der zugelassenen Empfänger angefordert werden.

Empfang auf Grenzwelle

Der Sprechfunk im Seefunkdienst wird im Einseitenbandverfahren (SSB), oberes Seitenband (USB), abgewickelt. Wichtigste Frequenz ist 2182 kHz als internationale Not- und Anruffrequenz.

Hauptarbeitsfrequenzen der deutschen Küstenfunkstellen sind

2614 kHz (Norddeich Radio) für die Nordsee
2775 kHz (Kiel Radio) für die Ostsee und
1719 kHz (Rügen Radio)

Weitere Angaben zu den Frequenzen und besonderen Sendungen sind dem Hauptteil bzw. der Frequenzliste zu entnehmen.

In der Dämmerung und bei Dunkelheit können auch größere Reichweiten als am Tage auftreten. Abends und während der Nacht können auf Grenzwelle oft Küstenfunkstellen aus ganz Europa, dem Mittelmeerraum (Nordafrika, Nahost) und dem gesamten Nordatlantikraum einschließlich Nordamerika und Kanada empfangen werden.

Sprechfunkempfang auf Kurzwelle

Auch auf Kurzwelle wird der Sprechfunk in Einseitenbandtechnik (SSB), im oberen Seitenband (USB), abgewickelt. Die Informationen über Frequenzen und besondere Sendungen finden Sie im Hauptteil dieses Buches.

Telegrafie-Empfang auf Kurzwelle

Viele Wetterberichte und andere Sendungen, die den Seefahrer interessieren, werden (noch) per Morse-Telegrafie ausgestrahlt. Die Telegrafiesignale haben den Vorteil, daß sie auch über größere Entfernungen noch verständlich zu übertragen sind. Je nach Entfernung und Ausbreitungsbedingungen ist von einer Sprechfunkausstrahlung schon lange nichts mehr zu hören, während eine Telegrafieausstrahlung noch einwandfrei aufgenommen werden kann. So ist es per Telegrafie möglich, Küstenfunkstellen aus der ganzen Welt zu empfangen. Wer z.B. eine Weltumseglung vor hat, kann sich schon hier einen Überblick über die Wetterlage und Wetterentwicklung überall in der Welt verschaffen.

Das Problem bei Telegrafieempfang besteht für den Freizeitkapitän darin, daß er die Morsetelegrafie beherrschen muß, d.h. die Morsezeichen verstehen können muß. Jeder professionelle Funker, hier also jeder Funkoffizier, muß heute noch die Morse-Telegrafie im Schlaf beherrschen.

Wer das allgemeine Sprechfunkzeugnis für den Seefunkdienst hat, mußte dafür keine Telegrafiekenntnisse nachweisen. Will man aber trotzdem auch die Telegrafiesendungen empfangen und verstehen, kann man sich heute im Zeitalter der Mikroelektronik geeignete Zusatzgeräte zu Nutzen machen. Diese sogenannten Decoder, die nicht nur Morse-Telegrafie-, sondern auch Fernschreibsignale verarbeiten können, setzen die „Piepstöne", die der Empfänger liefert, in lesbare Zeichen um. Man kann dann den Text auf einem Bildschirm lesen oder auf Papier ausdrucken lassen. Über diese Geräte können sie mehr an anderer Stelle in diesem Buch lesen.

Wenn Sie nun im Telegrafiebetrieb eine bestimmte Küstenfunkstation empfangen wollen, um zum Beispiel einen Wetterbericht zu „hören", dann bereitet das Auffinden der Station und das Identifizieren gewisse Schwierigkeiten. Unsere Hinweise im Hauptteil des Buches nennen zwar Sendezeiten und Frequenzen, doch senden oft eine ganze Reihe von Stationen dicht beieinander oder auf der gleichen Frequenz.

Die Küstenfunkstellen strahlen z.B. vor Wettersendungen eine Zeit lang ein Endlos-Band mit ihrer Stationskennung aus, oder geben ihre Hör- bzw. Sendebereitschaft bekannt. Diese Ansagen nennt man CQ-Schleifen (CQ = Anruf an alle). Auf der nächsten Seite sehen Sie einige typische Beispiele für solche CQ-Schleifen.

CQ CQ CQ DE HZG HZG HZG WX WX PSE AS CQ CQ CQ ....

Im Klartext heißt das: Allgemeiner Anruf an alle (CQ) von (DE) Damman Radio (HZG) – Wetterbericht (WX) – bitte warten (AS).

Zur festgesetzten Zeit würde dann der Wetterbericht kommen:

CQ DE HZG HZG HZG = Marine Weather Bulletin for the Red Sea and Golf of Aden ....

VVV DE YUR QSX 4 MHz CH 5/6/12 K

Die typische Zeichenfolge VVV wird oft anstatt von CQ gegeben und hat dann die gleiche Bedeutung.

Im Klartext heißt es dann: Allgemeiner Anruf (VVV) von (DE) Rijeka Radio (YUR) Wir hören auf 4 MHz (QSX 4MHz) Kanal (CH) 5/6/12, bitte kommen (K).

CQ DE OFJ TFC LIST

Allgemeiner Anruf an alle (CQ) von (DE) Helsinki Radio (OFJ) Traffic List (TFC LIST) folgt.

Hinweis: Eine Traffic List ist die Aufzählung der Rufzeichen von Schiffen, für die eine Meldung (ein Telegramm) vorliegt.

Weitere typische Beispiele:

DE A7D DE A7D DE .... Hier ist Doha Radio

CQ DE GKA 2/4/5/6 = QSX 4 8 12 AND 16 MHz

Hier ist Portishead Radio. Wir hören im 4, 8, 12 und 16 MHz-Band.

VVV DE PZN PZN PZN QTC = ...(Rufzeichen)...... QRU ? QSX ....

Allgemeiner Anruf an alle von Paramaribo Radio (PZN)

Wir haben Mitteilung (QTC) für ..... (Rufzeichen der betreffenden Schiffe) ..... Haben Sie Mitteilungen für uns (QRU ?) Wir hören auf (QSX) ....

Die Abkürzungen aus dem Q-Code sowie die sonstigen Telegrafie-Abkürzungen sind weiter hinten im Buch zusammengefaßt.

Erläuterungen zum Länderteil

Der nachfolgende Länderteil enthält alle wichtigen Informationen über sämtliche Küstenfunkstellen in aller Welt. Die Reihenfolge ist nicht alphabetisch. Wir beginnen bei den deutschen Küstenfunkstellen. Dann folgen die Länder an der Ostsee und Nordeuropa. Über die Nordsee geht es weiter nach Westeuropa und Südeuropa. Alle Mittelmeerländer folgen dann über Nahost und Nordafrika. Die Reihenfolge geht weiter mit Afrika, Arabien, Indischer Ozean, Südostasien, Ostasien, Australien, Pazifik, Nordamerika, Zentralamerika, Karibik und Südamerika.

Allen Regionen sind Karten vorangestellt, in denen die meisten der genannten Küstenfunkstellen verzeichnet sind, ebenso wie die wichtigsten geografischen Bezeichnungen. Diese Karten verschaffen einen guten Überblick, ersetzen aber keinesfalls exakte Land- bzw. Seekarten.

Um schnell Informationen über Küstenfunkstellen eines bestimmten Landes zu finden, empfiehlt es sich, zunächst vorn im Länderregister nachzuschlagen.

Die Angaben über die Küstenfunkstellen eines jeden Landes sind nach einem gewissen Schema geordnet. Für den Bereich Europa, Mittelmeer, Nordafrika, und Nordatlantik (inklusive Nordamerikanische Ostküste) werden die Mittelwellen-, Grenzwellen-, und Kurzwellenfrequenzen genannt, von allen anderen Ländern sind nur die Frequenzen oberhalb 3800 kHz aufgeführt.

Innerhalb der Funkstellen wird nach Betriebsarten (Telegrafie, Sprechfunk, Fernschreiben) unterschieden. Die Rufzeichen sind jeweils mit aufgeführt. Nach den Angaben über die Frequenzen folgen für jede der Betriebsarten Hinweise auf spezielle Sendezeiten, z.B. für Sammelanrufe, Nautische Warnsendungen und Wettervorhersagen.

Zum besseren Verständnis ist es aber nützlich, zunächst die einführenden Kapitel dieses Buches gründlich zu studieren.

Alle Zeitangaben in diesem Buch sind, wie international üblich, in „Universalzeit" (UTC) gehalten, die man auch „Weltzeit" nennt. Die früher gebräuchliche „Greenwich Mean Time" (GMT) entspricht in ihrer Umrechnung der UTC.

Bei uns im täglichen Leben gilt im Winterhalbjahr die „Mitteleuropäische Zeit" (MEZ), beziehungsweise im Sommerhalbjahr (April bis September) die „Mitteleuropäische Sommerzeit" (MESZ). Um nun die UTC zu errechnen, zieht man von der MEZ eine Stunde ab, und von der MESZ zieht man zwei Stunden ab.

UTC = MEZ - 1 Stunde UTC = MESZ - 2 Stunden

Beispiel: 1525 Uhr UTC = 1625 Uhr MEZ = 1725 Uhr MESZ

Rechnet man zur UTC eine Stunde hinzu, hat man die MEZ, rechnet man zwei Stunden hinzu, ergibt sich die Sommerzeit MESZ.

Eine Zeitangabe wie „...zweistündlich ab 0133 UTC..." müssen Sie so verstehen, daß die betreffende Aussendung in einem festen 2-Stunden-Rhythmus stattfindet, wobei dieser Rhythmus um 0133 UTC beginnt. Die nächsten Aussendungen wären dann um 0333 UTC, 0533 UTC, 0733 UTC, usw. Fast alle Zeitangaben in diesem Buch folgen diesem Schema.

Deutschland

Norddeich Radio

Küstenfunkstelle der Deutschen Bundespost TELEKOM für den öffentlichen Verkehr

Telegrafie auf MW (DAN) :

444 474 500 kHz

Sammelanruf zweistündlich ab 0130 UTC auf 474 kHz

Telegrafie auf KW:

(DAN)	4308,5	6435,5	8483,5	12898,5	17143,6	22516	kHz
(DAL)	4244	6456,5	8511,9	13027,5	17177,6	22666,2	kHz
(DAM)	4265	6475,5	8638,5	12763,5	16980,4	22476	kHz
(DAF)	4349,9	6363,5	8672,5	12832,5	17048	22591,5	kHz

Sammelanruf stündlich ab 0030 UTC auf den DAM-Frequenzen

Sprechfunk auf GW:

1799 1911 2182 2614 2799 2848 kHz

Sammelanruf stündlich ab 0045 UTC auf 2614 kHz.

Nautische Warnmeldungen vierstündlich ab 0133 UTC auf 2614 kHz. Wettervorhersage für die Nordsee um 0810 und 2010 UTC (im Sommer 1h früher) auf 2614 kHz.

Sprechfunk auf KW:

(DAJ)	4396	6501	8767	13146	17287	22714	kHz
(DAK)	4390		8761	13098	17311	22807	kHz
(DAI)	4423		8776	13128	17341	22762	kHz
(DAH)	4393		8800	13110	17356	22759	kHz
(DAP)	4357		8788	13089	17269	22744	kHz

Sammelanruf stündlich ab 0045 UTC auf den DAJ-Frequenzen

Wettervorhersage für den Mittelmeerraum um 1310 UTC auf 13110 kHz

Funkfernschreiben auf GW und KW:

(DCN)	2727	4210,5	6316	8430	12579,5	16807	22376,5 kHz
(DCM)		4212,5	6317,5	8418	12581	16811,5	22383,5
(DCL)		4213,5	6320	8423,5	12586,5	16828,5	22391
(DCF)		4216	6325	8427,5	12594	16836	22404,5

vorliegender Verkehr wird in den Sprechfunk- und Telegrafiesammelanrufen mit angekündigt.

Porträt Norddeich Radio

Erstaunlicherweise erfreut sich die Funkstelle Norddeich Radio eines hohen Bekanntheitsgrades – nicht nur unter Seeleuten und Funkern, sondern auch unter vielen Menschen, die damit gar nichts zu tun haben. Kein Wunder, denn diese Funkstelle hat nicht nur große historische Bedeutung in der deutschen Funkgeschichte, sondern ist auch heute noch ein wichtiges und zuverlässiges Bindeglied im internationalen Seefunk-Kommunikationsnetz.

Im Jahr 1905 ärgerte sich Deutschlands Kaiser Wilhelm II. über die englische Marconi-Funkstation auf Borkum, die sich weigerte, Telegramme von fremden Funkanlagen weiterzugeben. In diesem Fall befand sich Kaiser Wilhelm an Bord des deutschen Dampfers „Hamburg", der als eines der ersten deutschen Schiffe mit einer Telefunken-Funkanlage ausgerüstet war. Das Reichspostamt wurde unmittelbar nach diesem Zwischenfall angewiesen, eine deutsche Küstenfunkstelle zu errichten.

Ein geeignetes Gelände wurde im Nordwesten gefunden, nämlich in Utlandshörn gleich hinter dem Seedeich bei Norden, im Bereich der Gemeinde Norddeich. Wer den Ort noch nicht gefunden hat, sollte einmal Urlaub auf der ostfriesischen Insel Norderney machen! Dazu muß man nämlich mit der Fähre von Norddeich aus übersetzen – und kann dabei die Antennen von Norddeich Radio erspähen.

Am 1. Juni 1907 wurde der „allgemeine öffentliche Seefunkverkehr" der Funktelegraphenstation Norddeich eröffnet. Dank der leistungsfähigen und weitreichenden Funkanlagen nahm Norddeich von Anfang an einen der ersten Plätze innerhalb der bis dahin in Europa existierenden Küstenfunkstellen ein. Entsprechend gewichtig war auch die deutsche Stimme bei der internationalen Funkkonferenz 1912 in London. Dort wurde dann auch das Marconi-Monopol gebrochen und damit war dann der uneingeschränkte Nachrichtenaustausch zwischen allen Schiffen und Küstenfunkstellen möglich.

Von Anfang an war die ständige Hörbereitschaft auf der Welle 600 m (500 kHz) die wichtigste Aufgabe von Norddeich Radio, um eventuelle Seenotrufe „SOS" aufzufangen.

Nach dem 2. Weltkrieg durfte Norddeich Radio im Mai 1948 wieder seinen öffentlichen Seefunkdienst aufnehmen. Nachdem Anfang der 50er Jahre auch die deutsche Handelsschiffahrt wieder in Schwung kam, begann ein rasanter Aufschwung des Seefunkverkehrs. Weitere untergeordnete Küstenfunkstellen an der deutschen Nord- und Ostsee kamen hinzu. Im Sommer 1961 wurde der Seefunkdienst auf UKW eingeführt – ein großer Fortschritt, denn nicht nur die Gesprächsqualität war mit einem Schlag viel besser, sondern auch die Funkgeräte konnten viel leichter bedient werden.

Norddeich Radio mußte immer mehr Verkehr abwickeln – dadurch platzte die Station bald aus allen Nähten. Im Jahr 1964 wurden die Sendeanlagen auf das Gelände des ehemaligen Großrundfunksenders Osterloog verlagert. Die eigentlichen Arbeitsplätze blieben aber in Utlandshörn, von wo die Sender in Osterloog ferngesteuert werden.

Und die Technik machte Fortschritte: 1971 wurde das Funkfernschreibverfahren SITOR eingeführt, an dem sich schnell viele Schiffe beteiligten. Mit SITOR lassen sich Fernschreiben praktisch fehlerlos übertragen. Außerdem besteht die Möglichkeit zum automatischen Nachrichtenverkehr – eine ernste Konkurrenz zur manuellen Morsetelegrafie.

Aufgaben von Norddeich Radio

Die Hauptaufgabe der Küstenfunkstelle Norddeich Radio ist die kommerzielle Übermittlung von Ferngesprächen, Fernschreiben und Telegrammen; daneben erfüllt sie wichtige Aufgaben für die Sicherheit des menschlichen Lebens auf See. Norddeich Radio ist eine öffentliche Küstenfunkstelle. Öffentlich heißt in diesem Fall, daß jedermann die Dienste von Norddeich Radio in Anspruch nehmen kann. Es gibt auch Küstenfunkstellen für den nichtöffentlichen Verkehr, die von den Schiffahrtsbehörden zur Sicherung und Lenkung des Schiffsbetriebs auf See, auf Wasserstraßen und in Häfen betrieben werden.

So schafft Norddeich Radio Verbindung ...

Per Kurzwelle kann man von überall in der Welt Verbindung mit Norddeich Radio aufnehmen, wobei allerdings die Eigenheiten der Kurzwellenausbreitung zu berücksichtigen sind. Will eine Seefunkstelle (also ein Schiff) mit Norddeich in Kontakt treten, ruft es auf der jeweils gültigen Anruffrequenz. Bei Norddeich Radio sitzen Funker an hochempfindlichen Empfängern und hören die gerade aktuellen Anruffrequenzen ab. Es wird dann eine Arbeitsfrequenz zugeteilt, auf der ein Telegramm übermittelt oder eine Telefonverbindung hergestellt werden kann.

Umgekehrt kann man als Telefonteilnehmer Norddeich Radio anrufen und eine Gesprächsanmeldung aufgeben. In Sammelanrufen werden alle bei Norddeich Radio vorliegenden Telegramme und Anmeldungen für Gespräche an die Schiffe bekanntgegeben. Der Schiffsfunker muß sich daraufhin melden, eine Verbindung mit Norddeich aufbauen, und dann kann das Telefonat stattfinden oder das vorliegende Telegramm wird dann an das Schiff durchgegeben. Mit dem Selektivrufverfahren ist es möglich, einzelne Seefunkstellen gezielt anzusprechen und Kontaktwünsche automatisch anzuzeigen.

Sicherheitsaufgaben

Neben dem kommerziellen Funkdienst kümmert sich Norddeich Radio auch um Sicherheitsaufgaben. Die internationalen Seenotfrequenzen (500 kHz / Telegrafiefunk, 2182 kHz / Sprechfunk und 156,8 MHz / UKW-Sprechfunk) werden rund um die Uhr überwacht und abgehört. Bei Seenotfällen übernimmt Norddeich Radio die Leitung des Notverkehrs und stellt Peilungen an. Zur Sicherung der Navigation verbreitet Norddeich Radio Wetterberichte, Eisberichte, Wetterwarnungen und nautische Warnnachrichten. Und es gibt auch einen funkärztlichen Beratungsdienst.

Trübe Zukunftsaussichten

Der Seefunkdienst hat zwar eine enorme Bedeutung, aber die Technik hat sich in einem rasanten Tempo weiterentwickelt und macht Menschen fast überflüssig. Das Verkehrsaufkommen bei Norddeich Radio sinkt seit Jahren unaufhaltsam, während immer mehr Schiffe mit Satelliten-Funkanlagen ausgerüstet sind. Für solche Satelliten-Funkanlagen braucht man an Bord auch keine Funkoffiziere mehr, die Bedienung ist kinderleicht. Zudem zeichnet sich der Satelliten-Seefunkdienst durch hohe Zuverlässigkeit und Übertragungsqualität aus, bis hin zur Möglichkeit der Datenübertragung. Damit wird auch die legendäre Morsetechnik überflüssig und ganz verschwinden – die ersten großen Küstenfunkstellen haben schon jetzt den Morseverkehr eingestellt. Für die hochspezialisierten Funker bei Norddeich Radio sind die Zukunftsaussichten trübe ...

P.S.: Falls Sie nach Ostfriesland kommen und sich Norddeich Radio gern einmal anschauen möchten, empfehlen wir Ihnen die interessanten Besichtigungen, die Norddeich Radio mit kenntnisreichen Führern besonders in der sommerlichen Urlaubssaison anbietet. Information und Voranmeldung: Norddeich Radio, Postfach 1190, 2980 Norden, Tel. (04931) 183-238.

(Quellenangabe: Festschrift „75 Jahre Norddeich Radio", hrsg. von der OPD Hamburg)

Ein typischer Funkarbeitsplatz. (Foto: Nils Schiffhauer)

Konzentrierte Aufmerksamkeit am Not- und Anrufplatz. (Foto: Nils Schiffhauer)

Kiel Radio

Küstenfunkstelle der Deutschen Bundespost TELEKOM für den öffentlichen Verkehr

Sprechfunk auf GW (DAO):

1883 1918 2182 2775 kHz

Sammelanruf stündlich ab 0025 UTC auf 2775 kHz

Nautische Warnmeldungen vierstündlich ab 0233 UTC auf 2775 kHz

Wettervorhersage für die Ostsee um 0750 und 1950 UTC (im Sommer 1h früher) auf 2775 kHz.

Rügen Radio

Küstenfunkstelle der Deutschen Bundespost TELEKOM für den öffentlichen Verkehr

Telegrafie auf MW (DHS) :

432 500 522 kHz

Sammelanruf dreistündlich ab 0000 UTC auf 432 kHz

Telegrafie auf KW (DHS) :

4233,5	6466	8443	12681,5	16907,3	22481	kHz
4242,5	6428,5	8660	12745	17100	22613,5	kHz
4240	6343	8584	12702	17208,5	22584,5	kHz
4260	6449,5	8463	13062,5	16965	22569,5	kHz
4265	6358,5	8696	12860,5	17000	22605,5	kHz
4313	8608,5	12909	17183	22550		

Sammelanruf zweistündlich ab 0000 UTC auf den Frequenzen der 1. Reihe

Sprechfunk auf GW (DHS):

1719 2182 kHz

Sammelanruf vierstündlich ab 0333 UTC auf 1719 kHz

Nautische Warnmeldungen vierstündlich ab 0333 UTC auf 1719 kHz

Eisbericht – bei Bedarf – um 1010 UTC auf 1719 kHz

Wettervorhersage um 0710 1910 UTC auf 1719 kHz

Funkfernschreiben (DHS) :

2663,7	4216,5	6358,5	8608,5	12909	16819	22396	kHz
			8430	12600		22605,5	kHz

Pressefunkdienst für Seefahrer

Nachrichtendienst der „Deutschen Presse Agentur" (dpa), Hamburg, im Auftrag des „Sozialwerk für Seeleute" (SfS), Hamburg, für die deutsche Handelsschiffahrt.

Telegrafie auf KW :

(DGR28)	17082 kHz		1620-1645 UTC
(DFW36)	22361 kHz	0920-0945 UTC	1620-1645 UTC

Funkfernschreiben auf KW :

(DGF41)	6418,5 kHz		2000-2015 UTC
(DFW36)	22361 kHz	0900-0915 UTC	

Ebenfalls auf Kurzwelle wird der Nachrichtendienst der „Deutschen See-Reederei" (DSR), Rostock, ausgestrahlt; allerdings nicht von Deutschland aus. Die Aussendungen werden von Schiffen der DSR mit günstigen Standorten via Satellit empfangen, und auf Kurzwelle ausgestrahlt.

Funkfernschreiben auf KW :

8379,5 kHz	1300 + 1630 UTC
12561 kHz	1315 + 1645 UTC
16786 kHz	1330 + 1700 UTC
22353 kHz	1345 + 1715 UTC

Wetterfunk

Wetterberichte in Sprechfunk (Deutsch/Englisch) können Sie von Deutschen Küstenfunkstellen wie folgt empfangen:
Norddeich Radio auf 2614 kHz um 0810 und 2010 UTC (während der Sommerzeit um 0710 und 1910 UTC) für die Nordsee, die nordeuropäischen Küstengewässer, und den angrenzenden Nordatlantik.
Kiel Radio auf 2775 kHz um 0750 und 1950 UTC (während der Sommerzeit um 0650 und 1850 UTC) für alle Gebiete der Ostsee westlich von Bornholm und südlich des Skagerraks.
Rügen Radio sendet auch einen Bericht für die Ostsee um 0710 und 1910 UTC auf 1719 kHz aus.
Für das gesamte Mittelmeergebiet strahlt Norddeich Radio auf 13110 kHz Sommer wie Winter um 1310 UTC einen ausführlichen Wetterbericht aus.

Bundesmarine Glücksburg

Funkstelle der Marine für den militärischen Verkehr

Telegrafie auf GW (DHJ58) :

1745 kHz

Seewarndienst Cuxhaven

Meldestelle der Revierzentrale Cuxhaven für Ölunfälle

Sprechfunk auf GW:

1915 2839 kHz

Bundesmarine Wilhelmshaven

Funkstelle der Bundesmarine für den militärischen Funkverkehr

Telegrafie auf GW und KW (DHJ59) :

1680,5 1830,5 4277 6339 6913 8648 12705 kHz

Deutsche Gesellschafft zur Rettung Schiffbrüchiger (DGzRS)

Gemeinnützige Organisation zur Durchführung des Rettungsdienstes im Bereich der Territorialgewässer der BR Deutschland mit Sitz in Bremen. Die DGzRS betreibt die Seenotleitung Bremen (= MRCC Bremen), sowie landgestützte Rettungszentren in Borkum, Norderney, Langeoog, Wilhelmshaven, Helgoland, Bremerhaven, Cuxhaven, Büsum, Nordstrand, Amrum, List auf Sylt (Nordsee); Maasholm, Laboe, Grömitz, Travemünde, Warnemünde, Sassnitz, Kröslin (Ostsee); außerdem insgesamt 50 Seenotkreuzer und Seenotrettungsboote.

Sprechfunk auf GW :

1655 1662,5 1665 2182 3023 3391,5 kHz

»Mast-
und Schotbruch«
Wenn Sie aber tatsächlich mal in Schwierigkei-
ten kommen, sind wir für Sie da: die DGzRS.
Unser Beitrag auch zu Ihrer Sicherheit: 37
Seenotkreuzer und Rettungsboote. Rund um
die Uhr klar zum Einsatz. Bei jedem Wetter.
Unsere Bitte: Unterstützen Sie das Seenot-
rettungswerk – als Mitglied oder Spender.
Deutsche Gesellschaft
zur Rettung Schiffbrüchiger
Werderstraße 2 · 2800 Bremen 1
Postscheck Hamburg (BLZ 200 100 20) 7046-200
Wir danken für die gespendete Anzeige

Versorgungsbereich der deutschen UKW-Küstenfunkstellen und UKW-Arbeitskanäle:

Norddeich Radio (DAN):	UKW-Kanal	16, **28**, 61, 86
Elbe-Weser-Radio (DAC):	UKW-Kanal	01, 16, **23**, 24, **26**, 28, 62
abgesetzte Stationen:		
Bremen	UKW-Kanal	16, 25, **28**
Hamburg	UKW-Kanal	16, 25, **27**, 82, 83
Helgoland	UKW-Kanal	03, 16, **27**, 88
Eiderstedt	UKW-Kanal	16, **25**, 64
Nordfriesland Radio	UKW-Kanal	05, 16, **26**
Kiel Radio (DAO):	UKW-Kanal	16, 23, **24**, **26**, 78, 87
abgesetzte Stationen:		
Lübeck	UKW-Kanal	16, 24, **27**, 82, 83
Flensburg	UKW-Kanal	16, 25, **27**, 64
Rostock Radio (DHT):	UKW-Kanal	16, 18, 23, 24, **26**, **80**, 87
abgesetzte Stationen:		
Wismar	UKW-Kanal	16, 18, 21, **84**
Ahrenshoop	UKW-Kanal	16, **23**, 26, 84
Buk	UKW-Kanal	16, **21**, 80, 87
Rügen Radio (DHS):	UKW-Kanal	16, 62, 66
abgesetzte Stationen:		
Kap Arkona	UKW-Kanal	16, **01**, 05, 62
Göhren	UKW-Kanal	16, 01, **05**, 66

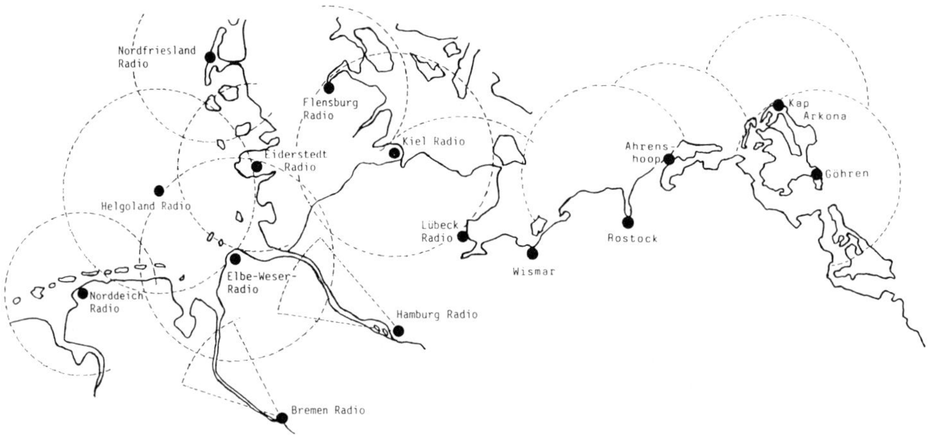

Seewetterberichte des Deutschen Wetterdienstes

Das Seewetteramt (SWA) des Deutschen Wetterdienstes (DWD) strahlt fast rund um die Uhr Seewetterberichte und Meldungen per Funkschreiben aus. (Bis Ende 1991 kamen die Sendungen auch per Morsetelegraphie, doch diese Betriebsart wurde eingestellt.)

Die Fernschreibsendungen (F1B, 50 Bd) werden über Sendeanlagen in Offenbach/Main (DDH) und Pinneberg (DDK) auf folgenden Frequenzen ausgestrahlt:

147,3	kHz	(DDH47)	7646	kHz	(DDH7)
11039	kHz	(DDH9)	11638	kHz	(DDK8)
4583	kHz	(DDK2)			

Neben verschlüsselten Wettermeldungen (SYNOP) kommen auch zahlreiche Berichte und Meldungen im Klartext, z.B.:

- Seewetterbericht für Nordsee und Ostsee,
- Schiffswettermeldungen Nordatlantik,
- meteorologische und nautische Warnnachrichten,
- Seewetterberichte für die europäischen Küstengewässer,
- Seewetterbericht Mittelmeer
- Wetterentwicklungen

Den genauen und aktuellen Sendeplan kann man beim Seewetteramt gegen Rückporto anfordern (siehe unten).

FAX-Ausstrahlungen des DWD für die Schiffahrt

Wer ein Faxgerät an Bord hat, kann auch die Wetterkarten empfangen, die der Deutsche Wetterdienst für die Schiffahrt per Funkfax (F1C) ebenfalls fast rund um die Uhr auf folgenden Frequenzen ausstrahlt:

3855 kHz (DDH3) 7880 kHz (DDK3) 13882,5 kHz (DDK6)

Ein Tip: Das Seewetteramt (SWA) gibt eine sehr nützliche und informative Broschüre heraus mit dem Titel: „Sturmwarnungen und Seewetterberichte für die Sport- und Küstenschiffahrt". Darin sind detailliert alle Sturmwarndienste und Seewetterberichte aufgelistet, die von deutschen Küstenfunkstellen und von Rundfunksendern ausgestrahlt werden. Außerdem finden sich darin Hinweise auf weitere Informationsmöglichkeiten (z.B. Törnberatung für Segler). Wichtige Begriffe werden in der Broschüre ebenfalls erklärt. Außerdem finden Sie darin die detaillierten Sendepläne der oben genannten RTTY- und FAX-Wettersendungen. Die Broschüre gibt es gegen Rückporto beim

Seewetteramt des Deutschen Wetterdienstes
Postfach 30 11 90, 2000 Hamburg 36, Telefon (0 40) 31 90-0

ISLAND
NORWEGEN
FINNLAND
A21
A11
ATLANTIK
A20
N1
N
2
SCHWEDEN
B7
A10
B8
N3
B14
BALTISCHE
REPUBLIKEN
A9
SCHOTT-
LAND
N4
N9
B13
B9
DÄNE-
MARK
12
B10
N8
N10
B11
POLEN
IRLAND
A8
N11
DEUTSCHLAND
ENGLAND
N12
BENELUX
A7
A5
A6
EUROPA
FRANKREICH
A4
M8
(JUGOSLAWIEN)
M6
M3
ITALIEN
A3
M1
KORSIKA
PORTUGAL
M5
SPANIEN
BALEAREN
M4
A2
SARDINIEN
M7
M2
SIZILIEN
A1
MITTELMEER
ALGERIEN
TUNE-
SIEN
MAROKKO

Die wichtigsten Vorhersagegebiete des Seewetterdienstes:

Die Karte gibt einen Überblick über die Seegebiete, für die der Deutsche Wetterdienst Seewetterberichte verbreitet. Die angegebenen Bezeichnungen werden auch in den Wetterberichten so gebraucht, deswegen hier die genaue Auflistung:

Nordsee:Ostsee:

N1	Viking
N2/3	Utsira
N4	Forties
N8	Dogger
N9	Fischer
N10	Deutsche Bucht
N11/12	südwestliche Nordsee
B7	Nördliche Ostsee
B8	Zentrale Ostsee
B9	Südöstliche Ostsee
B10	Südliche Ostsee
B11	Westliche Ostsee
B12	Belte und Sund
B13	Kattegat
B14	Skagerrak

Atlantik:

A1	Westlich Gibraltar
A2	Portugiesische Küste
A3	Finisterre
A4	Biskaya
A5	Engl. Kanal Ostteil
A6	Engl. Kanal Westteil
A7	Südlich Irland
A9	Hebriden
A10	Pentlands
A11	Svinöy
A15	Südwestlich Bäreninsel
A16	Spitzbergen
A20	Shetlands
A21	Faröer
A26	Dohrnbank
I	Südostgrönland
II	Südwestgrönland

Mittelmeer:

M1	Golfe du Lion
M2	Balearen
M3	Ligurisches Meer
M4	Westlich Korsika-Sardinien
M5	Tyrrhenisches Meer
M6	Adria
M7	Ionisches Meer
M8	Biskaya
M9	Ägäis

Seewetterberichte Mittelmeer/Biskaya im Kurzwellen-Rundfunk:

Speziell für Yacht-Urlauber strahlen die Deutsche Welle und Radio Österreich International im Sommerhalbjahr besondere Seewetterberichte aus. Diese Rundfunksendungen sind auch unterwegs mit jedem Reiseradio gut zu empfangen.

Deutsche Welle: Jeweils im Rahmen des Reisejournals, Montag bis Freitag zwischen 17.15 und 18.00 Uhr UTC, Samstag zwischen 17.15 und 17.45 Uhr UTC, Sonntag/Feiertag zwischen 17.10 und 17.15 Uhr UTC. Frequenzen: 3995, 6075, 6115, 7185, 9545, 9735 kHz.

Radio Österreich International: Innerhalb des Ferienjournals bringt RÖI in Zusammenarbeit mit dem Österreichischen Seglerverband Seewetterberichte für den Französischen Atlantik, Portugal, Spanien, Westliches Mittelmeer, Adria und das Ägäische Meer. Sendezeiten: täglich 05.30 Uhr UTC (Sonntag/Feiertag: 05.45 Uhr UTC) und 10.10 Uhr UTC. Frequenzen: 6155, 13730, 15410, 21490 kHz.

Ostsee / Nordeuropa

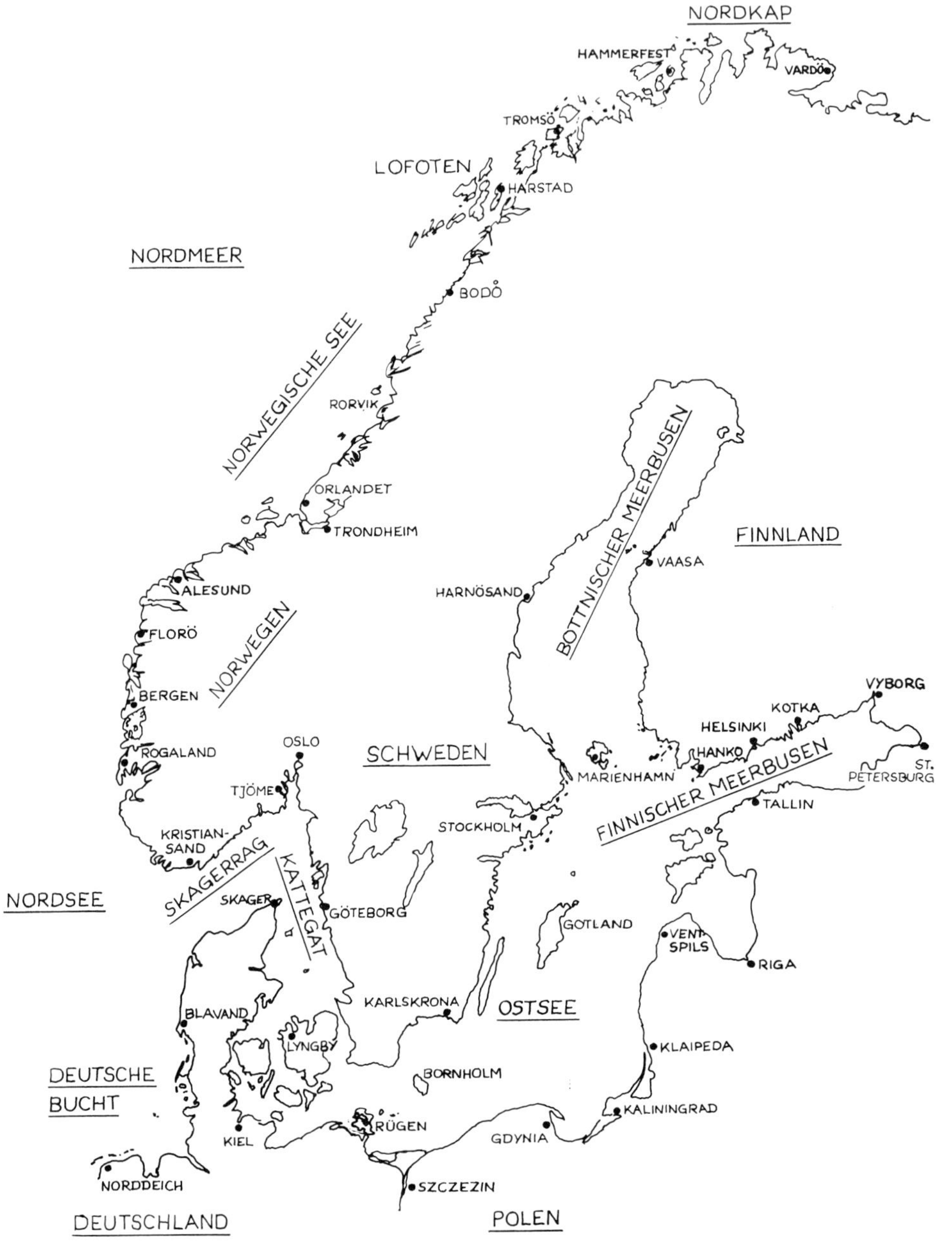

Dänemark

Lyngby Radio

Telegrafie auf MW (OXZ) :	438	487	500	512	kHz
Telegrafie auf KW (OXZ) :	4303	6446,8	8598		
	12916,5	17068,4	22459	25262	kHz
	12753,5	17203,9	22602,5		kHz
	Sammelanruf zweistündlich ab 0000 UTC				
Sprechfunk auf GW (OXZ) :	1687	2182 kHz			

Sprechfunk auf KW (OXZ) :

4408		8740	13116	17344	22801		kHz
4363	6513	8719	13104	17248	22717	26148	kHz
4381	6507	8749	13107	17254	22726	26145	kHz
4399		8755	13083	17281	22732		kHz
4357		8770	13119	17290	22741		kHz
4414		8803	13125	17293	22747		kHz
4432		8785	13131	17263	22702		kHz
4426		8791	13152	17305	22777		kHz
4429		8797	13143	17242	22795		kHz
				17362			kHz

Sammelanruf zweistündlich ab 0105 UTC auf den Frequenzen der 1. Reihe

Funkfernschreiben (OXZ) :			GW	1613 kHz			
4211	6318,5	8421	12592	16815,5	22394	26101,5	kHz
4215,5	6321	8427	12601,5	16821,5	22385		kHz
			12584		22405,5		kHz

Sammelanruf zweistündlich ab 0130 UTC
Pressefunkdienst um 1200 UTC auf den Frequenzen der 2. Reihe

Rönne Radio
Sprechfunk auf GW (OYE) : 2182 2586 kHz

Skagen Radio

Telegrafie auf MW (OXP) :	464	500	512 kHz
Sprechfunk auf GW (OXP) :	1701	2182	2740 kHz

Blavand Radio

Telegrafie auf MW (OXB) :	429	500	512		kHz
Sprechfunk auf GW (OXB) :	1713	1813	2182	2593	kHz

Fladeradio Aarhus (Marine)
Telegrafie auf LW & GW (OUA) : 122,3 2357,5 kHz

Fladeradio Frederikshavn (Marine)
Telegrafie auf KW (OVG) : 5760 8148 12329 16323 kHz

Wetterfunk

Wettervorhersagen in Sprechfunk werden von dänischen Küstenfunkstellen nur auf Anfrage (gegen Gebühr) gesendet. In Telegrafie hingegen kann man sich um 0920 1220 1820 2320 UTC von Lyngby Radio auf 487 kHz über das kommende Wetter in den dänischen Küstengewässern informieren lassen.

Norwegen

Rogaland Radio

Televerket
Rogaland radio

Telegrafie auf MW (LGQ) :

438	500	516	kHz

Telegrafie auf KW (LG-, LF-) :

4241	6432	8574	12727,5	17074,4	22425,5	25308	kHz
4325	6467	8527,5	12682,5	16952,4	22610,5	25382,5	kHz
	8678	12876	16928,4	22473			kHz
		12961,5	17165,6				kHz

Sammelanruf stündlich ab 0000 UTC auf den Frequenzen der 1. Reihe
Nautische Warnmeldungen um 0200 0800 1400 1900 UTC auf der 1. Frequenzreihe

Sprechfunk auf GW (LGQ) : 1729 2182 2652,9 2656 3638 kHz

Sammelanruf & Nautische Warnungen vierstündlich ab 0333 UTC auf 1729 kHz

Sprechfunk auf KW (LGQ) :

4381	8779	13137	17302	22756	kHz
4375	8749	13125	17242	22717	kHz
4363	8746	13158	17248	22795	kHz
4432	8755	13107	17269	22792	kHz
	8743	13167	17251	22813	kHz
	8803	13086	17260	22699	kHz
	8800	13128	17278	22810	kHz
		13113	17326	22804	kHz
		13140	17296	22738	kHz
		13149	17299		kHz
		13089	17320		kHz

Sammelanruf um 0800 1200 UTC auf 13137 + 17302 kHz und um 1800 2300 UTC auf 8779 + 13137 kHz
Wettervorhersage um 1205 UTC auf 8749 + 13158 kHz und um 2305 UTC auf 8749 kHz

Funkfernschreiben auf GW & KW :

1645	1646	1647	2879,5	3277		kHz
4211,5	6318	8426,5	12589	16809	22402	kHz
4213	6324	8418,5	12605	16832		kHz

Tjöme Radio
Sprechfunk auf GW (LGT) : 1736 2182 2649 2663 kHz

Farsund Radio
Sprechfunk auf GW (LGZ) : 1750 2182 2642 2635 2638,9 3641,9 kHz

Bergen Radio

Sprechfunk auf GW (LGN) :	1743	2182	2670	3631	kHz

Navy Stavanger

Telegrafie auf GW & KW (LBA) :	2206	3656	5427,5	11454

Florö Radio

Sprechfunk auf GW (LGL) :	1757	2182	2649	3645

Ålesund Radio

Telegrafie auf MW (LGA) :	487	500		
Sprechfunk auf GW (LGA) :	1694	1722	2182	2663
	2695	3652		

Orlandet Radio

Telegrafie auf MW (LGD) :	441	500		
Sprechfunk auf GW (LFO) :	1743	1757	2182	2635
	2670	3627,9		

Bodö Radio

Telegrafie auf MW (LGP) :	487	500		
Sprechfunk auf GW (LGP) :	2182	2642	2656	2695
	3645			

Navy Bodö

Telegrafie auf GW & KW (JXU) :	2677	5226,5	5854

Harstadt Radio

Telegrafie auf MW (LGH) :	444	500	516	
Sprechfunk auf GW (LGE) :	1715	1736	1750	2182
	2635	2649	2656	2663

Hammerfest Radio

Telegrafie auf MW (LGI) :	438	500		
Sprechfunk auf GW (LGI) :	1722	1743	1803	2182
	2695	3652		

Vardö Radio

Telegrafie auf MW (LGV) :	500	522		
Sprechfunk auf GW (LGV) :	1729	2182	2642	2656
	2670	3631		

Wetterfunk

Die regionalen norwegischen Küstenfunkstellen senden ausführliche Wettervorhersagen nur noch auf Anfrage sowohl in Sprechfunk als auch in Telegrafie. Einen überregionalen Wetterdienst mit Vorhersagen für den gesamten norwegischen Küstenraum bietet Rogaland Radio in SSB ab 1205 UTC auf 8749 und 13158 kHz und ab 2305 UTC auf 8749 kHz in Norwegisch und Englisch.

Schweden

Göteborg Radio

Telegrafie auf MW (SAG) :	450	500	512

Telegrafie auf KW (SAG,SAB) :

4262	6372,5	8498	12755,5	17057,2	22663,5	25415,5	kHz
4299,5	6451,5	8646	12880,5	17079,4	22438,5	25461	kHz

Sammelanruf zweistündlich ab 0100 UTC
Pressefunkdienst um 0100 1900 UTC in schwedischer Sprache

Härnösand Radio

Telegrafie auf MW (SAH) :	464	500	512	kHz
Sprechfunk auf GW (SAH) :	1650	2182	2733	kHz

Stockholm Radio

Telegrafie auf MW (SDJ) :	411	500		
Sprechfunk auf GW (SDJ) :	1771	1778	2182	2754

Tingstäde Radio

Telegrafie auf MW (SAE) :	418	500
Sprechfunk auf GW (SAE) :	2182	2768

Karlskrona Radio

Telegrafie auf MW (SAA) :	416	483	500
Sprechfunk auf GW (SAA) :	2182	2789	

Sprechfunk auf GW (SAG) :

1785	1904	2182	kHz

Sammelanruf vierstündlich ab 0233 UTC auf 1785 kHz
Wettervorhersage um 1033 2233 auf 1785 kHz

Sprechfunk auf KW (SAG) :

4357	6507	8719	13083	17254	22702	kHz
4414	6513	8725	13119	17263	22726	kHz
4426	8791	13131	17281	22732		kHz
	8797	13152	17362	22777		kHz
				22783		kHz

Sammelanruf zweistündlich ab 0000 UTC

Funkfernschreiben auf KW (SAB) :

4268,6	6460	8556	12818	17024	22356,8	kHz

Göteborg Radio benutzt statt des üblichen „SITOR"-Systems das eigene „MARITEX"-System.

Wetterfunk

Die schwedischen Küstenfunkstellen senden Wettervorhersagen für die folgenden 24 Stunden für ihren Arbeitsbereich u.a. in Sprechfunk / Englisch :
Härnösand Radio um 0833 2033 UTC auf 1650 2733 kHz, Stockholm Radio um 0933 2133 UTC auf 1771 1778 kHz, Tingstäde Radio um 1006 2206 UTC auf 2768 kHz, Karlskrona Radio um 0954 2154 UTC auf 2789 kHz, und Göteborg Radio um 1033 2233 UTC auf 1785 kHz.

Finnland

Helsinki Radio

Telegrafie auf MW (OHC) :	438	474	500	512	kHz

Telegrafie auf KW (OFJ) :

4271	6355	8457	12687	16923,6	22610,5	kHz

Sammelanruf zweistündlich ab 0005 UTC

Sprechfunk auf GW (OHG) :

1862	2182	2803	2810	kHz

Sammelanruf zweistündlich von 0750 bis 2150 sowie um 0605 UTC auf 1862, 2803, 2810 kHz
Nautische Warnmeldungen vierstündlich ab 0333 UTC auf 1862, 2803, 2810 kHz
Wettervorhersage um 0733 1933 auf 1862 2803 2810 kHz

Sprechfunk auf KW (OHG2) :

4393	8803	13155	17353	22705	kHz
4405	8728	13092	17281	22759	

Sammelanruf: 0655 0855 1255 1855 UTC auf den Frequenzen der 1. Reihe

Funkfernschreiben auf GW & KW (OFA) :

1709,5	4215	6317	8419	12595,5	16825	22395	kHz

Mariehamn Radio

Telegrafie auf MW (OHM) :	433	500	512	kHz
Sprechfunk auf GW (OFH) :	1852	1876	2182	kHz

Wetterfunk

Wettervorhersagen in Englisch für die Finnischen Küstengewässer können Sie in Sprechfunk von Helsinki Radio auf 1862 2803 2810 kHz um 0733 1933 UTC und von Mariehamn Radio auf 1852 kHz um 0833 2033 UTC hören.
Telegrafisch kommt von Helsinki Radio die Wettervorhersage um 0825 und 1825 UTC sowie der Eisbericht – bei Bedarf – um 1318 UTC auf 4272 kHz.

Polen

Gdynia Radio

Telegrafie auf MW (SPH) : 447 500 512 kHz

Telegrafie auf KW (SPH) :

4337	6383	8482	12721	17213,9	22495	kHz
4272	6398	8634	12826,5	17016	22607,5	kHz
4319	8666,4	12928	17064	22599,5		kHz
	8678		16914,5			kHz

Sammelanruf vierstündlich ab 0005 UTC auf ausgewählten Frequenzen

Sprechfunk auf GW (SPC) :

1938 2182 2191 2726 kHz

Sammelanruf vierstündlich ab 0035 UTC auf 2726 kHz
Nautische Warnmeldungen vierstündlich ab 0133 UTC auf 2726 kHz
Wetterbericht um 0135 0735 1035 1335 1935 UTC auf 2726 kHz, sowie um 1035 1335 UTC auch auf 1818 kHz

Sprechfunk auf KW (SPC) :

4360	6504	8728	13101	17260	22711	kHz
4372	8734	13122	17332	22720		kHz
4423	8752	13161	17338	22738		kHz
	8788	13167	22789			

Funkfernschreiben auf KW (SPA) :

4211,5	6315,5	8417,5	12580,5	16808	22377,5	kHz
4216	6322,5	8427,5	12598	16839	22409	kHz

Szczecin Radio

Telegrafie auf MW (SPE) : 435 458 484 500 512 kHz

Telegrafie auf KW (SPE) :

4306	6376	8557	12939	16974	22505	25207,5	kHz
4331	6459	8650	12872	17070	22551	25315	kHz
		13022					

Sammelanruf vierstündlich ab 0210 UTC auf ausgewählten Frequenzen

Sprechfunk auf GW (SPO) :

1757	2182	2191	2831 kHz

Sammelanruf vierstündlich ab 0105 UTC auf 2831 kHz
Nautische Warnmeldungen vierstündlich ab 0200 UTC auf 2831 kHz

Sprechfunk auf KW (SPO) :

4366	6510	8746	13134	17314	22750	kHz
4378	8806	13155	17353			

Funkfernschreiben auf GW & KW (SPB) :

2829,5	6321,5	12581,5	12597	16809,5	22379	kHz

Sammelanruf vierstündlich ab 0200 UTC

Witowo Radio

Telegrafie auf MW (SPN) :	444	500	512		kHz
Sprechfunk auf GW (SPS) :	2182	2191	2639	2719	kHz

Warszawa Radio

Funkfernschreiben auf KW (SPW) :	7723,5	7892,5	7973,5	11424	
	13602,4	18993,5	20286,5		kHz

Wetterfunk

Für das Gebiet der polnischen Ostseeküste sendet Gdynia Radio um 1335 UTC auf 1818 2726 kHz und um 1935 UTC auf 2726 kHz ausführliche Vorhersagen in polnischer und englischer Sprache.

Litauen

Klaipeda Radio

Telegrafie auf MW (UNM2) : 455 500 522 kHz

Telegrafie auf KW (UNM2) :

4229 6439 8473 8701 12703 17134 kHz

Sammelanruf stündlich ab 0000 UTC
Wettervorhersage um 0510 1300 UTC auf 4229 kHz

Sprechfunk auf GW (UNM2) : 2182 3215 kHz

Nautische Warnmeldungen vierstündlich ab 0333 UTC auf 3215 kHz

Sprechfunk auf KW (UNM2) : 4369 13089 17242 kHz

Wetterfunk

Für die litauische Ostseeküste werden Wettervorhersagen in englischer Sprache von Klaipeda Radio in Telegrafie durchgegeben; auf 522 4229 kHz um 0510 1300 UTC.

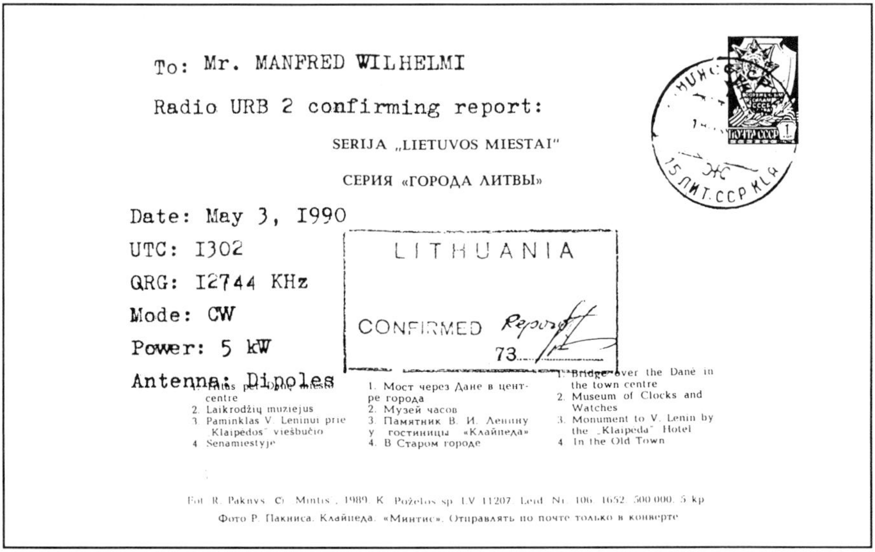
To: Mr. MANFRED WILHELMI
Radio URB 2 confirming report:
SERIJA „LIETUVOS MIESTAI"
СЕРИЯ «ГОРОДА ЛИТВЫ»
Date: May 3, 1990
UTC: 1302
QRG: 12744 KHz
Mode: CW
Power: 5 kW
Antenna: Dipoles
LITHUANIA
CONFIRMED Report
73
2. Laikrodžių muziejus
3. Paminklas V. Leninui prie „Klaipėdos" viešbučio
4. Senamiestyje
1. Мост через Дане в центре города
2. Музей часов
3. Памятник В. И. Ленину у гостиницы «Клайпеда»
4. В Старом городе
1. Bridge over the Danė in the town centre
2. Museum of Clocks and Watches
3. Monument to V. Lenin by the „Klaipėda" Hotel
4. In the Old Town
Fot. R. Paknys. © „Mintis", 1989. K. Poželos sp. LV 11207. Leid. Nr. 106. 1652. 500 000. 5 kp
Фото Р. Пакниса. Клайпеда. «Минтис». Отправлять по почте только в конверте

Lettland

Riga Radio

Telegrafie auf MW (UKB) :	411	489	500 kHz			
Telegrafie auf KW (UDH) :	4236	6386,5	8506	13070	16997	
	22586,5	22455	kHz			
	Sammelanruf stündlich von 0800 bis 2300 UTC					
Telegrafie auf KW (UQK) :	4283	8545	12706	16892	22520	kHz
Sprechfunk auf GW & KW (UDH) :		2182	4357	13089	17329	kHz
Funkfernschreiben auf KW (UDH) :		6316	12590,5	kHz		

Ventspils Radio

Telegrafie auf MW (UNI) :	429	500	kHz
Sprechfunk auf GW (UNI) :	2182	2670	kHz

Estland

Tallin Radio

Telegrafie auf MW (UNS) :	450	500	kHz		
Sprechfunk auf GW (UAH) :	2182	3310	kHz		
Telegrafie auf KW (UAH) :	4285	6405	6485	8476	12723
	17077	kHz			
	Sammelanruf stündlich ab 0000 UTC auf 4/6/8 MHz				
	Wettervorhersage um 1030 UTC auf 6405 kHz				
Funkfernschreiben auf KW (UAH) :		8422	12600,5	16826	kHz

Wetterfunk

Tallin Radio sendet für das Küstengebiet der Estnischen Republik eine Wettervorhersage in Telegrafie auf Englisch um 1300 UTC auf 450 6405 kHz.

Rußland – Ostseeküste

Kaliningrad Radio

Telegrafie auf MW (UGK2) : 472 476 500 kHz

Telegrafie auf GW & KW (UJY) :

2580	6360	8466	12690	16865	22315	kHz
3737	6465	8555,5		17152		kHz

Wettervorhersage um 0510 1310 2210 UTC auf 2580 kHz

Sprechfunk auf GW (UGK2) : 1734,2 2182 kHz

St. Petersburg Radio

Telegrafie auf MW (UDB) : 484 500 kHz

Telegrafie auf KW (URD) :

3540	6425	8687,6	12693	17115	kHz
4315	6354	8575	13030	17010	kHz

Sammelanruf zweistündlich ab 0100 UTC
Wettervorhersage um 1600 UTC auf den Frequenzen der 2.Reihe

Sprechfunk auf GW & KW (URD) :

2182 4396 8737 13086 17254 22732 kHz

Funkfernschreiben auf KW (URD) :

4211,5 6325,5 8421,5 12580 16846 22404,5 kHz

Moskau Radio

Telegrafie auf KW (UAT) : 8440,6 12910 16992,8 22512 kHz

Sammelanruf stündlich ab 0103 UTC

Sprechfunk auf KW (UAT) : 13077 17257 22714 kHz

Funkfernschreiben auf KW (UAT) :

6319 8419 12599,5 16837 22382,5 kHz

Europäisches Nordmeer

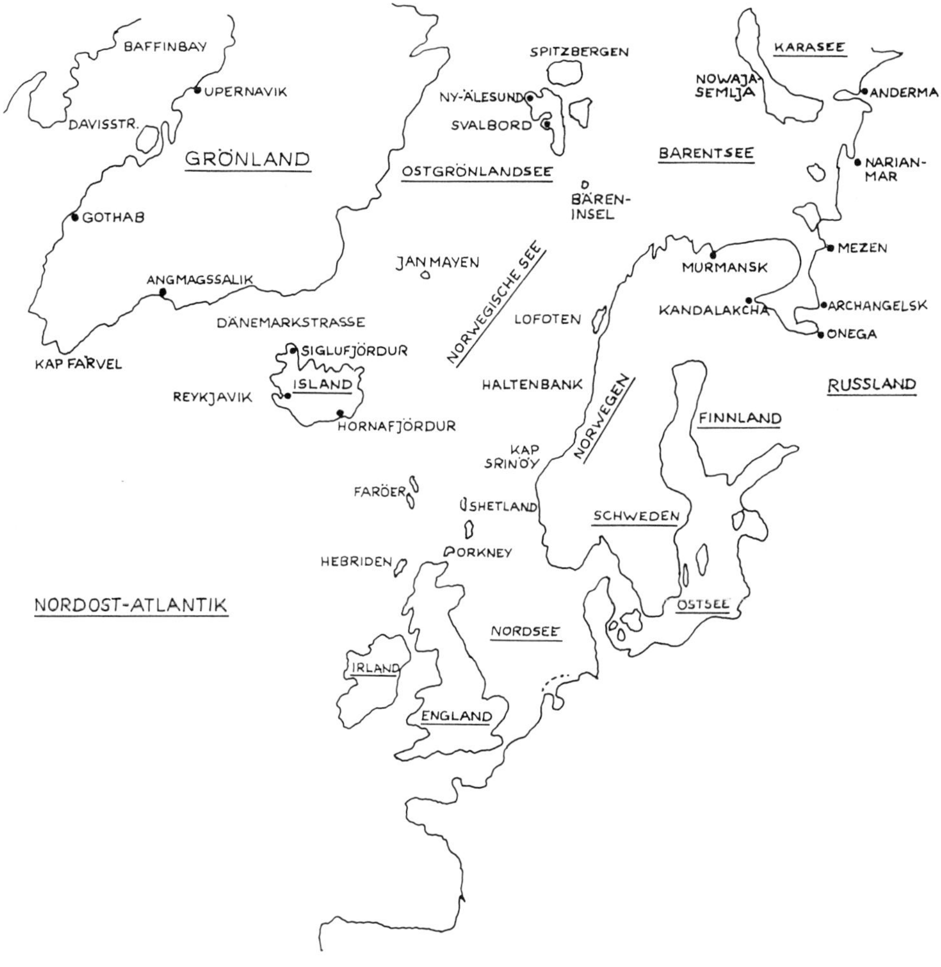

Rußland – Nordmeerküste

Murmansk Radio

Telegrafie auf KW (UMV) :

4307	6494,9	8515	12661	16960	kHz
	6400	8690	12730	17140	

Sammelanruf stündlich ab 0000 UTC
Wettervorhersage um 0630 1700 UTC auf 4/6 MHz der 1. Reihe
Langfristige Wettervorhersage um 1700 auf 12661 kHz

Sprechfunk auf KW (UMV) : 4360 8788 kHz

Funkfernschreiben auf KW (UMV) : 12579,5 kHz

Murmansk Naval Radio (Marine)

Telegrafie auf KW (UDK2) : 4260 6455 12797 16922 22497 kHz

Archangelsk Radio

Telegrafie auf KW (UXN) :

4253 4349 6470 8610 12795 17233,9 kHz

Sammelanruf stündlich ab 0000 UTC
Wettervorhersage um 0530 1730 UTC auf 4253 kHz

Sprechfunk auf KW (UXN) : 4357 8785 13101 17317 kHz

Funkfernschreiben auf KW (UXN) : 6319,5 8423 12607,5 16829,5 kHz

Amderma Radio

Telegrafie auf KW (UPM) : 6475 kHz

Wettervorhersage um 1600 UTC

Dikson Radio

Telegrafie auf KW (USZ2) : 6365 kHz

Wettervorhersage um 0530 1630

Wetterfunk

In Telegrafie wird das Wetter für die russische Nordküste in englischer Sprache von Murmansk Radio um 0630 1700 UTC auf 4307 6494,9 kHz, von Amderma Radio um 1600 UTC auf 6475 kHz, und von Dikson Radio um 0530 1630 UTC auf 6365 kHz ausgestrahlt. Eine ausführliche Vorhersage für den gesamten Nordatlantik kommt von Archangelsk Radio telegrafisch in Russisch auf 12661,5 kHz um 1700 UTC.

Spitzbergen

Svalbard Radio

Telegrafie auf MW (LGS) :	438, 500 kHz
Sprechfunk auf GW (LGS) :	1694, 1736, 2182, 3645 kHz

Ny-Ålesund Radio

Telegrafie auf MW (LJN) :	487, 500 kHz
Sprechfunk auf GW (LJN) :	1729, 2182 kHz

Björnöya Radio

Telegrafie auf MW (LJB) :	441, 500 kHz
Sprechfunk auf GW (LJB) :	1757, 2182 kHz

Wetterfunk

Für das Gebiet um Spitzbergen sendet Björnöya Radio in norwegisch und englisch eine Wettervorhersage in SSB auf 1757 kHz um 0905 1305 2005 UTC.

Jan Mayen

Jan Mayen Radio

Sprechfunk auf GW (LMJ) : 1722 2182 kHz

Wetterfunk

Jan Mayen Radio sendet eine Wettervorhersage in norwegisch und englisch auf 1722 kHz in Sprechfunk um 0905 2005 UTC.

Färöer

Torshavn Radio

Telegrafie auf MW (OXJ) : 447, 500, 512 kHz

Sprechfunk auf GW (OXJ) : 1708, 1778, 2182 kHz

Wetterfunk

Für den Bereich um die Färöer-Inseln sendet Torshavn Radio die Wettervorhersage um 0705 und 1705 UTC auf 1778 kHz (SSB) in Färöisch, auf Anfrage auch in Englisch.

Grönland

Ittoqqortoormiit Radio
Sprechfunk auf GW : 2182 2225 kHz

Mesters Vig Radio
Sprechfunk auf GW (OYG) : 2182 2265 kHz

Ammassalik Radio
Sprechfunk auf GW (OZL) : 2182 2250 kHz

Qaqortoq Radio
Sprechfunk auf GW (OXF) : 2129 2182 2265 kHz

Nuuk Radio
Sprechfunk auf GW (OXI) : 2057 2116 2182 2225 2400 kHz

Aasiat Radio
Sprechfunk auf GW (OYR) : 2182 2210 2265 2304 3276 3280 kHz

Qaanaaq Radio
Sprechfunk auf GW : 2182 3175 3250 kHz

Grönnedal Flade Radio
Telegrafie auf GW & KW (OVC) : 2575 8284,4 11435 kHz
Sprechfunk auf GW (OVC) : 2182 2400 kHz

Island

Reykjavik Radio

Telegrafie auf MW (TFA) : 276, 472, 484, 489, 500, 512 kHz
Sprechfunk auf GW (TFA) : 1650, 1876, 1890, 2182 kHz

Sprechfunk auf KW (TFA) :

4372	6501	8731	13092	17257	22756	kHz
4396	6507	8737	13098	17284	22768	kHz
4402	6516	8743	13119	17302	22771	kHz
4411		8779	13134	17314		kHz
4417		8809	13137	17329		kHz

Sammelanruf zweistündlich ab 0005 UTC auf 13119 kHz

Vestmannaeyjar Radio
Sprechfunk auf GW (TFV) : 1715 2182 2628 kHz

Hornafjördur Radio
Sprechfunk auf GW & KW (TFT) : 1673 2182 4372 4417 kHz

REYKJAVÍK, the capital of Iceland
Centre: The Statue of the first settler in Iceland
and founder of Reykjavik, Ingolfur Arnarson (874)

THE POST AND TELEGRAPH
TELECOMMUNICATIONS CENTRE
GUFUNES

REYKJAVÍK ICELAND

This confirms your reception of Radio Station
Reykjavik, TFA
on 16909.7 kHz at 1814 GMT
on the 30 April 1990

TX-power .... kw Emission ....

Antenna ....
Gufunes Telecommunications Centre
Reykjavik - Iceland
Hudur Arndal
FOR, Station Manager

Kortautgáfa Guðmundar Hannessonar, Reykjavík

EDDA FOTO
174

Neskaupstadur Radio

Sprechfunk auf GW (TFM) :	1640	2182	2700	kHz

Siglifjördur Radio

Sprechfunk auf GW & KW (TFX) :	1862	1883	2182	2600
	4396	4402	4417	kHz

Isafjördur Radio

Sprechfunk auf GW (TFZ) :	1862	2182	2724	kHz

U.S. Navy Keflavik

Funkstelle der U.S.Navy für den militärischen Verkehr

Telegrafie auf KW (NRK) : 5167 kHz

Wettervorhersage für das Mittelmeer um 0600 UTC
Wettervorhersage für den Atlantik um 0630 2200 UTC
Wettervorhersage für tropische Atlantikgebiete um 2000 UTC
Nautische Warnmeldungen um 2100 UTC

Wetterfunk

Eine ausführliche Vorhersage für die isländischen Küstengewässer sendet Reykjavik Radio in Isländisch und Englisch auf der Sprechfunkfrequenz 1876 kHz um 0533, 1133, 1733, und 2333 UTC. Ebenfalls in Englisch, aber in Telegrafie, kommen die Wetteranalysen der US Navy für den Nordatlantik auf 5167 kHz um 0630 2200 UTC.

Nordsee / Nordwesteuropa

Niederlande

Kustwacht Scheveningen

Telegrafie auf MW (PBK) : 500 kHz

Sprechfunk auf GW (PBK) : 1627,5 1657,5 2182 kHz

Auf den Grenzwellenfrequenzen arbeiten weitere Stationen der Niederländischen Küstenwache : Brandaris, Harlingen, Hoek van Holland, Huisduinen (= Kijkduin), Schiermonnikoog, Terschelling, Delfzijl, Vlissingen.

Scheveningen Radio

Telegrafie auf MW (PCH) :

421 461 kHz

Telegrafie auf KW (PCH) :

4250		8622	12799,5	17198,9	22682	kHz
	6404	8562	12768	17104,2	22539	kHz
		8654,4	12853,5	17007,2		kHz

Sammelanruf zweistündlich ab 0050 UTC auf der 1. Frequenzreihe

Sprechfunk auf GW (PCG) :

1764 1862 1890 1939 2600 2824 3673 kHz

Sammelanruf zweistündlich ab 0105 UTC auf 1862 1890 kHz
Wettervorhersage sechsstündlich ab 0340 UTC auf 1862 1890 kHz

Sprechfunk auf KW (PCG) :

4369	6516	8794	13113	17347	19770	22708	kHz
4384	6504	8734	13095	17308	19758	22789	kHz
4411		8731	13131	17356		22756	kHz
4417		8779	13137	17302			kHz
4375			13179	17395			kHz

Sammelanruf zweistündlich ab 0105 UTC auf der 1. Frequenzreihe

Funkfernschreiben (PCH) :

GW	1919,5	kHz				
4212	6316,5	8424,5	12585	16826,5	22380	kHz
4217	6323,5	8428,5	12596,5	16839	22383	kHz

Sammelanruf zweistündlich ab 0115 UTC auf der 2. Frequenzreihe

Navy Goeree (Marine)

Funkfernschreiben auf KW (PBC) :

2474	4280	6358,5	8439	12840,5	17117,5	kHz

Hoek van Holland Traffic Centre

Sprechfunk auf GW : 2182 kHz

> Wetterfunk
>
> Scheveningen Radio sendet für die Küstengewässer in Englisch / Niederländisch eine Vorhersage um 0340 0940 1540 2140 UTC auf den Sprechfunk-Frequenzen 1862 1890 kHz.

Belgien

Oostende Radio

Telegrafie auf MW (OST) :

435	489	500	512	kHz

Telegrafie auf KW (OST) :

4290,5	6498,4	8478	12781,5	17017,1	22655	25135	kHz
4298	6411	8652	13067	17187	22533	27017	kHz

Sammelanruf stündlich ab 0010 UTC

Sprechfunk auf GW (OSU) :

1817	1820	1905	1908	2087	2090	2170,5		kHz
2182	2253	2256	2373	2376	2481	2484	2758	kHz
2761	2814	2817	3629	3632	3681	3684		kHz

Sammelanruf zweistündlich ab 0020 UTC auf 2761 kHz
Nautische Warnmeldungen vierstündlich ab 0233 UTC auf 2761 kHz
Wettervorhersage um 0820 1720 UTC auf 2761 kHz

Sprechfunk auf KW (OSU) :

4146	6224	8294	12353	16528	22159	kHz
4378	6227	8297	12356	16531	22171	kHz
4387	6504	8725	12359	16534	22720	kHz
4405	6516	8731	13095	17266	22735	kHz
4417		8734	13113	17278	22750	kHz
4420		8752	13119	17302	22756	kHz
4429		8755	13128	17314	22768	kHz
		8761	13131	17320	22810	kHz
		8779	13137	17329		kHz
		8803				

Sammelanruf zweistündlich ab 0000 UTC auf 8761 und 13095 kHz sowie zweistündlich ab 0100 UTC auf 8761 und 17278 kHz

Funkfernschreiben (OST) :

GW	2815,5	3656,5				kHz
4211,5	6315,5	8417,5	12580,5	16808	22377,5	kHz
4215,5	6322	8422	12587	16812,5	22382	kHz
		8435,5		16883	22443	kHz

Navy Oostende

Telegrafie auf GW & KW (OSN) :

1850 6391,5 12725 kHz

Wetterfunk

Für den Bereich der belgischen Nordseeküste sendet Oostende Radio in Flämisch und Englisch eine Wettervorhersage auf der Sprechfunkfrequenz 2761 kHz um 0820 1720 UTC.

Großbritannien

Land's End Radio

Telegrafie auf MW (GLD) :	410, 438, 464, 500, 512, 522	kHz
Sprechfunk auf GW (GLD) :	2182, 2670, 2782, 3610	kHz
Funkfernschreiben auf GW (GLD3) :	2696,7	kHz

Portishead Radio

Telegrafie auf KW :

(GKA)	4286	8545,9	12822	17098,4	22467	kHz
(GKB)	4274	8559,5	12835,4	17113	22448,7	kHz
(GKC)	4251,5	8516	13019,8	16954,4	22657,8	kHz
(GKD)	4256	8569	12788,5	16974,6	22574,5	kHz
(GKF)			12815			kHz
(GKG)	4267,9	8591,5	12790	17072	22503	kHz
(GKH)	4314,5	8604	12791,5	17092	22525,5	kHz
(GKI)	4317,5	8606	12858	17151,2	22528,5	kHz
(GKJ)	4326,5	8684	12871,5	16918,8	22545	kHz
(GKK)	4336	8552	13006,5	17167,5	22494	kHz
(GKM)	4316	8581,6	12714	17136,8	22527	kHz

Sammelanruf stündlich ab 0000 UTC auf den GKA-Frequenzen.
Vorhersage der Kurzwellenausbreitungsbedingungen sonntags 0800 UTC nach dem Sammelanruf auf den GKA-Frequenzen
Wettervorhersage um 0930 1130 2130 UTC auf den GKA-Frequenzen

Sprechfunk auf KW :

4372	8764	13146	17245	19755	22711	26148	kHz
4360	8722	13080	17272	19761	22729		kHz
4384	8773	13092	17284		22735		kHz
4432	8794	13077	17293		22774		kHz
	8809	13158	17308		22780		kHz
	8782	13170	17335		22813		kHz
		13164	17350		22753		kHz
		17359					kHz
		17257					

Sammelanruf stündlich ab 0000 UTC auf den Frequenzen der 1.Reihe

Funkfernschreiben auf KW :

(GKE)	4211	6315	8417	12580	16807,5	22377	kHz
(GKP)	4214	6319,5	8422,5	12593	16824	22393	kHz
(GKY)	4216		8425,5	12603	16827	22405	kHz
(GKQ)	4216,5	6324,5	8429,5	12607	16840	22409	kHz
(GKL)	4213,5	6321,5	8426	12591,5	16820,5	22397	kHz

Sammelanruf stündlich ab 0000 UTC auf den Frequenzen der 1. Reihe.
Wettervorhersage um 0930 2130 UTC auf den Frequenzen der 1. Reihe

British Coastguard

Sprechfunk auf GW:	1647,5	1662,5	2182	2226	kHz

Stationen: Milford Haven, Holyhead, Liverpool, Belfast, Clyde, Oban, Stornoway, Pentland, Shetland, Aberdeen, Forth, Tyne Tees, Humber, Yarmouth, Thames, Dover, Solent, Portland, Brixham, Falmouth, Swansea.

Portpatrick Radio

Telegrafie auf MW (GPK) :	410	458	472	500	512
Sprechfunk auf GW (GPK) :	1883	2182	2607		

Royal Naval Wireless Station Glasgow

Telegrafie auf GW (MGJ) :	2767	3318

Hebrides Radio

Sprechfunk auf GW (GHD):	1866	2182
Funkfernschreiben auf GW (GHD2) :	3607,8	

U.S. Navy Thurso

Telegrafie auf KW (GXH) :	4001	7504,5	12691

Wettervorhersage für das Mittelmeer um 0600 UTC.
Wettervorhersage für den westlichen Atlantik um 0630 1000 1700 UTC.
Wettervorhersage für tropische Atlantikgebiete um 2000 UTC.
Nautische Warnmeldungen um 0800 1500 1600 2100 UTC.

Shetland Radio

Funkfernschreiben auf GW (GNK) :	2832,7	3542,7

Wick Radio

Telegrafie auf MW (GKR) :	410	431	458	500	512
Sprechfunk auf GW (GKR) :	1792	1824	1827	2182	2604
	2625	2705	2751	2840,6	
	3538				
Funkfernschreiben auf GW (GKR) :	1672	1923,7			

Stonehaven Radio

Sprechfunk auf GW (GND) :	1715	1856	1946	2182	2691
	2779	3617			
Funkfernschreiben auf KW (GND) :	1734,7	3615,7			

Royal Naval Wireless Station Rosyth

Telegrafie auf GW (MTO) :	2292

Cullercoats Radio

Telegrafie auf MW (GCC) :	410	441	458	484	500	512
Sprechfunk auf GW (GCC) :	1838	2182	2719	2828	3750	
Funkfernschreiben auf GW (GCC1) :		3608,3				

Humber Radio

Sprechfunk auf GW (GKZ) :	1869	1925	2182	2684	2810
Funkfernschreiben auf GW (GKZ) :	3607,3	3622,7	kHz		

Royal Naval Wireless Station Whitehall

Telegrafie auf KW (GYA) :	4300,2	6413,7	8613,2	12807,8	
	17030,4	22454,2			

North Foreland Radio

Telegrafie auf MW (GNF) :	410	418	464	500	512
Sprechfunk auf GW (GNF) :	1848	2182	2698		

Niton Radio

Sprechfunk auf GW (GNI) :	1834	2182	2628	2810
Funkfernschreiben auf GW (GNI1) :	3517			

Royal Naval Wireless Station Portland Bill

Telegrafie auf GW (GXW) :	3188

St. Peter Port Radio

Sprechfunk auf GW (GUC) :	1662,5	1810	2182

Jersey Radio

Sprechfunk auf GW (GUD) :	1726	2182

Alderney Radio

Sprechfunk auf GW :	1642	2182

Royal Naval Wireless Station Plymouth
Telegrafie auf KW (MTI) : 4310

Wetterfunk

Die Küstenfunkstellen der BTI senden in Sprechfunk zu den Hauptsendezeiten um 0703 und 1903 UTC (Portpatrick Radio 1883 kHz, Hebrides Radio 1866 kHz, Wick Radio 1792 1824 kHz, Stonehaven Radio 2691 kHz, Cullercoats Radio 2719 kHz) bzw. um 0733 und 1933 UTC (Humber Radio 1869 kHz, North Foreland Radio 1848 kHz, Niton Radio 1834 kHz, Land's End Radio 2670 kHz) einen ausführlichen Wetterbericht mit einer Vorhersage für die nächsten 24 Stunden. Ebenfalls in Sprechfunk kann man auf 2226 kHz die Wetterberichte der vielen Coastguard-Stationen hören, die je nach Bedarf gesendet werden. In Telegrafie kommt das Atlantikwetter von Portishead Radio um 0930 2130 UTC auf den GKA-Frequenzen, und von der Marinestation Thurso um 0630 1000 1700 UTC auf 4001 7504,5 12691 kHz.

Irland

Valentia Radio

Telegrafie auf MW (EJK) :	429	500	512		kHz
Sprechfunk auf GW (EJK) :	1827	2182	2590	2614	kHz

Malin Head Radio

Sprechfunk auf GW (EJM) :	1841	2182	2593		kHz

Wetterfunk

Valentia Radio sendet in SSB auf 1827 kHz um 0833 2033 UTC in englischer Sprache eine ausführliche Wettervorhersage für die Irischen Gewässer.

Süd-West-Europa und Mittelmeer (westlicher Teil)

Österreich

Donaufunk Wien

Funkstelle der „Ersten Donau-Dampfschiffahrts-Gesellschaft" (DDSG) für den Betriebsinternen Verkehr.

Erste Donau-Dampfschiffahrts-Gesellschaft

Sprechfunk auf KW (OED2) :

4068	4074	6206	8204	kHz

Sammelanruf täglich um 0700 UTC (Sommerzeit: 0600 UTC) auf jeweils einer der o.a. Frequenzen, Mo–Do auch um 1400 (Sommer: 1300) UTC, Fr um 1200 (1100) UTC.

Der Donaufunk Wien benutzt von den Sprechfunk-Kanälen 402, 404, 603, und 804 die jeweils den Schiffen zugeteilte Frequenz für den Verkehr im SIMPLEX-Verfahren (= Wechselsprechen). OED2 und die Schiffe der DDSG benutzen also die gleichen Frequenzen.

Schweiz

Bern Radio

Die einzige Küstenfunkstelle in einem Binnenland wird in der Schweiz betrieben. Bern Radio sendet ausschließlich auf Kurzwelle und hält weltweit Kontakt mit den Schiffen, die unter schweizer Flagge die Weltmeere befahren, wird aber auch von Schiffen anderer Nationalitäten zur Herstellung von Kommunikationsverbindungen mit dem Festland in Anspruch genommen.

Sprechfunk auf KW (HEB) :

4378	8782	13164	17272		22789		kHz
4426	8788	13155	17284	19779	22735	26151	kHz
	8809	13080	17332			22753	kHz
4420	8725	13104	17305			22831	kHz
	8710	13185	17407				

Sammelanruf zweistündlich von 0715 bis 2115 UTC auf den Frequenzen der 1. Reihe (während der Sommerzeit 1 Stunde früher).

Funkfernschreiben auf KW (HEC) :

4215,5	8420,5	12603,5	16814,5	22381,5	kHz
4213	8425,5	12600,5	16830	22401	kHz
	8429	12588	16827,5	22403,5	kHz

Sammelanruf zweistündlich von 0630 bis 2230 UTC auf der 1.Frequenzreihe

Tschechoslowakei

Bratislava Radio

Funkstelle der Tschechoslowakischen Schiffahrtsverwaltung CSPD für den Flußfunk-dienst

Sprechfunk auf KW (OMC) :

4146 8297 kHz im SIMPLEX-Betrieb

Sammelanruf um 0730 und 1400 UTC auf 4146 kHz

Ungarn

Budapest Radio

Funkstelle der PTT für den öffentlichen Verkehr

Telegrafie auf KW (HAR) :

4241	6375	8466	12963	17128	22616,5	kHz
4331	6390	8616	12780	16938	22500	kHz

Wetterfunk

Budapest Meteo sendet Wetterdaten für Zentral- und Südeuropa täglich auf (HGE36) 7604 kHz in Funkfernschreiben F1B um 0125 0325 0425 0725 0925 1025 1325 1525 1625 1925 2125 2225 UTC im WMO-Datenformat.

Frankreich

Saint Lys Radio

Telegrafie auf KW :

(FFL)	4328	6421,5	8522,5	12912,6	17027	22509	kHz
(FFS)		8510	12678	17040,8	22688		kHz
(FFT)			8550	13073,8	16947,6		kHz

Sammelanruf zweistündlich ab 0030 UTC auf FFL
Wettervorhersage für den Atlantik um 0850 1750 UTC auf 4328 8550 13073,8 kHz
Wettervorhersage für das Mittelmeer um 0750 1600 UTC auf 4328 6421,5 kHz

Sprechfunk auf KW (FFL) :

4366		8806	13152	17323		22771	kHz
4369	6513	8791	13140	17296	19791	22705	kHz
4402	6519	8800	13161	17251		22786	kHz
4411		8767	13167	17338		22798	kHz
			13179	17254		22738	kHz
			13185	17305			kHz
			13191	17365			kHz
				17368			kHz

Sammelanruf stündlich ab 0003 UTC auf den Frequenzen der 1. Reihe

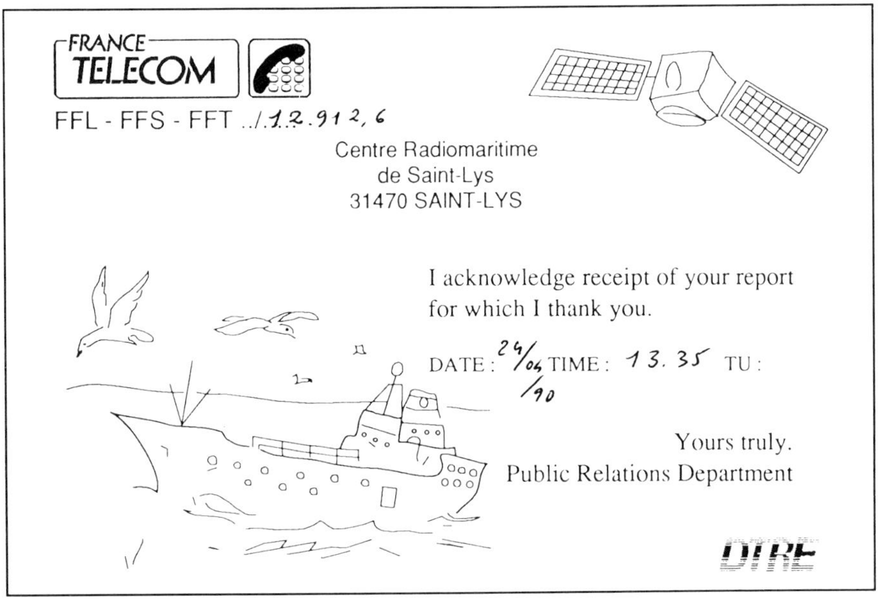

Funkfernschreiben auf KW (FFL) :

4212,5	6320,5	8420	12582,5	16810,5	22378	kHz
		8425	12605,5	16820,5	22390,5	kHz
			12589,5	16831,5		kHz

Sammelanruf stündlich ab 0000 UTC auf den Frequenzen der 1. Reihe

Centre Regional Operationel de Surveillance et de Sauvetage (CROSS)

CROSS betreibt den Rettungsdienst an den französischen Küstengewässern.

Atlantikküste:	Gris-Nez, Jobourg, Corsen, Etel
Mittelmeerküste:	La Garde, Agde

Sprechfunk auf GW : 2182 2677 kHz

Boulogne-sur-Mer Radio						
Telegrafie auf MW (FFB) :	410	450	500	512		kHz
Sprechfunk auf GW (FFB) :	1694	1771	2182	2747	3795	kHz
Brest-Le Conquet Radio						
Telegrafie auf MW (FFU) :	410	416	487	500	512	kHz
Sprechfunk auf GW (FFU) :	1673	1806	1876	2182	2691	
	2726	3722				kHz
Saint Nazaire Radio						
Sprechfunk auf GW (FFO) :	1687	1722	2182	2740	3795	kHz
Arcachon Radio						
Telegrafie auf MW (FFC) :	410	421	500	512		kHz
Sprechfunk auf GW (FFC) :	1820	1862	2182	2775	3722	kHz
Marseille Radio						
Telegrafie auf MW (FFM) :	410	432	500	512		kHz
Sprechfunk auf GW (FFM) :	1906	1939	2182	2628	3722	
	3795					kHz
Grasse Radio						
Sprechfunk auf GW (TKM) :	1834	2182	2649	3722		kHz
Marine Nationale Paris						
Telegrafie auf KW (HWN) :	4232	4295	6348	8453	12741	
	17180	22664,5	kHz			
Marine Nationale Brest						
Telegrafie auf GW & KW (FUE) :		2150	4237,5	4246	9114	
		17065	kHz			

Marine Nationale La Regine

Telegrafie auf KW (FUG) :	4313	6352	7619	8666	kHz

Marine Nationale Toulon

Telegrafie auf KW (FUO) :	4007,5	4345	kHz

Wetterfunk

Für die Atlantikküste werden in SSB von den folgenden Küstenfunkstellen detaillierte Vorhersagen in französisch gesendet: Boulogne-sur-Mer um 0703 1733 UTC auf 1694 1771 kHz, Brest-Le Conquet um 0603 0733 1633 2153 UTC auf 1673 1876 2691 kHz, Saint-Nazaire um 0803 1833 UTC auf 1722 2740 kHz, und Arcachon um 0703 1703 UTC auf 1820 kHz. Für die Mittelmeerküste werden diese „Bulletins Météos" von Marseille um 0633 1133 1615 UTC auf 1906 kHz, und von Grasse um 0733 1233 1645 UTC auf 2649 3722 kHz verbreitet. Großräumigere Vorhersagen kommen von St. Lys Radio: in Telegrafie um 0850 1750 UTC auf 4328 8550 13073,8 kHz für den Atlantik, und um 0750 1600 UTC auf 4328 6421,5 kHz für das Mittelmeer, sowie in Funkfernschreiben um 0900 1800 UTC auf 8420 12582,5 kHz für den Atlantik, und um 0700 1700 UTC auf 6320,5 kHz für das Mittelmeer.

Portugal

Lisboa Radio

Telegrafie auf MW (CUL) : 435 500 512 kHz

Telegrafie auf KW (CUL) :

4292	6393,5	8469	8490	12943,5	16959,2	22479	kHz

Sammelanruf zweistündlich ab 0030 UTC

Sprechfunk auf GW (CUL) : 2182 2581 2694 2781 3605 kHz

Sammelanruf zweistündlich ab 0005 UTC auf 2694 kHz

Sprechfunk auf KW (CUL) :

4393	6504	8722	13083	17284	22714	kHz
		8755	13095	17335	22759	kHz

Funkfernschreiben auf KW (CUL) :

4211	6315	8421	12595	16834	22406,5	kHz

Monsanto Radionaval (Marine)

Telegrafie auf MW (CTV) : 476 500 522 kHz

Telegrafie auf KW (CTU/CTV/CTW) :

4232,5	8523,5	8642	12999,5	17053,7	kHz

Nautische Warnmeldungen um 0800 2000 UTC auf 4232,5 8523,5 12999,5 kHz
Wettervorhersage sechsstündlich ab 0555 UTC

Sprechfunk auf KW (CTV) :

4432	8755	13095	17344	22804	kHz

Wettervorhersage um 0735 1005 1935 2205 UTC

Funkfernschreiben auf KW (CTU/CTV/CTW) :

4235,5	8526,5	13002,5	17056,7	kHz

Nautische Warnmeldungen um 0800 2000 UTC auf 4235,5 8526,5 13002,5 kHz
Wettervorhersage sechsstündlich ab 0555 UTC

Cascais Radionaval (Marine)

Sprechfunk auf GW (CTC) :	2182	2484	2657	kHz	

Lisboa Doca de Pesca Radio

Sprechfunk auf GW :	1863	2037	kHz		

Sagres Radionaval (Marine)

Telegrafie auf MW (CTS) :	450	500			kHz
Sprechfunk auf GW (CTS) :	2182	2484	2657		kHz

Leixoes Radionaval (Marine)

Telegrafie auf MW (CTN) :	487	500			kHz
Sprechfunk auf GW (CTN) :	2182	2484	2657		kHz

Vilamoura Radio

Sprechfunk auf GW :	1757	2182	2601		kHz

Navy Oeiras/Palhais (Marine)

Telegrafie auf KW (CTP) :	6389	8551,5	12702	16986	kHz

Wetterfunk

In SSB senden die Stationen der Marine nach folgendem Plan. Wettervorhersagen in portugiesischer Sprache auf 2657 kHz:

0730	1930	Leixoes
0800	2000	Cascais
0830	2030	Sagres
0900	2100	Porto Santo (Madeira)
0930	2130	Horta (Azoren)

Auf KW senden die Marinestationen die Vorhersagen in Englisch und Portugiesisch in Telegrafie wie folgt: Monsanto um 0800 2000 auf 4232,5, 8523,5, 12999,5 kHz, Horta (AZR) um 0930, 2130 UTC auf 3618,5 6331, 13067 kHz.

Spanien

Madrid Radionaval (Marine)

Telegrafie auf GW & KW (EBA) :

2841 3790 4261 6388 6408,5 6930 8528,5 13059
14641 17018 kHz

Nautische Warnmeldungen um 0048 0903 1618 1948 UTC
Wettervorhersage um 0830 1700 UTC auf 3790 6930 14641 kHz und um 0900 1730 UTC auf 6408,5 kHz

Funkfernschreiben auf KW (EBA) :

6388 8528,5 13059 17018 kHz

Nautische Warnmeldungen um 1003 1703 UTC

Madrid Radio

(Madrid Radio ist der neue Name für die früher eigenständig operierenden Stationen Aranjuez Radio/Telegrafie und Pozuelo del Rey Radio/Telefonie)

Telegrafie auf KW (EAD,EDF,EDG,EDZ) :

	6382,2	8682	12887,5	17064,8	22446	kHz
4235,5	6400,5	8618	12934,5	17184,8	22533	kHz
			13065			kHz

Sammelanruf zweistündlich ab 0000 UTC auf der 1. Frequenzreihe

Sprechfunk auf KW (EHY) :

4372	6510	8746	13077	17329	22696	kHz
		8728	13104	17350	22780	

Sammelanruf vierstündlich ab 0203 UTC

Funkfernschreiben auf KW :

(EDL4) 8429 (EDK5) 12590 (EDJ6) 16809,5 kHz

Sammelanruf zweistündlich ab 0000 UTC

Rota Naval Base (U.S. Navy)

Telegrafie auf KW (AOK) :

2836 4241 5917,5 7705 12759 kHz

Wettervorhersage für das Mittelmeer um 0600 UTC auf 5917,5 7705 kHz
Wettervorhersage für den westlichen Atlantik um 0630 1000 1700 2200 UTC auf 5917,5 7705 kHz

Wettervorhersage für tropische Atlantikgebiete um 2000 UTC auf 5917,5 7705 kHz
Nautische Warnmeldungen um 0800 1500 1600 2100 UTC auf 5917,5 7705 kHz

Sprechfunk auf GW (AOS9) : 2716 kHz

Cadiz Radionaval (Marine)

Telegrafie auf MW & KW (EBC) : 429 7926 kHz

Nautische Warnmeldungen um 0150 0950 2150 UTC
Wettervorhersage sechsstündlich ab 0000 UTC

Sprechfunk auf Grenzwelle (EBC) : 2272 kHz

Küstenfunkstationen für Schiffe der Fischereikooperativen

Sprechfunk auf GW : alle auf 2182 kHz , sowie außerdem:

Lequeitio Cofradia	2580 kHz
Bermeo Cofradia	1754 kHz
Santona Cofradia	1840 kHz
Cillero Cofradia	1691,5 kHz
Burela Cofradia	1810 kHz
Cedeira Cofradia	1800 kHz
Sada Cofradia	1707 kHz
Ayamonte Cofradia	1800 kHz
Isla Cristina Cofradia	1904 kHz
Aguino Cofradia	1866 kHz

Chipiona Radio

Sprechfunk auf GW :	1700	2182	2191	2842	kHz

Machichaco Radio

Sprechfunk auf GW :	1704	2182	2191	2586	kHz

Cabo Penas Radio

Telegrafie auf MW (EAS) :	441	500	512		kHz
Sprechfunk auf GW (EAS) :	1757,5	2182	2191	2649	kHz

Coruna Radio

Sprechfunk auf GW (EAR) :	1748	2182	2191	2596	kHz

Finisterre Radio

Telegrafie auf MW (EAF) :	472	500	512		kHz
Sprechfunk auf GW (EAF) :	1698	2182	2191	2806	kHz

San Fernando Bazan Radio

Sprechfunk auf GW :	2182	2632			kHz

Tarifa Radio

Telegrafie auf MW (EAC) :	484	500	512		kHz
Sprechfunk auf GW (EAC) :	1678	2182	2191	2610	kHz

Cabo de Gata Radio

Sprechfunk auf GW :	1866	2182	2191	2679	kHz

Cartagena Radionaval (Marine)

Telegrafie auf MW & KW (EBD) :		429	7926		kHz

Nautische Warnmeldungen um 0850 1450 1850 2350 UTC

Palma Nautico Radio

Sprechfunk auf GW :	2182	2272	2792		kHz

Valencia Aquitaine Radio (ENPETROL/ELF)

Sprechfunk auf KW :	3306	3325	4868		kHz

Cabo La Nao Radio

Telegrafie auf MW (EAV) :	476	500	512		kHz
Sprechfunk auf GW (EAV) :	1690	2182	2191	2799	kHz

Barcelona Radio

Sprechfunk auf GW :	1730	2182	2191	2707	kHz

Bagur Radio

Telegrafie auf MW (EAB) :	441	450	500	512	kHz
Sprechfunk auf GW (EAB) :	1740	2182	2191	2714	kHz

Wetterfunk

Die Küstenfunkstationen senden in SSB auf Spanisch Wetterberichte um 1103 und 1733 UTC auf den jeweiligen Hauptarbeitsfrequenzen. Die Funkstation der spanischen Marine in Madrid sendet um 0900 1730 UTC auf 6408,5 kHz in Telegrafie eine großräumige Wettervorhersage für die nächsten 24 Stunden in spanischer Sprache.

Gibraltar

Royal Naval Wireless Station Gibraltar

Telegrafie auf KW (GYU) :

4221,3	6371,2	8625,2	12824,2	16987,2	kHz

JOINT COMMUNICATIONS
CENTRE GIBRALTAR

To MANFRED WILHELMI this confirms your report of callsign "GYU"
DATE 6.5.90 TIME 17.15
FREQUENCY 8625.235 MODE A1A.

Thank you for your report, Good Luck and Good DX.

For Officer - in - Charge
ROYAL NAVY.

Monaco

Monaco Radio

Sprechfunk auf KW (3AC) :

4363	6504	8728	13146	17260	22750	kHz
		8779	13137	17302	22756	kHz

Sammelanruf stündlich von 0700 bis 2300 UTC

Nautische Warnmeldungen um 0703 1903 UTC auf 4363 kHz

Funkfernschreiben auf KW (3AC) :

4216	6317,5	8423,5	12584,5	16812	22387	kHz
	6320,5	8426,5	12596	16817,5		kHz
			16822			kHz
			16837			kHz

Wetterfunk

Für das westliche Mittelmeer sendet Monaco Radio ausführliche Vorhersagen in SSB auf Französisch und Englisch : um 0715 1715 UTC auf 6504 8728 kHz, sowie um 0903 1403 1815 UTC auf 4363 kHz

Italien

Genova Radio

Telegrafie auf MW (ICB) : 487 500 kHz

Telegrafie auf KW (ICB) :

4235	6425	8649,5	12978	16970	17182	17220,4	17222,4 kHz

Sammelanruf – siehe Roma Radio IAR –

Sprechfunk auf KW (ICB) :

4378	8734	13089	17263	22741	kHz
4381	8785	13107	17281		

Funkfernschreiben auf KW (ICB) :

4215	4216,5	8426	8423	12606	16839,5	22407	kHz

Roma Radio

Telegrafie auf MW (IAR) : 500 516 519 kHz

Telegrafie auf KW (IAR) :

4292		8530	13011	17160,8	22634	kHz
4320	6418	8656	12996	17005	22630,5	kHz
	6409,5	8670	13015,5	17206,1	22628,5	kHz

Sammelanruf vierstündlich ab 0000 UTC auf der 1. Frequenzreihe, inkl. der Liste des vorliegenden Verkehrs von Genova Radio und Trieste Radio

Pressefunkdienst in italienischer Sprache um 0600 2200 UTC auf 6418 12996 kHz, und um 1300 UTC auf 6418 17160,8 kHz

Wettervorhersage sechsstündlich ab 0050 auf 4292 kHz, sowie um 0830 und 2030 UTC auf allen Frequenzen der 1. Reihe

Sprechfunk auf KW (IAR) :

4360	6504	8758	13092	17248	19770	22699	26172	kHz
4390	6510	8773	13101	17257		22726		kHz
4414	6516	8776	13113	17287		22756		kHz
4417		8779	13128	17302		22762		kHz
4423		8794	13137	17311		22804		kHz
		8809	13164					

Funkfernschreiben auf KW (IAR) :

4216,5	6316	8418	8376,5	12599,5	16820	22398	kHz

Roma Medico Radio

Küstenfunkstelle des „Centro Internazionale Radio Medico" für die Funkärztliche Beratung von Schiffen aus allen Nationen

Telegrafie auf KW (IRM) :

4342	6365	8685
12748	12760	17105
22525	kHz	

Sammelanruf sechsstündlich ab 0200 UTC

C. I. R. M.
CENTRO INTERNAZIONALE RADIO MEDICO
VIA DELL'ARCHITETTURA, 41
00144 ROMA

Livorno Radio
Sprechfunk auf GW (IPL) : 1925 2182 2591 kHz

Civitavecchia Radio
Sprechfunk auf GW (IPD) : 1888 2182 2710 3747 kHz

Roma Naval (Marine)
Telegrafie (IDQ) : 110 119 2291 4280 6390,3 8486 kHz
Wettervorhersage um 0500 0930 1800 2100 UTC

Napoli Radio
Telegrafie auf MW (IQH) : 435 500 524 kHz
Sprechfunk auf GW (IQH) : 1675 2182 2635 kHz

Mazara del Vallo Radio
Sprechfunk auf GW : 1883 2182 2211 2600 kHz

Augusta Radio
Sprechfunk auf GW (IQA) : 1643 2182 2628 kHz

Messina Radio
Sprechfunk auf GW (IDF) : 2182 2789 kHz

Palermo Radio
Sprechfunk auf GW : 1705 2182 kHz

Trapani Radio
Sprechfunk auf GW : 1737 1848 2182 kHz

Cagliari Radio
Telegrafie auf MW (IDC) : 429 488 500 kHz
Sprechfunk auf GW (IDC) : 1722 2182 2683 kHz

Porto Torres Radio

Sprechfunk auf GW (IZN) :	1806	2182		kHz		

Lampedusa Radio

Sprechfunk auf GW :	1876	2182		kHz		

Crotone Radio

Sprechfunk auf GW :	1715	2182	2663	kHz		

Bari Radio

Telegrafie auf MW (IPB) :	432	500		kHz		
Sprechfunk auf GW (IPB) :	1771	2182	2579	kHz		

San Benedetto del Tronto Radio

Sprechfunk auf GW :	1855	2182		kHz		

Ancona Radio

Telegrafie auf MW (IPA) :	489	500		kHz		
Sprechfunk auf GW (IPA) :	2182	2656		kHz		

Venezia Radio

Sprechfunk auf GW :	1680	2182	2698	kHz		

Trieste Radio

Telegrafie auf MW (IQX) :	476	500		kHz		
Telegrafie auf KW (IQX) :	4296	6418	8679	12975	17084	kHz

Sammelanruf – siehe Roma Radio IAR –

Sprechfunk auf GW (IQX) :	2182	2624		kHz		

Wetterfunk

Auf Grenzwelle senden die italienischen Küstenfunkstellen in englischer und italienischer Sprache im sechs-Stunden-Rhythmus Wettervorhersagen für den regionalen Bereich. Um 0135 0735 1335 1935 UTC senden Genova (2642 2722 kHz), Livorno (2591 kHz), Civitavecchia (1888 kHz), Napoli (2635 kHz), Messina (2789 kHz), Palermo (1705 kHz), Cagliari (1722 kHz), Bari (2579 kHz), Ancona (2656 kHz), Trieste (2624 kHz); und um 0150 0750 1350 1950 UTC senden Mazara del Vallo (2211 kHz), Augusta (2628 kHz), Trapani (1848 kHz), Porto Torres (1806 kHz), Lampedusa (1876 kHz), Crotone (2663 kHz), San Benedetto (1855 kHz), und Venezia (2698 kHz). Überregionale Vorhersagen für das Mittelmeer kommen in Telegrafie von Roma Radio um 0050 0650 1250 1850 UTC auf 4292 kHz, und um 0830 2030 UTC auf 4292 8530 13011 17160,8 kHz; sowie von der Italienischen Marine um 0500 0930 1800 2100 UTC auf 2291 4280 6390,3 kHz.

Seewetterberichte für das Mittelmeer

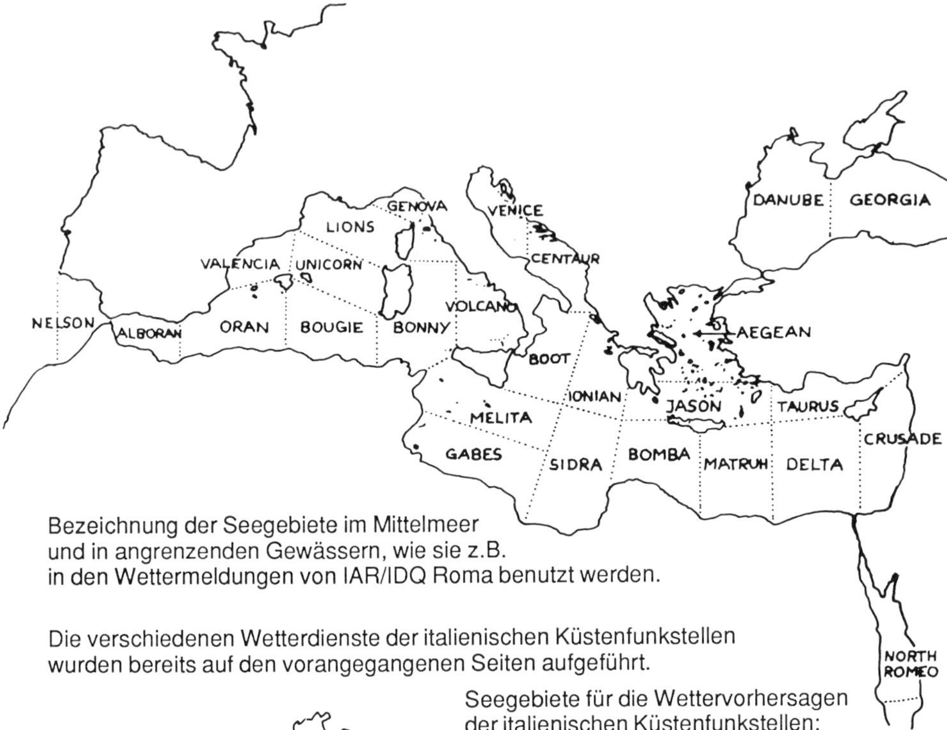

Bezeichnung der Seegebiete im Mittelmeer und in angrenzenden Gewässern, wie sie z.B. in den Wettermeldungen von IAR/IDQ Roma benutzt werden.

Die verschiedenen Wetterdienste der italienischen Küstenfunkstellen wurden bereits auf den vorangegangenen Seiten aufgeführt.

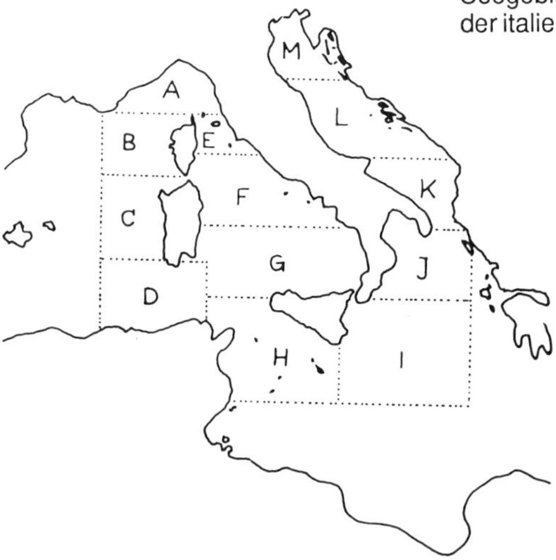

Seegebiete für die Wettervorhersagen der italienischen Küstenfunkstellen:

A Mar Ligue
B Mar di Corsica
C Mar die Sardegna
D Canale di Sardegna
E Tirreno settentrionale
F Tirreno centrale
G Tirreno meridionale
H Canale di Sicilia
I Ionio meridionale
J Ionio settentrionale
K Adriatico meridionale
L Adriatico centrale
M Adriatico settentrionale

Beachten Sie bitte auch die Hinweise auf den Seiten 37 und 39!

Malta

Malta Radio

Telegrafie auf MW (9HD) :	417	461	500	512	kHz
Telegrafie auf KW (9HD) :	4223,5	8441,4	12709,2		kHz

Sammelanruf um 0830 1200 1530 UTC auf 8MHz, um 0900 1300 auf 12 MHz, und um 2130 UTC auf 4 MHz

Sprechfunk auf GW (9HD) : 2182 2625 kHz

Sammelanruf um 0703 1003 1403 1603 2103 UTC auf 2625 kHz
Nautische Warnmeldungen um 1003 1603 2103 UTC auf 2625 kHz

Sprechfunk auf KW (9HD) :

4384 6507 8737 13122 kHz

Wetterfunk

Malta Radio bietet in Englisch auf 2625 kHz (SSB) Wettervorhersagen um 0603 1003 1603 2103 UTC für die Maltesischen Küstengewässer.

Kroatien

Rijeka Radio

Telegrafie auf MW (YUR) :			438	500	512	kHz		
Telegrafie auf KW (YUR) :								
4346	8445	8700	12780,5	12907,5	16942,8	17045,6	22563,5 kHz	

Sammelanruf zweistündlich ab 0000 UTC

Sprechfunk auf GW (YUR) :	2182	2191	2585	2771 kHz	

Sammelanruf zweistündlich ab 0135 UTC auf 2771 kHz
Wetterbericht und Nautische Warnmeldungen um 0535 1435 1935 UTC auf 2771 kHz

Sprechfunk auf KW (YUR) :

4378	6504	8746	13146	17272	22705	kHz
4411	6513	8806	13161	17320	22711	kHz
					22810	kHz

Funkfernschreiben auf KW (YUR) :	8427,5	12607,5	16838,5	kHz

Split Radio

Telegrafie auf MW (YUS) :	484	500	512		kHz
Sprechfunk auf GW (YUS) :	2182	2191	2221	2685	kHz

Brodospas Split

Seenotrettungsorganisation für die jugoslawische Adriaküste

Telegrafie auf MW (YTSQ) :	410	500	512	kHz	
Sprechfunk auf GW :	1675	1945	2182	2541	2820
	3259	3551	3620	3790	kHz

Dubrovnik Radio

Telegrafie auf MW (YUX) :	447	500	512		kHz
Sprechfunk auf GW (YUX) :	2182	2191	2221	2615	kHz

Wetterfunk

Auf Grenzwelle senden die kroatischen Küstenfunkstellen auch in Englisch ihre Wettermeldungen: Rijeka Radio um 0535 1435 1935 UTC auf 2771 kHz, Split Radio um 0545 1245 1945 UTC auf 2685 kHz und Dubrovnik Radio um 0620 1320 2120 UTC auf 2615 kHz

Jugoslawien – Montenegro

Bar Radio

Telegrafie auf MW (YUW) :	472	500	512	kHz	
Sprechfunk auf GW (YUW) :	2182	2191	2615	2752	kHz
Sprechfunk auf KW (YUW) :	8797	13095	17353	kHz	

Wetterfunk

Auf Grenzwelle sendet die jugoslawische Küstenfunkstelle Bar Radio auch in Englisch ihre Wettermeldungen um 0850 1420 2050 UTC auf 2752 kHz.

Albanien

Durres Radio

Telegrafie auf MW (ZAD) :	460	500	512	kHz	
Telegrafie auf KW (ZAD) :	4350,4	4302	6434	8696	12690
	17173	kHz			
	Sammelanruf zweistündlich ab 0101 UTC				
Sprechfunk auf GW (ZAD) :	2182	2282	2525	2730	kHz
Sprechfunk auf KW (ZAD) :	4360	8731	13092	17356	22771 kHz

Vlore Radio

Telegrafie auf MW & KW (ZAV) :	460	500	512	518	4302
Sprechfunk auf GW & KW (ZAV) :	2282	2400	kHz		

Shengjin Radio

Telegrafie auf KW (ZAC) :	4302	kHz	
Sprechfunk auf GW (ZAC) :	2282	2400	kHz

Sarande Radio

Telegrafie auf KW (ZAS) :	4302	6310,5	6434	kHz
Sprechfunk auf GW (ZAS) :	2282	2400	kHz	

Mittelmeer (östlicher Teil) und Schwarzes Meer

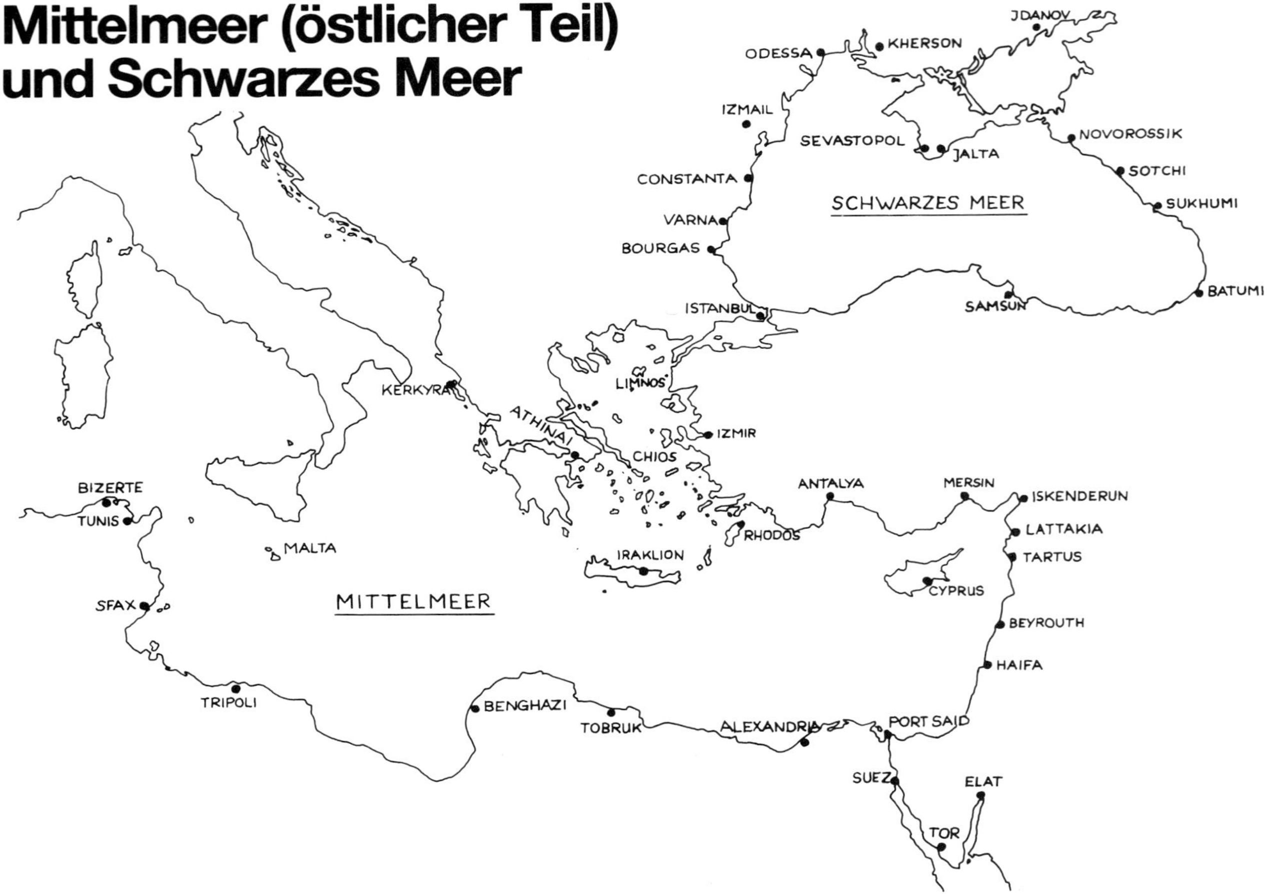

Griechenland

Athinai Radio

Telegrafie auf MW (SVA) :	418	464	500	512	kHz

Telegrafie auf KW :

(SVA)	4343	6478,8	8687	13047	17147,2	22589,5	25401	kHz
(SVB)	4239,4	6344	8704	13029	16903	22595,6		
(SVD)	4223	6444,5	8692,5	12859	17188	22471,5		
(SVF)		6411	8536,5	12833	17194,4	22500		
(SVG)			8454,4	12942	16981,5	22679		
(SVI)			8681	12720	16966	22660		
(SVJ)			8530		17094,8			

Sammelanruf zweistündlich ab 0000 UTC auf den SVA-Frequenzen

Wettervorhersage um 0348 0618 0948 1518 2118 UTC auf 4343 8681 kHz

Pressefunkdienst in griechischer Sprache um 1248 UTC auf 8687 13047 17094,8 22589,5 25401 kHz, um 1848 UTC auf 6478,8 kHz, und um 0048 UTC auf 8687 13047 17094,8 kHz.

Sprechfunk auf GW (SVN) :	1680	1879	2182	2590	kHz

Sprechfunk auf KW (SVN) :

4426		8761	13170	17359	22744	kHz
4399	6507	8734	13086	17266	22720	
4393	6501	8740	13095	17314	22750	
4429		8743	13110	17317	22765	
		8722	13116	17320	22786	
		8773	13134	17326	22798	
		8776	13080	17341	22723	
		8785	13098	17260		
			13119	17296		
				17338		

Sammelanruf zweistündlich ab 0005 UTC auf den Frequenzen der 1. Reihe

Wettervorhersage um 1215 2015 UTC auf 8761 kHz

Funkfernschreiben auf KW :

(SVS)	4213	6325,5	8421,5	12587,5	kHz	
(SVT)			8423	12590,5	16818	22387,5
(SVU)	4216	6321,5	8424		16830,5	22400,5

Pressefunkdienst in griechischer Sprache um 1300 UTC auf 12587,5 und 22400,5 kHz, und um 2100 UTC auf 12587,5 16818 kHz

Aspropyrgos Attikis Radio

Telegrafie auf MW & KW (SXE) :

470 500 4256,5	6360	8516,3	17032			kHz
Sprechfunk auf GW (SXE2) :	1650	1905,4	2182	3023		kHz

Kerkyra Radio

Telegrafie auf MW (SVK) :	421	455	500			kHz
Sprechfunk auf GW (SVK) :	1696	2182	2607	2830	3613	kHz

Iraklion Kritis Radio

Telegrafie auf MW (SVH) :	432	443	500			kHz
Sprechfunk auf GW (SVH) :	1742	2182	2799	3640		kHz

Rhodos Radio

Sprechfunk auf GW (SVR) :	1824	2182	2624	3630		kHz

Navy Athinai

Telegrafie (SXA) : 120	3651,5	4226	6470	8442	12998	kHz

Limnos Radio

Telegrafie auf MW (SVL) :	428	500	516			kHz
Sprechfunk auf GW (SVL) :	2182	2730	3793			kHz

Chios Radio

Sprechfunk auf GW (SVX) :	1820	2182	3743			kHz

Wetterfunk

Für den regionalen Bereich senden alle Grenzwellenstationen ihre Meldungen in griechisch/englisch um 0703 0903 1533 2133 UTC auf den folgenden Frequenzen: Kerkyra Radio 2830 kHz, Iraklion Kritis Radio 2799 kHz, Rhodos Radio 2624 kHz, Limnos Radio 2730 kHz, Chios Radio 1820 kHz. Davon abweichend sendet Athinai Radio auf 2590 kHz um 0703 0933 1503 2103 UTC. Für das gesamte östliche Mittelmeer kommt von Athinai Radio um 1215 2015 UTC auf 8761 kHz eine Vorhersage.

Bulgarien

Bourgas Radio

Telegrafie auf MW (LZL) :	421	461	500	512	kHz

Telegrafie auf KW (LZL) :

4262	6342	8564	12689	16944	22591,5	kHz
4282	6423	8472	12709	17235,4	22666,5	
4342	6484	8684	12954	17182	22520	

Sammelanruf stündlich von 0600 bis 2100 UTC auf 8564 kHz

Sprechfunk auf GW (LZL) :	1650	2182	2638	2750	kHz

Varna Radio

Telegrafie auf MW (LZW) :	475	489	500	512	kHz

Telegrafie auf KW (LZW) :

4314	6336	8460	12659	16918	22662,5	kHz
4250	6405	8532	12840	17055	22632,5	
4350,4	6448	8607	12940	17145	22486	

Sammelanruf zweistündlich ab 0105 UTC auf den Frequenzen der 1. Reihe

Sprechfunk auf GW (LZW) :	1750	2182	2770	3740	kHz

Sprechfunk auf KW (LZW) :

4414	6510	13131	17344	22717	kHz

Funkfernschreiben auf KW (LZW) :

12586	16837	22379	kHz

Rumänien

Constanta Radio

Telegrafie auf MW (YQI) : 461 500 512 kHz

Telegrafie auf KW (YQI) :

4323,5 6473,5 8459 12757 17037 22448 kHz

Sammelanruf vierstündlich von 0600 bis 1800 UTC

Sprechfunk auf GW (YQI) : 2182 2748 kHz

Tulcea Radio

Sprechfunk auf KW :

6224 8294 12353 16528 kHz

Sammelanruf um 0830 1230 UTC

Ukraine

Odessa Radio

Telegrafie auf KW (UFB) :

4230	6447	8593	12950	17063	22555	kHz
		8495	13041	16947		
	6353	8520	12947	17155		
		8528,5	12997,5			

Sammelanruf stündlich ab 0000 UTC
Wettervorhersage für den Atlantik um 0100 UTC auf der 3. Frequenzreihe
Wettervorhersage für das Schwarze Meer um 0520 1500 2105 auf 6341,5 kHz

Sprechfunk auf KW (UFB) : 13089 17308 22699 22747 kHz

Funkfernschreiben auf KW (UFB) :

4212,5	6317	8420,5	12581	16827,5	22393,5	kHz
	6325		12583,5			

Kiev Radio
Telegrafie auf KW (UJQ) : 6420 8635 17015 22595,5 kHz
Sprechfunk auf KW (UJQ) : 8782 17308 kHz

Izmail Radio
Telegrafie auf KW (UJO3) : 4277 6386,5 8618 kHz
Sammelanruf: 0800 1000 1200 1530 2000 UTC
Sprechfunk auf KW (UJO3) : 4393 6513 kHz

Ialta Radio
Telegrafie auf KW (UCO) : 8706,4 12760 kHz

Feodosia Radio
Telegrafie auf KW (UEK2) : 6370 17014 kHz

Jdanov Radio
Telegrafie auf KW (UBN) :
3190 4265 6477,5 8620 12732 17085 kHz
Sammelanruf stündlich ab 0000 UTC
Wettervorhersage um 0500 1700 UTC auf 4265 kHz

Sprechfunk auf KW (UBN) : 4393 17362 kHz

Funkfernschreiben auf KW (UBN) :
4212 8422,5 6315,5 12584,5 16829 kHz

Sevastopol Radio
Telegrafie auf KW (URL) :

4244	6383	8515	12735	16925	22595,5	kHz
		8614	12977	17153	22623,5	
					22635,5	

Wetterfunk

Eine ausführliche Vorhersage für das Schwarze Meer sendet Odessa Radio in Telegrafie auf 6341,5 kHz um 2105 UTC in englischer Sprache.

Aserbeidschan

Baku Radio

Telegrafie auf KW (UON) : 4307 6400 kHz

Sprechfunk auf KW (UON) : 4369 17338 kHz

Georgien

Batumi Radio

Telegrafie auf KW (UHK) :

4295	6360	8546	12935	17173	22684	kHz
	6410	8695	12912	17190,5		

Sammelanruf zweistündlich ab 0100 UTC

Türkei

Istanbul Radio

Telegrafie auf MW (TAH) :	441	500	kHz

Telegrafie auf KW (TAH) :

4253	6491,5	8611,5	12736,6	17008,5	22548	kHz
		8662	12801	17021,6		

Sammelanruf zweistündlich ab 0100 UTC

Sprechfunk auf GW (TAN) :	2182	2670	kHz

Sprechfunk auf KW (TAN) :

4357	6510	8809	13092	17257	22732	kHz
4363		8746	13128	17272	22735	
4387		8749	13140	17293	22762	
4405				22783		

Funkfernschreiben auf KW (TAH) :

4216	6325,5	8428	12614	16851	19690	22411	kHz
4219	6329	8431	12621	16856	19700	22419	
		8434,5	12640	16881		22436	
			12646	16886			
			12654	16891			

Navy Ankara

Telegrafie auf KW :

(TBA)	4260	6395	8195	kHz
(TBB)	4350	6502	8555	

Trabzon Radio

Telegrafie auf MW (TAO) :	500	524	kHz
Sprechfunk auf GW (TAO) :	2182	2760	kHz

Samsun Radio

Telegrafie auf MW (TAF) :	416	500	516	kHz
Sprechfunk auf GW (TAF) :	1760	2182	2760	kHz

Samsun Meteo

Telegrafie (YMA25) :	478	3636	6965	kHz		
Sprechfunk (YMA25) :		3636	6965	kHz		

Zonguldak Radio

Telegrafie auf MW (TAR) :	500	524	kHz			
Sprechfunk auf GW (TAR) :	2182	2981	kHz			

Tophane Kulesi Radio

Telegrafie auf KW (TCR) :	4267	6400,5	8662	12736,5	17035	kHz

Bandirma Meteo

Telegrafie (YMB20\YMH3) :	478	3636	6935	kHz		

Çanakkale Radio

Telegrafie auf MW (TAT) :	458	500	524	kHz		
Sprechfunk auf GW (TAT) :	1850	2182	kHz			

Izmir Radio

Telegrafie auf MW (TAN) :	458	500	516	kHz		
Sprechfunk auf GW (TAN) :	1850	2182	2760	kHz		

Antalya Radio

Telegrafie auf MW (TAL) :	500	516	kHz			
Sprechfunk auf GW (TAL) :	2182	2693	kHz			

Mersin Radio

Telegrafie auf MW (TAM) :	500	516	524	kHz		
Sprechfunk auf GW (TAM) :	2182	2820		kHz		

Iskenderun Radio

Telegrafie auf MW (TAI) :	441	500		kHz		
Sprechfunk auf GW (TAI) :	2182	2629	3648	kHz		

Wetterfunk

Die Wetterinformationen für die türkischen Gewässer sind den beiden Meteostationen Samsun (Schwarzes Meer) und Bandirma (Schwarzes Meer und Mittelmeer) vorbehalten. Samsun Meteo sendet um 0750 1950 UTC in Telegrafie auf 3636 6965 kHz in Englisch/Türkisch eine Vorhersage, während Bandirma Meteo den gleichen Service um 0700 1900 UTC auf 3636 6935 kHz bietet.

Russische Schwarzmeerküste

Novorossiisk Radio

Telegrafie auf KW (UFN) :

4245	8485	12891	17210,9	kHz
4275	8571	12919	17141	kHz
	8663	13040		kHz

Sammelanruf stündlich ab 0000 UTC

Sprechfunk auf KW (UFN) :

4369	8761	13101	17242	22786	kHz

Funkfernschreiben auf KW (UFN) :

8423	12584	16836,5	22404	kHz
8418	12597,5	16835		kHz

Novorossiisk Radio

Telegrafie auf KW (UNQ) :

8438	12660,5	16980	22596,5	kHz

Astrachan Radio

Telegrafie auf KW (UCY2) :

6345 kHz

Sprechfunk auf KW (UCY2) :

4369	8728	kHz

Syrien

Lattakia Radio

Telegrafie auf MW (YKM7) :	432	500	kHz		
Telegrafie auf KW (YKM7) :	8625	12728	kHz		

Sammelanruf um 0800 UTC auf 12 MHz und um 1400 1900 UTC auf 8 MHz

Sprechfunk auf GW (YKM7) :	2100	2182	3624		kHz
Sprechfunk auf KW (YKM7) :	4390	8740	13089	17344	kHz

Tartous Radio

Sprechfunk auf GW und KW (YKO) :	2182	2662	8755	13110	kHz

Tartous Oil Terminal Radio

Telegrafie auf MW (YKI) :	427	479	500			kHz
Telegrafie auf KW (YKI) :	4263,5	6353	8472	12699	16951	kHz

Sammelanruf um 0600 1300 UTC auf 8 MHz, 1030 1830 UTC auf 12 MHz, 0730 1630 UTC auf 16 MHz

Sprechfunk auf GW & KW (YKI) :	2182	2230	2644	6919	kHz

Baniyas Terminal Port Radio

Telegrafie auf MW (YKM5) :	440	500	kHz			
Telegrafie auf KW (YKM5) :	4351	6493	8667	12987	16967	kHz

Sammelanruf um 0510 1210 UTC auf 8 MHz, 0910 UTC auf 12 MHz, 1310 1610 UTC auf 16 MHz

Wetterfunk

Lattakia Radio sendet um 0903 1703 UTC eine Vorhersage für die syrischen Küstengewässer in Englisch auf 2100 kHz

Zypern

Cyprus Radio

Telegrafie auf MW (5BA) : 450, 500 kHz

Telegrafie auf KW (5BA) :	4347,5	8623	12666,5	17013	kHz
Sprechfunk auf GW (5BA) :	2182	2670	2700	3690	kHz

Sammelanruf zweistündlich ab 0133 UTC auf 2700 kHz
Nautische Warnmeldungen um 0733 1533 UTC auf 2700 kHz

Sprechfunk auf KW (5BA) :

			10141	14564	16442	kHz
4372	6507	8737		13077	17248	22729
4396		8770		13098	17335	22747
4432		8776		13164	17386	
		8803				

Sammelanruf zweistündlich ab 0133 UTC auf 8737 kHz

Libanon

Beirut Radio

Telegrafie auf MW (ODR) :	500	524	kHz	
Telegrafie auf KW (ODR) :	4221	8702	12682,5	kHz

Sammelanruf zweistündlich von 0630 bis 2030 UTC

Sprechfunk auf GW und KW (ODR) : 2182 2641 4432 8800 13122

Sammelanruf zweistündlich ab 0135 UTC auf 2641 kHz

Israel

Haifa Radio

Telegrafie auf MW (4XO) : 484 500 kHz

Telegrafie auf KW (4XO) :

4238	6430	8694	13051,5	17146,4	22491	kHz
	6470,5	8485	12860	17060		

Sammelanruf zweistündlich ab 0025 UTC

Sprechfunk auf GW (4XO) : 2182 2649 3656 kHz

Sprechfunk auf KW (4XO) :

4366	6507	8719	13086	17266	19776	22705	26157	kHz
4384	6510	8731	13095	17374		22714		
4408		8752	13185	17290		22744		
4423		8797	13119	17323				

Sammelanruf um 0630 1000 UTC auf 13119 kHz, um 1300 UTC auf 17290 kHz

Haifa Navy

Telegrafie auf KW (4XZ) :	4241,5	6379	8518	12984	17051	kHz
			8437			

Tel Aviv Navy

Sprechfunk auf GW (4XT) : 1918 2182 3765 kHz

Wetterfunk

Haifa Radio sendet auf 2649 kHz in Englisch eine ausführliche Wettervorhersage um 0703 1903 UTC

Ägypten

Alexandria Radio

Telegrafie auf MW (SUH) :	444	470	500 kHz			
Telegrafie auf KW (SUH) :	4347,9	6342,6	8578	12970,5	16912	kHz

Sammelanruf zweistündlich ab 0110 UTC

Sprechfunk auf GW (SUH) : 2182 2576 2817 kHz

Sammelanruf zweistündlich ab 0035 UTC auf 2576 kHz

Sprechfunk auf KW (SUH) :

4408 6513 8767 13122 17269 22771 kHz

Sidi Kerir Oil Terminal

Sprechfunk auf GW & KW : 2182 2638 4142,5 kHz

Port Said Radio

Telegrafie auf MW (SUP) : 433 500 kHz

Telegrafie auf KW (SUP) : 4325 6425 8472 13060 kHz

Sammelanruf zweistündlich ab 0010 UTC auf 8472 kHz

Sprechfunk auf GW (SUP) : 2182 kHz

Serapeum Marine Radio

Telegrafie auf MW & KW (SUZ) : 475 4255 8450 12670 kHz

Nautische Warnmeldungen um 0848 1248 1648 UTC

Ismailia Radio

Telegrafie auf MW (SUQ) : 420 425 454 468 500 kHz

Telegrafie auf KW (SUQ) : 4250 6498,5 kHz

Funkfernschreiben auf GW & KW (SUQ) : 1612 4250 kHz

Funkstationen der ägyptischen Marine

Telegrafie auf KW : 6498,5 kHz

Alexandria (SSK,SSL) Mersa Matrouh (SSG) Port Said (SSF)

Port Tewfik (SSM) Safaga (SSJ)

Libyen

Tripoli Radio

Telegrafie auf MW (5AT) :	476	500	512	kHz	
Telegrafie auf KW (5AT) :	8515	12680	kHz		

Sammelanruf stündlich ab 0030 UTC

Sprechfunk auf GW (5AT) :	2182	2197	2320	2418	kHz

Sprechfunk auf KW (5AT) :

4411	6501	8770	13083	17272	22732	kHz
4429	6507					

Benghazi Radio

Telegrafie auf MW (5AB) :	465	500	512	kHz
Telegrafie auf KW (5AB) :	8450	12660	kHz	

Sammelanruf zweistündlich ab 0030 UTC

Sprechfunk auf GW (5AB) :	2182	2513	2816	kHz

Sammelanruf zweistündlich ab 0010 UTC auf 2816 kHz

Sprechfunk auf KW (5AB) :

4420	6513	8803	13167	17299	22795	kHz

Tripoli Port Radio

Telegrafie auf MW (5AI) :	500	kHz
Sprechfunk auf GW (5AI) :	2182	kHz

Tobruk Radio

Telegrafie auf MW (5AL) :	420	500	kHz	
Telegrafie auf KW (5AL) :	4241	8480	16963	kHz

Sammelanruf um 0930 1330 UTC auf 16 MHz, 1730 auf 8 MHz, und 2130 UTC auf 4 MHz

Benghazi Port Radio

Sprechfunk auf GW (5AV) :	2182	2816	kHz

Tunesien

Sfax Port Radio
Sprechfunk auf GW (3VW2) : 1743 2182 kHz

Mahdia Radio
Sprechfunk auf GW (3VM) : 1696,4 1771 2182 kHz

Gabès-Ghannouch Port Radio
Sprechfunk auf GW (3VW4) : 1743 2182 kHz

Tunis Radio
Telegrafie auf MW (3VX) : 441 500 512 515 kHz
Sprechfunk auf GW (3VT) : 1768,4 2182 2670 kHz
Nautische Warnmeldungen um 0803 1203 2003 UTC auf 2670 kHz
Wettervorhersage um 0805 1705 UTC auf 1820 2670 kHz

La Goulette Port Radio
Sprechfunk auf GW (3VW) : 1743 2182 kHz
Sammelanruf & Nautische Warnungen um 0005 0405 0605 1005 1305 1605 1905 2105 UTC auf 1743 kHz
Wettervorhersage um 0405 1905 UTC auf 1743 kHz

La Skhirra Radio
Telegrafie auf MW & KW (3VP) : 430,5 500 4251 8534 12806
Sammelanruf um 0900 1900 UTC auf 8 MHz, 1000 2000 UTC auf 12 MHz
Sprechfunk auf GW (3VP) : 2182 2221 2506 kHz

Bizerte Radio
Sprechfunk auf GW (3VB) : 2182 2210 kHz

Bizerte Port Radio
Sprechfunk auf GW (3VW1) : 1637 1743 2182 kHz

Sousse Port Radio
Sprechfunk auf GW (3VW3) : 1743 2182 kHz

Wetterfunk

Wetterinformationen für die tunesische Küste werden von Tunis Radio um 0805 1705 UTC auf 1820 2670 kHz, von La Goulette Port Radio um 0405 1905 UTC auf 1743 kHz in französisch verbreitet.

Algerien

Boufarik Radio

Telegrafie auf KW (7TF) :

4252	6415	8698	12662	16932	22543	kHz

Sammelanruf zweistündlich ab 0130 UTC

Sprechfunk auf KW (7TF) :

4384	6501	8722	13095	17326	22708	kHz
4393	6507	8743	13119	17332	22768	
4426	6513	8755	13125	17347	22774	
4432		8791	13170	17362	22807	

Funkfernschreiben auf KW (7TK) :

4211	6316,5	8421,5	12600	16695	22395,5	kHz
	6322	8422,5		16836,5		

Annaba Radio

Telegrafie auf MW (7TB) :	410	435	500	512	kHz
Sprechfunk auf GW (7TB) :	1911	2182	2775	kHz	

Alger Radio

Telegrafie auf MW (7TA) :	410	416	500	512	kHz
Telegrafie auf KW (7TA) :	6402,6	8452 kHz			
Sprechfunk auf GW (7TA) :	1792	2182	2691	2775	kHz

Oran Radio

Telegrafie auf MW (7TO) :	410	444	500	512	kHz
Sprechfunk auf GW (7TO) :	1735	2182	2586	2719	kHz

Die algerischen Leuchttürme benutzen die Frequenz 1650 kHz für die Kommunikation untereinander.

Wetterfunk

Die algerischen Küstenfunkstellen senden Wettervorhersagen für ihren Bereich in französischer Sprache auf ihren Grenzwellenfrequenzen wie folgt aus: Annaba Radio um 0920 1033 1720 1833 UTC auf 1743 kHz, Alger Radio um 0903 1703 UTC auf 1792 kHz, und Oran Radio um 0920 1033 1720 auf 1735 kHz.

Afrika

AZOREN
MADEIRA
TENERIFE
LAS PALMAS
TANGER
CASABLANCA
SAFI
AGADIR
ALGER
TUNIS
MITTELMEER
TRIPOLI
BENGHAZI
TOBRUK
ALEXANDRIA
PORT SAID
SUEZ
KOSSEIR
ROTES MEER
PORT SUDAN
ARABIEN
AFRIKA
NOUADHIBOU
DAKAR
BANJUL
BISSAU
KAPVERD. INSELN
CONAKRY
FREETOWN
MONROVIA
HARBEL / CAPE PALMAS
ABIDJAN
TOKARDI
COTONOU
LAGOS
ADEN
ASSAB
DJIBOUTI
GOLF VON ADEN
DOUALA
BANAPA
BATA
LIBREVILLE
SAOTOME
GAMBA
MOGADISHU
MOMBASSA
SEYCHELLEN
DAR-ES-SALAM
POINTE NOIRE
BANANA
ASCENSION
LUANDA
KOMOREN
MADAGASKAR
MOZAMBIQUE
ST. HELENA
BEIRA
STRASSE VON MOCAMBIQUE
TAMATAVE
MAURITIUS
RÉUNION
ATLANTISCHER OZEAN
WALVIS BAY
LÜDERITZ
MAPUTO
PAZIFISCHER OZEAN
DURBAN
CAPE TOWN
PORT ELIZABETH
KAP DER GUTEN HOFFNUNG
TRISTAN DE CUNHA
NEU-AMSTERDAM

Marokko

Casablanca Radio

Telegrafie auf MW (CNP) :	441	500		kHz
Telegrafie auf KW (CNP) :	8686	12695,5	17170,4	kHz

Sammelanruf stündlich ab 0000 UTC auf 8686 kHz

Sprechfunk auf GW (CNP) :	2182	2586	2663	kHz

Sammelanruf um 0635 1105 1605 2105 UTC auf 2586 kHz
Nautische Warnmeldungen um 0918 2028 UTC auf 2586 kHz
Wettervorhersage um 0945 1645 UTC auf 2586 kHz

Sprechfunk auf KW (CNP) :	8800	13143	17353	kHz

Tanger Radio

Telegrafie auf MW (CNW) :	447	500		kHz
Sprechfunk auf GW (CNW) :	1911	2182	2635	kHz

Kenitra Port Radio

Sprechfunk auf GW (CNP6) :	2182	2593	2620	kHz

Safi Radio

Sprechfunk auf GW (CND3) :	1743	2182	2635	kHz

Agadir Radio

Telegrafie auf MW (CND) :	461	500		kHz
Sprechfunk auf GW (CND) :	1911	2182	2593	kHz

Wetterfunk

In französischer Sprache informieren die marokkanischen Küstenfunkstellen über die Wetterlage in ihrem Bereich wie folgt: Tanger Radio um 0915 1635 UTC auf 1911 kHz, Casablanca Radio um 0945 1645 UTC auf 2586 kHz, Safi Radio um 0915 1635 UTC auf 1743 kHz, und Agadir Radio um 0935 1615 UTC auf 1911 kHz.

Azoren

Sao Miguel Radio

Telegrafie auf MW & KW (CUG) :	421	500	512	4292	kHz
Sprechfunk auf GW & KW (CUG) :	1663,5	2182	2742	4432	kHz

Sammelanruf zweistündlich ab 0135 UTC auf 2742 kHz

Horta Radionaval

Telegrafie auf MW (CTH) :	487	500	516	kHz
Telegrafie auf KW (CTH) :	3618,5	6331	13067	kHz

Wettervorhersage um 0930 2130 UTC

Sprechfunk auf GW (CTH) :	2182	2484	2657	kHz

Funkfernschreiben auf KW (CTH) :	3621,5	6334	13070	kHz

Wettervorhersage um 0930 2130 UTC

Postrad

Sprechfunk auf GW :	2182	2484	2657	kHz

Wetterfunk

Ein Wetterbericht für den Nordatlantik im Gebiet um die Azoren wird von der Marinestation Horta in portugiesisch/englisch um 0930 UTC (Telegrafie: 3618,5 13067 kHz, Fernschreiben: 3621,5 13070 kHz) und um 2130 UTC (Telegrafie: 3618,5 6331 kHz, Fernschreiben: 3621,5 6334 kHz) gesendet.

Madeira

Funchal Radio

Telegrafie auf MW (CUB) :	444	500	512	kHz	
Sprechfunk auf GW & KW (CUB) :	1663,5	2182	2843	4432	kHz

Sammelanruf zweistündlich ab 0105 UTC auf 2843 kHz

Porto Santo Radionaval

Telegrafie auf MW (CTQ) :	500	519	kHz	
Sprechfunk auf GW (CTQ) :	2182	2484	2657	kHz

Wettervorhersage und Nautische Warnungen um 0900 2100 UTC auf 2657 kHz

Postrad

Sprechfunk auf GW :	2182	2484	2657	kHz

Kanarische Inseln

Tenerife Radio

Telegrafie auf MW (EAT) :	418	472	500	512	kHz
Sprechfunk auf GW (EAT) :	1720	2182	2191	2606	kHz

Las Palmas Radio

Telegrafie auf MW (EAL) :	418	438	500	512	kHz
Sprechfunk auf GW (EAL) :	1750	2182	2191	2820	kHz

Navy Las Palmas

Telegrafie auf MW & KW (EBK) :		429	7926		kHz

Nautische Warnmeldungen um 0050 0750 1550 2050 UTC

Arrecife Radio

Sprechfunk auf GW :	1730	2182	2191	2586	kHz

Wetterfunk

Auf Grenzwelle senden die Stationen der CTNE in spanischer Sprache um 1133 und 1933 UTC eine Übersicht für ihren Arbeitsbereich auf den folgenden Frequenzen: Tenerife 1720 kHz, Las Palmas 1750 kHz, und Arrecife 1730 kHz.

Mauretannien

Nouadhibou Radio

Telegrafie auf KW (5TA) : 8572 kHz

Sammelanruf und Nautische Warnmeldungen um 1033 1233 1633 UTC

Sprechfunk auf KW (5TA) : 8737 8779 kHz

Senegal

Dakar Radio

Telegrafie auf KW (6VA) :

4295 6383 8690 113074,3 16947,6 kHz

Sammelanruf um 0820 1620 1820 2120 UTC auf 8690 kHz

Sprechfunk auf KW (6VA) :

4366 8725 13110 17326 22753 kHz

Marine Nationale Dakar

Telegrafie auf KW (6WW) : 8538 12857,5 13410 16951,5 kHz

Wetterfunk

Dakar Radio 6VA sendet um 1000 und 2200 UTC in Telegrafie auf 6 und 8 MHz eine regionale Vorhersage für die nächsten 24 Stunden. Die Station Dakar Meteo (6VU) der Flugsicherheitsbehörde ASECNA sendet für den gesamten nordwestafrikanischen Raum Wetterübersichten sechsstündlich ab 0400 UTC auf den Frequenzen 7585 13665 19747,5 kHz in Funkfernschreiben (50Bd).

Kapverdische Inseln

Sao Vicente Radio

Telegrafie auf KW (D4A) :

6488 8469 8642 12700 12993 13047 17055,6 kHz
Sammelanruf zweistündlich ab 0030 UTC auf 8469 kHz

Sprechfunk auf KW (D4A) : 4408 8722 8755 9360 13128 17308 kHz

Praia Radio

Telegrafie auf KW (D4D) : 4292 8469 12700 kHz

Sprechfunk auf KW (D4D) : 4408 8776 13128 17308 kHz

Guinea Bissau

Bissau Radio

Sprechfunk auf KW (J5M) : 4393 4432 8722 8755 13083 17284 17344 kHz

Guinea

Conakry Radio

Telegrafie auf KW (3XC) : 6383 kHz

Sammelanruf um 0550 0950 1250 1650 2050 UTC

Kamsar Radio

Telegrafie auf KW (3XO) : 6384 kHz

Sammelanruf um 0800 1600 2000 UTC

Sprechfunk auf KW (3XO) : 8702 12885 16592 kHz

Sierra Leone

Freetown Radio

Telegrafie auf KW (9LL) : 6411 8710 13042,5 17175,2 kHz

Sammelanruf um 1100 UTC auf 16 MHz, 1000 1530 UTC auf 12 MHz, um 0900 1200 1830 UTC auf 8 MHz, und um 0800 1300 1700 UTC auf 6 MHz

Sprechfunk auf KW (9LL) : 8728 kHz

Liberia

Monrovia Radio

Telegrafie auf KW (ELC) : 8518 12709 16983 17146,4 22491 kHz

Sammelanruf um 0900 1930 UTC

Harbel Radio
Telegrafie auf KW (ELH) : 4240 8600 kHz

Cape Palmas Radio
Telegrafie auf KW (ELZ) : 4323,6 8606 12995,3 16930,8 22590,5 kHz
Sammelanruf um 0900 1930 UTC

Elfenbeinküste

Abidjan Radio

Telegrafie auf KW (TUA) : 4343 8464 13061 16947,8 kHz

Sammelanruf auf 16 MHz um 1100 1500 UTC, 12 MHz 0700 1000 1200 1400 1700 UTC,
8 MHz 0800 0900 1300 1600 1800 2000 UTC, und 4 MHz um 0000 0300 2100 2200 UTC

Sprechfunk auf KW (TUA) :

4411	6507	8782	13089	17341	22768	kHz
4366	6504	8734	13110			

Ghana

Tema Radio

Telegrafie auf KW (9GP23) : 4344 8700 12755 16948 22522 kHz

Sammelanruf auf 22 MHz um 1100 1600 UTC, 16 MHz 1000 1500 UTC, 12 MHz 0900 1400 UTC, und auf 8 MHz um 0800 und 1300 UTC

Funkfernschreiben auf KW (9GP23) :

4210,5 8430 12970,5 16900,5 22407 kHz

Benin

Cotonou Radio

Telegrafie auf KW (TYA3) : 6383 kHz

Sammelanruf um 0850 1350 1750 2150 UTC

Nigeria

Lagos Radio

Telegrafie auf KW (5OW) :

4351 6411 8698 13065 17239,9 22696 25060 kHz
Sammelanruf stündlich ab 0000 UTC auf einer der o.a. Frequenzen

Port Harcourt Radio
Telegrafie auf KW (5OZ) : 8496 kHz

Kamerun

Douala Radio

Telegrafie auf KW (TJC) : 4480 8449 8718 13069 17237 kHz

Sammelanruf stündlich ab 0000 UTC auf einer der o.a. Frequenzen

Sprechfunk auf KW (TJC) : 8770 8800 13155 kHz

Wetterfunk

In Telegrafie kommt von Douala Radio um 0800 UTC (8449 kHz) und 1650 UTC (13069 kHz) die Vorhersage für die Küstengewässer des Golf von Biafra auf Französisch.

Äquatorialguinea

Banapa Radio

Telegrafie auf KW (3CA) : 4337 8706 17165,6 kHz

Mbini Radio

Telegrafie auf KW (3CA4) : 4244 kHz

Sao Tome und Principe

Sao Tome Radio

Telegrafie auf KW (S9M) :

4283 6494,4 8634 12817 16966 22662,5 kHz

Sammelanruf sechsstündlich ab 0000 UTC

Sprechfunk auf KW (S9M) :

4417	8779	13137	17302		kHz
4402	8758	13113	17293	22747	
4429	8728	13086	17353	22720	

Funkfernschreiben auf KW (S9M) :

4210,5 6323,5 8420,5 12579,5 16807 22381 kHz

Gabun

Libreville Radio

Telegrafie auf KW (TRA) : 8722 13101 kHz

Sammelanruf um 0800 UTC auf 12 MHz und um 1630 UTC auf 8 MHz

Gamba Radio

Sprechfunk auf KW (TRP8) : 6510 13070 kHz

Sammelanruf um 0800 UTC auf 12 MHz und um 1200 UTC auf 6 MHz

Kongo

Pointe Noire Radio

Telegrafie auf KW (TNA) : 8453 12682,5 kHz

Sammelanruf zweistündlich von 0630 bis 1830 UTC auf 8 MHz, und von 0730 bis 1730 UTC auf 12 MHz

Ascension

Ascension Radio

Sprechfunk auf KW (ZBI) : 8737 8740 kHz

Zaire

Banana Radio

Telegrafie auf KW (9PA) : 6491,5 8445 12660 17184,8 22575,5 kHz

Sammelanruf stündlich ab 0000 UTC auf einer der o.a.Frequenzen

Sprechfunk auf KW (9PA) :

4417	6516	8752	13137	17302	22756	kHz
4357		8761	13155	17356		
4381		8776				
4125		8779				

Banana Radio arbeitet hauptsächlich auf der 1. Frequenzreihe

Funkfernschreiben auf KW (9PA) : 8425,5 12586,5 kHz

Nautische Warnmeldungen um 0620 0820 1220 1620 UTC auf 8425,5 kHz

Saint Helena

Saint Helena Radio

Telegrafie auf KW (ZHH) : 12963,5 kHz

Sammelanruf um 1200 UTC

Sprechfunk auf KW (ZHH) : 4396 8737 13125 kHz

Wetterfunk

Jamestown Meteo (GHH) sendet um 1000 und 1400 UTC auf 17413,3 und 21997,5 kHz Wetterinformationen aus dem Südatlantik.

Tristan da Cunha

Tristan da Cunha Radio

Telegrafie auf KW (ZOE) : 12651 16720 kHz
Sammelanruf um 0830 UTC auf 12651 kHz

Sprechfunk auf KW (ZOE) :
4017 4078 6780 8185 8187,5 12325 13945 16560 20995 kHz

Angola

Luanda Radio

Telegrafie auf KW (D3E) : 6369 8565 13023 17189,6 22330,5 kHz
Sammelanruf zweistündlich ab 0105 UTC

Sprechfunk auf KW (D3E) : 4125 4393 6224 kHz

Walvis Bay (Südafrikanische Enklave in Namibia)

Walvis Bay Radio

Sprechfunk auf KW (ZSV) : 4125 4357 kHz
Sammelanruf um 0935 1315 1635 UTC auf 4357 kHz
Nautische Warnmeldungen um 0903 1603 UTC auf 4357 kHz

Südafrika

NAVCOMCEN Simonstown

Telegrafie auf KW (ZSJ) :

4283	6386,5	8566	12849	17132	kHz

Capetown Radio

Telegrafie auf KW (ZSC) :

4317	6467	8688,5	12698	17164,8	22659	kHz
4291	8461		12772,5	17018	22455	
4261	6423	8480	12709	17210,6		
	6478	8502	12724	17075		

Sammelanruf zweistündlich ab 0030 UTC auf den Frequenzen der 2. Reihe
Nautische Warnmeldungen um 0630 0900 1700 UTC auf der 2. Frequenzreihe
Capetown Radio wickelt den Funkverkehr hauptsächlich auf den Frequenzen der 1. Reihe ab

Sprechfunk auf KW (ZSC) :

4125	8731	13101	17263	22756	kHz
4146	8779	13137	17302	22705	
4369					
4417					
4435					

Funkfernschreiben auf KW (ZSC) :

4214	8428,5	12601	16816	22408	kHz

Sammelanruf zweistündlich ab 0015 UTC

NAVCOMCEN Capetown

Telegrafie auf KW :

(ZRH) :	4222,2	6337,5	8604,2	12692,2	17004,2	22611,7	kHz
(ZRQ) :	4223,9	6338,3	8605,9	12693,9	17006	22613,3	

Port Elizabeth Radio

Sprechfunk auf KW (ZSQ) : 4125 4363 4417 8725 8779 kHz

Nautische Warnmeldungen um 1340 1733 UTC auf 4363 kHz

Durban Radio

Sprechfunk auf KW (ZSD) :	4375	8740	13137	kHz
	4417	8779	13146	

Sammelanruf zweistündlich ab 0003 UTC auf 4375 8740 kHz

> Wetterfunk
>
> Um 0930 und 1730 UTC sendet Capetown Radio ZSC ausführliche Wettermeldungen sowohl in Telegrafie (2. Frequenzreihe s.o.) als auch in Funkfernschreiben (Frequenzen s.o.). Regionale Wetterberichte kommen auch in Sprechfunk von Port Elizabeth Radio ZSQ um 0933 1340 1733 UTC auf 4363 kHz, und von Durban Radio ZSD um 0903 1703 UTC auf 4375 und 8740 kHz. Für das gesamte südliche Afrika kommen Vorhersagen von Pretoria Meteo (ZRO) um 0840 1440 UTC auf 13538 und 18238 kHz über Funkfernschreiber (75Bd).

Mosambik

Maputo Radio

Telegrafie auf KW (C9L2) : 4289 8698 13056 kHz

Sammelanruf zweistündlich ab 0000 UTC auf 8698 kHz

Maputo Radionaval

Telegrafie auf KW (C9C) : 4307 4358 6502 8642 13042,5 kHz

Sammelanruf um 0010 1810 UTC auf 4307 kHz, um 0610 1210 UTC auf 8642 kHz

Mocambique Radio

Telegrafie auf KW (C9L6) : 4289 8698 13056 kHz

Sammelanruf zweistündlich ab 0030 UTC auf 8698 kHz

> Wetterfunk
>
> Die Funkstation der Mosambikanischen Marine sendet um 0945 und 1545 UTC eine telegrafische Vorhersage für die südostafrikanische Küste auf 4358 6502 13042,5 kHz.

Kenia

Mombasa Radio

Telegrafie auf KW (5ZF) : 8441,4 13065 17175,2 kHz

Sammelanruf um 1248 UTC auf 16 MHz, 0448 0830 1518 UTC auf 12 MHz, und um 0000 0530 1200 1330 1730 2018 UTC auf 8 MHz

Sprechfunk auf KW (5ZF) : 4396 8782 kHz

Wetterfunk

Nairobi Meteo (5YE) sendet eine Wettervorhersage für die Ostafrikanische Küste in Telegrafie um 1200 UTC auf 9044 und 17359 kHz

Madagaskar

Tamatave Radio

Telegrafie auf KW (5RS) :

4232,5	6348	8465	12679,8	16930,4	22668,5	kHz
4286,9	6430,4	8573,9	12860,8	17147,9	22490	

Sammelanruf um 0300 0600 1800 2100 UTC auf 8465 kHz, 0900 1200 auf 12679,8
Nautische Warnmeldungen um 0510 0810 auf 8465 kHz

Sprechfunk auf KW (5RS) :

4372	6215	8767	13092	17350	22813	kHz
	6510	8809	13149			
	6513					

Wetterfunk

Tamatave Radio sendet um 0510 und 0810 UTC auf 8465 kHz (Telegrafie) und 8767 kHz (Sprechfunk – in Französisch) eine Vorhersage für die Gewässer rund um die Insel. Eine Übersicht über die Wetterlage des gesamten Indischen Ozeans kommt von Antananarivo Meteo (5ST) auf 17400 kHz um 0910 UTC in Telegrafie und um 0935 UTC in Funkfernschreiben (50Bd).

Reunion

Marine Nationale Le Port

Telegrafie auf KW (FUX) : 4334 8675,5 12691 13215,5 16915 kHz

Neu Amsterdam

St. Paul Radio

Telegrafie auf KW (FJY4) : 4287 8690 12722 kHz

Sammelanruf um 0245 0545 1015 1145 UTC auf 8 MHz

Sprechfunk auf KW (FJY4) : 4387 8791 kHz

> Wetterfunk
>
> St. Paul Radio sendet eine Wettervorhersage für den südlichen Indischen Ozean um 1018 UTC auf der Telegrafie-Frequenz 8690 kHz.

Mauritius

Mauritius Radio

Telegrafie auf KW (3BA) : 4282 6393,5 8554 12831 kHz

Sammelanruf zweistündlich ab 0010 UTC

> Wetterfunk
>
> Von Bigara Meteo (3BM) kommen Wettervorhersagen für den Indischen Ozean in Telegrafie wie folgt: 0030 UTC auf 4295 6351,5 12988,5 kHz, 0430 UTC auf 8726 12988,5 16978,4 22587 kHz, 0900 UTC auf 8726 12988,5 16978,4 22587 kHz, um 1630 UTC auf 4295 6351,5 12988,5 kHz, und um 2030 UTC auf 12988,5 16978,4 kHz. In Funkfernschreiben sendet Bigara Meteo (3BT) um 0930 UTC auf 3188 7693 15955 kHz (50Bd).

Seychellen

Seychelles Radio

Telegrafie auf KW (S7Q) : 4349 8445 12660 kHz

Sammelanruf um 0600 0700 UTC auf 12 MHz, um 0400 0500 1200 1300 UTC auf 8 MHz

Sprechfunk auf KW (S7Q) : 4384 8771,2 13119 17242 kHz

Djibouti

Djibouti Radio

Telegrafie auf KW (J2A) : 4262 6348 8510 8682 12728 kHz

Sammelanruf um 0700 0800 1000 1200 UTC auf 12728 kHz,
um 0400 0600 1300 1400 1600 UTC auf 8682 kHz

Sprechfunk auf KW (J2A) : 4408 8797 13104 kHz

Funkfernschreiben auf KW (J2A) : 8418,5 12599,5 16825 22381 kHz

Marine Nationale Djibouti

Telegrafie auf KW (FUV) : 8568 13042,5 16905 22447 kHz

Wetterfunk

Djibouti Radio sendet eine für 12 Stunden gültige Wettervorhersage für das Rote Meer und den Golf von Aden in Telegrafie um 0430 1700 UTC auf 8682 kHz und um 0900 UTC auf 12728 kHz.

Äthiopien

Assab Radio

Telegrafie auf KW (ETC) : 6340,5 6496,5 8618 8707 12673,5 kHz

Sammelanruf zweistündlich von 0530 bis 1930 UTC auf 8618 kHz

Sprechfunk auf KW (ETC) :

4363 4417 6513 6516 8731 8779 kHz

Sudan

Port Sudan Radio

Telegrafie auf KW (STP) : 4226,5 8676 kHz

Sammelanruf stündlich ab 0000 UTC

Jordanien

Aqaba Radio

Telegrafie auf KW (JYO) : 4240 6390 6479 8474 12930,5 kHz

Sammelanruf um 0600 UTC auf 4 MHz, 0800 UTC 12 MHz, und um 1300 UTC auf 8 MHz

Sprechfunk auf KW (JYO) :

4414 4429 4417 8728 8779 13134 13137 17299 kHz

Funkfernschreiben auf KW (JYO) : 8427 12584,5 16821,5 kHz

Arabische Halbinsel

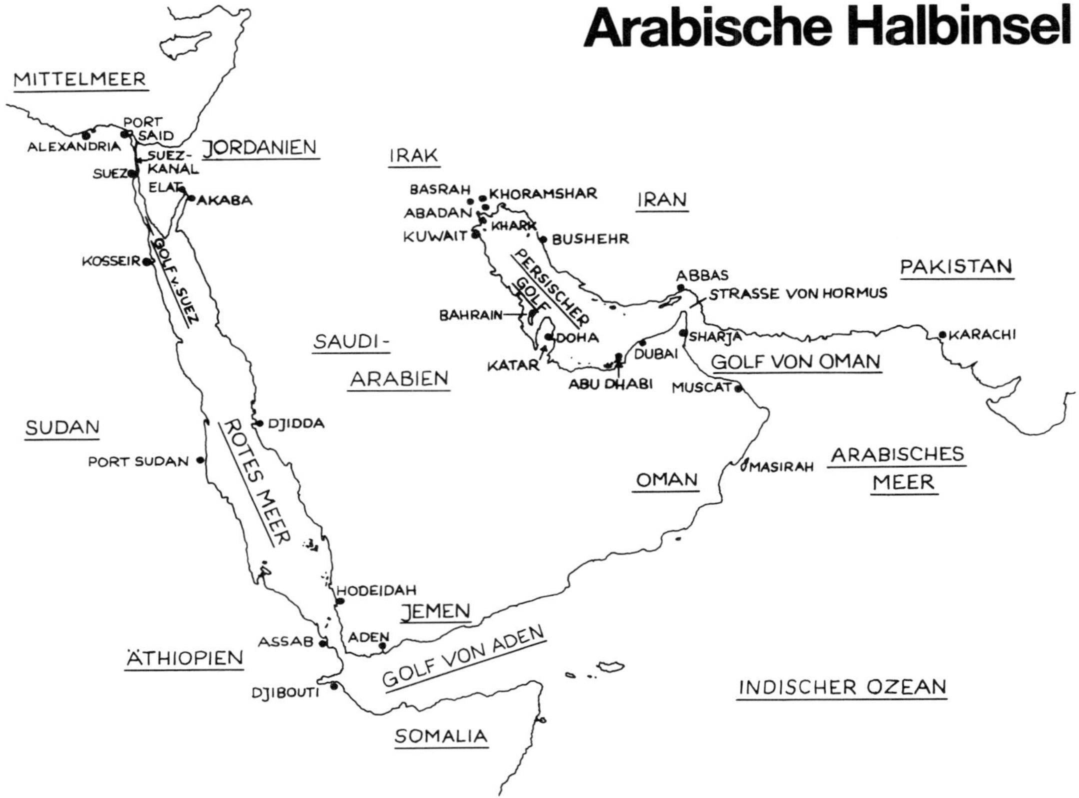

Jemen

Hodeidah Radio

Telegrafie auf KW (4WD3) :	4230	8588	12855,8	kHz

Sammelanruf um 0600 UTC auf 12 MHz, 1200 UTC 8 MHz, 1700 UTC auf 4 MHz

Aden Radio

Telegrafie auf KW (7OA) :	8441,4	13060,5	17175,2	kHz

Sammelanruf um 0700 UTC auf 16 MHz, um 0900 1300 UTC auf 12 MHz, und um 0500 1100 1600 UTC auf 8 MHz

Sprechfunk auf KW (7OA) :	4390	8773	kHz

Oman

Musqat Radio

Telegrafie auf KW (A4M) :	4233	8445	12675,5	17223,4	kHz

Sammelanruf um 0900 UTC auf 16 MHz, 0700 1100 UTC auf 12 MHz, um 0500 1300 UTC auf 8 MHz, und um 0400 1500 UTC auf 4 MHz

Sprechfunk auf KW (A4M) :	4366	4417	8779	8788	kHz

Katar

Doha Radio

Telegrafie auf KW (A7D) :	4231	8473,3	12966,3	17221,4	kHz
	4316	8630	13024	16935	

Sammelanruf stündlich ab 0000 UTC auf der 1. Frequenzreihe

Sprechfunk auf KW (A7D) :

4417	8779	13137	17302	22798	kHz
4381	8728	13077	17317		
4423	8794	13161			

Funkfernschreiben auf KW (A7D) :	4216	8421	12591	16816,5 kHz

Saudi Arabien

Dammam Radio

Telegrafie auf KW (HZG) :

4253,5	6364,5	8484,5	13076,7	17198,3	22668,3	kHz
4278	6387	8556,5	12752,5	16953	22579,5	
4309	6466	8651	12792	17062	22484	

Sammelanruf um 0900 UTC auf 17198,3 22338,2 kHz, um 0700 1200 1700 UTC auf 13076,7 kHz, und um 0700 1600 UTC auf 8484,5 kHz
Wettervorhersage um 0630 1830 UTC auf 8651 12792 kHz

Sprechfunk auf KW (HZG) :

4417	6516	8779	13137	17302	22756	kHz
4372	6501	8740	13080	17245	22759	
4381	6507	8749	13143	17266	22786	

Funkfernschreiben auf KW (HZG) :

4212,5	6318,5	8418,5	12584	16811	22386	kHz

Ras Tanura Radio

Telegrafie auf KW (HZY) : 4308,5 8480 12811,3 16960 kHz

Sammelanruf zweistündlich ab 0000 UTC
Wettervorhersage um 0430 1630 UTC auf 4308,5 8480 kHz und um 0800 UTC auf 8480 12811,3 kHz

Sprechfunk auf KW (HZY) :

4146	6224	8294	12353	16528	22159	kHz

Ras al Mishab Port Radio

Sprechfunk auf KW : 8281 8284 12320 kHz

Wetterfunk

Vorhersagen für alle Saudi-arabischen Küstengewässer kommen von Dammam Radio in Telegrafie um 0630 1830 UTC auf 8651 12792 kHz, während die telegrafische Wettervorhersage von Ras Tanura Radio nur die Gewässer des Persischen Golfs umfaßt: 0430 1630 UTC auf 4308,5 kHz, und um 0800 UTC auf 12811,3 kHz.

Bahrain

Bahrain Radio

Telegrafie auf KW (A9M) :

4302	8448	12709	17175,2	22592,4	kHz
4284	8454	12698	17169	22684,5	

Sammelanruf um 0300 0500 0800 1100 1500 1700 UTC auf der 2. Frequenzreihe

Sprechfunk auf KW (A9M) :

4393	8719	8734	13101	17293	22711	kHz

Funkfernschreiben auf KW (A9M) :

4210,5	8427,5	12594,5	16811,5	22399	kHz

Kuwait

Kuwait Radio

Telegrafie auf KW (9KK) :

4299	6381	8525	12895	12925	16995	22504	kHz

Sammelanruf zweistündlich ab 0135 UTC

Sprechfunk auf KW (9KK) :

4417	6504	8779	13146	17296	22705	kHz
4429	6513	8743	13155	17305	22741	

Irak

Basrah Control

Telegrafie auf KW (YIR) :

6493,3	8440	8668	12660	16906	kHz

Sammelanruf zweistündlich ab 0100 UTC
Wettervorhersage um 0530 UTC auf 6493,3 kHz, um 1330 UTC auf 8668 kHz

Sprechfunk auf KW (YIR) :

4420	6501	8761	13083	17317	22789	kHz
	6513	8785	13107	17362		
			13125			

Basrah Port Radio

Telegrafie auf KW (HNT) : 8582 kHz

Sammelanruf vierstündlich von 0400 bis 1600 UTC

Wetterfunk

Die Küstenfunkstelle Basrah Control strahlt um 0530 UTC auf 6493,3 kHz und um 1330 UTC auf 8668 kHz eine telegrafische Vorhersage für den nördlichen Persischen Golf aus.

Basrah Radio Control
State Organization of
Iraqi Ports

المحطة الساحلية في البصرة
المؤسسة العامة للموانئ العراقية
بصرة – الجمهورية العراقية

بطاقة استلام تردداتنا
QSL CARD

We Confirm That You
Heard our Station

نؤيد سماعكم لمحطتنا

تاريخ DATE	وقت غربي G.M.T.	تردد FREQ.	اشارة نداء Call Sign	كيلوواط K. W.	هوائي ANT	اتجاه DIR
25-9-78	1000- 1200 Hours	12660 KHZ	YIR	3.0	Log Perio-dic.	Long 40° east lat 4° South

Iran

Teheran Radio

Telegrafie auf KW (EPW1) : 17283,9 kHz

Sammelanruf um 0730 1130 UTC

Sprechfunk auf KW (EPW1) : 13092 13140 kHz

Sammelanruf um 0330 0830 1430 UTC

Khorramshahr Radio

Telegrafie auf KW (EQK) :	4292	6362	8469	13069,5	22563,5 kHz

Sammelanruf stündlich von 0435 bis 1235 UTC auf 8469 kHz

Sprechfunk auf KW (EQK) :	4378	6510	8788	17314	22708 kHz

Abbas Radio

Telegrafie auf KW (EQI) :	4292	6362	8469	13069,5	22563,5 kHz

Sammelanruf um 0330 0530 0730 1030 1230 1430 1630 UTC auf 8469 kHz

Sprechfunk auf KW (EQI) :	4402	6510	8731	17287	22798 kHz

Bandar Khomeini Radio

Telegrafie auf KW (EQN) :	4349	6425	8698	12700	kHz
Sprechfunk auf KW (EQN) :	4360	6510	8803	13167	22792 kHz

Abadan Radio

Telegrafie auf KW (EQA) :	4292	6362	8469	13069,5	kHz
Sprechfunk auf KW (EQA) :	4375	6510	17254	kHz	

Khark Radio

Telegrafie auf KW (EQQ) :	4349	6425	8469	12700	kHz

Bushehr Radio

Telegrafie auf KW (EQM) :	4349	6425	8698	12700	kHz
Sprechfunk auf KW (EQM) :	4369	6510	8746	17326	22702 kHz

Lavan Radio

Telegrafie auf KW (EQR) :	4292	6362	8469	13069,5	kHz
Sprechfunk auf KW (EQR) :	4414	6510	kHz		

Indischer Ozean

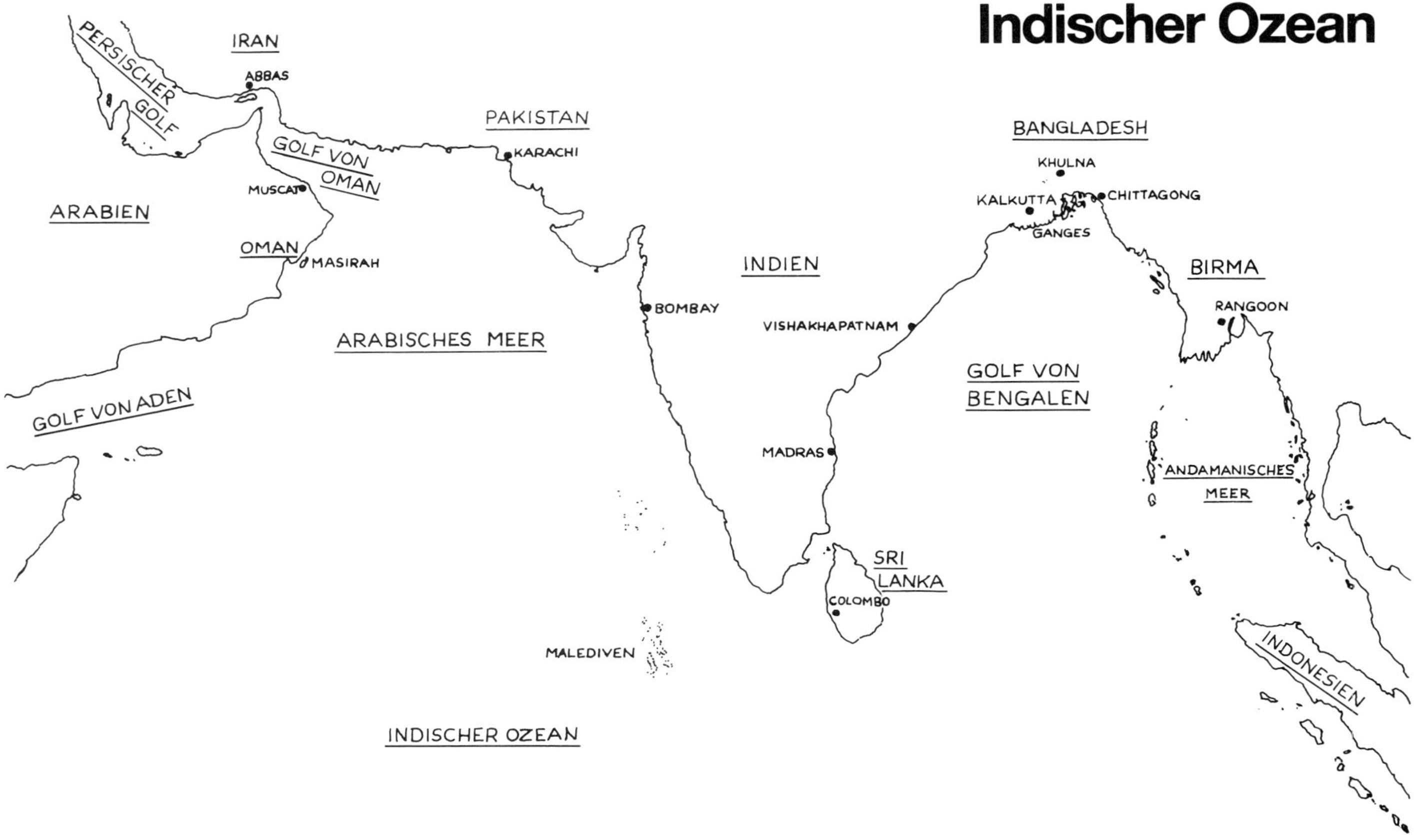

Pakistan

Karachi Radio

Telegrafie auf KW (ASK) :

4250	6414,5	8658	8670	8694	13024	13051,5	17050,4
							17156 kHz

Sammelanruf zweistündlich ab 0000 UTC auf 8658 13024 kHz
Wettervorhersage um 0830 UTC auf 13024 kHz und um 1630 UTC auf 8694 kHz

Sprechfunk auf KW (ASK) :

4399	6510	8725	13116	17275	22774	kHz
4423		8770	13158		22813	
		8743	13170			
		8809				

NAVCOMCEN Karachi

Telegrafie auf KW (AQP) :

4325	6390	8490	13011	17093,6	22581,5	kHz

Nautische Warnmeldungen um 0400 1200 UTC
Wettervorhersage vierstündlich ab 0200 UTC

Wetterfunk

Karachi Radio sendet um 0830 UTC auf 13024 kHz und um 1630 UTC auf 8694 kHz einen Wetterbericht für den Persischen Golf, den Golf von Oman, und für das Arabische Meer in Telegrafie. Für das gleiche Gebiet sind auch die telegrafischen Vorhersagen von NAVCOMCEN Karachi um 0200 0600 1000 1400 1800 2200 UTC auf 6390 8490 13011 17093,6 kHz.

Malediven

Male Radio

Sprechfunk auf KW (8Q2) :

4417		8779	13137	17302	22756	kHz
4378	6501	8737	13158	17281	22759	
4432	6516	8803	13167	17356	22804	

Indien

Bombay Radio

Telegrafie auf KW (VWB) :

4316	8514	12710	17034	22551	kHz
	8630	12966	16935		

Sammelanruf zweistündlich ab 0000 UTC
Nautische Warnmeldungen um 0648 1548 UTC auf 8630 12710 kHz
Wettervorhersage vierstündlich ab 0048 UTC auf 8630 12710 kHz

Sprechfunk auf KW (VWB) : 8755 13104 kHz

Funkfernschreiben auf KW (VWB) :

8429,5 12581,5 16808,5 22378,5 kHz

NAVCOMCEN Bombay

Telegrafie auf KW :

(VTG)	4268	6467	8634	12808,5	16938	22378	kHz
(VTF)	4283	6386,5	8566	12840	17132		

Nautische Warnmeldungen um 0500 0900 1500 UTC auf den VTG-Frequenzen
Wettervorhersage um 0900 1500 UTC auf den VTG-Frequenzen

Madras Radio

Telegrafie auf KW (VWM) : 4301 8674,4 12718,5 16975 kHz

Sammelanruf zweistündlich ab 0000 UTC
Wettervorhersage um 0030 0930 1830 UTC auf 8 und 12 MHz

Funkfernschreiben auf KW (VWM) : 8428,5 12586,5 16808 22384 kHz

Vishakapatnam Radio
Telegrafie auf KW (VWV) : 8510 kHz

NAVCOMCEN Vishakapatnam

Telegrafie auf KW :

(VTP)	4238	6418	8646	12840	kHz
(VTO)	4283	6386,5	8566		

Nautische Warnmeldungen um 0500 0900 1500 UTC auf den VTP-Frequenzen

Calcutta Radio

Telegrafie auf KW (VWC) : 4286 8526 12745,5 kHz

Sammelanruf vierstündlich ab 0130 UTC auf 8526 kHz, sowie um 0800 1400 UTC auf 12745,5 kHz
Nautische Warnmeldungen um 0548 UTC auf 8526 kHz und um 1548 UTC auf 4286 kHz
Wettervorhersage um 0848 0918 UTC auf 12745,5 kHz, 1418 UTC auf 8526 kHz, und um 1818 0018 UTC auf 4286 kHz
Zeitsignale um 0825 UTC auf 12745,5 kHz und um 1625 UTC auf 4286 kHz

Ramnagar Port Radio

Telegrafie auf KW (VWA1) : 4279 6388 8595,5 12820 kHz

Wetterfunk

Alle Indischen Funkstellen senden die Wetterdaten in Telegrafie. Für den jeweiligen regionalen Bereich sendet Bombay Radio im vierstündlichen Rhythmus ab 0448 UTC auf 8630 12710 kHz, Madras Radio um 0030 0930 1830 UTC auf 8674,4 und 12718,5 kHz, und Calcutta Radio um 0018 1818 UTC auf 4286 kHz, 0848 0918 UTC auf 12745 kHz, und um 1418 UTC auf 8526 kHz. NAVCOMCEN Bombay sendet für den nördlichen Indischen Ozean um 0130 UTC auf 8634 kHz, und um 0415 UTC auf 4268 6467 8634 12808,5 16938 22378 kHz eine ausführliche Vorhersage.

Bangladesch

Chittagong Radio

Telegrafie auf KW (S3D) : 8694 13056 kHz

Sammelanruf stündlich ab 0000 UTC auf 13056 kHz
Wettervorhersage um 0850 1650 UTC

Sprechfunk auf KW (S3D) :

4125	6215	8734	13080	17248	22699	kHz
4360	6504	8779	13137			
4402	6516					
4417						

Khulna Radio

Telegrafie auf KW (S3E) : 4231 8658 13024 kHz

Sammelanruf stündlich ab 0001 UTC

Sprechfunk auf KW (S3E) :

4125	6215	8779	13134	17257	kHz
4393	6504	8782	13137		
4402	6513				
4417	6516				

Wetterfunk

Eine Wettervorhersage für den Golf von Bengalen kommt in Telegrafie von Chittagong Radio um 0850 1650 UTC auf 8694 13056 kHz. Bei erwarteten Wirbelstürmen wird jeweils zur vollen Stunde eine Warnung verbreitet.

Sri Lanka

Colombo Radio

Telegrafie auf KW (4PB) : 8473 12925,5 17045,6 kHz

Sammelanruf stündlich von 0100 bis 1900 UTC auf 8473 kHz
sowie um 0530 0830 1030 1330 UTC auf 12925,5 kHz
Nautische Warnmeldungen um 0600 UTC auf 8473 kHz
Zeitsignale um 0555 1325 UTC auf 8473 kHz

Wetterfunk

Für die Regionalen Gewässer um Sri Lanka sendet Colombo Radio um 0530 1330 UTC auf 8473 12925,5 kHz eine telegrafische Wettervorhersage.

Südostasien

Myanmar (Burma)

Yangon Radio

Telegrafie auf KW (XYR) :

4292	8441	8710	12867	17189,6	22631,5	kHz

Sammelanruf um 0000 0800 1200 UTC auf 8441 kHz, um 0500 1300 auf 12867 kHz

Wetterfunk

Yangon Radio sendet auf 8710 kHz um 0900 und 1700 UTC eine ausführliche Wettervorhersage für die Gewässer um Burma in Telegrafie.

Singapur

Singapore Radio

Telegrafie auf KW (9VG) :

4322	6412	8530	12733,5	16966,5	22578,5	kHz
4313	6340,5	8476	12707	17232,9	22479	
4280	6358,5	8571,5	12659,5	16994		
		8609,5	12724	17031		
		8688	12817,5			
		8517	12716			

Sammelanruf zweistündlich ab 0030 UTC auf den Frequenzen der 1. Reihe

Sprechfunk auf KW (9VG) :

4125	6215	8779	13137	17302	22729	kHz
4369	6504	8728	13131	17278	22756	
4375		8761	13122	17362		
		8788				

Sammelanruf vierstündlich ab 0005 UTC auf 8728 kHz

Funkfernschreiben auf KW (9VG) :

4210,5	6323,5	8420,5	12579,5	16807	22381	kHz
		8426,5	12590	16815	22389	
			12597	16818,5		
			16822,5			

Sammelanruf zweistündlich ab 0130 UTC auf der 1. Frequenzreihe

Wetterfunk

Singapore Radio sendet in englischer Sprache Wetterberichte im großräumigen Bereich vom Südchinesischen Meer bis zur Andamanen-See in Telegrafie um 0118 1318 UTC auf 4322 6412 kHz, in Sprechfunk auf 8728 kHz um 0005 1205 UTC, und schließlich kommt noch um 0005 1205 UTC das Wetter auf 6323,5 8420,5 12579,5 16807 22381 kHz aus dem Ticker.

Malaysia

Penang Radio

Telegrafie auf KW (9MG) :

4228	6355,9	8698	12678	17172,4	22465	kHz
4337		8595,5	12831			
		8492	12943,5			

Sammelanruf zweistündlich ab 0130 UTC auf den Frequenzen der 1. Reihe
Wettervorhersage vierstündlich ab 0148 UTC auf 6355,9 8698 kHz

Sprechfunk auf KW (9MG) :

4399	6215	8719	13152	17272	22756	kHz
4429	6224	8770	13107	17302	22786	
4125	6501	8294	12353	16528	22159	
4405	6516	8779	13137			
4414		8809				

Funkfernschreiben auf KW (9MG) :

4214,5	6314,5	8430	12583,5	16811	22376,5	kHz
4216	6318,5	8424,5	12588	16815,5	22383,5	

Navy Lumut

Telegrafie auf KW (9MB) :	4239	5065	6479,8	12781,5	16950	kHz

Kuching Radio

Telegrafie auf KW (9WW20) :	4249	8522	kHz		
Sprechfunk auf KW (9WW20) :	4146	6215	6227	8297	kHz
Funkfernschreiben auf KW (9WW20) :	4213,5	4215	6320	6322,5	
	8421	8427,5	kHz		

Kota Kinabalu Radio

Telegrafie auf KW (9WH20) :	8438	kHz			
Sprechfunk auf KW (9WH20) :	4125	6513	8737	kHz	
	4384	6516	8755		
	4417		8779		
	4420				
Funkfernschreiben auf KW (9WH20) :	4212	4214	6317	6324	8419
	8424	kHz			

Wetterfunk

Die malaiischen Küstenfunkstellen strahlen für den regionalen Bereich telegrafische Wettervorhersagen wie folgt aus: Kuching Radio vierstündlich ab 0120 UTC auf 4249 kHz, Penang Radio vierstündlich ab 0148 UTC auf 6355,9 8698 kHz, und Kota Kinabalu Radio um 0220 1420 UTC auf 8438 kHz. In englischer Sprache kommt auf der Sprechfunk-Frequenz 8719 kHz der Wetterbericht um 2205 0205 0605 1005 UTC von Penang Radio, und Kuching Radio sendet auf der Fernschreib-Frequenz 6322,5 kHz zu den gleichen Zeiten wie in Telegrafie.

Brunei

Seria Port Radio

Telegrafie auf KW (V8L1) : 8558 kHz

Sammelanruf 0200 0600 1000 UTC

Sprechfunk auf KW (V8L2) : 4400 kHz

Muara Harbour Radio

Sprechfunk auf KW (V8L3) :	4170	6445	8065	12016	16112	kHz

Indonesien / Sumatra

Sabang Radio

Telegrafie auf KW (PKA) : 8686 17184,8 kHz

Sammelanruf um 0230 1030 1400 UTC auf 16 MHz, um 0130 1000 1330 UTC auf 8 MHz

Sprechfunk auf KW (PKA) : 4387 6215 6513 8794 kHz

Dumai Radio

Telegrafie auf KW (PKP) : 6337 8457 12682,5 17184,8 kHz

Sammelanruf um 0500 0900 UTC auf 16 MHz, 0230 0700 UTC auf 12 MHz, und um 0100 0600 1000 1300 UTC auf 8 MHz

Sprechfunk auf KW (PKP) : 4357 6215 8764 13101 kHz

Belawan Radio

Telegrafie auf KW (PKB) : 4295 8686 12970,5 17074,4 kHz

Sammelanruf um 0200 1100 UTC auf 16 MHz, 0000 0600 UTC auf 12 MHz, und um 0300 0900 1230 UTC auf 8 MHz

Sprechfunk auf KW (PKB) : 6215 8746 13077 kHz

Palembang Radio

Telegrafie auf KW (PKC) : 4295 6491,5 8705,4 kHz

Sammelanruf um 0100 0500 0900 1130 UTC auf 8 MHz, und um 0000 0330 0800 1230 UTC auf 6 MHz

Sprechfunk auf KW (PKC) : 4396 6215 8806 kHz

Plaju Pertamina Radio
Telegrafie auf KW (PKC2) : 8626 kHz
Sprechfunk auf KW (PKC2) : 4423 kHz

Lhokseumawe Pertamina Radio
Telegrafie auf KW (PKB20) : 6456,5 8626 12980 kHz
Sprechfunk auf KW (PKB20) : 4423 6507 8758 kHz

Java

Jakarta Radio
Telegrafie auf KW (PKX) : 8542 12970,5 17074,4 22575,5 kHz
Sprechfunk auf KW (PKX) : 6215 6224 6501 8752 8773 13104 17269 22795 kHz

Jakarta Pertamina Radio
Telegrafie auf KW (PKI2) : 8626 12980 kHz
Sprechfunk auf KW (PKI2) : 4423 6507 8758 kHz

Semarang Radio
Telegrafie auf KW (PKR) : 4238 6499,9 8461 kHz
Sprechfunk auf KW (PKR) : 4420 6215 6510 8800 kHz

Cilacap Pertamina Radio
Telegrafie auf KW (PKR6) : 6456,5 8626 12980 kHz
Sprechfunk auf KW (PKR6) : 4423 6507 8758 kHz

Surabaya Radio
Telegrafie auf KW (PKD) : 4238 8461 12704,5 17074,4 kHz
Sprechfunk auf KW (PKD) : 4378 6215 8794 13110 kHz

Borneo

Balikpapan Radio
Telegrafie auf KW (PKN) : 4238 6499,9 8705,4 kHz
Sprechfunk auf KW (PKN) : 4357 6215 8746 kHz

Bontang Pertamina Radio
Telegrafie auf KW (PKN7) : 6456,5 8626 12980 kHz
Sprechfunk auf KW (PKN7) : 4423 6507 8758 kHz

Bandjarmasin Radio
Telegrafie auf KW (PKG) : 4238 6337 8457 kHz
Sprechfunk auf KW (PKG) : 4387 6504 8764

Pontianak Radio
Telegrafie auf KW (PKS) : 6355 8473 kHz
Sprechfunk auf KW (PKS) : 4408 6215 6224 6513 kHz

Tarakan Radio
Telegrafie auf KW (PKO) : 6337 8445 kHz

Celebes (Sulawesi)

Makassar Radio

Telegrafie auf KW (PKF) :	4295	8686	12682,5	kHz	
Sprechfunk auf KW (PKF) :	4396	6215	8800	13077	kHz

Bitung Radio

Telegrafie auf KW (PKM) :	6428,5	8694	12704,5	kHz	
Sprechfunk auf KW (PKM) :	4408	6215	8806	13101	kHz

Timor

Kupang Radio

Telegrafie auf KW (PKK) :	8445	kHz			
Sprechfunk auf KW (PKK) :	6215	6227	6510	8794	kHz

Ceram

Amboina Radio

Telegrafie auf KW (PKE) :	4295	8473	12682,5	17184,8	kHz
Sprechfunk auf KW (PKE) :	4378	6215	8794	13104	kHz

West Irian

Sorong Radio

Telegrafie auf KW (PKY4) :	6337	8461	12970,5	kHz		
Sprechfunk auf KW (PKY4) :	4420	6215	6227	6501	8800	kHz

Biak Port Radio

Telegrafie auf KW (PKY2) :	8705,4	kHz
Sprechfunk auf KW (PKY2) :	6227	kHz

Jayapura Radio

Telegrafie auf KW (PNK) :	8694	12682,5	17074,4	kHz
Sprechfunk auf KW (PNK) :	6215	6227		

Merauke Port Radio

Telegrafie auf KW (PKY5) :	6499,9	8457	kHz		
Sprechfunk auf KW (PKY5) :	4408	6215	6227	6504	kHz

Wetterfunk

Jakarta Radio PKX sendet um 1100 UTC eine weiträumige telegrafische Wettervorhersage in Englisch auf 8542 12970,5 kHz für ganz Indonesien, ebenso wie die Meteo-Station des Flughafens Kemayoran (8BB) um 0830 UTC auf 11500 16200 kHz.

Philippinen

Bacoor Radio
Telegrafie auf KW (DZF) : 4274 6411 8548,5 12822 17090 kHz
Sprechfunk auf KW (DZF) : 4399 8752 13143 kHz
Telegrafie auf KW (DZI) : 4336 6335,5 8672 13008 22506 kHz

Bulacan Radio
Telegrafie auf KW (DZJ) : 6453 8604 12906 17230,9 22683 kHz
Telegrafie auf KW (DZK) : 4296 6444 8592 12888 17184 kHz
Sprechfunk auf KW (DZK) : 8779 13101 17347 22714 kHz
Telegrafie auf KW (DZM) : 4328 6492 8656 12984 kHz
Sprechfunk auf KW (DZM) : 13158 13167 17296 kHz
Telegrafie auf KW (DZO) : 4290 6435 8580,5 12870 17160 kHz
Sprechfunk auf KW (DZO) : 8740 13149 17254 22702 kHz

Navotas Radio
Telegrafie auf KW (DZN) : 6468 8584 12936 17168 22538 kHz

Manila Radio
Telegrafie auf KW (DZH) : 4324 6486 8648 12972 kHz
Telegrafie auf KW (DZW) : 4262 6393 8524 12786 17048 22568,5 kHz
Telegrafie auf KW (DZZ) : 4288 6432 8576 12862,5 17152 22490

Las Pinas Radio
Telegrafie auf KW (DZG) : 6441 8588 12882 17176 22502 kHz

Mandaluyong Radio
Telegrafie auf KW (DZA) : 6408 8608 12816 kHz
Telegrafie auf KW (DZE) : 4282 6423 8564 12846 17128 kHz

Iloilo Radio
Telegrafie auf KW (DYV) : 4316 6474 8632 12948 kHz
Telegrafie auf KW (DYL3) : 4230 8451 12661,5 kHz

Novaliches Radio
Telegrafie auf KW (DZP) : 4278 6417 8556 12833,5 17112 kHz

Antipolo Radio
Telegrafie auf KW (DZD) : 4286 6429 8572 12858 17144 kHz

Cebu Radio
Telegrafie auf KW (DYM) : 4338 6338,5 8676 13014 kHz
Telegrafie auf KW (DYP) : 6465 kHz
Telegrafie auf KW (DYH) : 6478 12951,5 kHz
Sprechfunk auf KW (DYO) : 8740 13086 17284 kHz

Pasig Radio
Telegrafie auf KW (DZU) : 4318 6477 8636 12954 kHz

Davao Radio

Telegrafie auf KW (DXF) :	8600	12900	16962,5	kHz
Sprechfunk auf KW (DXF) :	13110	17248	22720	kHz
Telegrafie auf KW (DXR) :	8628	kHz		

Wetterfunk

Die Vielzahl der Stationen bringt es mit sich, daß man einen reichhaltige Auswahl an Wetterfunksendungen hat. Sie sind alle für den regionalen Bereich bestimmt, und bis auf eine Ausnahme alle in Telegrafie. Bacoor Radio DZI sendet um 0000 UTC auf 4336 6335,5 8672 13008 22506 kHz, Bulacan Radio DZJ um 0300 1000 UTC auf 8604 12906 17230,9 kHz, Bulacan Radio DZO um 1030 UTC auf 8580 12870 kHz, Manila Radio DZG um 0320 1520 UTC auf 6441 8588 12882 17176 22502 kHz, Manila Radio DZH um 1100 2320 UTC auf 6486 8648 12972 kHz, Manila Radio DZZ um 0230 0930 UTC auf 8577,6 12862,5 kHz, Mandaluyong Radio DZE um 0030 1030 UTC auf 6423 8564 kHz, Novaliches Radio DZP um 0255 1055 UTC auf 6417 8556 12833,5 17112 kHz, und Antipolo Radio DZD um 0300 1100 UTC auf 4286 6429 8572 12858 17144 kHz. In Sprechfunk kommt die Vorhersage von Manila Radio DZS um 0030 0330 0630 0930 1230 UTC auf 8773 kHz.

Thailand

Bangkok Radio

Telegrafie auf KW (HSA) : 4348,5 8573,5 8686 12800 kHz

Sammelanruf um 1200 1500 0100 0300 0600 0900 UTC auf 12 MHz
Wettervorhersage um 0750 UTC auf 8573,5 8686 12800 kHz

Sprechfunk auf KW (HSA) : 4357 6215 6513 8758 kHz

Wetterfunk

Eine telegrafische Vorhersage für die regionalen Gewässer strahlt Bangkok Radio um 0750 UTC auf 8573,5 8686 12800 kHz aus

Kamputschea

Kompong-Som-Ville Radio

Telegrafie auf KW (XUK) : 4342 8480 8680 kHz

Vietnam

Ho-Chi-Minh-Ville Radio

Telegrafie auf KW (XVS) : 6432 8590 13042,5 kHz
Sammelanruf um 1730 UTC auf 12 MHz, um 0100 0430 0800 1200 1400 2130 UTC auf 8 MHz
Wettervorhersage um 0048 1148 UTC auf 8590 kHz

Da Nang Radio

Telegrafie auf KW (XVT) : 8570 kHz
Sammelanruf um 0130 0700 0830 1000 1200 1300 1500 UTC

Haiphong Radio

Telegrafie auf KW (XVG) : 4315 8470 12900 16945 kHz
Sammelanruf um 0100 0400 1100 1400 1700 2100 UTC
Nautische Warnmeldungen um 0618 1018 1418 2018 UTC auf 4315 kHz
Wettervorhersage um 0018 0418 1218 UTC auf 8470 kHz
Sprechfunk auf KW (XVG) : 4363 4417 kHz

Nhatrang Radio

Telegrafie auf KW (XVN) : 8694 kHz
Sammelanruf vierstündlich von 0000 bis 1200 UTC

Wetterfunk

Für das südchinesische Meer werden von Ho-Chi-Minh-Ville Radio um 0048 1148 UTC auf 8590 kHz und von Haiphong Radio um 0018 0418 1218 UTC auf 8470 kHz Wettervorhersagen in Telegrafie ausgestrahlt.

Macau

Macau Radio

Telegrafie auf KW (XXG) : 8469 kHz

Ostasien

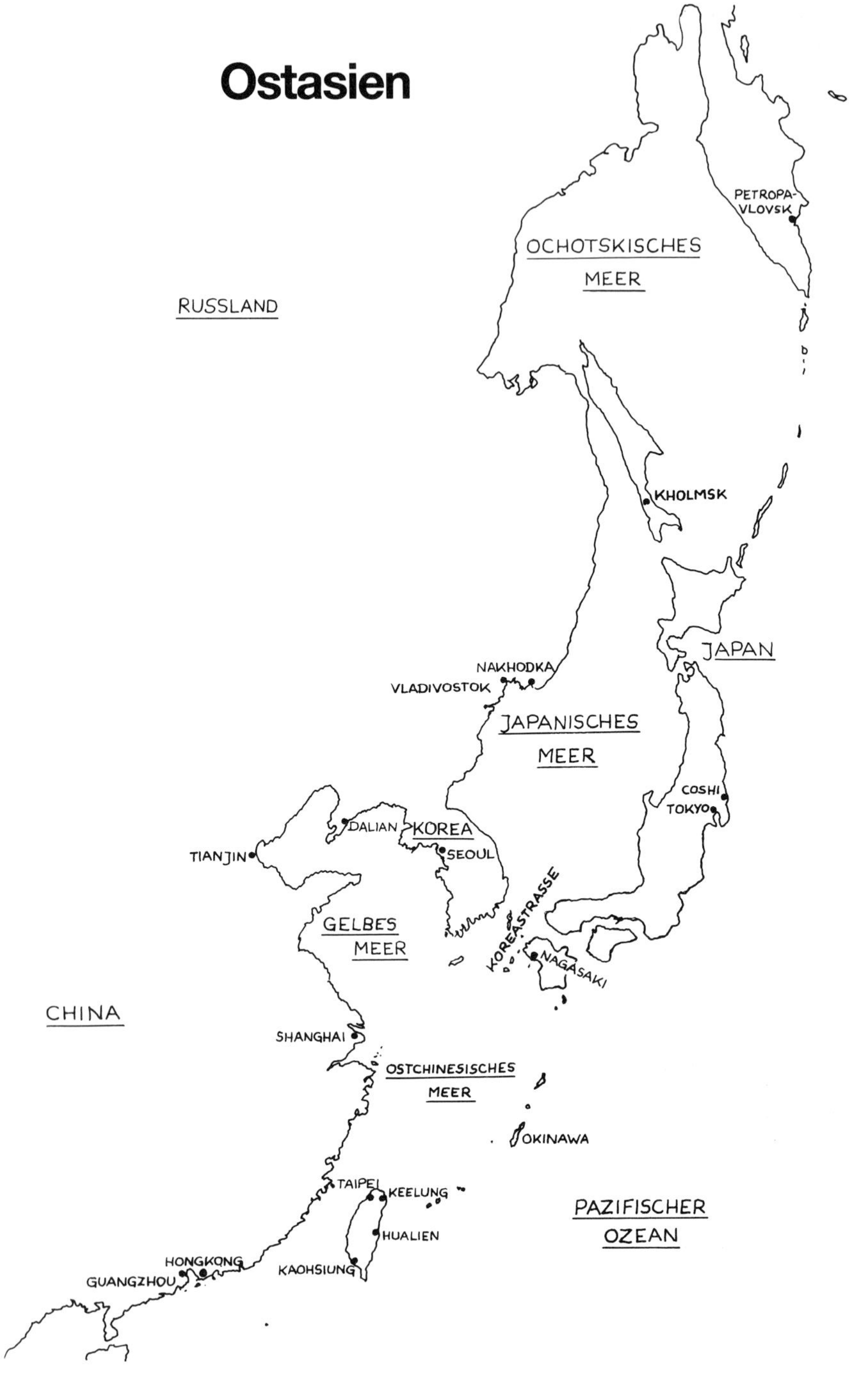

PETROPA-
VLOVSK
OCHOTSKISCHES
MEER
RUSSLAND
KHOLMSK
JAPAN
NAKHODKA
VLADIVOSTOK
JAPANISCHES
MEER
COSHI
TOKYO
DALIAN
KOREA
TIANJIN
SEOUL
KOREASTRASSE
GELBES
MEER
NAGASAKI
CHINA
SHANGHAI
OSTCHINESISCHES
MEER
OKINAWA
TAIPEI
KEELUNG
PAZIFISCHER
OZEAN
HUALIEN
HONGKONG
GUANGZHOU
KAOHSIUNG

Hongkong

Hongkong Radio

Telegrafie auf KW (VPS,VRN) :

4232,5	8619	13031	17192	22536	kHz
	8584	13020,4	17096		
	8539	13044	16987		
	8543		17214,4		

Sammelanruf zweistündlich ab 0100 UTC auf der 1. Frequenzreihe

Sprechfunk auf KW (VPS,VRN) :

4405	6510	8749	13167	17350	22744	kHz
4417	6516	8812	13194	17389	22816	
4387	6519					

Sammelanruf um 0133 0733 UTC auf 4405 kHz

Funkfernschreiben auf KW (VPS) :

6322,5	8421,5	12585,5	16821	22379	kHz
	8424,5	12591	16831		

Sammelanruf vierstündlich ab 0000 UTC auf 8421,5 16821 kHz

Wetterfunk

Hongkong Radio sendet um 0118 0718 1318 UTC auf 8619 13031 17192 kHz eine telegrafische Wettervorhersage für das süd- und ostchinesische Meer in englischer Sprache.

Taiwan

Taipei Radio

Sprechfunk auf KW (BVA) :

		8722	13077	17332	22696	kHz
4381	6501	8755	13122	17263	22714	
4417	6516	8779	13098	17302	22756	
4432		8809	13137	17269	22735	
		8788	13158	17281	22750	
			17308			
			17338			

Sammelanruf auf den Frequenzen der 1. Reihe zweistündlich von 2300 bis 1500 UTC

Hualien Radio

Telegrafie auf KW (XSY) : 8546 8700 kHz

Sammelanruf zweistündlich ab 0000 UTC

Wettervorhersage um 0530 1130 1730 2330 UTC

Kaohsiung Radio

Telegrafie auf KW (XSW) :	4338	8582	12727,5	16940,5	22565 kHz
		8632	12864	17035	

Sammelanruf zweistündlich ab 0130 UTC

Wettervorhersage um 0500 1100 1700 2300 UTC auf 8582 8632 kHz

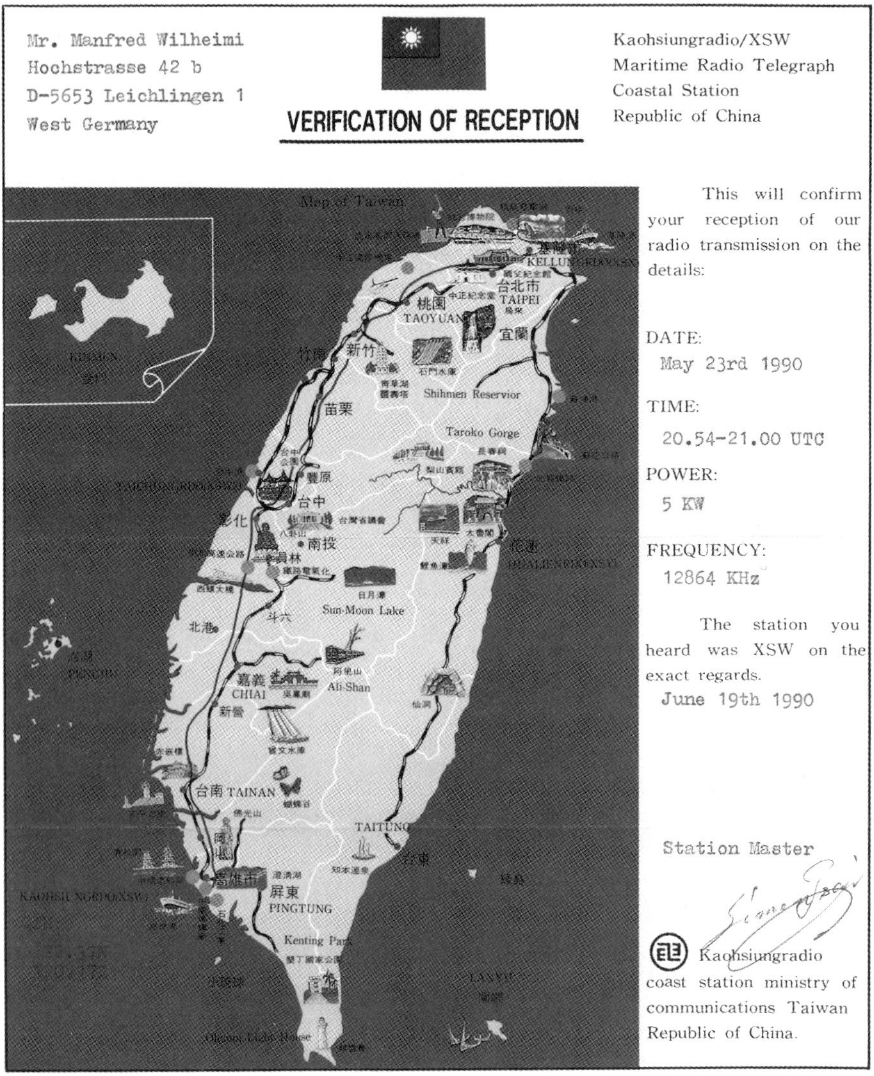

Keelung Radio

Telegrafie auf KW (XSX) :	8445	12695,5	17011	22459	kHz
	8506	12785	17053		

Sammelanruf zweistündlich ab 0100 UTC
Wettervorhersage um 0430 1030 1630 2230 UTC auf 8445 8506 kHz

Funkfernschreiben auf KW (XSX) : 4213,5 6325 8428 12599 16838 kHz

Taichung Radio

Telegrafie auf KW (XSW2) : 8511 kHz

Sammelanruf zweistündlich ab 0030 UTC

> Wetterfunk
>
> In Telegrafie kann man von den Nationalchinesischen Funkstellen die folgenden Wetterberichte für den Bereich der Gewässer um Taiwan empfangen: Taipei Meteo BMB um 0400 1000 1600 2200 UTC auf 5909 8117 13560 kHz, Keelung Radio XSX um 0430 1030 1630 2230 UTC auf 8445 8506 kHz, Kaohsiung Radio XSW um 0500 1100 1700 2300 UTC auf 8582 8632 kHz, und Hualien Radio XSY um 0530 1130 1730 2330 UTC auf 8546 8700 kHz.

China

Guangzhou Radio

Telegrafie auf KW (XSQ) :

4340		8490	12700	17216,9	22452	kHz
4288	6390	8455	13054	17080	22655	
	6461	8514	12877	16950	22525	
		8624	12997	17091,3		
		8458	12973			

Sammelanruf stündlich ab 0030 UTC auf der 1. Frequenzreihe
Wettervorhersage um 0030 1230 UTC auf 8458 12973 kHz

Sprechfunk auf KW (XSQ) :

4366	6510	8746	13095	17248	22735	kHz
4384		8761	13107	17281	22771	
4423		8782	13149			

Funkfernschreiben auf KW (XSQ) :

4217	6325,5	8421,5	12584,5	16812	22381,5	kHz

Shanghai Radio

Telegrafie auf KW (XSG) :

4290	6454	8487	12954	17002,4		kHz
4271	6452	8665	12856	16916,5	22694	
4319	6414,5	8451	12871,5	17103,2	22643,5	
		8502	12898	17030	22597,5	
			12661,5			

Sammelanruf zweistündlich ab 0030 UTC auf der 1. Frequenzreihe
Wettervorhersage um 0300 0900 UTC auf der 1. Frequenzreihe

Sprechfunk auf KW (XSG) :

4360	6501	8752	13083	17263	22714	kHz
4369		8770	13113	17308	22750	
4420		8803				

Funkfernschreiben auf KW (XSG) :

8419,5	8423,5	12589	12602	16829	16838	22387	22408	kHz

Sanya Radio
Telegrafie auf KW (XSI) : 4310 8651 kHz
Sammelanruf zweistündlich von 2350 bis 1550 UTC auf 4 oder 8 MHz

Tianjin Radio
Telegrafie auf KW (XSV) :

4283	6484,5	8600	12969	17238,9	22688	kHz
		8617	12822	17132	22487	

Sammelanruf stündlich ab 0000 UTC
Wettervorhersage um 0600 1300 2200 UTC auf 8600 12969 kHz

Basuo Radio
Telegrafie auf KW (XSH) : 4278 6370 8634 12912 kHz
Sammelanruf zweistündlich ab 0105 UTC auf 4 oder 8 MHz

Beihai Radio
Telegrafie auf KW (XSK) : 4244 6379,5 8530 kHz
Sammelanruf zweistündlich ab 0140 UTC auf 4 oder 8 MHz

Haikou Radio
Telegrafie auf KW (XSR) : 4266 6400,5 8702 12705 kHz
Sammelanruf zweistündlich ab 0110 UTC auf 4 oder 8 MHz

Zhanjiang Radio
Telegrafie auf KW (XSJ) :
4295 6474 6489 8541 8614 12890 16968,8 22616,5 kHz
Sammelanruf zweistündlich ab 0100 UTC auf 8614 kHz

Shantou Radio
Telegrafie auf KW (XSP) : 4228 6463,5 8457 12734 kHz
Sammelanruf zweistündlich ab 0125 UTC auf 4 oder 8 MHz

Dalian Radio
Telegrafie auf KW (XSZ) : 4305 6333,5 8694 12710 17126 kHz
4253 8678 12799,5
Sammelanruf stündlich ab 0005 UTC auf 4305 8694 12710 kHz
Wettervorhersage um 0050 1050 UTC auf 6333,5 8694 kHz

Xiamen Radio
Telegrafie auf KW (XSM) : 4314 6458 8453 12876 kHz
Sammelanruf zweistündlich ab 0110 UTC auf 8453 kHz

Fuzhou Radio
Telegrafie auf KW (XSL) : 4343 6407,5 8598 12662 12727,5 kHz
Sammelanruf zweistündlich ab 0105 UTC auf 8598 kHz

Fangcheng Radio
Telegrafie auf KW (XSL22) : 4260 8650 kHz

Wenzhou Radio
Telegrafie auf KW (XSO) : 4293 6449 8586 kHz
Sammelanruf zweistündlich ab 0120 UTC auf 4 oder 8 MHz

Ningbo Radio
Telegrafie auf KW (XSN) : 4222 8582 kHz
Sammelanruf zweistündlich ab 0140 UTC auf 4 oder 8 MHz

Haimen Radio
Telegrafie auf KW (XSK4) : 4309,2 8671 kHz
Sammelanruf zweistündlich ab 0150 UTC auf 4 oder 8 MHz

Lianyungang Radio
Telegrafie auf KW (XSF) : 4326 6477,5 8622 kHz
Sammelanruf zweistündlich von 2335 bis 1535 UTC auf 4 oder 8 MHz

Qingdao Radio
Telegrafie auf KW (XST) : 4334 6369 8546 12790 kHz
Sammelanruf zweistündlich ab 0040 UTC auf 8546 kHz

Yantai Radio
Telegrafie auf KW (XSU) : 4274 6428,5 8574 12817,5 kHz
Sammelanruf zweistündlich ab 0125 UTC auf 8574 kHz

Qinhuangdao Radio
Telegrafie auf KW (XSE) : 4240 6442 8484 12889,5 kHz
Sammelanruf zweistündlich ab 0010 UTC auf 8484 kHz

Yingkou Radio
Telegrafie auf KW (XSD) : 4343 6370 8629 12740 kHz

Dan Dong Radio
Telegrafie auf KW (XSB48) : 4271 8459 kHz
Sammelanruf zweistündlich ab 0020 UTC auf 4 oder 8 MHz

Nanjing Radio
Telegrafie auf KW (XSA2) : 4331 8645 kHz

Wetterfunk

Für das südchinesische Meer kommt von Guangzhou Radio um 0030 1230 UTC eine telegrafische Vorhersage auf 8458 12973 kHz, und Shanghai Radio sendet seine telegrafische Vorhersage für die ostasiatischen Gewässer um 0300 0900 UTC auf 6454 8487 12954 17002,4 kHz. Für den jeweiligen regionalen Bereich kommen telegrafische Vorhersagen von Tianjin Radio um 0600 1300 2200 UTC auf 8600 12969 kHz, und von Dalian Radio um 0050 1050 UTC auf 6333,5 8694 kHz.

Korea (Rep.)

Seoul Radio

Telegrafie auf KW :

(HLF)	4273	6344	8484	12916,5	17079	22611,5	kHz
(HLG)	4308	6451	8473	12935	17118	22482	
(HLJ)			8497	12902	16910		
(HLO)			8577	12843	16990		
(HLW)			8636	13005,5	17130		

sowie (HLJ2) 12727 kHz, (HLW2) 12923 kHz, (HLW3) 12712 kHz, (HLX) 12735 kHz
Sammelanruf zweistündlich ab 0000 UTC (0100 UTC im Sommer) auf den HLG-Frequenzen

Sprechfunk auf KW (HLS) :

4357	6504	8725	13113	17341	22720	kHz
4411	6513	8797	13161	17350	22759	

Funkfernschreiben auf KW (HLX) : 8421,5 12585 16812,5 22382 kHz

Pusan Radio

Telegrafie auf KW (HLP) : 4235 kHz

Sammelanruf zweistündlich ab 0035 UTC

Korea (D.V.R.)

Nampho Radio

Telegrafie auf KW (HML) : 6478 8529 16959 kHz

Japan

Nagasaki Radio

Telegrafie auf KW :

(JOS)	4328	6491,5	8706	13069,5	16933,2	22646,5	kHz
(JOR)		6457,5	8523,4	13008	17093	22659,5	
(JOU)			8463	12673,5	17220,5	22690,5	
(JDB)				13063	17215		

Sammelanruf zweistündlich ab 0130 UTC auf den JOS-Frequenzen

Funkfernschreiben auf KW (JOS) :

4215	6325	8424	12592	16814,5	22384	kHz

Tokyo Radio

Sprechfunk auf KW (JBO) :

4432	8776	13128	17335	22813	kHz
4408	8758	13098	17257	22717	
4375	8746	13095	17251	22774	
4429	8752	13110	17266	22801	
4417	8779	13137	17302	22756	

Sammelanruf zweistündlich ab 0030 UTC auf den Frequenzen der 1. und 2. Reihe

Choshi Radio

Telegrafie auf KW :

(JCT)	4225		8686	12687	17166,5	22636,5	kHz
(JCS)	4349	6467	8653,6	12826,5	17112,6	22669,5	
(JCU)		6485	8479	12878	17043,2	22463	
(JDC)				13054	16998,5		

Sammelanruf zweistündlich ab 0000 UTC auf den JCS-Frequenzen

Funkfernschreiben auf KW (JCS) :

4211	6317,5	8421,5	12581	16810	22379,5

Tokyo Meteo

Telegrafie auf KW (JMC) : 4298 6397 8526 12840 17029 kHz

Wettervorhersage um 0248 0348 0848 0948 1448 1548 2048 2148 UTC

Tokyo Coast Guard Radio

Telegrafie auf KW (JNA) :

4276	8492	12942	17052,2	22648,5	kHz
4305,5	8571	13076,5	16911,2	22576,5	

Sammelanruf zweistündlich ab 0055 UTC auf den Frequenzen der 2. Reihe
Nautische Warnmeldungen um 0220 UTC auf der 1. Reihe

Funkfernschreiben auf KW (JNA) :

4216,5 6320,5 8419,5
12590
16812 kHz

Matsudo Radio

Telegrafie auf KW (JFA) :

4304 6388
8628 12847,5
16907,5
22524 kHz

Wetterfunk

Die Station Tokyo Meteo sendet Wetterübersichten in englischer Sprache für den gesamten ost- und südostasiatischen Raum sowie den Nordwest-Pazifik in Funkfernschreiben auf (JMG) 5101 7401 14878,5 19527,5 23970,5 kHz um 0320 0920 1520 2120 UTC, sowie in Telegrafie auf (JMC) 4298 6397 8526 12840 17029 kHz um 0248 0348 0848 0948 1448 1548 2048 2148 UTC.

Rußland – Pazifik-Küste

Vladivostok Radio

Telegrafie auf KW (UFL) :

4285	6445	8515	12955	17110	22571,5	kHz
	6385	8595	12729		22656,5	

Sammelanruf stündlich ab 0010 UTC auf der 1. Frequenzreihe
Nautische Warnmeldungen um 0100 1500 UTC auf der 2. Frequenzreihe
Wettervorhersage um 2300 UTC auf 8595 kHz, sowie um 0900 UTC auf der gesamten 2. Frequenzreihe

Sprechfunk auf KW (UFL) :

4357 6507 8731 13077 17260 22699 kHz

Kholmsk Radio

Telegrafie auf KW (UQB) : 6380 8680 12678 13029 16970 kHz

Sammelanruf stündlich ab 0000 UTC
Wettervorhersage um 0025 0825 UTC

Sprechfunk auf KW (UQB) : 6513 13116 17317 22732 kHz

Funkfernschreiben auf KW (UQB) :

4212 6325,5 8421 12592,5 16825,5 22393 kHz

Wettervorhersage um 2230 UTC

Yuzhno-Sachalinsk Naval Radio
Telegrafie auf KW (UHO) : 4480 8180 11025 kHz
Wettervorhersage um 0130 0630 1900 UTC

Yuzhno-Sachalinsk Radio
Telegrafie auf KW (UGH2) : 4223 6375 8557 kHz
Sprechfunk auf KW (UGH2) : 4390 8758 13155 17323 22777 kHz

Nakhodka Radio
Telegrafie auf KW (UKK3) : 6439 8510 12990 17060 kHz
Sammelanruf stündlich ab 0030 UTC
Sprechfunk auf KW (UKK3) : 17278 kHz

Nakhodka Naval Radio
Telegrafie auf KW (UKX) : 4233 6417 kHz

Vladivostok Radio
Telegrafie auf KW (UKA) : 4241 6430 12870 kHz
Wettervorhersage um 0030 0630 1730 2200 UTC
Nautische Warnmeldungen um 0030 1730 UTC
Funkfernschreiben auf KW (UKA) : 6460 12594 kHz
Nautische Warnmeldungen und Wettervorhersage um 2200 UTC

Petropavlovsk Radio
Telegrafie auf KW (UBE2) : 4271 6370 13000 kHz
Sammelanruf stündlich ab 0000 UTC
Wettervorhersage um 0900 2200 UTC
Sprechfunk auf KW (UBE2) : 8791 13104 17284 kHz
Funkfernschreiben auf KW (UBE2) : 4212,5 6316 8420 12597 16817,5 22398 kHz

Nevelsk Naval Radio
Telegrafie auf KW (UFM) : 4345 6334,5 8446 kHz

Providenia Bukhta Radio
Telegrafie auf KW (UPB) : 6390 8570 12720 17025 kHz
Sammelanruf stündlich ab 0020 UTC
Sprechfunk auf KW (UPB) : 4357 8731 kHz
Funkfernschreiben auf KW (UPB) :
4213 6317,5 8422 12598,5 16814,5 22384 kHz

Wetterfunk

Die einzigen englischsprachigen Wetterdaten für die sowjetische Küste in Asien kommen von Vladivostok Radio UFL in Telegrafie um 0900 UTC auf 8595 12729 22350 kHz und um 2300 UTC auf 8595 kHz für den regionalen Bereich und für den gesamten Nordwestpazifik, sowie von Petropavlovsk Radio UBE um 0900 2200 UTC auf 4271 6370 13000 kHz für die regionalen Gewässer.

Australien und Ozeanien (Südsee)

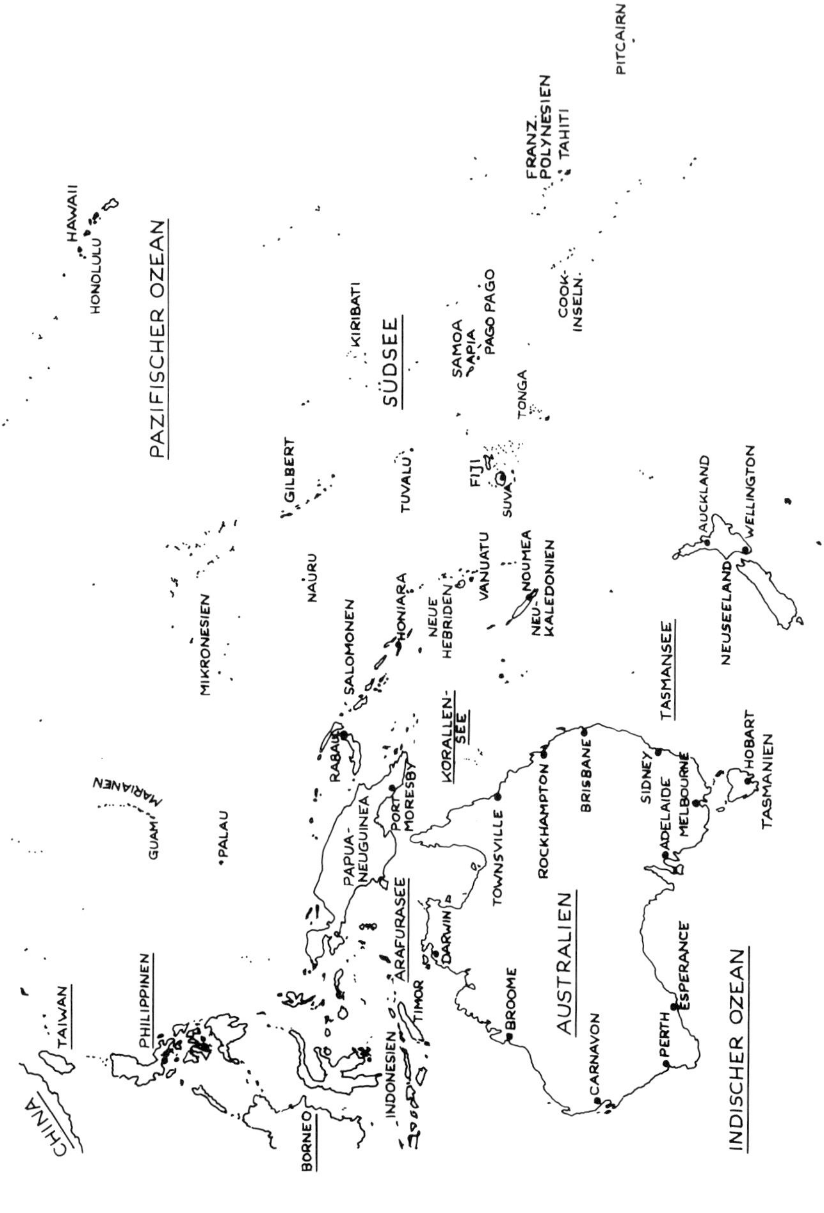

Australien

Townsville Radio

Telegrafie auf KW (VIT) : 4318 8452 kHz

Sammelanruf zweistündlich ab 0018 UTC auf 4 MHz (0900-2200)
bzw 8 MHz (2200-0900)
Wettervorhersage um 0930 UTC auf 4 MHz, um 2348 UTC auf 8 MHz

Sprechfunk auf KW (VIT) :

4125	6215	8294	13083	17275	kHz
4426	6507	8782	13167		
4366	6224	8767			
4411		8176			
4146		8291			
4390					

Brisbane Radio

Telegrafie auf KW (VIB) : 4230,5 6351,5 kHz

Sammelanruf um 0810 0948 1210 1610 UTC auf 4 MHz, um 0010 0410 2010 2318 UTC auf 6 MHz
Wettervorhersage um 0948 UTC auf 4 MHz, um 2318 UTC auf 6 MHz

Sprechfunk auf KW (VIB) :

4125	6215	8803	13161	kHz
4426	6507	8294		
4366	6227			
4399	6519			
4146				
4390				

Sydney Radio

Telegrafie auf KW :

(VIS)	4245	6464	8521	12952,2	17161,3	22474	kHz
(VIS)			8452	12979,5	17138,4	22495	
(VIX)	4286	6428,5	8478	12907,5	16918,8	22485	

Sammelanruf zweistündlich ab 0118 UTC auf der 1. Frequenzreihe

Nautische Warnmeldungen vierstündlich ab 0100 UTC auf der 3. Reihe

Wettervorhersage vierstündlich ab 0130 UTC auf der 3. Frequenzreihe

Sprechfunk auf KW (VIS) :

4125	6215	8722	13083	17245	22702	kHz
4426	6507	8803	13167	17269	22762	
4369	6227	8294	12290	17305		
4405	6519	8176				
4146		8291				

Funkfernschreiben auf KW (VIS) :

4216,5	6320,5	8421	12586	16813,5	22383	kHz
4215	6319	8423	12584	16811,5	22381	

Melbourne Radio

Telegrafie auf KW (VIM) : 4228,5 6333,5 kHz

Sammelanruf um 0900 0948 1100 1500 1900 UTC auf 4 MHz,
um 0300 0700 2300 2318 UTC auf 6 MHz

Sprechfunk auf KW (VIM) :

4125	6215	8749	13152	kHz
4426	6507	8176		
4366	6519	8291		
4405				

Adelaide Radio

Telegrafie auf KW (VIA) : 4272,5 6463,5 kHz

Sammelanruf um 0840 1018 1240 1640 2040 UTC auf 4 MHz,
um 0018 0440 UTC auf 6 MHz
Wettervorhersage um 1018 UTC auf 4 MHz, um 0018 UTC auf 6 MHz

Sprechfunk auf KW (VIA) :

4125	6215	8767	13155	kHz
4426	6507	8803		
4411	6519			
4390				

(VIA stellt am 31.1.93 den Betrieb ein)

Perth Radio

Telegrafie auf KW (VIP) :

4323	6407,5	8597	12994	16947,6	22691	kHz

Sammelanruf zweistündlich ab 0118 UTC
Wettervorhersage um 0100 1200 UTC auf 8597 12994 kHz

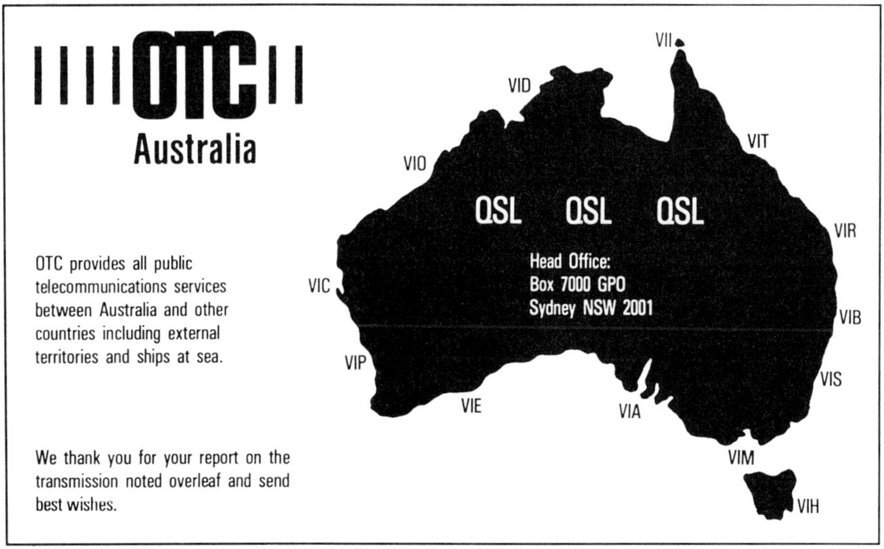

Sprechfunk auf KW (VIP) :

4125	6215	8294	13152	17251	22729	26148	kHz
4146	6227	8749	13161	17275	22777		
4366	6507	8761	12290	16420			
4399	6519	8734					
4426		8176					
		8291					

Funkfernschreiben auf KW (VIP) :

4213	6315	8419	12582	16809,5	22379	kHz
4215,5	6319,5	8422	12585	16812,5	22382	

Darwin Radio

Telegrafie auf KW (VID) : 4272,5 6463,5 8487 kHz

Sammelanruf zweistündlich ab 0018 UTC auf 4 MHz (1000-2200) bzw 8 MHz (2200-1000)
Wettervorhersage um 1048 UTC auf 4 MHz, um 0048 UTC auf 8 MHz

Sprechfunk auf KW (VID) :

4125	6215	8294	13155	17305	kHz
4146	6227	8761	13161		
4399	6507	8749			
4411	6519	8176			
4426		8291			

Thursday Island Radio
Telegrafie auf KW (VII) : 4228,5 6333,5 kHz
Sammelanruf um 0818 0918 UTC auf 4 MHz, um 0018 0418 UTC auf 6 MHz
Sprechfunk auf KW (VII) : 4125 4146 4426 6215 6507 kHz

Penta Comstat
Sprechfunk auf KW (VM2PC) :
4417 4483 4146 6227 6516 8294 12353 16534 kHz
Wettervorhersage um 0035 UTC auf 8 12 und 16 MHz, um 0410 UTC auf 8 u. 12 MHz
Nautische Warnmeldungen um 0625 2125 UTC auf 4483 8294 kHz

NAVCOMSTA Canberra
Telegrafie auf KW (VHP) : 4286 6428,5 8478 12907,5 16918,8 22485 kHz

Esperance Radio
Telegrafie auf KW (VIE) : 4229 6407,5 kHz
Sprechfunk auf KW (VIE) : 4125 4426 6215 6507 kHz

Stony Point Harbour Radio
Sprechfunk auf KW : 4620 4645 kHz

Carnarvon Radio
Telegrafie auf KW (VIC) : 4229 6407,5 kHz
Sammelanruf um 0005 0200 0348 0605 0805 UTC auf 6407,5 kHz
Sprechfunk auf KW (VIC) : 4125 4426 6215 6507 kHz

Broome Radio
Telegrafie auf KW (VIO) : 4255,6 6463,5 kHz
Sammelanruf um 0010 0118 0410 0810 UTC auf 6463,5 kHz
Sprechfunk auf KW (VIO) : 4125 4426 6215 6507 kHz

NAVCOMSTA Darwin
Telegrafie auf KW (VHI) : 6393,5 8512,7 12750 17084 22589 kHz

Wetterfunk

Von der australischen Marine in Canberra stammt eine großräumige Wettervorhersage für alle australischen Gewässer sowie für den Südpazifik, die um 0130 0530 0930 1330 1730 2130 UTC über Sydney Radio auf 4286 6428,5 8478 12907,5 16918,8 22485 kHz in Telegrafie ausgestrahlt wird. Für den regionalen Bereich gedacht sind die Wetterberichte der Funkstation des Yachtclubs von Sydney, Penta Comstat, die um 0035 UTC auf 8294 12353 16534 kHz und um 0410 UTC auf 8294 12353 kHz in SSB zu hören sind.

Neuseeland

Wellington Radio

Sprechfunk auf KW (ZLW) :

4125	6501	8737	13101	17257	22732	kHz
4146	6513	8752	13146	17350	22801	
4378						
4384						
4417						
4429	Sammelanruf um 0035 0435 UTC auf 4417 kHz					

Funkfernschreiben auf KW (ZLW) :

4211	6315	8417	12580	16807,5	22377	kHz
4212	6316	8418	12581	16808,5	22378	

Awarua Radio

Telegrafie auf KW (ZLB) :

4277 6393,5 8504 12740 17170,4 22533 kHz
Sammelanruf zweistündlich von 2000 bis 1200 UTC
Nautische Warnmeldungen vierstündlich von 0930 bis 0130 UTC

Sprechfunk auf KW (ZLB) : 4125 4146 4417 kHz

NAVCOMSTA Irirangi

Telegrafie auf KW :

(ZLO):	4263,2	6339,8	8598,4	12719,8	17227,5	22630,8	kHz
(ZLP):	4250	6436,8	8678	12944,9	17128,5	22598,5	

Auckland Radio

Sprechfunk auf KW (ZLD) : 4125 4146 4417 6224 kHz

Sammelanruf um 0040 0440 UTC auf 4417 kHz
Wettervorhersage um 0533 1018 2333 UTC auf 4417 kHz

Wetterfunk

Die Funkstation Auckland Meteo (ZKLF) sendet telegrafische Wetterdaten für den südpazifischen Raum auf 5806,6 9458,6 13550,1 16339,7 kHz um 0145 0500 0845 1400 1800 2045 UTC.

Papua-Neuguinea

Port Moresby Radio

Telegrafie auf KW (P2M) :	6351,5	13042	kHz

Sammelanruf zweistündlich von 2100 bis 0700 UTC
Wetterbericht und Nautische Warnmeldungen um 0100 0900 UTC

Sprechfunk auf KW (P2M) :	4125	6215	8731	13149	kHz
	4146	6510			
	4381				
	4405				

Rabaul Radio

Telegrafie auf KW (P2R) :	4247	6351,5	8515	13042	kHz

Sammelanruf zweistündlich ab 0000 UTC auf 4 und 8 MHz
Wetterbericht und Nautische Warnmeldungen um 0000 1000 UTC auf 4 und 8 MHz

Sprechfunk auf KW (P2R) :	4125	6215	8731	13149	kHz
	4146	6510			
	4381				
	4405				

Wetterfunk

Für den Bereich der Küstengewässer von Papua-Neuguinea sowie die angrenzenden Gebiete können Sie von Port Moresby Radio um 0100 0900 UTC auf 6351,5 13042 kHz und von Rabaul Radio um 0000 1000 UTC auf 4247 8515 kHz eine Wettervorhersage hören, jeweils in Telegrafie.

Salomon Inseln

Honiara Radio

Telegrafie auf KW (H4H) :	12700	kHz

Sammelanruf um 0120 0420 UTC

Sprechfunk auf KW (H4H) :	6215	6227	8297	kHz

Vanuatu

Port Vila Radio

Telegrafie auf KW (YJM) :	4343	6344	8502	12678	kHz

Sammelanruf um 0100 UTC auf 8 MHz, um 0030 0500 2100 UTC auf 6 MHz, und um 0430 2030 UTC auf 4 MHz

Sprechfunk auf KW (YJM) :

4125	4146	4384	4396,6	6215	6224	8770	kHz

Neukaledonien

Noumea Radio

Telegrafie auf KW (FJP) :	6496,4	8698	12709	kHz

Sammelanruf um 0430 0800 2145 UTC auf 12 MHz,
um 0000 0530 0930 2030 UTC auf 8 MHz, und um 1030 UTC auf 6 MHz
Wettervorhersage um 0000 0930 2030 UTC auf 8 MHz

Sprechfunk auf KW (FJP) :	4125	4366	6215	6501	8731	kHz

Marine Nationale Noumea

Telegrafie auf KW (FUJ) :	4272	8657	16958	kHz

Wetterfunk

Noumea Radio sendet Wettervorhersagen für den Südwestpazifik sowie für die Küstengewässer von Neukaledonien um 0000 0930 2030 UTC auf 8698 kHz.

Fidschi Inseln

Suva Radio

Telegrafie auf KW (3DP) : 8690 12700 kHz

Sprechfunk auf KW (3DP) :

4372 6215 6504 8746 13080 kHz

Wetterfunk

Suva Radio hat einen englischsprachigen Wetterdienst um 2003 0003 0403 0803 UTC auf den Sprechfunk-Frequenzen 4372 8746 kHz über den Bereich der regionalen Gewässer.

Pitcairn Insel

Pitcairn Radio

Telegrafie auf KW (ZBP) : 12110 kHz

Sammelanruf um 1830 UTC

West Samoa

Apia Radio

Sprechfunk auf KW (5WA) :

4125	6215	8776	13113	17311	22750	kHz
4146	6507					
4357						

Amerikanisch-Samoa

Pago Pago Radio

Telegrafie auf KW (KUQ) : 6361 8585 12871,5 kHz

Sammelanruf und Nautische Warnmeldungen vierstündlich von 1600 bis 0400 UTC auf 8585 kHz

Sprechfunk auf KW (KUQ) :

4146	6224	8734	13170	17353	kHz
4378	6215				

Wetterfunk

Für den regionalen Bereich sendet Pago Pago Radio um 0000 2000 UTC auf 8585 kHz in Telegrafie eine Wettervorhersage.

Cook Inseln

Raratonga Radio

Telegrafie auf KW (ZKR) : 8449 kHz

Sprechfunk auf KW (ZKR) : 4125 4146 8779 8791 13140 kHz

Nauru

Nauru Radio

Telegrafie auf KW (C2N) : 8686 17194 kHz

Sammelanruf um 0130 0415 UTC auf 16 MHz, um 0100 2030 UTC auf 8 MHz

Sprechfunk auf KW (C2N) : 6215 6227 8767 kHz

Französisch Polynesien

Mahina Radio

Telegrafie auf KW (FJA) : 4298 8461 17040,8 kHz

Sammelanruf um 0133 0503 2048 UTC auf 16 MHz,
um 0118 0433 0933 1333 2018 UTC auf 8 MHz, und um 0903 1733 UTC auf 4 MHz

Sprechfunk auf KW (FJA) : 4402 8764 8803 17254 kHz

Nautische Warnmeldungen um 0030 0230 1800 2100 UTC auf 8764 kHz

Marine Nationale Papeete
Telegrafie auf KW (FUM) : 6462 8625 12664,5 17380 22544 kHz

Wetterfunk

In französischer Sprache sendet Mahina Radio von Tahiti aus Wetterberichte auf den Sprechfunk-Frequenzen 8803 kHz um 0640 UTC und auf 8764 kHz um 2100 UTC.

Tuvalu

Funafuti Radio

Sprechfunk auf KW (ZJU) :

4387 6215 8758 13095 17260 kHz

Kiribati

Tarawa Radio

Sprechfunk auf KW (T3K) : 4387 6215 8758 kHz

Hawaii

Honolulu Coast Guard Radio

Telegrafie auf KW (NMO) :	8650	12889,5	kHz	
	9050	13655	16457,5	22472

Nautische Warnmeldungen um 0300 0600 1700 2200 UTC auf der 2. Frequenzreihe

Sprechfunk auf KW (NMO) : 4426 6501 8764 13089 kHz

Funkfernschreiben auf KW (NMO) :

4212 6316 8429,5 12589 16819,5 22389,5 kHz
Nautische Warnmeldungen um 0330 0630 1730 2230 UTC

Wetterfunk

Honolulu Coast Guard Radio sendet sehr ausführliche Wetterinformationen für den Nordpazifik, in Sprechfunk (0545 1145 1745 2345 UTC auf 6501 8764 13089 kHz) und Funkfernschreiben (0130 0430 0730 1330 2030 UTC auf 8429,5 12589 16819,5 22389,5 kHz).

Guam

Guam Coast Guard Radio

Telegrafie auf KW (NRV) : 8150 21760 kHz

Nautische Warnmeldungen um 0100 0800 UTC

Sprechfunk auf KW (NRV) : 6501 8764 13089 kHz

Funkfernschreiben auf KW (NRV) :

4215,5 6319,5 8422 12585 16812,5 22382 kHz
Nautische Warnmeldungen um 0200 0900 UTC

Wetterfunk

Für den Bereich des Nordwestpazifiks hat die Küstenwachstation auf Guam ein breites Angebot an Wettersendungen, in Sprechfunk (0330 2130 UTC auf 13089 kHz), und Funkfernschreiben (0000 0500 1500 1900 UTC auf 8422 12585 16812,5 22382 kHz).

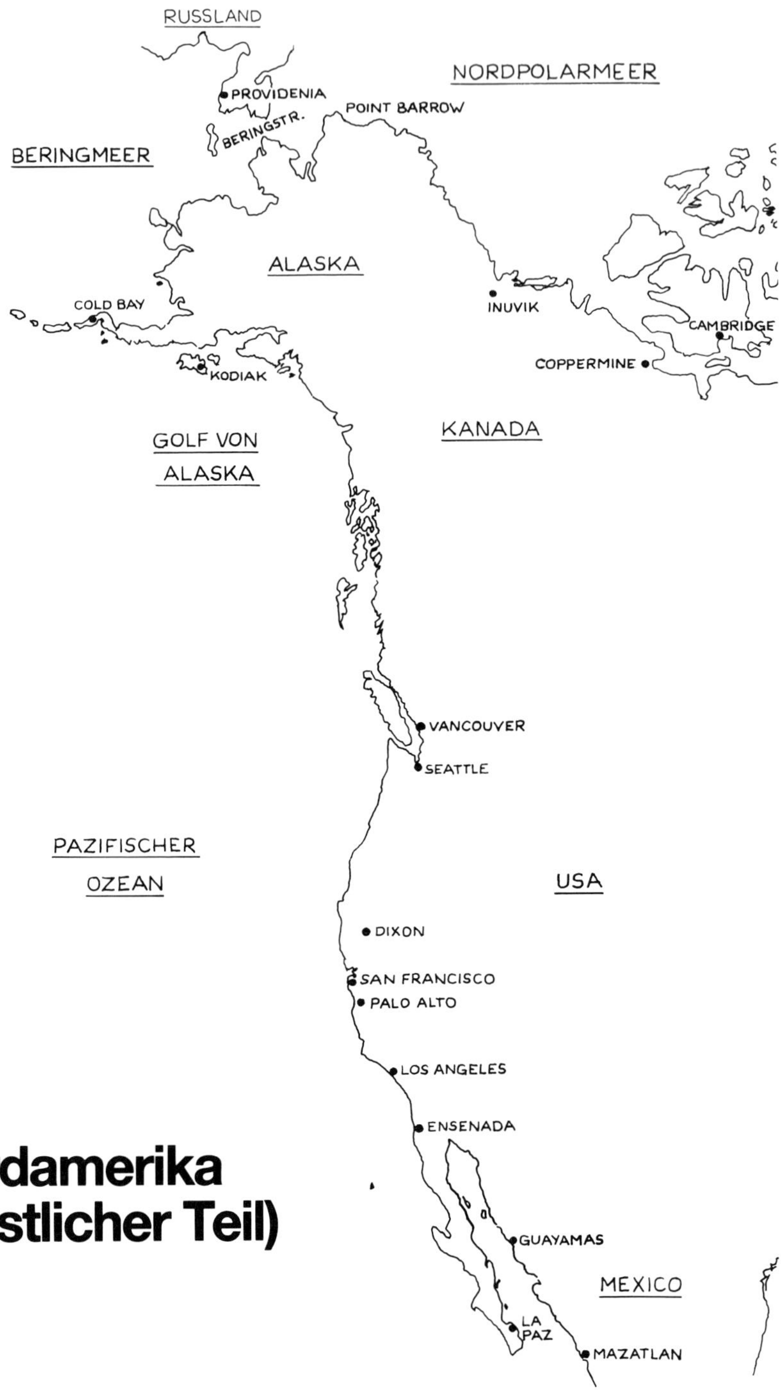

Nordamerika (westlicher Teil)

Nordamerika (östlicher Teil)

Alaska

Kodiak Coast Guard Radio

Telegrafie auf KW (NOJ) : 8628,5 kHz

Sprechfunk auf KW (NOJ) : 6501 8764 13089 kHz

Nautische Warnmeldungen und Wettervorhersage um 0203 1645 UTC auf 6 MHz

National Weather Service

Sprechfunk auf KW : 4125 kHz

King Salmon (KCI98)	Wettervorhersage um 0200 1600 UTC
Cold Bay (KCI95)	Wettervorhersage um 0130 1530 UTC
Kodiak (WBH29)	Wettervorhersage um 1300 2200 UTC
Yakutat (KGD91)	Wettervorhersage um 0030 1430 UTC
Annette (KGD58)	Wettervorhersage um 1200 2145 UTC

Wetterfunk

Eine Wettervorhersage für die Südküste Alaskas wird von der Küstenwache um 0203 1645 UTC auf 6501 kHz in SSB auf Englisch ausgestrahlt. Außerdem senden die Stationen des National Weather Service auf der Sprechfunk-Frequenz 4125 kHz um 0030 0130 0200 1200 1300 1430 1530 1600 2145 2200 UTC lokale Wettervorhersagen.

Kanada – Pazifikküste

Vancouver Coast Guard

Telegrafie auf KW (VAI) :

4235	6493	8453	12876	17175,5	22638,4	kHz

Sammelanruf zweistündlich ab 0130 UTC
Wettervorhersage um 0230 0630 1830 UTC

Sprechfunk auf KW (VAI) :

4384	6513	8737	13095	17263	22753	kHz

Funkfernschreiben auf KW (VAI) :

4214,5	6318,5	8428,5	12599,5	16822	22391,5	kHz

Sammelanruf, Wettervorhersage, und Nachrichtenbulletin auf4 MHz um 0200 0700 UTC, auf 8 MHz um 0230 0730 1930 UTC, und auf 12 MHz um 1900 UTC

Royal Canadian Navy Aldergrove

Telegrafie auf KW (CKN) :

	6456	8463	12752	16960	kHz
4268	6946		12125	15982	kHz

Nautische Warnmeldungen um 0600 1700 UTC auf der 2.Frequenzreihe
Wettervorhersage um 0130 0530 1630 2030 UTC auf der 2.Reihe

Wetterfunk

Die Funkstation VAI der kanadischen Küstenwache sendet Wetterdaten für den Nordostpazifik um 0230 0630 1830 UTC in Funkfernschreiben auf 4214,5 kHz um 0200 0700 UTC, auf 12599,5 kHz um 1900 UTC, sowie auf 8428,5 kHz um 0230 0730 1930 UTC, außerdem in Telegrafie auf 4235 6493 8453 12876 17175,2 22368 kHz. Ebenfalls in Telegrafie, aber nur für den Bereich der Küste, kommen die Wettervorhersagen der Marinestation CKN: um 0130 0530 1630 2030 UTC auf 4268 6946 12125 15982 kHz.

Kanada – Atlantikküste

Halifax Coast Guard

Telegrafie auf KW (VCS) :

4285 6491,5 8440 12874 16948,5 22619,5 kHz

Sammelanruf zweistündlich ab 0100 UTC
Wettervorhersage um 0130 0930 1530 2030 UTC

Sprechfunk auf GW (VCS) : 2182 2514 2582 2598

Sammelanruf vierstündlich ab 0133 UTC auf 2582 kHz
Wettervorhersage um 0603 1203 1803 2310 UTC auf 2598 kHz

Sprechfunk auf KW (VCS) :

4408 6513 8785 13113 17251 22732 kHz

Wettervorhersage um 0205 0805 1605 2205 auf 4, 6, und 8 MHz

Funkfernschreiben auf KW (VCS) :

4213,5 6317,5 8419,5 12598,5 16821,5 22405 kHz

Sammelanruf und Wettervorhersage um 0630 2300 UTC auf 4 MHz, um 1630 UTC auf 8 MHz

V C S

TO: *Manfred Wilhelmi*
THIS IS TO VERIFY YOUR RECEPTION
OF HALIFAX COAST GUARD RADIO/VCS

DATE	14 April 1990
FREQUENCY	22387 kHz
MODE	A1A (CW)
TIME	1845-1855 UTC
POWER	5,000 Watts
ANTENNA	Folded dipole
BROADCAST	CW marker

Signed: Robert
Robert N. Ward, Radio Operator
Halifax Coast Guard Radio

Many thanks for the photograph! 73 de VCS

CANADIAN COAST GUARD

Royal Canadian Navy Halifax

Telegrafie auf KW (CFH) :

4255 6430 8697 12726 16926,5 22609 kHz

Wettervorhersage um 0100 0430 0530 1300 1630 1730 UTC

Funkfernschreiben auf KW (CFH) :

4271 6330 10536 13510 kHz

Iqaluit Coast Guard

Telegrafie auf KW (VFF) :

4236,5 6335,5 8443 12671 kHz

Sammelanruf zweistündlich ab 0025 UTC auf 6335,5 kHz
Wetterbericht und Nautische Warnmeldungen um 1430 2300 UTC auf 6335,5 kHz

Sprechfunk auf GW & KW (VFF) : 2182 2514 2582 4375 6507 6513 8752 13077 kHz

Sammelanruf vierstündlich ab 0135 UTC auf 2514 2582 4375 kHz
Nautische Warnmeldungen und Wettervorhersage um 1340 2240 UTC auf 2514 2582 4375 kHz, um 0210 1320 UTC auf 2514 6513 kHz

Resolute Coast Guard

Telegrafie auf KW (VFR) : 4334 6438 kHz

Sammelanruf zweistündlich ab 0120 UTC auf 6438 kHz
Wettervorhersage um 0120 1320 UTC auf 6438 kHz

Sprechfunk auf GW & KW (VFR) : 2182 2582 4375 8791 kHz

Sammelanruf vierstündlich ab 0105 UTC auf 2582 4375 kHz
Wettervorhersage um 0105 1305 UTC auf 2582 4375 kHz

Inuvik Coast Guard

Telegrafie auf KW (VFA) : 4292 6351,5 8456 12671 kHz

Wettervorhersage um 0600 1800 UTC auf 6351,5 kHz

Sprechfunk auf GW & KW (VFA) : 2182 2558 4363 6501 8794 13116 kHz

Wettervorhersage um 0535 1735 UTC auf 4363 kHz

Thunder Bay Coast Guard

Telegrafie auf KW (VBA) :	6370	kHz		
Sprechfunk auf GW & KW (VBA) :	2182	2582	4375	kHz

Sammelanruf vierstündlich ab 0155 UTC auf 2582 kHz
Wettervorhersage um 0040 1410 UTC auf 2582 kHz

Wetterfunk

Wettervorhersagen für die kanadische Nord- und Atlantikküste sowie für den Nordatlantik werden von der Marinestation CFH in Telegrafie um 0100 0430 0530 1300 1630 1730 UTC auf 4255 6430 8697 12726 16926,5 kHz gesendet, sowie um 0114 0331 0833 0920 1434 1531 1914 2033 UTC in Funkfernschreiben auf 4271 6330 10536 13510 kHz. Für das gleiche Gebiet sendet die Küstenwachstation VCS um 0130 0930 1530 2030 UTC in Telegrafie auf 4285 6491,5 8440 12874 16948,5 kHz, um 0205 0805 1605 2205 UTC in Sprechfunk auf 4408 8785 13113 kHz, und um 0630 1630 2300 UTC in Funkfernschreiben auf 4213,5 8419,5 kHz. Außerdem werden Wetterinformationen für den lokalen Bereich von den Küstenwachstationen auf 2598 kHz (Ostküste) und 2582 kHz (Nordküste) ausgestrahlt. Speziell für die Nordküste gibt es auch telegrafische Vorhersagen der dortigen Stationen: Iqaluit um 1430 2300 UTC auf 6335,5 kHz, Resolute um 0120 1320 UTC auf 6438 kHz, und Inuvik um 0600 1800 UTC auf 6351,5 kHz.

USA – Pazifik-Küste

Seattle Radio

Telegrafie auf KW (KLB) :

4348,5	6410,7	8582,5	12907	17007,5	22539	kHz

Sammelanruf zweistündlich ab 1630 bis 0630 UTC

Funkfernschreiben auf KW (KLB) :

4214	6318	8425	12590,5	16808,5	22396	kHz

Sammelanruf zweistündlich ab 1630 bis 0630 UTC

San Francisco Radio

Telegrafie auf KW (KPH) :

4247	6477,5	8618	12808,5	17016,5	22477,5	kHz
		8642	13002	17088,8	22557	

Sammelanruf zweistündlich ab 0100 UTC
Wettervorhersage um 0505 1905 UTC

Funkfernschreiben auf KW (KPH) :

4216	6320	8422,5	12585,5	16813	22382,5	kHz
	6324,5	8427	12590	16817,5	22395	
			12600			

Palo Alto Radio

Telegrafie auf KW (KFS) :

4274	6365,5	8444,5	12695,5	17184,8	22515	kHz
		8558,4	12844,5	17026		

Sammelanruf zweistündlich ab 0130 UTC auf den Frequenzen der 1. Reihe
Wettervorhersage sechs-stündlich ab 0450 UTC auf der 1. Frequenzreihe

Funkfernschreiben auf KW (KFS) :

4210,5	6314,5	8376,5	12580,5	16808	22377,5	kHz
4211,5	6315,5	8417,5	12579,5	16807	22376,5	
		12593	16820	22390		
		12602,5	16829,5			

San Francisco Coast Guard Radio

Telegrafie auf KW (NMC) : 4346 6383 8682 12730 17220,5 kHz

Wettervorhersage um 0030 0630 1900 UTC

Sprechfunk auf KW (NMC) :

4426	6501	8764	13089	17314	kHz

Wettervorhersage um 0430 1030 1630 2230 UTC

Funkfernschreiben auf KW (NMC) : 6323,5 8426 16816,5 kHz

Wettervorhersage um 0000 1800 UTC

Dixon Radio

Sprechfunk auf KW (KMI) :

4402	8728	13077	17245	22735	kHz
4405	8743	13080	17248	22762	
4357	8782	13083	17311	22777	
		13161		22801	

Sammelanruf vierstündlich ab 0000 UTC auf 4402 13083 kHz
Sammelanruf auch kontinuierlich über Funkfernschreiben WOO 8051,5 kHz
Wettervorhersage um 0000 1200 UTC auf den Reihen 1–3 (nur 4/8/12 MHz)

Wetterfunk

Von den Stationen der Westküste werden Wetterinformationen in Englisch für die Küstengewässer und den Nordostpazifik wie folgt ausgestrahlt: in Sprechfunk von Dixon Radio um 0000 1200 UTC auf 4357 4402 4405 8728 8743 8782 13077 13080 13083 kHz, sowie von der Küstenwache San Francisco um 0430 1030 1630 2230 UTC auf 4426 8764 13089 17314 kHz. Telegrafisch werden die Berichte um 0030 0630 1900 UTC auf 4346 8682 12730 17220,5 kHz von der Küstenwache verbreitet. Ebenso in Telegrafie kommen die Wetterberichte von Palo Alto Radio (KFS) um 0450 1050 1650 2250 auf 4274 6365,5 8444,5 12695,5 17184,8 22515 kHz und von San Francisco Radio (KPH) um 0505 1905 UTC auf 4247 6477,5 8618 8642 12808,5 13002 17016,5 17088,8 22477,5 22557 kHz. KPH sendet parallel auch in Funkfernschreiben: zu den gleichen Zeiten auf 4216 6320 8422,5 12585,5 16813 22382,5 kHz. Auch die Küstenwache ist schließlich auf dem Ticker mitzulesen: um 0000 1800 UTC auf 6323,5 8426 16816,5 kHz.

USA – Golfküste

Galveston Radio

Telegrafie auf KW (KLC) :

4256	6369	8666	13038	17230,1	22467	kHz
4223	6338,5	8659,5	12904,5	16939,8	22668,5	
		8508				

Sammelanruf stündlich ab 0030 UTC
Wettervorhersage um 0535 1135 1735 2335 UTC auf der 1. Frequenzreihe

Funkfernschreiben auf KW (KLC) :

4214,5	6322	8420,5	12603	16830	22384,5	kHz

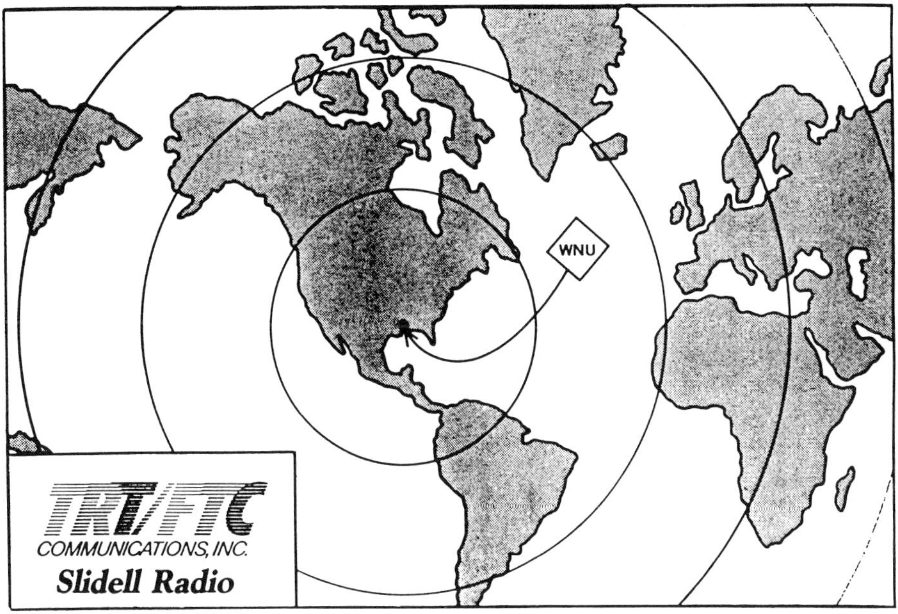

Slidell Radio

Telegrafie auf KW (WNU) :

4310	6495	8570	12826,5	17117,6		kHz
4294	6389,7	8525	12869	17199,2	22458	
		8688	13011	17038	22681	

Sammelanruf stündlich ab 0035 UTC auf der 1. Frequenzreihe
Wettervorhersage um 0430 1630 UTC auf der 1. Frequenzreihe

Funkfernschreiben auf KW (WNU) :

		8417	12607,5	16816	22385,5	KHz
4211	6315	8425,5	12588,5	16807,5	22377	
		12580	16832	22402		
		12605	16834,5	22404,5		

Wettervorhersage um 1300 2100 UTC auf den Frequenzen der 1. Reihe
Sammelanruf um 1400 1800 2000 TC auf 6315 8417 12607,5 16834,5 kHz

Mobile Radio

Telegrafie auf KW (WLO) :

4343	6416	8514	12886,5	17022,5	22487		kHz
4257,5	6446,5	8445,5	12704,5	16968,5	22688	25348	
4462,5	6344	8473,5	12660	17172,4	22686,5		
		8658	13024,9	16997,6			
			12992				

Sammelanruf stündlich ab 0000 UTC auf der 1. Frequenzreihe
Wettervorhersage um 0030 UTC auf den Frequenzen der 1. Reihe

Sprechfunk auf KW (WLO) :

4369	8806	13152	17362	22804	kHz
4396	8803	13110	17260	22774	
4411	8788	13149	17335	22786	

Sammelanruf stündlich ab 0000 UTC auf der 1. Frequenzreihe
Wettervorhersage um 0000 1200 1800 UTC auf der 1. Frequenzreihe

Funkfernschreiben auf KW (WLO) :

4212,5	6319	8418,5	12581,5	16809	22404	kHz
4215	6321	8421	12584,5	16814	22383,5	
4213	6317	8423,5	12586,5	16836,5	22407	
4217	6325,5	8429	12591,5	16820,5	22403	
	6323	8419	12593,5	16833	22406	
		8421,5	12606	16812	22381	
		8429	12599	16826		
			12604	16831		
			12596	16818,5		
			12604,5	16828		

Miami High Seas Radio

Sprechfunk auf KW (WOM) :

4363	8722	13092	17242	22738	kHz
4390	8731	13098	17266	22741	
4405	8746	13101	17269	22759	
4423	8758	13119	17272		
	8791	13143	17287		
	8809	13164			

Sammelanruf stündlich ab 0030 UTC auf je einer der Frequenzreihen
Sammelanruf auch kontinuierlich über Funkfernschreiben WOO 8051,5 kHz
Wettervorhersage um 1300 2300 UTC auf der 1. Frequenzreihe

New Orleans Coast Guard Radio
Sprechfunk auf KW (NMG) : 4426 6501 8764 13089 kHz

Navy Key West
Telegrafie auf KW (NAR) : 5870 26725 kHz
Wettervorhersage für das Mittelmeer um 0600 UTC
Wettervorhersage für den Atlantik um 0630 2200 UTC
Wettervorhersage für tropische Atlantikgebiete um 2000 UTC
Nautische Warnmeldungen um 0800 1500 2100 UTC

Miami Coast Guard Radio
Sprechfunk auf KW (NMA) : 4426 6501 8764 13089 17314 kHz

Wetterfunk

Wettervorhersagen für das Gebiet des Golf von Mexiko und der Karibik kommen von den anliegenden US-Stationen wie folgt:
in Sprechfunk von Miami High Seas Radio um 1300 2300 UTC auf 4363 8722 13092 17242 kHz und von Mobile Radio um 0000 1200 1800 UTC auf 4369 8806 13152 17362 22804 kHz. Telegrafisch melden sich Galveston Radio um 0535 1135 1735 2335 UTC auf 4256 6369 8666 13038 17230,1 kHz, Slidell Radio um 0430 1630 UTC auf 4310 6326,5 8570 12826,5 17117,5 22431 kHz, und Tampa Radio um 1420 2320 UTC auf 4274 6365,5 8615,5 13051,5 kHz. Das Berichtsgebiet von Mobile Radio ist weiter gesteckt: um 0030 0400 1000 1400 1700 2200 für den Golf, um 0040 0500 1100 1300 1600 UTC für die Karibik, um 0000 0300 0900 1200 1500 UTC für den Nordatlantik, um 0600 1310 1900 für tropische Gebiete, und um 0100 0700 1110 1410 1800 für den Pazifik, alles auf 4343 8514 12886,5 17021,6 22487 kHz. Auch die Marinestation Key West sendet für weiträumige Gebiete: 1000 1700 2200 UTC für den Golf von Mexiko und die Karibik und 2000 UTC für tropische Gebiete, jeweils auf 5870 26725 kHz. In Funkfernschreiben werden Wetterberichte um 0100 1300 1900 UTC von Galveston Radio auf 6322 8420,5 12603 16830 22384,5 kHz gesendet, von Slidell Radio um 1300 2100 UTC auf 6315 8417 12607,5 16834,5 kHz, und von Mobile Radio wieder besonders ausführlich um 0435 1035 1435 1735 2235 UTC für den Golf, um 0535 1135 1335 1635 2335 UTC für die Karibik, um 0335 0935 1235 1535 2135 UTC für den Nordatlantik, um 0035 0635 1335 1935 UTC für tropische Gebiete, und um 0135 0735 1835 UTC für den Pazifik. Die Frequenzen sind 4212,5 8418,5 12591,5 16809 22403 kHz.

Atlantikküste

Portsmouth Coast Guard Radio

Telegrafie auf KW (NMN) : 8465 8471 12718,5 16976 22545 kHz

Sprechfunk auf GW & KW (NMN) :

2182 2670 4426 6501 8764 13089 17314 kHz
Wettervorhersage um 0400 0530 1000 1130 1600 1730 2200 2330
auf den KW-Frequenzen

Funkfernschreiben auf KW (NMN) :

4212 6316 8426 8428 12592,5 16819,5 22389,5 kHz

Tuckerton Radio

Telegrafie auf KW (WSC) :

4316	6484,5	8680	12879,5	16916,5		kHz
		8664	13063,5	17106,5	22588,5	

Sammelanruf stündlich ab 0018 UTC
Wettervorhersage um 1218 UTC auf den Frequenzen der 1. Reihe

Ocean Gate Radio

Sprechfunk auf GW (WAQ) : 2182 2450 2558 kHz

Sprechfunk auf KW (WOO) :

4384	8740	13083	17254	22696	kHz
4387	8749	13104	17299	22708	
4402	8761	13107	17317	22723	
4420	8794	13158	17332	22801	

Sammelanruf zweistündlich ab 0000 UTC auf 4387 8749 kHz

Funkfernschreiben auf KW (WOO) : 8051,5 kHz

Kontinuierlich Sammelanrufe für WOO WOM KMI
Wettervorhersage zweistündlich ab 0020 UTC

Boston Coast Guard Radio

Telegrafie auf KW (NIK) : 5320 8502 12750 kHz

bei Bedarf Eisberichte um 0050 1250 UTC

Sprechfunk auf GW & KW (NMF) :

2182 2670 4426 6501 8764 13089 17314 kHz
Wettervorhersage vierstündlich ab 0440 UTC auf 2670 kHz

Funkfernschreiben auf KW :

(NMF):	6314	8416,5	12579	16806,5	kHz
(NIK):	5320	8502	12750		

Wettervorhersage um 0200 1700 UTC auf NMF
bei Bedarf Eisbericht um 0018 1218 UTC auf NIK

Chatham Radio

Telegrafie auf KW (WCC) :

4331	6376	8630	13033,5	16972	22518	kHz
		8586	12925,5	16933,2		
		12847				

Sammelanruf vierstündlich ab 0250 UTC auf der 1. Frequenzreihe
Pressefunkdienst um 0300 UTC auf 8586 kHz
Wettervorhersage um 1255 1655 UTC

Funkfernschreiben auf KW (WCC) :

	6324	8426,5	12589,5	16817	22386,5	kHz
4216,5		8424	12598	16825		

Sammelanruf zweistündlich ab 0040 UTC auf den Frequenzen der 1. Reihe
Wettervorhersage 0445 1245 1645 UTC auf der 1. Frequenzreihe

Navy Norfolk

Telegrafie auf KW (NAM) : 8090 12135 16180 20225 kHz
Wettervorhersage für das Mittelmeer um 0600 UTC
Wettervorhersage für den Atlantik um 0630 2200 UTC
Wettervorhersage für tropische Atlantikgebiete um 2000 UTC
Nautische Warnmeldungen um 0800 1500 2100 UTC

Wetterfunk

Auch die Stationen aus dem Bereich der US-Ostküste senden fleißig Wetterberichte in allen Betriebsarten für das Gebiet des Nordatlantiks sowie für die Küstengewässer. Sprechfunk wird von der Küstenwache Portsmouth um 0400 0530 1000 1130 1600 2200 2330 UTC benutzt, auf 4426 6501 8764 13089 17314 kHz, sowie von Ocean Gate Radio für die Küstenwettervorhersage um 1200 2200 UTC auf 4387 4402 4420 8740 8749 kHz. Telegrafische Wetterdienste werden für den Nordatlantik sowie die Küstengewässer von Tuckerton Radio um 1218 UTC auf 6484,5 8680 12879,5 16916,5 kHz gesendet, sowie von der Marinestation Norfolk um 0600 1000 1700 2200 UTC auf 8090 12135 16180 20225 kHz. Bei Bedarf kommen auf diesen Frequenzen um 0800 1500 1600 2100 UTC auch Eisberichte. Chatham Radio, die größte Küstenfunkstation der Welt, sendet um 1255 1655 UTC auf 4331 6376 8586 8630 12847 12925,5 13033,5 16933,2 16972 22518 kHz eine ausführliche Wettervorhersage für den gesamten Nordatlantik. Über Funkfernschreiben kann man sich schließlich zweistündlich ab 0020 UTC von Ocean Gate Radio auf 8051,5 kHz informieren lassen, oder um 0200 1700 UTC von der Küstenwache Boston auf 6314 8416,5 12579 16806,5 kHz, oder auch von Chatham Radio um 0445 1245 1645 UTC auf 6324 8426,5 12589,5 16817 kHz.

St. Pierre et Miquelon

St. Pierre Radio

Sprechfunk auf GW (TXU) :	2182	2410	2582	kHz

Sammelanruf um 0635 1235 1835 UTC auf 2410 kHz

Wetterfunk

Saint Pierre Radio sendet in französischer Sprache eine Wettervorhersage für die regionalen Gewässer um 0637 1837 UTC auf 2410 kHz in Sprechfunk.

Mexiko – Pazifik-Küste

Ensenada Radio

Telegrafie auf KW (XFE) :	4307,5	6390	8562	13006,5	16927,5 kHz

Sammelanruf zweistündlich ab 0100 UTC auf 8562 kHz

Sprechfunk auf KW (XFE) :	4393	6510	8779	13137	kHz
	4417	6516	8794	13140	

Guaymas Radio

Telegrafie auf KW (XFY) :	4271	6435	8613	12815	kHz
Sprechfunk auf KW (XFY) :	4366	6501	8779	13101	kHz
	4417	6516	8803	13137	

La Paz Radio

Telegrafie auf KW (XFK) :	4268	6350	8505	12675	kHz

Wettervorhersage um 0100 1600 UTC auf 8 MHz, um 0500 UTC auf 4 MHz

Sprechfunk auf KW (XFK) :

4366	6507	8767	13140	17251	22795	kHz
4417		8779	13137	17302		

Mazatlan Radio

Telegrafie auf KW (XFL) :	4250	6484,5	8470	12703	17115,5 kHz

Sammelanruf um 2000 UTC auf 12 MHz, um 1600 1830 UTC auf 8 MHz, um 2300 UTC auf 6 MHz, und um 0400 1000 UTC auf 4 MHz

Wettervorhersage um 1600 1830 UTC auf 8 MHz

Sprechfunk auf KW (XFL) :	4125	8779	13137	kHz	
	4378	8794	13149		
	4417				

Manzanillo Radio

Telegrafie auf KW (XFM) : 4225 6354 8568,5 12829,5 kHz

Sammelanruf zweistündlich ab 0130 UTC

Wettervorhersage um 0530 UTC auf 4/8 MHz, um 1730 UTC auf 8/12 MHz

Sprechfunk auf KW (XFM) :	4366	6501	8767	13101	17251 kHz
		6516	8779	13137	

Acapulco Radio

Telegrafie auf KW (XFA) : 4292 6414,5 8514 12752 16935,2 22465 kHz

Sammelanruf stündlich von 1430 bis 0630 UTC auf 8514 kHz

Sprechfunk auf KW (XFA) : 8743 13140 17251 22768 kHz

Salina Cruz Radio

Telegrafie auf KW (XFQ) :	4268	6360	8631	12708	kHz
Sprechfunk auf KW (XFQ) :	4366	6501	8767	13137	kHz
	4417	6516	8779	13149	

Mexiko – Golfküste

Chetumal Radio

Telegrafie auf KW (XFP) : 4292 6439 8595,5 12843 kHz

Wettervorhersage und Sammelanruf um 1500 2200 UTC auf 8 MHz, um 0300 UTC auf 4 MHz

Sprechfunk auf KW (XFP) :

4366	6501	8767	13101	17251	kHz
4393	6507	8779			
4417	6516				

Cozumel Radio

Telegrafie auf KW (XFC) : 4268 6390 8580,5 12824 kHz

Sammelanruf um 1400 1600 UTC auf 8 MHz, um 2300 0100 UTC auf 4 MHz

Sprechfunk auf KW (XFC) :

4363	6507	8743	13149	17281	kHz
4378	6510	8779			
4417	6516				

Mexico City Radio

Telegrafie auf KW (XDA) :	8567	12470	16914,5	22621,5	kHz
	8575,5	12836	16942,5	22606,5	
	8590,5	12855	17120,5	22471	
	8626	13014,5	17140	22516	

Sammelanruf um 0230 0830 1430 2030 UTC auf 8626 kHz

Sprechfunk auf KW (XDA) :	8779	13101	17251	22756	kHz
	8794	13137	17281	22768	
	8803	13149	17302	22795	

Sammelanruf zweistündlich ab 0100 UTC auf 13137 kHz

Progreso Radio

Telegrafie auf KW (XFN) : 4225 6358 8621 12729 17134 22511 kHz

Sprechfunk auf KW (XFN) :

4366	6516	8779	13137	17290	22756	kHz
4417	8803	13149	17302			

Ciudad del Carmen Radio

Telegrafie auf KW (XFB) :	4307,5	6435	8562,5	12675	kHz
Sprechfunk auf KW (XFB) :	4366	6501	8743	13101	kHz
	4417	6516	8779	13137	

Pajaritos Radio

Telegrafie auf KW (XFF2) : 4230,5 6442,5 8690,5 12790,5 17075,5 kHz

Sammelanruf stündlich ab 0030 UTC

Sprechfunk auf KW (XFF2) : 4191 6286,5 8382 12573 16764 22253 kHz

Veracruz Radio

Telegrafie auf KW (XFU) : 4285 6367 8656 12775 22477 kHz

Sammelanruf stündlich ab 0000 UTC

Wettervorhersage um 0400 UTC auf 4 MHz, um 1600 2100 UTC auf 8 MHz

Sprechfunk auf KW (XFU) :	4393	8779	13137	kHz
	4417	8803		

Mexico City Meteo

Telegrafie auf KW : (XDP) 4800 (XDD) 13043 kHz

Wettervorhersage um 0300 1500 2000 UTC

Wetterfunk

Für die mexikanische Pazifikküste werden telegrafische Wettervorhersagen in spanischer Sprache von La Paz Radio um 0500 UTC auf 4268 kHz und um 0100 1600 UTC auf 8505 kHz ausgestrahlt, von Mazatlan Radio um 1600 1830 UTC auf 8470 kHz, und von Manzanillo Radio um 0530 1730 UTC auf 4225 8568,5 12829,5 kHz. Für das Gebiet der Golfküste wird ebenfalls in Telegrafie auf Spanisch gesendet: Chetumal Radio um 0300 UTC auf 4292 kHz und um 1500 2200 UTC auf 8595,5 kHz und Veracruz Radio um 0400 1600 2100 UTC auf 8656 kHz. Für beide Gebiete kommt um 0300 1500 2000 UTC von Mexico City Meteo eine Vorhersage in Telegrafie auf 4800 13043 kHz.

Mittelamerika (Karibik)

Costa Rica

Limon Radio

Telegrafie auf KW (TIM) :

4290	6380	8478	13380	17228,4	22670,5	kHz
4297			17149			

Sammelanruf zweistündlich von 1418 bis 0018 UTC

Sprechfunk auf KW : (TIM) 3980 (TEP) 5360 (TIO2) 7665 kHz

Ocean Radio

Telegrafie auf KW (TEC) : 8472 13058 kHz

Sammelanruf um 1300 1400 1800 1900 2000 2200 2300 UTC auf 8 MHz, um 1600 1700 UTC auf 12 MHz

Sprechfunk auf KW (TEC) : 8294 12353 kHz

Panama

Panama Intelmar Radio

Telegrafie auf KW (HPP) :

4275	6423,5	8589	12699	17232,4	22454	kHz
4338,5	6479	8602,5	13049,5	17027,5	22499	

Sammelanruf zweistündlich ab 0100 UTC

Sprechfunk auf KW (HPP) :

4417	6516	8773	13137	17302	22756	kHz
4357	6504	8779	13086	17284	22702	
4426		8767	13170	17305	22717	

Funkfernschreiben auf KW (HPP) :

4215,5 8420 12583 16822,5 kHz

Sammelanruf zweistündlich ab 0100 UTC

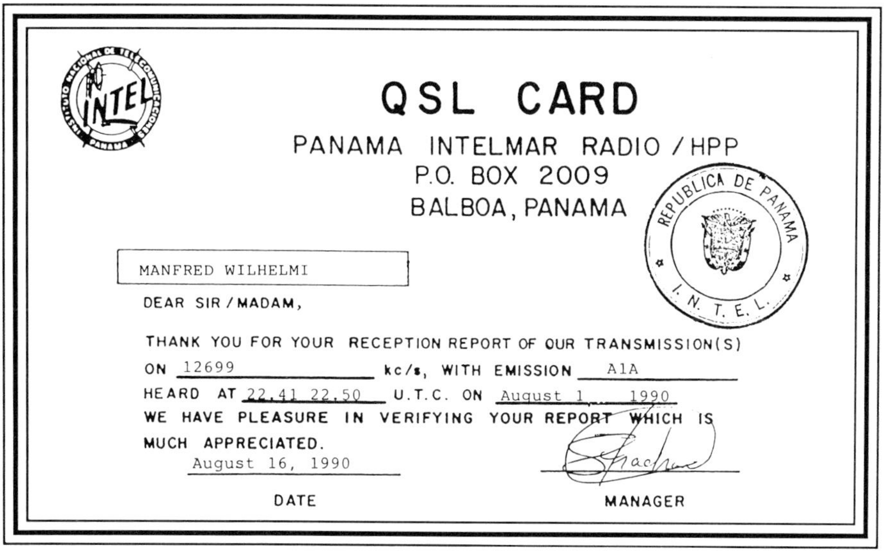

QSL CARD

PANAMA INTELMAR RADIO / HPP
P.O. BOX 2009
BALBOA, PANAMA

MANFRED WILHELMI

DEAR SIR / MADAM,

THANK YOU FOR YOUR RECEPTION REPORT OF OUR TRANSMISSION(S)
ON 12699 kc/s, WITH EMISSION A1A
HEARD AT 22.41 22.50 U.T.C. ON August 1 1990
WE HAVE PLEASURE IN VERIFYING YOUR REPORT WHICH IS
MUCH APPRECIATED.

August 16, 1990

DATE MANAGER

Trinidad und Tobago

North Post Radio

Telegrafie auf KW (9YL) : 6470,5 8441 12885 17184,5 kHz

Sammelanruf um 1200 1530 UTC auf 16 MHz, um 1330 2050 UTC auf 12 MHz, um 0100 0600 0900 1300 1500 1730 2130 UTC auf 8 Mhz, und um 2300 auf 6 MHz

Barbados

Barbados Radio

Telegrafie auf KW (8PO) : 6379,5 8449,3 12709 16947,6 kHz

Sammelanruf um 1620 1900 UTC auf 16 MHz, um 0140 1320 1720 2100 UTC auf 12 MHz, um 0000 1000 1200 2000 2300 UTC auf 8 MHz

Sprechfunk auf KW (8PO) :

4375 8764 8791 13113 17359 kHz

Sammelanruf vierstündlich von 1250 bis 0050 UTC auf 8764 13113 kHz

Niederländische Antillen

Curacao Radio

Telegrafie auf KW (PJC) :	4334	6491,5	8694	13042,5	17170,5kHz

Sammelanruf zweistündlich ab 0100 UTC auf 8694 kHz

Sprechfunk auf KW (PJC) :	4378	8725	13095	17260	kHz

Wetterfunk

Curacao Radio sendet um 1300 UTC auf den Telegrafiefrequenzen 8694 13042,5 kHz eine Wettervorhersage für die Karibischen Gewässer.

NETHERLANDS ANTILLES

GOVERNMENT RADIO AND TELEGRAPH ADMINISTRATION

ARUBA-BONAIRE-CURAÇAO-ST. EUSTATIUS-ST. MAARTEN-SABA

Martinique

Marine Nationale Fort-de-France

Telegrafie auf KW (FUF) :

4054	4232	6388	8478,5	13021,2	16961,5	22537	kHz

Amerikanische Jungfern-Inseln

St.Thomas Radio (Virgin Islands Radio)

Sprechfunk auf KW (WAH) :

4357	6510	8728	13080	17245		kHz
4381	6513	8743	13077	17248	22762	

Sammelanruf zweistündlich ab 0100 UTC auf der 2.Frequenzreihe

Puerto Rico

San Juan Coast Guard

Sprechfunk auf KW (NMR) : 6501 8764 kHz

Dominikanische Republik

Santo Domingo Piloto Radio
Telegrafie auf KW (HIA) : 4358 8642 13087,5 kHz
Sammelanruf zweistündlich von 1300 bis 0300 UTC
Wettervorhersage um 0300 1700 UTC

Boca Chica Piloto Radio
Telegrafie auf KW (HIW7) : 8641 kHz

Puerto Plata Piloto Radio
Telegrafie auf KW (HIW8) : 8641 kHz

Wetterfunk

Eine telegrafische Wettervorhersage für die Gewässer rund um die Insel Hispaniola kommt von Santo Domingo Piloto Radio um 0300 1700 UTC auf 4358 8642 13087,5 kHz in spanischer Sprache.

Jamaika

Kingston Radio

Telegrafie auf KW (6YI) : 6470,5 8465 13065 16947,5 kHz

Sammelanruf um 1218 1618 UTC auf 12 MHz, um 1318 2118 UTC auf 8 MHz, und um 0018 0218 UTC auf 6 MHz

Sprechfunk auf KW (6YI) : 4369 4402 6513 8752 13146 kHz

Kuba

La Habana Radio

Telegrafie auf KW (CLA) :

4225	6337	8496	12673,5	16961	22610,5	kHz
4235	6454	8573	12748	17165,6	22649	
		8690	12792			
			13062			

Sammelanruf zweistündlich ab 0025 UTC

Sprechfunk auf KW (CLA) :

4357	8743	13125	17317	22789	kHz
4408	8758	13158	17323		

Funkfernschreiben auf KW (CLA) :	8428,5	12592	16819	22389	kHz
		12597	16824	22394	

La Habana Flota de Pesca Radio

Telegrafie auf KW (CLS) :

4328	6360	8489	12878	16921	22661,1	kHz
4349	6392	8516	12919	17175,2	22578,5	
			12954	17189,6		
			17237,9			

La Habana Radionaval
Telegrafie auf KW (CLY) : 4286 6498,9 8624 12910 17083 22566,5 kHz

Wetterfunk

Von der Meteostation Casa Blanca (CLX) kann man für den Bereich der Karibik in spanischer Sprache folgende Wettervorhersagen empfangen: in Telegrafie um 1345 1900 UTC auf 6995 kHz und um 0145 UTC auf 3560 kHz, sowie in Sprechfunk um 1700 1945 2200 UTC auf 6995 kHz.

Bahamas

Nassau Radio
Telegrafie auf KW (C6N) : 4349,9 6376 8441 12752 kHz
Sammelanruf stündlich ab 0000 UTC

Coral Harbour Radio
Sprechfunk auf KW (C6N55) : 4417 8740 kHz

Morton Inagua Radio
Sprechfunk auf KW (C6L8) : 4417 6227 8297 12353 kHz

Wetterfunk

Nassau Radio sendet um 0130 1330 1730 UTC (im Sommer 1h früher) eine Wettervorhersage für die Gewässer rund um die Bahamas in Telegrafie auf 6376 8441 kHz.

Dominica

Woodbridge Bay Port Authority, Roseau

Sprechfunk auf KW :

4134 4140 8279 8282 12317 16462 16465 22090 22093 kHz

Südamerika

ATLANTISCHER OZEAN
KARIBISCHES MEER
TRINIDAD
GUYANA
PARAMARIBO
BUENAVENTURA
SANTAREM
BELEM
MANAUS
SAO LOUIS
FORTALEZA
GALAPAGOS
GUAYAQUIL
PAITA
NATAL
OLINDA
CALLAO
(LIMA)
SALVADOR
MOLLENDO
IQUITOS
RIO DE
JANEIRO
PAZIFISCHER
OZEAN
CORRIENTES
(SANTIAGO DE CHILE)
VALPARAISO
BUENOS AIRES
(GEN. PACHECO)
CERRITO
(MONTEVIDEO)
MAR DEL PLATA
BAHIA
BLANCA
TRELEW
COMODORE RIRADAVIA
PUERTO DESADO
FALKLAND
RIO
GALLEGOS
MAGELLANSTR.
USHUAIA
MAGALLANS
KAP HOORN

Kolumbien

Buenaventura Radio (Pazifik-Küste)

Telegrafie auf KW (HKC) : 4325 6386,5 8574 12853,5 17045,6
Sammelanruf vierstündlich ab 0048 UTC

Sprechfunk auf KW (HKC) : 4372 8794 13083 17284 kHz

Barranquilla Radio (Karibik-Küste)

Telegrafie auf KW (HKB) : 4277 6463,5 8700,4 13087,5 17004 kHz
Sammelanruf zweistündlich ab 0100 UTC

Sprechfunk auf KW (HKB) : 4372 8794 13083 17284 kHz

Ekuador

Guayaquil Radio

Telegrafie auf KW (HCG) : 4237 6456 8474 12711 16948 kHz
Sammelanruf stündlich ab 0000 UTC auf 8474 kHz
Nautische Warnmeldungen um 0000 1200 1700 UTC auf 8474 kHz

Sprechfunk auf KW (HCG) : 4387 6504 8731 13095 kHz

Balao Oil Terminal

Sprechfunk auf KW : 4140 6209 kHz

Peru

Paita Radio

Telegrafie auf KW (OBY2) : 6436 8527 kHz

Sammelanruf zweistündlich ab 0105 UTC auf 8527 kHz
Nautische Warnmeldungen um 0230 1630 2130 UTC auf 6436 kHz

Callao Radio

Telegrafie auf KW (OBC3) : 4247 6360 8546 12725 kHz

Sammelanruf zweistündlich ab 0010 UTC

Sprechfunk auf KW (OBC3) :

4125	6513	8779	13119	17263	22711	kHz
4396	8728	13137				
4417						
4363						

Bayovar Oil Terminal
Sprechfunk auf KW (OCA4L) : 8770 kHz

Iquitos Radio
Telegrafie auf KW (OBQ5) :

4325	6474	8546	12795	16970	22555	25110	kHz
	6500		13015,5				

Callao Radionaval
Telegrafie auf KW (OBC) : 8650 12307 kHz
Wettervorhersage und Nautische Warnmeldungen um 0200 1100 1600 2100 UTC

Salaverry Radio
Telegrafie auf KW (OBR3) : 8744 kHz

Mollendo Radio
Telegrafie auf KW (OBF4) : 6351 8490 kHz
Sammelanruf zweistündlich ab 0105 UTC auf 8490 kHz
Nautische Warnmeldungen um 0245 1645 2145 UTC auf 6351 kHz

Wetterfunk

Eine telegrafische Wettervorhersage für die peruanischen Küstengewässer kommt von der Marinestation Callao um 0200 1600 2100 UTC auf 12307 kHz in Spanisch.

Chile

Valparaiso Radio

Telegrafie auf KW (CBV) :

4349	6337	8478	12714	16956	22473	kHz
4228		8677	12743	17146,6		

Sammelanruf zweistündlich ab 0000 UTC
Nautische Warnmeldungen um 2210 UTC auf der 2. Frequenzreihe
Wettervorhersage um 0110 1210 1845 2030 auf der zweiten Reihe

Sprechfunk auf KW (CBV) :

4417 8779 13137 17302 22756 kHz

Funkfernschreiben auf KW (CBV) :

4214,5 8420,5 12583,5 16811 22380,5 kHz

Sammelanruf vierstündlich ab 0100 UTC auf 8 und 12 MHz
Wettervorhersage um 0000 1200 UTC

Magallanes Radio
Telegrafie auf KW (CBM) : 4322,2 8694,2 kHz
Sammelanruf um 1200 1800 2100 UTC
Nautische Warnmeldungen um 1400 2200 UTC
Wettervorhersage um 0200 1400 UTC

Punta Arenas Radio
Sprechfunk auf KW (CBM9) : 4146 4357 4417 6501 8719 13080

Magallanes Radionaval
Telegrafie auf KW (CCM) : 4256 8510 kHz

Antofagasta Radio
Telegrafie auf KW (CBA20) : 8461 kHz

Wetterfunk

Valparaiso Radio sendet Vorhersagen für die Küste Chiles um 0110 1210 UTC, und für den Südwestpazifik um 1845 UTC auf den Telegrafie-Frequenzen 4228 8677 12743 17146,6 kHz. Ebenfalls in Telegrafie kommen die Vorhersagen für die südchilenische Küste von Magallanes Radio auf 4322,2 8694,2 kHz um 0200 1400 UTC. Per Fernschreiben kann man ebenfallls die Vorhersage für das chilenische Küstengebiet aufnehmen: um 0000 1200 UTC auf 4214,5 8420,5 12583,5 16811 22380,5 kHz.

Antarktis

Bellingshausen Radio

Telegrafie auf KW (UGE2) : 12843 kHz

Sammelanruf um 2345 UTC

Wetterfunk

Für das antarktische Gebiet gibt es Wettervorhersagen wie folgt: die chilenische Meteo-Station „Presidente Frei" auf den Süd-Shetland-Inseln sendet auf den Fernschreib-Frequenzen (CAN6D) 5302,5 11662,5 15470 kHz alle 3 Stunden, beginnend um 0030 UTC, eine Vorhersage für das von Chile beanspruchte Antarktisgebiet. Für das von Argentinien beanspruchte Gebiet werden von der Marinebasis Orcadas (Süd-Orkney-Inseln) aus ebenfalls im 3-Stunden-Takt, beginnend um 0020 UTC, Wetterdaten auf den Fernschreib-Frequenzen (LOK) 4492 9985 12660 kHz ausgestrahlt. Die sowjetische Station Molodeshnaja sendet Wetterdaten um 0100 0300 0700 1300 1500 UTC, ebenfalls per Fernschreiber, auf (RUZU) 9280 15830 kHz.

Argentinien

Ushuaia Radio

Telegrafie auf KW (LPC) :	4425	8449	13065	kHz

Sammelanruf vierstündlich ab 0100 UTC

Sprechfunk auf KW (LPC) :	4384	8752	13164	kHz
	4417	8779	13137	

Sammelanruf vierstündlich ab 0305 UTC auf der 1. Frequenzreihe

Argentina Radio

Funkfernschreiben auf KW (LSD836) :

4213	6317	8418	12602	16808,5	22395	kHz
4211	6315,5	8419	12601,5	16826	22396,5	
4212	6321	8419,5	12602,5	16828	22398	

Sammelanruf halbstündlich ab 0000 UTC auf den Frequenzen der 1. Reihe

General Pacheco Radio

Telegrafie auf KW (LPD) :

4268	8646	12988,5	17045,6	22587	kHz
4262		12763,5		22513,5	

Sammelanruf um 0000 1200 1400 1600 2100 UTC auf der 1. Frequenzreihe

Sprechfunk auf KW (LPL) :

4393	6507	8758	13134	17242	22705	kHz
4417		8779		17302		

Sammelanruf vierstündlich ab 0105 UTC auf der 1. Frequenzreihe

Buenos Aires Prefectura Naval

Telegrafie auf KW (L2C) : 4304 8447 12728 16925 kHz

Nautische Warnmeldungen um 0530 1230 2230 auf 4 MHz, um 0030 1530 2100 UTC auf allen Frequenzen
Wettervorhersage um 0430 1330 2030 UTC auf 4 MHz, um 0230 1700 UTC auf allen Frequenzen

Sprechfunk auf KW (L2F) : 6224 8294 kHz

Nautische Warnmeldungen um 0135 0935 1335 UTC
Wettervorhersage um 0335 1135 1435 1735 2135 2335 UTC

Rio Gallegos Radio
Sprechfunk auf KW (LPG) : 4399 8764 kHz
Sammelanruf vierstündlich ab 0105 UTC

Puerto Deseado Radio
Sprechfunk auf KW (LPO) : 4378 8785 kHz
Sammelanruf vierstündlich ab 0305 UTC

Trelew Radio
Sprechfunk auf KW (LPZ) : 4432 8740 kHz
Sammelanruf vierstündlich ab 0105 UTC

Bahia Blanca Radio
Sprechfunk auf KW (LPW) : 4372 6501 8770 kHz
4417 6516 8779
Sammelanruf vierstündlich ab 0305 UTC auf der 1. Frequenzreihe

Comodoro Rivadavia Prefectura Naval
Telegrafie auf KW (L2X) : 4304 kHz
Nautische Warnmeldungen um 0500 1500 2300 UTC
Wettervorhersage um 0150 1350 1750 2050 UTC

Mar del Plata Radio
Sprechfunk auf KW (LPM) : 4387 4408 8749 kHz
Sammelanruf vierstündlich ab 0105 UTC

Mar del Plata Prefectura Naval
Telegrafie auf KW (L2Q) : 4304 kHz
Nautische Warnmeldungen um 1420 UTC
Wettervorhersage um 0020 1220 1920 UTC

Corrientes Radio
Sprechfunk auf KW (LPB) : 4426 8746 kHz
Sammelanruf vierstündlich ab 0100 UTC

Boca Radio
Telegrafie auf KW (LSA) :

4334	6460	8457	13055	17160,8	22660	kHz
			12709	17230,9	22547	

Wettervorhersage um 1730 UTC auf der 1. Frequenzreihe

Buenos Aires Radio
Telegrafie auf KW (LST): 4255 8702 12706,5 16940,8 kHz

Wetterfunk

Telegrafische Wetterinformationen für die argentinischen Küstengewässer werden von Boca Radio um 0245 1445 UTC auf 4334 8457 13055 kHz in Spanisch gesendet. Von der Küstenwache (Prefectura Naval) kommen folgende Wettervorhersagen: Buenos Aires telegrafisch für alle Küstengebiete um 0230 1700 UTC auf 4304 8447 12728 16925 kHz, sowie regional um 0430 1330 2030 UTC auf 4304 kHz. Auf gleicher Welle senden auch Comodoro Rivadavia um 0150 1350 1750 2050 UTC und Mar del Plata um 0020 1220 1920 UTC ihre regionalen Vorhersagen, die beiden letztgenannten nur in Spanisch.
Die Küstenwache sendet lokale Sprechfunk-Wetterberichte in Spanisch wie folgt: Mar del Plata um 0315 1015 1615 1815 2115 UTC auf 3860,6 kHz, Comodoro Rivadavia um 0250 0750 1450 UTC auf 6224 kHz, und Buenos Aires um 0335 1135 1435 1735 2135 2335 UTC auf 6224 8294 kHz.

Paraguay

Asuncion Radio

Sprechfunk auf KW :

(ZPA) 4357	(ZPB) 8803	(ZPC) 13167	(ZPD) 17308

Sammelanruf zweistündlich von 0900 bis 2300 UTC auf auf 8 und 16 MHz

Uruguay

Cerrito Radio

Telegrafie auf KW (CWA) :

4346	6435,5	8602	12750	17230,1	22694	kHz

Sammelanruf stündlich von 1000 bis 0000 UTC
Wettervorhersage um 0000 1400 1900 UTC auf 4346 kHz

Punta Carretas Radio

Sprechfunk auf KW (CWF) :

4357	6513	8294	13104	17269	22735	kHz
4417	6516	8779	13137	17302	22756	

Sammelanruf zweistündlich von 1010 bis 0010 UTC auf der 1. Reihe
Wettervorhersage um 0010 1410 1910 UTC auf 4357 kHz

Wetterfunk

Cerrito Radio sendet in Telegrafie auf 4346 kHz um 0000 1400 1900 UTC eine Vorhersage für die Küstengewässer, die jeweils 10 Minuten später von Punta Carretas Radio auf der Sprechfunk-Frequenz 4357 kHz wiederholt wird. Sendesprache ist Spanisch, ebenso wie bei den lokalen Vorhersagen der Marinestationen Montevideo (0103 1133 1903 UTC) und La Paloma (0303 1533 2303 UTC) auf 4146 6224 kHz.

Brasilien

Juncao Radio

Telegrafie auf KW (PPJ) :

4251	6349	8460	12689,5	16918	22496	kHz
4231		8460,5	12840	17170		
4321		8462				

Sammelanruf vierstündlich ab 0200 UTC auf 4321 8462 kHz
Wettervorhersage um 0000 1200 UTC auf 4321 8462 kHz

Sprechfunk auf KW (PPJ) :

4125	8294	13158	17290	kHz
4146	8773			
4366	8779			
4381	8788			
4411	8800			

Sammelanruf dreistündlich ab 0103 UTC auf 4381 8800 kHz
Wettervorhersage um 0103 0603 1003 1203 1503 2103 UTC auf 4381 kHz

Rio de Janeiro Radio

Telegrafie auf KW (PPR) :

4244	6385	8492	12738	16984	22670,5	kHz
4247,5		8634	12687	17194,4	22603	

Sammelanruf zweistündlich ab 0100 UTC

Sprechfunk auf KW (PPR) :

4125	6510	8806	13116	17272	22756	26145	kHz
4411	6516	8773	13137	17278	22807	26154	
4366		8779	13131	17302	22822	26157	
4402		8782		17386	22831	26166	
4381		8800			22843	26172	
					22846		

Sammelanruf dreistündlich ab 0033 UTC auf 4411 kHz
Wettervorhersage um 0103 1003 1203 1503 2103 UTC auf 4411 kHz

Funkfernschreiben auf KW (PPR) : 8419,5 12594 kHz

Rio de Janeiro Radionaval

Telegrafie auf KW (PWZ33) :

4289	6435	8550	12795	17160	22530	kHz

Nautische Warnmeldungen um 0500 1330 2230 UTC
Wettervorhersage um 0215 0945 1945 UTC

Funkfernschreiben auf KW (PWZ33) : gleiche Frequenzen wie Telegrafie !

Nautische Warnmeldungen um 0400 1230 2130 UTC
Wettervorhersage um 0115 0845 1845 UTC

Olinda Radio

Telegrafie auf KW (PPO) :

4298	8520,1	12958,5	17162	22588,5	kHz
4265	8502	12840	17120		
4280	8548				
4321	8462				

Sammelanruf vierstündlich ab 0130 UTC auf den Frequenzen der 1. Reihe
Wettervorhersage um 0430 1630 UTC auf 4321 8462 kHz

Sprechfunk auf KW (PPO) :

4125	8294	13107	17257	kHz
4146	8773	13137		
4366	8779			
4369	8788			
4411	8800			

Sammelanruf dreistündlich ab 0203 UTC auf 4369 8788 kHz
Wettervorhersage um 0103 0603 1003 1203 1503 2103 UTC auf 4369 kHz

Natal Radio

Sprechfunk auf KW (PPN) :

4125	8773	kHz
4146	8806	
4366	8779	
4381	8294	

Sammelanruf dreistündlich ab 0233 UTC auf 4381 8806 kHz

Belem Radio

Telegrafie auf KW (PPL) :

4265	6347	8502	12979,5	16968	22475	kHz
4247,5	6352	8460,5	12689	17170	22652,5	
4321	8462	12674	17214,9	22577,5		

Sammelanruf vierstündlich ab 0030 UTC auf 4321 8462 kHz
Wettervorhersage um 1000 2200 UTC auf 4321 8462 kHz

Sprechfunk auf KW (PPL) :

4125	8294	13158	17338	kHz
4146	8773			
4366	8779			
4369	8782			
4411	8806			

Sammelanruf dreistündlich ab 0003 UTC auf 4369 8782 kHz
Wettervorhersage um 0103 0603 1003 1203 1503 2103 UTC auf 4369 kHz

Manaus Radio

Sprechfunk auf KW (PPM) :	4125	8294	13143	kHz
	4146	8773		
	4366	8779		
	4369	8806		
	4402			

Sammelanruf dreistündlich ab 0133 UTC auf 4402 8806 kHz

Sao Luis Radio

Sprechfunk auf KW (PPB) :	4125	8294	kHz
	4146	8773	
	4366	8779	
	4381	8788	

Sammelanruf dreistündlich ab 0103 UTC auf 4366 8773 kHz

Santarem Radio

Sprechfunk auf KW (PPT) :	4125	8294	kHz
	4146	8773	
	4366	8779	
	4381	8788	

Sammelanruf dreistündlich ab 0033 UTC auf 4381 8788 kHz

Itajai Radio

Sprechfunk auf KW (PPC) : 4366 4369 8773 8779 kHz

Sammelanruf dreistündlich ab 0203 UTC auf 4369 kHz

Santos Radio

Sprechfunk auf KW (PPS) : 4402 kHz

Wettervorhersage um 0103 0603 1003 1203 1503 2103 UTC

Wetterfunk

Für die gesamten brasilianischen Küstengewässer sowie für den Südatlantik sendet die Marinestation Rio de Janeiro Vorhersagen in Telegrafie um 0215 0945 1945 UTC auf 4289 6435 8550 12795 17160 22530 kHz und in Funkfernschreiben um 0115 0845 1845 UTC (auf den gleichen Frequenzen), beides auf Portugiesisch. Telegrafische Wettervorhersagen in portugiesischer und englischer Sprache für den regionalen Bereich kommen auf den neuen Wetterdienst- und Warnfunk-Frequenzen Brasiliens (4321 8462 kHz) um 0000 1200 UTC von Juncao Radio (PPJ), um 0430 1630 UTC von Olinda Radio (PPO), und um 1000 2200 UTC von Belem Radio (PPL).
Lokale Sprechfunk-Wettervorhersagen in Portugiesisch kommen um 0103 0603 1003 1203 1503 2103 UTC auf den jeweiligen 4 MHz Arbeitsfrequenzen:
Juncao 4381 kHz, Santos 4402 kHz, Rio de Janeiro 4411 kHz, Olinda 4369 kHz, Belem 4369 kHz.

Surinam

Paramaribo Radio

Telegrafie auf KW (PZN) : 4255,3 6355 8652,5 13046 16956 kHz

Sammelanruf um 1730 UTC auf 12 und 16 MHz, um 0000 0930 1200 2030 UTC auf 8 und 12 MHz, um 0600 UTC auf 4 und 6 MHz

Sprechfunk auf KW (PZN) :

4125 4378 6215 8740 13095 17263 kHz

Guyana

Demerara Radio

Telegrafie auf KW (8RB) : 8449 12709 16947,6 kHz

Sammelanruf um 1730 UTC auf 16 MHz, um 0025 1255 1655 UTC auf 12 MHz, und um 0113 2055 UTC auf 8 MHz

Venezuela

La Guaira Radio

Telegrafie auf KW (YVG) : 4222 6351,5 8461 17141,6 kHz

Sammelanruf stündlich von 0100 bis 1200 UTC auf 4 und 6 MHz, von 1300 bis 0000 UTC auf 8 und 12 MHz

Puerto Ordaz Radio

Telegrafie auf KW (YVM) : 4322 6372,5 8453 kHz

Sammelanruf um 0030 1430 2005 UTC auf 8453 kHz, und um 0320 1205 UTC auf 6372,5 kHz

Seefunk-Frequenzliste

Diese nach Frequenzen geordnete Liste gibt einen Überblick über alle Seefunk-Frequenzbereiche bis 30 MHz, schließt also die Lang- und Mittelwelle, Grenzwelle und sämtliche Kurzwellen-Seefunkbänder ein. Der Vorteil dieser Frequenzliste liegt darin, daß man beim Empfang einer unbekannten Station sehr schnell und sicher feststellen kann, um welche Funkstation es sich handeln könnte.

Die erste Spalte gibt die Frequenz in Kilohertz (kHz) an.

Die zweite Spalte nennt die Betriebsart, die auf dieser Frequenz vorgesehen ist oder eingesetzt wird:

CW	Morsetelegraphie (A1A, A2A, A1B)
SSB	Sprechfunk / Einseitenbandtelephonie (J3E, R3E, H3E) (Seitenband im Seefunk: immer USB)
RTTY	Funkfernschreiben (F1B), üblicherweise in SITOR-A oder SITOR-B
FAX	Faksimile-Ausstrahlung
S/C	SELCALL-Selektivruf

Die dritte Spalte nennt das Rufzeichen der Station.

In der vierten Spalte ist die Station benannt. Hier werden auch allgemeine Frequenzzuteilungen angegeben, z.B. „Schiffe", wenn es sich um eine Arbeitsfrequenz für Seefunkstellen handelt, oder Sie lesen den Hinweis „Anruffrequenz" etc.

Die Erläuterung von Abkürzungen finden Sie am Ende des Buches.

Hinter Stationsnamen geben wir in Klammern die Bezeichnung des Landes an, in dem die betreffende Küstenfunkstelle ihren Standort hat. Hier werden die ITU-Landesabkürzungen benutzt, die ebenfalls hinten im Buch aufgelistet und erklärt sind.

In der letzten Spalte finden Sie Angaben über die Gegenfrequenz(en) bei Duplex-Betrieb und ggf. weitere Bemerkungen.

Lang- und Mittelwellenbereich

Frequenz kHz	Ruf- zeichen	Station (Land)	Gegenfrequenz(en) Bemerkungen
110	IDQ	Roma Naval (I)	
119	IDQ	Roma Naval (I)	
120	SXA	Navy Athens (GRC)	
122.3	OUA	Fladeradio Aarhus (DNK)	
147.3	DDH47	DWD Quickborn (D)	
410		Peilfrequenz	
410	GCC	Cullercoats Radio (G)	
410	GKR	Wick Radio (G)	
410	GLD	Land's End Radio (G)	
410	GNF	North Foreland Radio (G)	
410	GPK	Portpatrick Radio (G)	
410	7TA	Alger Radio (ALG)	
410	7TB	Annaba Radio (ALG)	
410	7TO	Oran Radio (ALG)	
410	FFB	Boulogne-sur-Mer Radio (F)	
410	FFC	Arcachon Radio (F)	
410	FFM	Marseille Radio (F)	
410	FFU	Brest-Le Conquet Radio (F)	
410	YTSQ	Brodospas Split (YUG)	
416	SDJ	Stockholm Radio (S)	
416	7TA	Alger Radio (ALG)	
416	FFU	Brest-Le Conquet Radio (F)	
416	TAF	Samsun Radio (TUR)	
417	9HD	Malta Radio (MLT)	
418	GNF	North Foreland Radio (G)	
418	SAE	Tingstäde Radio (S)	
418	EAL	Las Palmas Radio (CNR)	
418	EAT	Tenerife Radio (CNR)	
418	SVA	Athens Radio (GRC)	
420	5AL	Tobruk Radio (LBY)	
420	SUQ	Ismailia Radio (EGY)	
421	PCH	Scheveningen Radio (HOL)	425
421	CUG	Sao Miguel Radio (AZR)	
421	FFC	Arcachon Radio (F)	
421	LZL	Bourgas Radio (BUL)	
421	SVK	Kerkyra Radio (GRC)	
425		Schiffe	
425	SUQ	Ismailia Radio (EGY)	
427	YKI	Tartous Port Radio (SYR)	
428	SVL	Limnos Radio (GRC)	
429	EJK	Valentia Radio (IRL)	
429	OXB	Blavand Radio (DNK)	
429	UNI	Ventspils Radio (LET)	425
429	EBC	Cadiz Radionaval (E)	
429	EBD	Cartagena Radionaval (E)	
429	EBK	Las Palmas Radionaval (CNR)	
429	IDC	Cagliari Radio (I)	
430.5	3VP	La Skhirra Radio (TUN)	
431	GKR	Wick Radio (G)	
432	DHS	Rügen Radio (D)	425
432	FFM	Marseille Radio (F)	
432	IPB	Bari Radio (I)	
432	SVH	Iraklion Radio (GRC)	
432	YKM7	Lattakia Radio (SYR)	
433	OHM	Mariehamn Radio (FNL)	
433	SUP	Port Said Radio (EGY)	

435	OST	Oostende Radio (BEL)	468
435	SPE	Szczecin Radio (POL)	
435	7TB	Annaba Radio (ALG)	
435	CUL	Lisboa Radio (POR)	
435	IQH	Napoli Radio (I)	
438	GLD	Land's End Radio (G)	
438	LGI	Hammerfest Radio (NOR)	
438	LGS	Svalbard Radio (SVB)	
438	LGT	Rogaland Radio (NOR)	
438	OHC	Helsinki Radio (FNL)	
438	OXZ	Lyngby Radio (DNK)	
438	EAL	Las Palmas Radio (CNR)	
438	YUR	Rijeka Radio (YUG)	
440	SUH	Alexandria Radio (EGY)	
440	YKM5	Baniyas Port Radio (SYR)	
441	GCC	Cullercoats Radio (G)	
441	LGD	Orlandet Radio (NOR)	
441	LJB	Björnöya Radio (SVB)	
441	UKB	Riga Radio (LET)	
441	3VX	Tunis Radio (TUN)	
441	CNP	Casablanca Radio (MRC)	
441	EAB	Bagur Radio (E)	
441	EAS	Cabo Peñas Radio (E)	
441	TAH	Istanbul Radio (TUR)	
441	TAI	Iskenderun Radio (TUR)	
443	SVH	Iraklion Radio (GRC)	
444	DAN	Norddeich Radio (D)	
444	LGH	Harstadt Radio (NOR)	
444	SPN	Witowo Radio (POL)	
444	7TO	Oran Radio (ALG)	
444	CUB	Funchal Radio (MDR)	
447	OXJ	Torshavn Radio (FAR)	
447	SPH	Gdynia Radio (POL)	
447	CNW	Tanger Radio (MRC)	
447	YUX	Dubrovnik Radio (YUG)	
450	SAG	Göteborg Radio (S)	
450	UNS	Tallin Radio (EST)	454
450	5BA	Cyprus Radio (CYP)	454
450	CTS	Sagres Radionaval (POR)	
450	EAB	Bagur Radio (E)	
450	FFB	Boulogne-sur-Mer Radio (F)	
454		Schiffe	
454	SUQ	Ismailia Radio (EGY)	
455	UNM2	Klaipeda Radio (LIT)	454
455	SVK	Kerkyra Radio (GRC)	
455.5	S/C	Anruffrequenz SELCALL	
458	GCC	Cullercoats Radio (G)	
458	GKR	Wick Radio (G)	
458	GPK	Portpatrick Radio (G)	
458	SPE	Szczecin Radio (POL)	
458	TAN2	Izmir Radio (TUR)	
458	TAT	Canakkale Radio (TUR)	
458	UMN	Murmansk Radio (URS)	
460	ZAD	Durres Radio (ALB)	
460	ZAV	Vlore Radio (ALB)	
461	PCH	Scheveningen Radio (HOL)	454
461	9HD	Malta Radio (MLT)	
461	CND	Agadir Radio (MRC)	
461	LZL	Bourgas Radio (BUL)	
461	YQI	Constanta Radio (ROU)	
464	GLD	Land's End Radio (G)	
464	GNF	North Foreland Radio (G)	
464	OXP	Skagen Radio (DNK)	
464	SAH	Härnösand Radio (S)	

464	SVA	Athens Radio (GRC)	
465	5AB	Benghazi Radio (LBY)	
468		Schiffe	
468	SUQ	Ismailia Radio (EGY)	
470	SUH	Alexandria Radio (EGY)	
470	SXE	Athens Coastguard (GRC)	
472	GPK	Portpatrick Radio (G)	
472	TFA	Reykjavik Radio (ISL)	
472	EAF	Finisterre Radio (E)	
472	EAT	Tenerife Radio (CNR)	
472	YUW	Bar Radio (YUG)	
472	UGK5	Kaliningrad Radio (URS)	468
472	UMN	Murmansk Radio (URS)	468
474	DAN	Norddeich Radio (D)	425
474	OHC	Helsinki Radio (FNL)	
475	LZW	Varna Radio (BUL)	
475	SUZ	Serapeum Marine Radio (EGY)	
476	5AT	Tripoli Radio (LBY)	
476	CTV	Monsanto Radionaval (POR)	
476	EAV	Cabo La Nao Radio (E)	
476	IQX	Trieste Radio (I)	
478	YMA25	Samsun Meteo (TUR)	
478	YMB20	Bandirma Meteo (TUR)	
479	YKI	Tartous Port Radio (SYR)	
480		Schiffe	
483	SAA	Karlskrona Radio (S)	
484	GCC	Cullercoats Radio (G)	
484	SPE	Szczecin Radio (POL)	
484	TFA	Reykjavik Radio (ISL)	480
484	4XO	Haifa Radio (ISR)	
484	EAC	Tarifa Radio (E)	
484	YUS	Split Radio (YUG)	
484	UDB	St.Petersburg Radio (URS)	480
487	LGA	Ålesund Radio (NOR)	
487	LGP	Bodö Radio (NOR)	
487	LJN	Ny-Ålesund Radio (SVB)	
487	OXZ	Lyngby Radio (DNK)	
487	CTH	Horta Radionaval (AZR)	
487	CTN	Leixoes Radionaval (POR)	
487	FFU	Brest-Le Conquet Radio (F)	
487	ICB	Genova Radio (I)	
488	IDC	Cagliari Radio (I)	
489	OST	Oostende Radio (BEL)	
489	TFA	Reykjavik Radio (ISL)	
489	UKB	Riga Radio (LET)	468
489	IPA	Ancona Radio (I)	
489	LZW	Varna Radio (BUL)	
500		Notruf- und Anruffrequenz	500
512		Anruffrequenz	512
515	3VX	Tunis Radio (TUN)	
516	LGH	Harstadt Radio (NOR)	
516	LGQ	Rogaland Radio (NOR)	
516	CTH	Horta Radionaval (AZR)	
516	IAR	Roma Radio (I)	
516	SVL	Limnos Radio (GRC)	
516	TAF	Samsun Radio (TUR)	
516	TAL	Antalya Radio (TUR)	
516	TAM	Mersin Radio (TUR)	
516	TAN2	Izmir Radio (TUR)	
518	ZAV	Vlore Radio (ALB)	
518	RTTY	NAVTEX Wetter- und Warnfunk per FEC	
519	CTQ	Porto Santo Radionaval (MDR)	
519	IAR	Roma Radio (I)	
522	DHS	Rügen Radio (D)	

522	GLD	Land's End Radio (G)
522	LGV	Vardö Radio (NOR)
522	CTV	Monsanto Radionaval (POR)
524	IQH	Napoli Radio (I)
524	ODR	Beirut Radio (LBN)
524	TAM	Mersin Radio (TUR)
524	TAO	Trabzon Radio (TUR)
524	TAR	Zonguldak Radio (TUR)
524	TAT	Canakkale Radio (TUR)

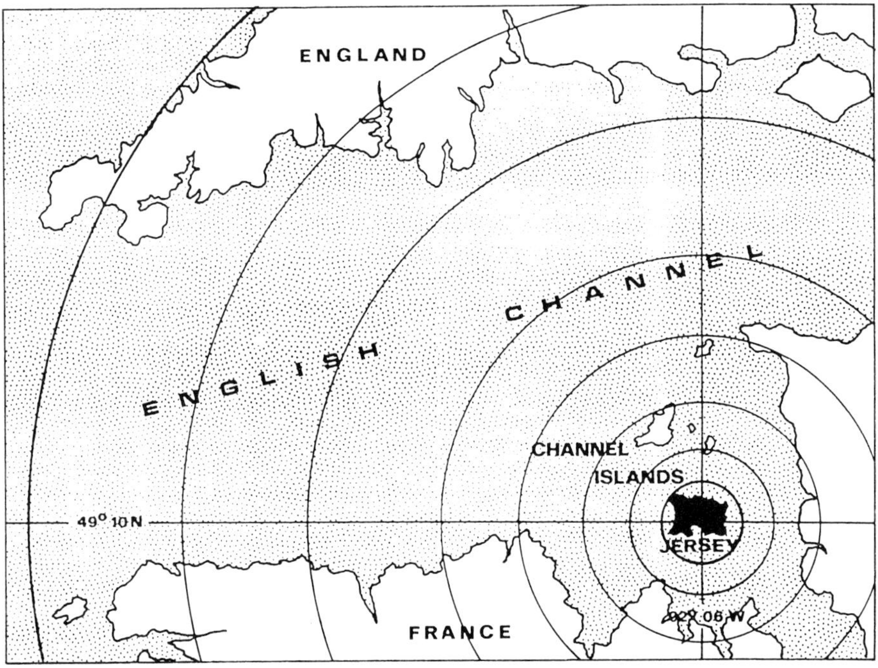

Grenzwellenbereich

Frequenz kHz	Betriebs- art	Ruf- zeichen	Station (Land)	Gegenfrequenz(en) Bemerkungen
1606.5			Schiffe	
1609		CW	Schiffe	
1613	RTTY	OXZ	Lyngby Radio (DNK)	2148
1615.5			Schiffe	
1618			Schiffe	
1621	CW		Schiffe	
1625.5			Schiffe	
1627.5			Schiffe	
1627.5			Nederlands Kustwacht Stationen (HOL)	
1632.5			Schiffe	
1637		3VW1	Bizerte Port Radio (TUN)	
1638			Schiffe	
1640			Schiffe	
1640		TFM	Neskaupstadur Radio (ISL)	2002
1642			Alderney Radio (G)	
1643		IQA	Augusta Radio (I)	
1645	RTTY	LGF	Rogaland Radio (NOR)	3148
1646	RTTY	LGF2	Rogaland Radio (NOR)	3147
1647	RTTY	LGF3	Rogaland Radio (NOR)	2045.5, 4175
1647.5			Humber Coastguard (G)	
1647.5			Solent Coastguard (G)	
1647.5			Portland Coastguard (G)	
1647.5			Aberdeen Coastguard (G)	
1647.5			Clyde Coastguard (G)	
1647.5			Oban Coastguard (G)	
1647.5			Holyhead Coastguard (G)	
1647.5			Swansea Coastguard (G)	
1647.5			Pentland Coastguard (G)	
1647.5			Yarmouth Coastguard (G)	
1647.5			Thames Coastguard (G)	
1647.5			Tyne Tees Coastguard (G)	
1647.5			Liverpool Coastguard (G)	
1647.5			Brixham Coastguard (G)	
1647.5			Falmouth Coastguard (G)	
1647.5			Forth Coastguard (G)	
1647.5			Dover Coastguard (G)	
1647.5			Milford Haven Coastguard (G)	
1647.5			Shetland Coastguard (G)	
1647.5			Stornoway Coastguard (G)	
1647.5			Belfast Coastguard (G)	
1650		SAH	Härnösand Radio (S)	2216
1650		TFA	Reykjavik Radio (ISL)	2002
1650		LZL	Bourgas Radio (BUL)	
1650		SXE2	Athens Coastguard (GRC)	
1655			DGzRS Arbeitsfrequenz (D)	
1657.5			Nederlands Kustwacht Stationen (HOL)	
1657.5			Schiffe	
1662.5			DGzRS Arbeitsfrequenz (D)	
1662.5			British Coastguard Stationen (G) /wie 1647,5	
1662.5		GUC	St.Peter Port Radio (G)	
1663.5		CUB	Funchal Radio (MDR)	
1663.5		CUG	Sao Miguel Radio (AZR)	
1665	CW		Peilfrequenz	
1665			DGzRS Arbeitsfrequenz (D)	
1667		ICB	Genova Radio (I)	
1672	RTTY	GKR1	Wick Radio (G)	2496.8

1673		TFT	Hornafjördur Radio (ISL)	2023
1673		FFU	Brest-Le Conquet Radio (F)	
1675		IQH	Napoli Radio (I)	
1675		YTSQ	Brodospas Split (YUG)	
1678			Schiffe	
1678		EAC	Tarifa Radio (E)	2083
1680			Venezia Radio (I)	
1680		SVN	Athens Radio (GRC)	
1680.5	CW	DHJ59	Bundesmarine Wilhelmshaven (D)	
1687		OXZ	Lyngby Radio (DNK)	2069,2049,2056
1687		FFO	Saint Nazaire Radio (F)	
1690		EAV	Cabo La Nao Radio (E)	2013
1691.5			Cillero Cofradia (E)	
1694		LGA	Ålesund Radio (NOR)	2541, 2049
1694		LGS	Svalbard Radio (SVB)	2541
1694		FFB	Boulogne-sur-Mer Radio (F)	
1696		SVK	Kerkyra Radio (GRC)	
1696.4		3VM	Mahdia Radio (TUN)	
1698		EAF	Finisterre Radio (E)	2083
1700			Chipiona Radio (E)	2013
1701		OXP	Skagen Radio (DNK)	2049, 2056
1704			Machichaco Radio (E)	2083
1705			Palermo Radio (I)	2023
1707			Sada Cofradia (E)	
1708			Belgische Lotsendienste (BEL)	
1708		OXJ	Torshavn Radio (FAR)	2097
1709.5	RTTY	OFA	Helsinki Radio (FNL)	2485.5
1713		OXB	Blavand Radio (DNK)	2049, 2056
1715		GND	Stonehaven Radio (G)	Kanal Z, 2552
1715		LGE	Harstadt Radio (NOR)	2470, 2049
1715		TFV	Vestmannaeyjar Radio (ISL)	2484
1715			Crotone Radio (I)	
1719		DHS	Rügen Radio (D)	2550
1720		EAT	Tenerife Radio (CNR)	2083
1722		LGA	Ålesund Radio (NOR)	2442, 2049
1722		LGI	Hammerfest Radio (NOR)	2442, 2049
1722		LMJ	Jan Mayen Radio (JMY)	2442
1722		FFO	Saint Nazaire Radio (F)	
1722		IDC	Cagliari Radio (I)	2023
1726		GUD	Jersey Radio (G)	2381
1729		LGQ	Rogaland Radio (NOR)	2449, 2049
1729		LGV	Vardö Radio (NOR)	2449, 2049
1729		LJN	Ny-Ålesund Radio (SVB)	
1730			Barcelona Radio (E)	2083
1730			Arrecife Radio (CNR)	2013
1734.2		UGK5	Kaliningrad Radio (URS)	
1734.7	RTTY	GND4	Stonehaven Radio (G)	2515
1735		7TO	Oran Radio (ALG)	
1736		LGE	Harstadt Radio (NOR)	2456, 2049
1736		LGS	Svalbard Radio (SVB)	2456
1736		LGT	Tjöme Radio (NOR)	2456, 2049
1737			Trapani Radio (I)	
1740		EAB	Bagur Radio (E)	2122
1742		SVH	Iraklion Radio (GRC)	
1743		LFO	Orlandet Radio (NOR)	2463
1743		LGI	Hammerfest Radio (NOR)	2463, 2049
1743		LGN	Bergen Radio (NOR)	2463, 2049
1743		3VW	La Goulette Port Radio (TUN)	
1743		3VW1	Bizerte Port Radio (TUN)	
1743		3VW2	Sfax Port Radio (TUN)	
1743		3VW3	Sousse Port Radio (TUN)	
1743		3VW4	Gabès-Ghannouch Port Radio (TUN)	
1743		CND3	Safi Radio (MRC)	
1745	CW	DHJ58	Bundesmarine Glücksburg (D)	

1748		EAR	Coruña Radio (E)	2122
1750		LGE	Harstadt Radio (NOR)	2470, 2049
1750		LGZ	Farsund Radio (NOR)	2470, 2049
1750		EAL	Las Palmas Radio (CNR)	2122
1750		LZW	Varna Radio (BUL)	
1754			Bermeo Cofradia (E)	
1757		LFO	Orlandet Radio (NOR)	2576, 2049
1757		LGL	Florö Radio (NOR)	2576
1757		LJB	Björnöya Radio (SVB)	2576
1757		SPO	Szczecin Radio (POL)	
1757			Vilamoura Radio (POR)	
1757.5		EAS	Cabo Peñas Radio (E)	2013
1760		TAF	Samsun Radio (TUR)	
1764		PCG	Scheveningen Radio (HOL)	2030
1768.4		3VT	Tunis Radio (TUN)	
1771		SDJ	Stockholm Radio (S)	2477
1771		3VM	Mahdia Radio (TUN)	
1771		FFB	Boulogne-sur-Mer Radio (F)	
1771		IPB	Bari Radio (I)	
1778		OXJ	Torshavn Radio (FAR)	2069,2049
1778		SDJ	Stockholm Radio (S)	1974
1785		SAG	Göteborg Radio (S)	2037
1792		GKR	Wick Radio (G)	
1792		7TA	Alger Radio (ALG)	
1799			Norddeich Radio (D)	2491
1800			Ayamonte Cofradia (E)	
1800			Cedeira Cofradia (E)	
1803		LGI	Hammerfest Radio (NOR)	2406, 2049
1806		FFU	Brest-Le Conquet Radio (F)	
1806		IZN	Porto Torres Radio (I)	2023
1810		GUC	St.Peter Port Radio (G)	2381
1810			Burela Cofradia (E)	
1813		OXB	Blavand Radio (DNK)	2049, 2056
1817		OSU	Oostende Radio (BEL)	
1820		OSU	Oostende Radio (BEL)	
1820		FFC	Arcachon Radio (F)	
1820		SVX	Chios Radio (GRC)	
1824		GKR	Wick Radio (G)	
1824		SVR	Rhodos Radio (GRC)	
1827		EJK	Valentia Radio (IRL)	2049
1827		GKR	Wick Radio (G)	Kanal F, 2548
1830.5	CW	DHJ59	Bundesmarine Wilhelmshaven (D)	
1834		GNI	Niton Radio (G)	2049
1834		TKM	Grasse Radio (F)	
1838		GCC	Cullercoats Radio (G)	Kanal N, 2527
1840			Santona Cofradia (E)	
1841		EJM	Malin Head Radio (IRL)	2049
1848		GNF	North Foreland Radio (G)	2049
1848			Trapani Radio (I)	2023
1850	CW	OSN	Navy Oostende (BEL)	
1850		TAN2	Izmir Radio (TUR)	
1850		TAT	Canakkale Radio (TUR)	
1852		OFH	Mariehamn Radio (FNL)	2196
1855			San Benedetto del Tronto Radio (I)	2023
1856		GND	Stonehaven Radio (G)	Kanal I, 2555
1862		OHG	Helsinki Radio (FNL)	2002,2016,1967
1862		PCG	Scheveningen Radio (HOL)	2160
1862		TFX	Siglifjördur Radio (ISL)	2506
1862		TFZ	Isafjördur Radio (ISL)	
1862		FFC	Arcachon Radio (F)	
1863			Lisboa Doca de Pesca Radio (POR)	
1866		GHD	Hebrides Radio (G)	Kanal J, 2534
1866			Cabo de Gata Radio (E)	2122
1866			Aguino Cofradia (E)	

1869		GKZ	Humber Radio (G)	
1876		OFH	Mariehamn Radio (FNL)	2009
1876		TFA	Reykjavik Radio (ISL)	2506
1876			Lampedusa Radio (I)	2023
1876		FFU	Brest-Le Conquet Radio (F)	
1879		SVN	Athens Radio (GRC)	
1883		DAO	Kiel Radio (D)	2569
1883		GPK	Portpatrick Radio (G)	2049
1883		TFX	Siglifjördur Radio (ISL)	2484
1883			Mazara del Vallo Radio (I)	
1888		IPD	Civitavecchia Radio (I)	2023
1890		PCG	Scheveningen Radio (HOL)	2049, 2056
1890		TFA	Reykjavik Radio (ISL)	2506,2049
1904		SAG	Göteborg Radio (S)	2221
1904			Isla Cristina Cofradia (E)	
1905		OSU	Oostende Radio (BEL)	
1905.4		SXE2	Athens Coastguard (GRC)	
1906		FFM	Marseille Radio (F)	
1908		OSU	Oostende Radio (BEL)	
1911			Norddeich Radio (D)	2541
1911		7TB	Annaba Radio (ALG)	
1911		CND	Agadir Radio (MRC)	
1911		CNW	Tanger Radio (MRC)	
1915			Seewarndienst Cuxhaven (D)	
1918		4XT	Tel Aviv Naval Radio (ISR)	
1919.5	RTTY	PCH	Scheveningen Radio (HOL)	1972.5
1923.7	RTTY	GKR2	Wick Radio (G)	2512
1925		GKZ	Humber Radio (G)	Kanal Q, 2569
1925		IPL	Livorno Radio (I)	
1938		SPC	Gdynia Radio (POL)	
1939		PCG	Scheveningen Radio (HOL)	2513
1939		FFM	Marseille Radio (F)	
1945		YTSQ	Brodospas Split (YUG)	
1946		GND	Stonehaven Radio (G)	Kanal K, 2566
1953			Schiffe	
1958.7	RTTY		Schiffe	
1967			Schiffe	
1971.5	RTTY		Schiffe	
1972.5	RTTY		Schiffe	
1974			Schiffe	
1995			Schiffe	
2000.2	RTTY		Schiffe	
2000.7	RTTY		Schiffe	
2002			Schiffe	
2006			Schiffe	
2009			Schiffe	
2013			Schiffe	
2016			Schiffe	
2020			Schiffe	
2023			Schiffe	
2030			Schiffe	
2031.5			Schiffe	
2037			Schiffe	
2037			Lisboa Doca de Pesca Radio (POR)	
2045			Schiffe	
2045.5	RTTY		Schiffe	
2046			Schiffe	
2049			Schiffe	
2053			Schiffe	
2056			Schiffe	
2057		OXI	Nuuk Radio (GRL)	1638
2063	RTTY	HWU	Marine Le Blanc (F)	
2066.5	RTTY		Schiffe	
2069			Schiffe	

2083			Schiffe	
2087			Schiffe	
2090			Schiffe	
2097			Schiffe	
2100			Schiffe	
2100		YKM7	Lattakia Radio (SYR)	
2104			Schiffe	
2111			Schiffe	
2116		OXI	Nuuk Radio (GRL)	
2118			Schiffe	
2120			Schiffe	
2122			Schiffe	
2125			Schiffe	
2128			Schiffe	
2129		OXF	Qaqortoq Radio (GRL)	1638
2132			Schiffe	
2135.9			Schiffe	
2139			Schiffe	
2141			Rescue Operations Channel der USCG	
2143			Schiffe	
2144.4	RTTY		Schiffe	
2146			Schiffe	
2148	RTTY		Schiffe	
2150	CW	FUE	Marine Nationale Brest (F)	
2150			Schiffe	
2153			Schiffe	
2155		IGJ	Augusta Naval (I)	
2157			Französische Lotsendienste (F)	
2160			Schiffe	
2167			Schiffe	
2170.5	S/C		Anruffrequenz SELCALL	
2174.5	RTTY		Anruffrequenz	
2182			Notruf- und Anruffrequenz	
2187.5	S/C		Anruffrequenz SELCALL	
2191			Anruffrequenz	
2196			Schiffe	
2197		5AT	Tripoli Radio (LBY)	
2198			Schiffe	
2202			Schiffe	
2206	CW	LBA	Navy Stavanger (NOR)	
2206			Schiffe	
2207		PBB	Navy Den Helder (HOL)	
2210		3VB	Bizerte Radio (TUN)	
2210		OYR	Aasiat Radio (GRL)	1638, 1665
2211			Mazara del Vallo Radio (I)	2023
2216			Schiffe	
2218		GZU	RNWS Petersfield (G)	
2221			Schiffe	
2221		3VP	La Skhirra Radio (TUN)	
2221		YUS	Split Radio (YUG)	
2221		YUX	Dubrovnik Radio (YUG)	
2225			Ittoqqortoormiit Radio (GRL)	1665
2225		OXI	Nuuk Radio (GRL)	1638
2226			British Coastguard Stationen /wie 1647,5	
2230		YKI	Tartous Port Radio (SYR)	
2241			Britische Lotsendienste (G)	
2246			Britische Lotsendienste (G)	
2250		OZL	Ammassalik Radio (GRL)	1638,1665,2090
2253		OSU	Oostende Radio (BEL)	
2256		OSU	Oostende Radio (BEL)	
2261			Rescue Operations Channel der USCG	
2265		OXF	Qaqortoq Radio (GRL)	1665
2265		OYG	Mesters Vig Radio (GRL)	
2265		OYR	Aasiat Radio (GRL)	2049, 1665

2272			Palma Nautico Radio (E)	
2272		EBC	Cadiz Radionaval (E)	
2277			Schiffe	
2282		ZAC	Shengjin Radio (ALB)	2282
2282		ZAD	Durres Radio (ALB)	2282
2282		ZAS	Sarande Radio (ALB)	2282
2282		ZAV	Vlore Radio (ALB)	2282
2291	CW	IDQ	Roma Naval (I)	
2292	CW	MTO	RNWS Rosyth (G)	
2298.5			Schiffe	
2301			Britische Lotsendienste (G)	
2301			Schiffe	
2304		OYR	Aasiat Radio (GRL)	2049, 2090
2320			Griechische Lotsendienste (GRC)	
2320		5AT	Tripoli Radio (LBY)	
2323.5			Schiffe	
2326			Schiffe	
2336			Schiffe	
2357.5	CW	OUA	Fladeradio Aarhus (DNK)	
2358.5			Schiffe	
2361			Schiffe	
2364			Griechische Lotsendienste (GRC)	
2366			Schiffe	
2373			Schiffe	
2374	FAX	GYA1	RNWS London (G)	
2376			Schiffe	
2381			Schiffe	
2390			Schiffe	
2393.5			Schiffe	
2396			Schiffe	
2400		ZAC	Shengjin Radio (ALB)	2525
2400		ZAS	Sarande Radio (ALB)	2525
2400		ZAV	Vlore Radio (ALB)	2525
2400		OVC	Grönnedal Flade Radio (GRL)	
2400		OXI	Nuuk Radio (GRL)	1638
2406			Schiffe	
2410		TXU	St.Pierre Radio (SPM)	
2413.5			Schiffe	
2416			Schiffe	
2418			Finnische Lotsendienste (FNL)	
2418		5AT	Tripoli Radio (LBY)	
2418.5			Schiffe	
2421			Schiffe	
2433.5			Schiffe	
2436			Schiffe	
2442			Schiffe	
2442		WDR	Miami Radio (USA)	2406
2449			Schiffe	
2450		WAN	Atlanta Radio (USA)	2366
2450		WAQ	Ocean Gate Radio (USA)	2366
2450		WOU	Boston Radio (USA)	2366
2456			Schiffe	
2463			Schiffe	
2466		WFA	Tampa Radio (USA)	2009
2470			Schiffe	
2474	RTTY	PBC	Navy Goeree (HOL)	
2477			Schiffe	
2481		OSU	Oostende Radio (BEL)	
2484			Schiffe	
2484		OSU	Oostende Radio (BEL)	
2484			Portugiesische Lotsendienste (POR)	
2484		CTC	Cascais Radionaval (POR)	
2484		CTH	Horta Radionaval (AZR)	
2484		CTN	Leixoes Radionaval (POR)	

2484		CTQ	Porto Santo Radionaval (MDR)	
2484		CTS	Sagres Radionaval (POR)	
2485.5	RTTY		Schiffe	
2488			Schiffe	
2490		WDR	Miami Radio (USA)	2031.5
2491			Schiffe	
2494.7	RTTY		Schiffe	
2496.3	RTTY		Schiffe	
2496.8	RTTY		Schiffe	
2497.3	RTTY		Schiffe	
2497.8	RTTY		Schiffe	
2506			Schiffe	
2506			Französische Lotsendienste (F)	
2506		3VP	La Skhirra Radio (TUN)	
2506		WOU	Boston Radio (USA)	2406
2512	RTTY		Schiffe	
2513			Schiffe	
2513		5AB	Benghazi Radio (LBY)	
2514		VCC	Quebec Coast Guard (CAN)	2118
2514		VCG	Riviere-au-Renard Coast Guard (CAN)	2118
2514		VCK	Sept-Iles Coast Guard (CAN)	2118
2514		VCM	St.Anthony Coast Guard (CAN)	2118
2514		VCN	Cap-aux-Meules Coast Guard (CAN)	2118
2514		VCP	St.Lawrence Coast Guard (CAN)	2118
2514		VCS	Halifax Coast Guard (CAN)	2118
2514		VFF	Iqaluit Coast Guard (CAN)	2118
2514		VFN	Montreal Coast Guard (CAN)	2118
2514		VOJ	Stephenville Coast Guard (CAN)	2118
2514		VOK	Labrador Coast Guard (CAN)	2118
2514		VON	St.John's Coast Guard (CAN)	2118
2514		VOO	Comfort Cove Coast Guard (CAN)	2118
2514		WDR	Miami Radio (USA)	2118
2515	RTTY		Schiffe	
2520			Schiffe	
2522		WOX	New York Radio (USA)	2126
2524			Schiffe	
2525		ZAD	Durres Radio (ALB)	2400
2527			Schiffe	
2529.5	RTTY		Schiffe	
2530		VCA	Charlottetown Coast Guard (CAN)	2815
2530		VCO	Sydney Coast Guard (CAN)	2815
2534			Schiffe	
2535			UdSSR Lotsen im Schwarzen Meer	
2538	RTTY		Schiffe	
2538		VAU	Yarmouth Coast Guard (CAN)	2142
2538		VCP	St.Lawrence Coast Guard (CAN)	2142
2538		VOK	Labrador Coast Guard (CAN)	2142
2538		VON	St.John's Coast Guard (CAN)	2142
2538		VOO	Comfort Cove Coast Guard (CAN)	2142
2541			Schiffe	
2541		YTSQ	Brodospas Split (YUG)	
2548			Schiffe	
2550			Schiffe	
2550		WFA	Tampa Radio (USA)	2158
2552			Schiffe	
2555			Schiffe	
2558		VFA	Inuvik Coast Guard (CAN)	2142
2558		WAQ	Ocean Gate Radio (USA)	2166
2559			Schiffe	
2562			Schiffe	
2566			Schiffe	
2566		WJO	Charleston Radio (USA)	2390
2566		WOU	Boston Radio (USA)	2390
2569			Schiffe	

2574	RTTY		Schiffe	
2575	CW	OVC	Grönnedal Flade Radio (GRL)	
2576			Schiffe	
2576		SUH	Alexandria Radio (EGY)	
2579		IPB	Bari Radio (I)	2023
2580			Lequeitio Cofradia (E)	
2581		CUL	Lisboa Radio (POR)	
2582		VAU	Yarmouth Coast Guard (CAN)	2206
2582		VCA	Charlottetown Coast Guard (CAN)	2206
2582		VCC	Quebec Coast Guard (CAN)	2206
2582		VCF	Mont-Joli Coast Guard (CAN)	2206
2582		VCG	Riviere-au-Renard Coast Guard (CAN)	2206
2582		VCK	Sept-Iles Coast Guard (CAN)	2206
2582		VCM	St.Anthony Coast Guard (CAN)	2206
2582		VCN	Cap-aux-Meules Coast Guard (CAN)	2206
2582		VCO	Sydney Coast Guard (CAN)	2206
2582		VCP	St.Lawrence Coast Guard (CAN)	2206
2582		VCS	Halifax Coast Guard (CAN)	2206
2582		VFF	Iqaluit Coast Guard (CAN)	2206
2582		VFR	Resolute Coast Guard (CAN)	2206
2582		VOJ	Stephenville Coast Guard (CAN)	2206
2582		VOK	Labrador Coast Guard (CAN)	2206
2582		VON	St.John's Coast Guard (CAN)	2206
2582		VOO	Comfort Cove Coast Guard (CAN)	2206
2583			Schiffe	
2583			Arbeitsfrequenz der Donau-Schiffahrt	
2585		YUR	Rijeka Radio (YUG)	
2586		OYE	Rönne Radio (DNK)	1995,2049,2056
2586			Arrecife Radio (CNR)	3231, 2049
2586			Machichaco Radio (E)	3283
2586		7TO	Oran Radio (ALG)	
2586		CNP	Casablanca Radio (MRC)	
2590		EJK	Valentia Radio (IRL)	
2590		SVN	Athens Radio (GRC)	
2590		WOX	New York Radio (USA)	2198
2591		IPL	Livorno Radio (I)	2023
2593		EJM	Malin Head Radio (IRL)	
2593		OXB	Blavand Radio (DNK)	2049, 2056
2593		CND	Agadir Radio (MRC)	
2593		CNP6	Kenitra Port Radio (MRC)	
2595		UXN	Archangelsk Radio (URS)	2100
2596		EAR	Coruña Radio (E)	3290
2598		VAU	Yarmouth Coast Guard (CAN)	
2598		VCK	Sept-Iles Coast Guard (CAN)	
2598		VCM	St.Anthony Coast Guard (CAN)	
2598		VCN	Cap-aux-Meules Coast Guard (CAN)	
2598		VCO	Sydney Coast Guard (CAN)	
2598		VCP	St.Lawrence Coast Guard (CAN)	
2598		VCS	Halifax Coast Guard (CAN)	
2598		VOJ	Stephenville Coast Guard (CAN)	
2598		VOK	Labrador Coast Guard (CAN)	
2598		VON	St.John's Coast Guard (CAN)	
2598		VOO	Comfort Cove Coast Guard (CAN)	
2600		PCG	Scheveningen Radio (HOL)	1995
2600		TFX	Siglifjördur Radio (ISL)	
2600			Mazara del Vallo Radio (I)	2023
2601			Vilamoura Radio (POR)	
2604		GKR	Wick Radio (G)	Kanal G, 2013
2606		EAT	Tenerife Radio (CNR)	3283, 2049
2607		GPK	Portpatrick Radio (G)	Kanal Y, 2104
2607		SVK	Kerkyra Radio (GRC)	
2610		EAC	Tarifa Radio (E)	3290
2614			Norddeich Radio (D)	2023, 2045
2614		EJK	Valentia Radio (IRL)	

2615		YUW	Bar Radio (YUG)	
2615		YUX	Dubrovnik Radio (YUG)	
2618.5	FAX	GFE25	Bracknell Meteo (G)	
2620		CNP6	Kenitra Port Radio (MRC)	
2624		IQX	Trieste Radio (I)	2023
2624		SVR	Rhodos Radio (GRC)	
2625		GKR	Wick Radio (G)	Kanal H, 2381
2625		9HD	Malta Radio (MLT)	
2628		GNI	Niton Radio (G)	Kanal U, 2009
2628		TFV	Vestmannaeyjar Radio (ISL)	2525
2628		FFM	Marseille Radio (F)	
2628		IQA	Augusta Radio (I)	2023
2629		TAI	Iskenderun Radio (TUR)	
2632			San Fernando Bazan Radio (E)	
2635			Schiffe	
2635		LFO	Orlandet Radio (NOR)	2118, 2049
2635		LGE	Harstadt Radio (NOR)	2118, 2049
2635		LGZ	Farsund Radio (NOR)	2118, 2049
2635		CND3	Safi Radio (MRC)	
2635		CNW	Tanger Radio (MRC)	
2635		IQH	Napoli Radio (I)	2023
2638			Schiffe	
2638			Sidi Kerir Oil Terminal (EGY)	
2638		LZL	Bourgas Radio (BUL)	
2638.9		LGZ	Farsund Radio (NOR)	2121.9
2639		SPS	Witowo Radio (POL)	2090
2641		ODR	Beirut Radio (LBN)	
2642		LGP	Bodö Radio (NOR)	2125, 2049
2642		LGV	Vardö Radio (NOR)	2125
2642		LGZ	Farsund Radio (NOR)	2125
2642		ICB	Genova Radio (I)	
2644		YKI	Tartous Port Radio (SYR)	
2645			Schiffe	
2645			Arbeitsfrequenz der Donau-Schiffahrt	
2649		LGE	Harstadt Radio (NOR)	2132, 2049
2649		LGL	Florö Radio (NOR)	2132, 2049
2649		LGT	Tjöme Radio (NOR)	2132, 2049
2649		4XO	Haifa Radio (ISR)	
2649		EAS	Cabo Peñas Radio (E)	3231
2649		TKM	Grasse Radio (F)	
2652.9		LGQ	Rogaland Radio (NOR)	2135.9
2656		LGE	Harstadt Radio (NOR)	2139
2656		LGP	Bodö Radio (NOR)	2139, 2049
2656		LGQ	Rogaland Radio (NOR)	2139
2656		LGV	Vardö Radio (NOR)	2139, 2049
2656		IPA	Ancona Radio (I)	2023
2657			Portugiesische Lotsendienste (POR)	
2657		CTC	Cascais Radionaval (POR)	
2657		CTH	Horta Radionaval (AZR)	
2657		CTN	Leixoes Radionaval (POR)	
2657		CTQ	Porto Santo Radionaval (MDR)	
2657		CTS	Sagres Radionaval (POR)	
2662		YKO	Tartous Radio (SYR)	
2663		LGA	Ålesund Radio (NOR)	1632.5
2663		LGE	Harstadt Radio (NOR)	1632.5
2663		LGT	Tjöme Radio (NOR)	1632.5, 2049
2663			Crotone Radio (I)	2023
2663		CNP	Casablanca Radio (MRC)	
2663.7	RTTY	DHS	Rügen Radio (D)	1958.7
2666		UMV	Murmansk Radio (URS)	
2670		GLD	Land's End Radio (G)	
2670		LFO	Orlandet Radio (NOR)	2090
2670		LGN	Bergen Radio (NOR)	2090
2670		LGV	Vardö Radio (NOR)	2090, 2049

2670		UNI	Ventspils Radio (LET)	
2670		3VT	Tunis Radio (TUN)	
2670		5BA	Cyprus Radio (CYP)	
2670		TAN	Istanbul Radio (TUR)	
2670			Stationen der US Coast Guard (USA)	
2677	CW	JXU	Navy Bodö (NOR)	
2677			Rettungsstationen der CROSS (F)	
2679			Cabo de Gata Radio (E)	3283
2683		IDC	Cagliari Radio (I)	
2684		GKZ	Humber Radio (G)	Kanal R, 2111
2685		YUS	Split Radio (YUG)	
2691		GND	Stonehaven Radio (G)	
2691		7TA	Alger Radio (ALG)	
2691		FFU	Brest-Le Conquet Radio (F)	
2693		TAL	Antalya Radio (TUR)	
2694		CUL	Lisboa Radio (POR)	
2695		LGA	Ålesund Radio (NOR)	1657.5
2695		LGI	Hammerfest Radio (NOR)	1657.5
2695		LGP	Bodö Radio (NOR)	1657.5, 2049
2695		URL	Sevastopol Radio (UKR)	
2696.7	RTTY	GLD3	Land's End Radio (G)	2497.8
2698		GNF	North Foreland Radio (G)	Kanal T, 2016
2698			Venezia Radio (I)	2023
2700		TFM	Neskaupstadur Radio (ISL)	
2700		5BA	Cyprus Radio (CYP)	
2705		GKR	Wick Radio (G)	Kanal E, 2524
2707			Barcelona Radio (E)	3290
2710		IPD	Civitavecchia Radio (I)	
2714		EAB	Bagur Radio (E)	3283
2716		AOS9	USNAVCOMSTA Rota (E)	
2719		GCC	Cullercoats Radio (G)	2049
2719		SPS	Witowo Radio (POL)	
2719		7TO	Oran Radio (ALG)	
2722		ICB	Genova Radio (I)	2023
2724		TFZ	Isafjördur Radio (ISL)	2023
2726		SPC	Gdynia Radio (POL)	2090
2726		FFU	Brest-Le Conquet Radio (F)	
2727	RTTY		Norddeich Radio (D)	2538
2730		SVL	Limnos Radio (GRC)	
2730		ZAD	Durres Radio (ALB)	
2733		SAH	Härnösand Radio (S)	2216
2740		OXP	Skagen Radio (DNK)	2049, 2056
2740		FFO	Saint Nazaire Radio (F)	
2742		CUG	Sao Miguel Radio (AZR)	
2747			Finnische Lotsendienste (FNL)	2747
2747		FFB	Boulogne-sur-Mer Radio (F)	
2748		YQI	Constanta Radio (ROU)	
2750		LZL	Bourgas Radio (BUL)	
2751		GKR	Wick Radio (G)	Kanal A
2752		YUW	Bar Radio (YUG)	
2754		SDJ	Stockholm Radio (S)	2206
2758		OSU	Oostende Radio (BEL)	
2760		TAF	Samsun Radio (TUR)	
2760		TAN2	Izmir Radio (TUR)	
2760		TAO	Trabzon Radio (TUR)	
2761		OSU	Oostende Radio (BEL)	
2767	CW	MGJ	RNWS Glasgow (G)	
2768		SAE	Tingstäde Radio (S)	3289
2770		LZW	Varna Radio (BUL)	
2771		YUR	Rijeka Radio (YUG)	
2775		DAO	Kiel Radio (D)	1627.5, 2045
2775		7TA	Alger Radio (ALG)	
2775		7TB	Annaba Radio (ALG)	
2775		FFC	Arcachon Radio (F)	

2779		GND	Stonehaven Radio (G)	Kanal L, 2146
2781		CUL	Lisboa Radio (POR)	
2782		GLD	Land's End Radio (G)	Kanal W, 2002
2789		SAA	Karlskrona Radio (S)	3185
2789		IDF	Messina Radio (I)	2023
2792			Palma Nautico Radio (E)	
2799			Norddeich Radio (D)	2128
2799		EAV	Cabo La Nao Radio (E)	3231
2799		SVH	Iraklion Radio (GRC)	
2803		OHG	Helsinki Radio (FNL)	2002, 2016
2805		UBN	Jdanov Radio (UKR)	3180
2806		EAF	Finisterre Radio (E)	3283
2810		GKZ	Humber Radio (G)	Kanal S, 2562
2810		GNI	Niton Radio (G)	Kanal S, 2562
2810		OHG	Helsinki Radio (FNL)	2202
2814		OSU	Oostende Radio (BEL)	
2815			Schiffe	
2815.5	RTTY	OST	Oostende Radio (BEL)	1971.5
2816		5AB	Benghazi Radio (LBY)	
2817		OSU	Oostende Radio (BEL)	
2817		SUH	Alexandria Radio (EGY)	
2820		EAL	Las Palmas Radio (CNR)	3290, 2049
2820		TAM	Mersin Radio (TUR)	
2820		YTSQ	Brodospas Split (YUG)	
2824		PCG	Scheveningen Radio (HOL)	2520
2828		GCC	Cullercoats Radio (G)	Kanal O, 1953
2829.5	RTTY	SPB	Szczecin Radio (POL)	2529.5
2830		SVK	Kerkyra Radio (GRC)	
2831		SPO	Szczecin Radio (POL)	2090
2832.7	RTTY	GNK1	Shetland Radio (G)	2494.7
2836	CW	AOK	USNAVCOMSTA Rota (E)	
2839			Seewarndienst Cuxhaven (D)	
2840.6		GKR	Wick Radio (G)	Kanal B
2841	CW	EBA	Madrid Radionaval (E)	
2842			Chipiona Radio (E)	3231
2843		CUB	Funchal Radio (MDR)	
2848			Norddeich Radio (D)	3161
2879.5	RTTY		Rogaland Radio (NOR)	2066.5
2949			Griechische Lotsendienste (GRC)	
2981		TAR	Zonguldak Radio (TUR)	
3147	RTTY		Schiffe	
3148	RTTY		Schiffe	
3149	RTTY		Schiffe	
3158			Schiffe	
3161			Schiffe	
3168			Schiffe	
3175			Qaanaaq Radio (GRL)	3175
3180			Schiffe	
3185			Schiffe	
3188	CW	GXW	RNWS Portland Bill (G)	
3190	CW	UBN	Jdanov Radio (UKR)	
3191			Schiffe	
3194			Schiffe	
3197			Schiffe	
3199.9			Schiffe	
3203			Schiffe	
3210			Schiffe	
3213.9			Schiffe	
3217			Schiffe	
3231			Schiffe	
3249			Schiffe	
3250			Qaanaaq Radio (GRL)	3250
3252			Schiffe	
3259		YTSQ	Brodospas Split (YUG)	

3276		OYR	Aasiat Radio (GRL)	1638
3277	RTTY	LGC2	Rogaland Radio (NOR)	3149
3279			Schiffe	
3280		OYR	Aasiat Radio (GRL)	1638
3282			Schiffe	
3283			Schiffe	
3289			Schiffe	
3290			Schiffe	
3306			Valencia Aquitaine Radio (E)	
3310		UFB	Odessa Radio (UKR)	3180
3318	CW	MGJ	RNWS Glasgow (G)	
3322.7	RTTY		Schiffe	
3325			Valencia Aquitaine Radio (E)	
3328			Schiffe	
3335			Schiffe	
3360.5			Schiffe	
3363			Schiffe	
3391.5			DGzRS Arbeitsfrequenz	
3394			Schiffe	
3509.5			Schiffe	
3512			Schiffe	
3517	RTTY	GNI1	Niton Radio (G)	2000.2
3523.5			Schiffe	
3526			Schiffe	
3538		GKR	Wick Radio (G)	Kanal C
3540	CW	URD	St.Petersburg Radio (URS)	
3542.7	RTTY	GNK2	Shetland Radio (G)	2574
3551		YTSQ	Brodospas Split (YUG)	
3605		CUL	Lisboa Radio (POR)	
3607.3	RTTY	GKZ1	Humber Radio (G)	2496.3
3607.8	RTTY	GHD2	Hebrides Radio (G)	2144.4
3608.3	RTTY	GCC1	Cullercoats Radio (G)	2497.3
3610		GLD	Land's End Radio (G)	Kanal X, 2120
3613		SVK	Kerkyra Radio (GRC)	
3615.7	RTTY	GND1	Stonehaven Radio (G)	2000.7
3617		GND	Stonehaven Radio (G)	Kanal M, 3249
3618.5	CW	CTH	Horta Radionaval (AZR)	
3620		YTSQ	Brodospas Split (YUG)	
3621.5	RTTY	CTH	Horta Radionaval (AZR)	
3622.7	RTTY	GKZ2	Humber Radio (G)	3322.7
3624		YKM7	Lattakia Radio (SYR)	
3627.9		LFO	Orlandet Radio (NOR)	3199.9
3629		OSU	Oostende Radio (BEL)	
3630		SVR	Rhodos Radio (GRC)	
3630		UHK	Batumi Radio (URS) Georgien	
3631		LGN	Bergen Radio (NOR)	3203
3631		LGV	Vardö Radio (NOR)	3203
3632		OSU	Oostende Radio (BEL)	
3636		YMA25	Samsun Meteo (TUR)	
3636	CW	YMB20	Bandirma Meteo (TUR)	
3638		LGQ	Rogaland Radio (NOR)	3210
3640		SVH	Iraklion Radio (GRC)	
3641.9		LGZ	Farsund Radio (NOR)	3213.9
3645		LGL	Florö Radio (NOR)	3217
3645		LGP	Bodö Radio (NOR)	3217
3645		LGS	Svalbard Radio (SVB)	3217
3648		TAI	Iskenderun Radio (TUR)	
3651.5	CW	SXA	Navy Athens (GRC)	
3652	FAX	GZZ6	RNWS London (G)	
3652		LGA	Ålesund Radio (NOR)	3168
3652		LGI	Hammerfest Radio (NOR)	3168
3656	CW	LBA	Navy Stavanger (NOR)	
3656		4XO	Haifa Radio (ISR)	
3656.5	RTTY	OST	Oostende Radio (BEL)	

3673		PCG	Scheveningen Radio (HOL)	3191
3681		OSU	Oostende Radio (BEL)	
3684		OSU	Oostende Radio (BEL)	
3690		5BA	Cyprus Radio (CYP)	
3722		FFC	Arcachon Radio (F)	
3722		FFM	Marseille Radio (F)	
3722		FFU	Brest-Le Conquet Radio (F)	
3722		TKM	Grasse Radio (F)	
3740		LZW	Varna Radio (BUL)	
3743		SVX	Chios Radio (GRC)	
3747		IPD	Civitavecchia Radio (I)	
3750		GCC	Cullercoats Radio (G)	Kanal P, 2559
3765		4XT	Tel Aviv Naval Radio (ISR)	3765
3790	CW	EBA	Madrid Radionaval (E)	
3790		YTSQ	Brodospas Split (YUG)	
3793		SVL	Limnos Radio (GRC)	
3795		FFB	Boulogne-sur-Mer Radio (F)	
3795		FFM	Marseille Radio (F)	
3795		FFO	Saint Nazaire Radio (F)	

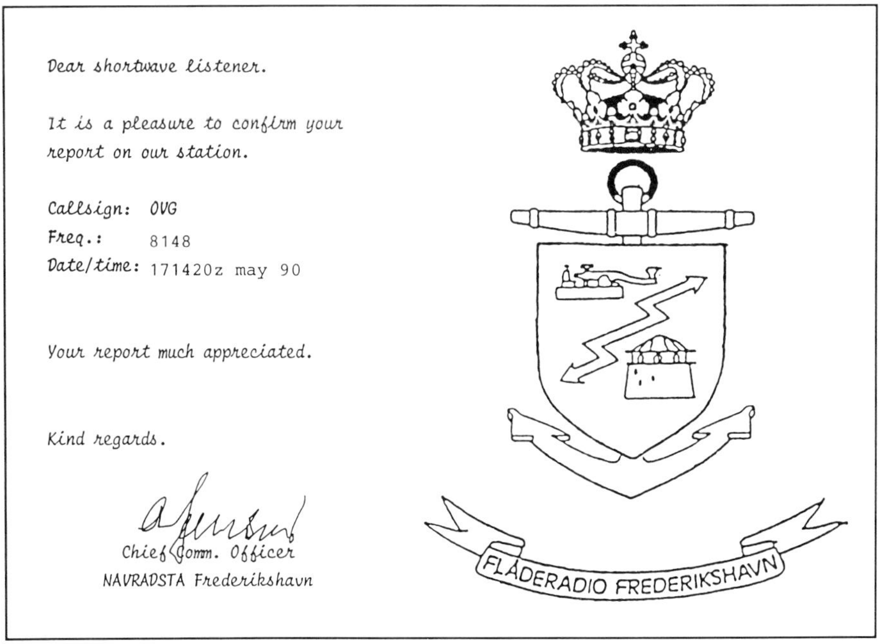
Dear shortwave listener.

It is a pleasure to confirm your report on our station.

Callsign: OVG

Freq.: 8148

Date/time: 171420z may 90

Your report much appreciated.

Kind regards.

Chief Comm. Officer

NAVRADSTA Frederikshavn

Frequenzliste: 4-MHz-Bereich

Frequenz kHz	Betriebs-art	Ruf-zeichen	Station (Land)	Gegenfrequenz(en) Bemerkungen
4065	SSB		Schiffe	bis 4149 kHz / 3.0 kHz
4136	FAX	JJC	Tokyo Meteo (J)	
4146	SSB		SIMPLEX-Kanal 4 A	
4149	SSB		SIMPLEX-Kanal 4 B	
4172.5	RTTY		Schiffe	bis 4181.5 kHz / 0.5 kHz
4182	CW		Anrufkanal 1	
4182.5	CW		Anrufkanal 2	
4183	CW		Anrufkanal 5	
4183.5	CW		Anrufkanal 6	
4184	CW		Anrufkanal 3	
4184.5	CW		Anrufkanal 4	
4185	CW		Anrufkanal 7	
4185.5	CW		Anrufkanal 8	
4186	CW		Anrufkanal 9	
4186.5	CW		Anrufkanal 10	
4187	CW		Arbeitsfrequenzen Schiffe	bis 4202 kHz
4202.5	RTTY		Schiffe	bis 4207 kHz / 0.5 kHz
4207.5	S/C		Anruffrequenz für SELCALL	4207.5
4209.5	RTTY		NAVTEX-Frequenz FEC	4209.5
4210.5	RTTY		Küstenfunkstationen RTTY 4MHz Serie 1	4172.5
		DCN	Norddeich Radio (D)	
		9GP23	Tema Radio (GHA)	
		S9M	Sao Tome Radio (STP)	
		9VG	Singapore Radio (SNG)	
		A9M	Bahrain Radio (BHR)	
		KFS	Palo Alto Radio (USA)	
4211	RTTY		Küstenfunkstationen RTTY 4MHz Serie 2	4173
		GKE2	Portishead Radio (G)	
		7TK20	Boufarik Radio (ALG)	
		CUL	Lisboa Radio (POR)	
		JCS	Choshi Radio (J)	
		ZLW	Wellington Radio (NZL)	
		WNU	Slidell Radio (USA)	
		LSD836	Argentina Radio (ARG)	
4211.5	RTTY		Küstenfunkstationen RTTY 4MHz Serie 3	4173.5
		LGW2	Rogaland Radio (NOR)	
		OST	Oostende Radio (BEL)	
		SPA25	Gdynia Radio (POL)	
		URD	St.Petersburg Radio (URS)	
		KFS	Palo Alto Radio (USA)	
4212	RTTY		Küstenfunkstationen RTTY 4MHz Serie 4	4174
		PCH	Scheveningen Radio (HOL)	
		UBN	Jdanov Radio (UKR)	
		UQB	Kholmsk Radio (URS)	
		9WH20	Kota Kinabalu Radio (MLA)	
		NMO	Honolulu Coast Guard (HWA)	
		ZLW	Wellington Radio (NZL)	
		NMN	Portsmouth Coast Guard Radio (USA)	
		LSD836	Argentina Radio (ARG)	
4212.5	RTTY		Küstenfunkstationen RTTY 4MHz Serie 5	4174.5
		DCM	Norddeich Radio (D)	
		FFL	Saint Lys Radio (F)	
		UFB	Odessa Radio (UKR)	
		UBE2	Petropavlovsk Radio (URS)	
		HZG	Dammam Radio (ARS)	
		WLO	Mobile Radio (USA)	

4213	RTTY		Küstenfunkstationen RTTY 4MHz Serie 6	4175
		HEC14	Bern Radio (SUI)	
		LGW3	Rogaland Radio (NOR)	
		SVS	Athens Radio (GRC)	
		UPB	Providenia Bukhta Radio (URS)	
		VIP	Perth Radio (AUS)	
		WLO	Mobile Radio (USA)	
		LSD836	Argentina Radio (ARG)	
4213.5	RTTY		Küstenfunkstationen RTTY 4MHz Serie 7	4175.5
		DCL	Norddeich Radio (D)	
		GKL2	Portishead Radio (G)	
		9WW20	Kuching Radio (MLA)	
		XSX	Keelung Radio (TWN)	
		VCS	Halifax Coast Guard (CAN)	
4214	RTTY		Küstenfunkstationen RTTY 4MHz Serie 8	4176
		GKP2	Portishead Radio (G)	
		ZSC	Capetown Radio (AFS)	
		9WH20	Kota Kinabalu Radio (MLA)	
		KLB	Seattle Radio (USA)	
4214.5	RTTY		Küstenfunkstationen RTTY 4MHz Serie 9	4176.5
		9MG	Penang Radio (MLA)	
		KLC	Galveston Radio (USA)	
		VAI	Vancouver Coast Guard (CAN)	
		CBV	Valparaiso Radio (CHL)	
4215	RTTY		Küstenfunkstationen RTTY 4MHz Serie 10	4177
		OFA	Helsinki Radio (FNL)	
		ICB	Genova Radio (I)	
4215		9WW20	Kuching Radio (MLA)	
		JOS	Nagasaki Radio (J)	
		VIS	Sydney Radio (AUS)	
		WLO	Mobile Radio (USA)	
4215.5	RTTY		Küstenfunkstationen RTTY 4MHz Serie 12	4178
		HEC24	Bern Radio (SUI)	
		OST	Oostende Radio (BEL)	
		OXZ	Lyngby Radio (DNK)	
		NRV	Guam Coast Guard (GUM)	
		VIP	Perth Radio (AUS)	
		HPP	Panama Intelmar Radio (PNR)	
4216	RTTY		Küstenfunkstationen RTTY 4MHz Serie 13	4178.5
		DCF	Norddeich Radio (D)	
		GKY2	Portishead Radio (G)	
		SPA26	Gdynia Radio (POL)	
		3AC	Monaco Radio (MCO)	
		SVU	Athens Radio (GRC)	
		TAH	Istanbul Radio (TUR)	
		9MG	Penang Radio (MLA)	
		A7D	Doha Radio (QAT)	
		KPH	San Francisco Radio (USA)	
4216.5	RTTY		Küstenfunkstationen RTTY 4MHz Serie 14	4179
		DHS	Rügen Radio (D)	
		GKQ2	Portishead Radio (G)	
		IAR	Roma Radio (I)	
		ICB	Genova Radio (I)	
		JNA	Tokyo Coast Guard (J)	
		VIS	Sydney Radio (AUS)	
		WCC	Chatham Radio (USA)	
4217	RTTY		Küstenfunkstationen RTTY 4MHz Serie 15	4179.5
		PCH	Scheveningen Radio (HOL)	
		XSQ	Guangzhou Radio (CHN)	
		WLO	Mobile Radio (USA)	
4217.5	RTTY		Küstenfunkstationen RTTY 4MHz Serie 16	4180
4218	RTTY		Küstenfunkstationen RTTY 4MHz Serie 17	4180.5
4218.5	RTTY		Küstenfunkstationen RTTY 4MHz Serie 18	4181
4219	RTTY		Küstenfunkstationen RTTY 4MHz Serie 19	4181.5

4219		TAH	Istanbul Radio (TUR)	
4221	CW	ODR	Beirut Radio (LBN)	
4221.3	CW	GYU	RNWS Gibraltar (GIB)	
4222	CW	XSN	Ningbo Radio (CHN)	
4222	CW	YVG	La Guaira Radio (VEN)	
4222.2	CW	ZRH	NAVCOMCEN Capetown (AFS)	
4223	CW	SVD	Athens Radio (GRC)	
4223	CW	UGH2	Yuzhno-Sakhalinsk Radio (URS)	
4223	CW	KLC	Galveston Radio (USA)	
4223	FAX	KWX	NOAA Lewes Meteo (USA)	
4223.5	CW	9HD	Malta Radio (MLT)	
4223.9	CW	ZRQ	NAVCOMCEN Capetown (AFS)	
4225	CW	JCT	Choshi Radio (J)	
4225	CW	CLA	La Habana Radio (CUB)	
4225	CW	XFM	Manzanillo Radio (MEX)	
4225	CW	XFN	Progreso Radio (MEX)	
4226	CW	SXA	Navy Athens (GRC)	
4226.5	CW	STP	Port Sudan Radio (SDN)	
4228	CW	9MG	Penang Radio (MLA)	
4228	CW	XSP	Shantou Radio (CHN)	
4228	CW	CBV	Valparaiso Radio (CHL)	auch FAX
4228.5	CW	VII	Thursday Island Radio (AUS)	
4228.5	CW	VIM	Melbourne Radio (AUS)	
4229	CW	UNM2	Klaipeda Radio (LIT)	
4229	CW	VIC	Carnarvon Radio (AUS)	
4229	CW	VIE	Esperance Radio (AUS)	
4230	CW	UFB	Odessa Radio (UKR)	
4230	CW	4WD3	Hodeidah Radio (YEM)	
4230	CW	DYL3	Iloilo Radio (PHL)	
4230.5	CW	VIB	Brisbane Radio (AUS)	
4230.5	CW	XFF2	Pajaritos Radio (MEX)	
4231	CW	A7D	Doha Radio (QAT)	
4231	CW	S3E	Khulna Radio (BGD)	
4231	CW	PPJ	Juncao Radio (B)	
4232	CW	HWN	Marine Nationale Paris (F)	
4232	CW	FUF	Navy Fort-de-France (MRT)	
4232.5	CW	CTV	Monsanto Radionaval (POR)	
4232.5	CW	5RS	Tamatave Radio (MDG)	
4232.5	CW	VPS	Hongkong Radio (HKG)	
4233	CW	UKX	Nachodka Naval Radio (URS)	
4233	CW	A4M	Musqat Radio (OMA)	
4233.5	CW	DHS	Rügen Radio (D)	
4235	CW	ICB	Genova Radio (I)	
4235	CW	HLP	Pusan Radio (KOR)	
4235	CW	VAI	Vancouver Coast Guard (CAN)	
4235	CW	CLA	La Habana Radio (CUB)	
4235.5	CW	EAD	Madrid Radio (E)	
4235.5	RTTY	CTV	Monsanto Radionaval (POR)	
4236	CW	UDH	Riga Radio (LET)	
4236.5	CW	VFF	Iqaluit Coast Guard (CAN)	
4237	CW	HCG	Guayaquil Radio (EQA)	
4237.5	CW	FUE	Marine Nationale Brest (F)	
4238	CW	4XO	Haifa Radio (ISR)	
4238	CW	PKD	Surabaya Radio (INS)	
4238	CW	PKG	Bandjarmasin Radio (INS)	
4238	CW	PKN	Balikpapan Radio (INS)	
4238	CW	PKR	Semarang Radio (INS)	
4238	CW	VTP	NAVCOMCEN Vishakapatnam (IND)	
4239	CW	HAR	Budapest Radio (HNG)	
4239	CW	9MB	Navy Lumut (MLA)	
4239.4	CW	SVB	Athens Radio (GRC)	
4240	CW	DHS	Rügen Radio (D)	
4240	CW	ELH	Harbel Radio (LBR)	
4240	CW	JYO	Aqaba Radio (JOR)	

4240	CW	XSE	Qinhuangdao Radio (CHN)
4241	CW	HAR	Budapest Radio (HNG)
4241	CW	LGW	Rogaland Radio (NOR)
4241	CW	5AL	Tobruk Radio (LBY)
4241	CW	AOK	USNAVCOMSTA Rota (E)
4241	CW	UKA	Vladivostok Radio (URS)
4241.5	CW	4XZ	Haifa Naval Radio (ISR)
4242.5	CW	DHS	Rügen Radio (D)
4244	CW	DAL	Norddeich Radio (D)
4244	CW	URL	Sevastopol Radio (UKR)
4244	CW	3CA4	Mbini Radio (GNE)
4244	CW	XSK	Beihai Radio (CHN)
4244	CW	PPR	Rio de Janeiro Radio (B)
4245	CW	UFN	Novorossiisk Radio (URS)
4245	CW	VIS	Sydney Radio (AUS)
4246	CW	FUE	Marine Nationale Brest (F)
4247	CW	P2R	Rabaul Radio (PNG)
4247	CW	KPH	San Francisco Radio (USA)
4247	CW	OBC3	Callao Radio (PRU)
4247.5	CW	PPL	Belem Radio (B)
4247.5	CW	PPR	Rio de Janeiro Radio (B)
4249	CW	9WW20	Kuching Radio (MLA)
4250	CW	PCH	Scheveningen Radio (HOL)
4250	CW	LZW	Varna Radio (BUL)
4250	CW	ASK	Karachi Radio (PAK)
4250	CW	ZLP	Navy Irirangi (NZL)
4250	CW	XFL	Mazatlan Radio (MEX)
4250	RTTY	SUQ	Ismailia Radio (EGY)
4251	CW	3VP	La Skhirra Radio (TUN)
4251	CW	PPJ	Juncao Radio (B)
4251.5	CW	GKC	Portishead Radio (G)
4252	CW	7TF2	Boufarik Radio (ALG)
4253	CW	TAH	Istanbul Radio (TUR)
4253	CW	UXN	Archangelsk Radio (URS)
4253	CW	XSZ	Dalian Radio (CHN)
4253.5	CW	HZG	Dammam Radio (ARS)
4255	CW	SUZ	Serapeum Marine Radio (EGY)
4255	CW	CFH	Navy Halifax (CAN)
4255	CW	LST	YPF Buenos Aires Radio (ARG)
4255.3	CW	PZN	Paramaribo Radio (SUR)
4255.6	CW	VIO	Broome Radio (AUS)
4256	CW	GKD	Portishead Radio (G)
4256	CW	KLC	Galveston Radio (USA)
4256	CW	CCM	Magallanes Radionaval (CHL)
4256.5	CW	SXE	Athens Coastguard (GRC)
4257.5	CW	WLO	Mobile Radio (USA)
4260	CW	DHS	Rügen Radio (D)
4260	CW	TBA	Navy Ankara (TUR)
4260	CW	UDK2	Murmansk Naval Radio (URS)
4260	CW	XSL22	Fangcheng Radio (CHN)
4261	CW	EBA	Madrid Radionaval (E)
4261	CW	ZSC	Capetown Radio (AFS)
4262	CW	SAG2	Göteborg Radio (S)
4262	CW	LZL	Bourgas Radio (BUL)
4262	CW	J2A	Djibouti Radio (DJI)
4262	CW	DZW	Manila Radio (PHL)
4262	CW	LPD	General Pacheco Radio (ARG)
4263.2	CW	ZLO	Navy Irirangi (NZL)
4263.5	CW	YKI	Tartous Port Radio (SYR)
4265	CW	DAM	Norddeich Radio (D)
4265	CW	DHS	Rügen Radio (D)
4265	CW	UBN	Jdanov Radio (UKR)
4265	CW	PPL	Belem Radio (B)
4265	CW	PPO	Olinda Radio (B)

4266	CW	XSR	Haikou Radio (CHN)
4267	CW	TCR	Tophane Kulesi Radio (TUR)
4267.9	CW	GKG	Portishead Radio (G)
4268	CW	VTG	NAVCOMCEN Bombay (IND)
4268	CW	CKN	Navy Aldergrove (CAN)
4268	CW	XFC	Cozumel Radio (MEX)
4268	CW	XFK	La Paz Radio (MEX)
4268	CW	XFQ	Salina Cruz Radio (MEX)
4268	CW	LPD	General Pacheco Radio (ARG)
4268.6	RTTY	SAB23	Göteborg Radio (S)
4270	FAX	UPM	Amderma Radio (URS)
4271	CW	OFJ4	Helsinki Radio (FNL)
4271	CW	UBE2	Petropavlovsk Radio (URS)
4271	CW	XSB48	Dan Dong Radio (CHN)
4271	CW	XSG	Shanghai Radio (CHN)
4271	CW	XFY	Guaymas Radio (MEX)
4271	RTTY	CFH	Navy Halifax (CAN)
4272	CW	SPH22	Gdynia Radio (POL)
4272	CW	FUJ	Navy Noumea (NCL)
4272.5	CW	VIA	Adelaide Radio (AUS)
4272.5	CW	VID	Darwin Radio (AUS)
4273	CW	HLF	Seoul Radio (KOR)
4274	CW	GKB	Portishead Radio (G)
4274	CW	DZF	Bacoor Radio (PHL)
4274	CW	XSU	Yantai Radio (CHN)
4274	CW	KFS	Palo Alto Radio (USA)
4275	CW	UFN	Novorossiisk Radio (URS)
4275	CW	HPP	Panama Intelmar Radio (PNR)
4276	CW	JNA	Tokyo Coast Guard (J)
4277	CW	DHJ59	Bundesmarine Wilhelmshaven (D)
4277	CW	UJO3	Izmail Radio (UKR)
4277	CW	ZLB	Awarua Radio (NZL)
4277	CW	HKB	Barranquilla Radio (CLM)
4278	CW	DZP	Novaliches Radio (PHL)
4278	CW	HZG	Dammam Radio (ARS)
4278	CW	XSH	Basuo Radio (CHN)
4279	CW	VWA1	Ramnagar Port Radio (IND)
4280	CW	IDQ	Roma Naval (I)
4280	CW	9VG	Singapore Radio (SNG)
4280	CW	PPO	Olinda Radio (B)
4280	RTTY	PBC	Navy Goeree (HOL)
4282	CW	LZL	Bourgas Radio (BUL)
4282	CW	3BA	Mauritius Radio (MAU)
4282	CW	DZE	Mandaluyong Radio (PHL)
4283	CW	UQK	Riga Radio (LET)
4283	CW	S9M	Sao Tome Radio (STP)
4283	CW	ZSJ	NAVCOMCEN Simonstown (AFS)
4283	CW	VTF	NAVCOMCEN Bombay (IND)
4283	CW	VTO	NAVCOMCEN Vishakapatnam (IND)
4283	CW	XSV	Tianjin Radio (CHN)
4284	CW	A9M	Bahrain Radio (BHR)
4285	CW	UAH	Tallin Radio (EST)
4285	CW	UFL	Vladivostok Radio (URS)
4285	CW	VCS	Halifax Coast Guard (CAN)
4285	CW	XFU	Veracruz Radio (MEX)
4286	CW	GKA	Portishead Radio (G)
4286	CW	DZD	Antipolo Radio (PHL)
4286	CW	VWC	Calcutta Radio (IND)
4286	CW	VHP	NAVCOMSTA Canberra (AUS)
4286	CW	VIX	Sydney Radio (AUS)
4286	CW	CLY	La Habana Radionaval (CUB)
4286.9	CW	5RS	Tamatave Radio (MDG)
4287	CW	FJY4	St.Paul Radio (AMS)
4288	CW	DZZ	Manila Radio (PHL)

4288	CW	XSQ	Guangzhou Radio (CHN)
4289	CW	C9L2	Maputo Radio (MOZ)
4289	CW	C9L6	Mocambique Radio (MOZ)
4289	CW	PWZ33	Rio de Janeiro Radionaval (B)
4290	CW	DZO	Bulacan Radio (PHL)
4290	CW	XSG	Shanghai Radio (CHN)
4290	CW	TIM	Limon Radio (CTR)
4290.5	CW	OST	Oostende Radio (BEL)
4291	CW	ZSC	Capetown Radio (AFS)
4292	CW	CUG	Sao Miguel Radio (AZR)
4292	CW	CUL	Lisboa Radio (POR)
4292	CW	IAR	Roma Radio (I)
4292	CW	D4D	Praia Radio (CPV)
4292	CW	EQA	Abadan Radio (IRN)
4292	CW	EQI	Abbas Radio (IRN)
4292	CW	EQK	Khorramshahr Radio (IRN)
4292	CW	EQR	Lavan Radio (IRN)
4292	CW	XYR	Yangon Radio (BRM)
4292	CW	VFA	Inuvik Coast Guard (CAN)
4292	CW	XFA	Acapulco Radio (MEX)
4292	CW	XFP	Chetumal Radio (MEX)
4293	CW	XSO	Wenzhou Radio (CHN)
4294	CW	WNU	Slidell Radio (USA)
4295	CW	HWN	Marine Nationale Paris (F)
4295	CW	UHK	Batumi Radio (URS) Georgien
4295	CW	3BM	Bigara Meteo (MAU)
4295	CW	6VA	Dakar Radio (SEN)
4295	CW	PKB	Belawan Radio (INS)
4295	CW	PKC	Palembang Radio (INS)
4295	CW	PKE	Amboina Radio (INS)
4295	CW	PKF	Makassar Radio (INS)
4295	CW	PKJ2	Tanjung Pinang Port Radio (INS)
4295	CW	PKJ4	Tanjung Balaikarimun Port Radio (INS)
4295	CW	XSJ	Zhanjiang Radio (CHN)
4296	CW	IQX	Trieste Radio (I)
4296	CW	DZK	Bulacan Radio (PHL)
4297	CW	TIM	Limon Radio (CTR)
4298	CW	OST	Oostende Radio (BEL)
4298	CW	JMC	Tokyo Meteo (J)
4298	CW	FJA	Mahina Radio (OCE)
4298	CW	PPO	Olinda Radio (B)
4298	FAX	NOJ	USCG Kodiak (ALS)
4299	CW	9KK	Kuwait Radio (KWT)
4299.5	CW	SAB2	Göteborg Radio (S)
4300.2	CW	GYA	RNWS Whitehall (G)
4301	CW	VWM	Madras Radio (IND)
4302	CW	ZAC	Shengjin Radio (ALB)
4302	CW	ZAD	Durres Radio (ALB)
4302	CW	ZAS	Sarande Radio (ALB)
4302	CW	ZAV	Vlore Radio (ALB)
4302	CW	A9M	Bahrain Radio (BHR)
4303	CW	OXZ	Lyngby Radio (DNK)
4304	CW	JFA	Matsudo Radio (J)
4304	CW	L2C	Buenos Aires Prefectura Naval (ARG)
4304	CW	L2Q	Mar del Plata Prefectura Naval (ARG)
4304	CW	L2X	Comodoro Rivadavia Prefectura Naval (ARG)
4305	CW	XSZ	Dalian Radio (CHN)
4305.5	CW	JNA	Tokyo Coast Guard (J)
4306	CW	SPE21	Szczecin Radio (POL)
4307	CW	UMV	Murmansk Radio (URS)
4307	CW	UON	Baku Radio (URS) Aserbeidschan
4307	CW	C9C	Maputo Radionaval (MOZ)
4307	FAX	GZZ2	RNWS London (G)
4307.5	CW	XFB	Ciudad del Carmen Radio (MEX)

4307.5	CW	XFE	Ensenada Radio (MEX)
4308	CW	HLG	Seoul Radio (KOR)
4308.5	CW	DAN	Norddeich Radio (D)
4308.5	CW	HZY	Ras Tanura Radio (ARS)
4309	CW	HZG	Dammam Radio (ARS)
4310	CW	MTI	RNWS Plymouth (G)
4310	CW	XSI	Sanya Radio (CHN)
4310	CW	WNU	Slidell Radio (USA)
4313	CW	DHS	Rügen Radio (D)
4313	CW	FUG	Marine Nationale La Regine (F)
4313	CW	9VG	Singapore Radio (SNG)
4314	CW	LZW	Varna Radio (BUL)
4314	CW	XSM	Xiamen Radio (CHN)
4314.5	CW	GKH	Portishead Radio (G)
4315	CW	URD	St.Petersburg Radio (URS)
4315	CW	XVG	Hai Phong Radio (VTN)
4316	CW	GKM	Portishead Radio (G)
4316	CW	A7D	Doha Radio (QAT)
4316	CW	DYV	Iloilo Radio (PHL)
4316	CW	VWB	Bombay Radio (IND)
4316	CW	WSC	Tuckerton Radio (USA)
4317	CW	ZSC	Capetown Radio (AFS)
4317.5	CW	GKI	Portishead Radio (G)
4318	CW	DZU	Pasig Radio (PHL)
4318	CW	VIT	Townsville Radio (AUS)
4319	CW	SPH23	Gdynia Radio (POL)
4319	CW	XSG	Shanghai Radio (CHN)
4320	CW	IAR	Roma Radio (I)
4321	CW	PP..	Wetterfunkfrequenz (B) PPJ PPO PPL
4322	CW	9VG	Singapore Radio (SNG)
4322	CW	YVM	Puerto Ordaz Radio (VEN)
4322.2	CW	CBM	Magallanes Radio (CHL)
4323	CW	VIP	Perth Radio (AUS)
4323.5	CW	YQI	Constanta Radio (ROU)
4323.6	CW	ELZ	Cape Palmas Radio (LBR)
4324	CW	DZH	Manila Radio (PHL)
4325	CW	LFW	Rogaland Radio (NOR)
4325	CW	SUP	Port Said Radio (EGY)
4325	CW	AQP	NAVCOMCEN Karachi (PAK)
4325	CW	HKC	Buenaventura Radio (CLM)
4325	CW	OBQ5	Iquitos Radio (PRU)
4326	CW	XSF	Lianyungang Radio (CHN)
4326.5	CW	GKJ	Portishead Radio (G)
4328	CW	FFL	Saint Lys Radio (F)
4328	CW	DZM	Bulacan Radio (PHL)
4328	CW	JOS	Nagasaki Radio (J)
4328	CW	CLS	Flota de Pesca Radio (CUB)
4331	CW	HAR	Budapest Radio (HNG)
4331	CW	SPE22	Szczecin Radio (POL)
4331	CW	WCC	Chatham Radio (USA)
4334	CW	FUX	Navy Le Port (REU)
4334	CW	XST	Qingdao Radio (CHN)
4334	CW	VFR	Resolute Coast Guard (CAN)
4334	CW	PJC	Curacao Radio (ATN)
4334	CW	LSA	Boca Radio (ARG)
4336	CW	GKK	Portishead Radio (G)
4336	CW	DZI	Bacoor Radio (PHL)
4337	CW	SPH21	Gdynia Radio (POL)
4337	CW	3CA	Banapa Radio (GNE)
4337	CW	9MG	Penang Radio (MLA)
4338	CW	DYM	Cebu Radio (PHL)
4338	CW	XSW	Kaohsiung Radio (TWN)
4338.5	CW	HPP	Panama Intelmar Radio (PNR)
4340	CW	XSQ	Guangzhou Radio (CHN)

4342	CW	IRM	Roma Medico Radio (I)	
4342	CW	LZL	Bourgas Radio (BUL)	
4342	CW	XUK	Kompong-Som-Ville Radio (CBG)	
4343	CW	SVA	Athens Radio (GRC)	
4343	CW	TUA	Abidjan Radio (CTI)	
4343	CW	XSD	Yingkou Radio (CHN)	
4343	CW	XSL	Fuzhou Radio (CHN)	
4343	CW	YJM	Port Vila Radio (VUT)	
4344	CW	9GP23	Tema Radio (GHA)	
4345	CW	FUO	Marine Nationale Toulon (F)	
4345	CW	UFM	Nevelsk Naval Radio (URS)	
4346	CW	YUR	Rijeka Radio (YUG)	
4346	CW	NMC	San Francisco Coast Guard (USA)	
4346	CW	CWA	Cerrito Radio (URG)	
4347.5	CW	5BA	Cyprus Radio (CYP)	
4347.9	CW	SUH	Alexandria Radio (EGY)	
4348.5	CW	HSA	Bangkok Radio (THA)	
4348.5	CW	KLB	Seattle Radio (USA)	
4349	CW	UXN	Archangelsk Radio (URS)	
4349	CW	S7Q	Seychelles Radio (SEY)	
4349	CW	EQM	Bushehr Radio (IRN)	
4349	CW	EQN	Bandar Khomeini Radio (IRN)	
4349	CW	EQQ	Khark Radio (IRN)	
4349	CW	JCS	Choshi Radio (J)	
4349	CW	CLS	Flota de Pesca Radio (CUB)	
4349	CW	CBV	Valparaiso Radio (CHL)	
4349.9	CW	DAF	Norddeich Radio (D)	
4349.9	CW	C6N	Nassau Radio (BAH)	
4350	CW	TBB	Navy Ankara (TUR)	
4350.4	CW	LZW	Varna Radio (BUL)	
4350.4	CW	ZAD	Durres Radio (ALB)	
4351	SSB		Küstenfunkstationen Sprechfunk-Kanal 428	----
4354	SSB		Küstenfunkstationen Sprechfunk-Kanal 429	----
4357	SSB		Küstenfunkstationen Sprechfunk-Kanal 401	4065
		DAP	Norddeich Radio (D)	
		OXZ	Lyngby Radio (DNK)	
		SAG	Göteborg Radio (S)	
		UDH	Riga Radio (LET)	
		TAN	Istanbul Radio (TUR)	
		UFL	Vladivostok Radio (URS)	
		UPB	Providenia Bukhta Radio (URS)	
		UXN	Archangelsk Radio (URS)	
		9PA	Banana Radio (ZAI)	
		ZSV	Walvis Bay Radio (WAB)	
			mehrere Stationen (INS)	
		HLS	Seoul Radio (KOR)	
		HSA	Bangkok Radio (THA)	
		5WA	Apia Radio (SMO)	
		KMI	Dixon Radio (USA)	
		CLA	La Habana Radio (CUB)	
		HPP	Panama Intelmar Radio (PNR)	
		WAH	Virgin Islands Radio (VIR)	
		CBM9	Punta Arenas Radio (CHL)	
		CWF	Punta Carretas Radio (URG)	
		ZPA	Asuncion Radio (PRG)	
4360	SSB		Küstenfunkstationen Sprechfunk-Kanal 402	4068
		GKT22	Portishead Radio (G)	
		SPC23	Gdynia Radio (POL)	
		IAR	Roma Radio (I)	
		ZAD	Durres Radio (ALB)	
		UMV	Murmansk Radio (URS)	
			mehrere Stationen (MDG)	
		5RO	Majunga Radio (MDG)	
		EQN	Bandar Khomeini Radio (IRN)	

4360		S3D	Chittagong Radio (BGD)	
		XSG	Shanghai Radio (CHN)	
4363	SSB		Küstenfunkstationen Sprechfunk-Kanal 403	4071
		LGN3	Rogaland Radio (NOR)	
		OXZ	Lyngby Radio (DNK)	
		3AC	Monaco Radio (MCO)	
		TAN	Istanbul Radio (TUR)	
		ETC	Assab Radio (ETH)	
		ZSQ	Port Elizabeth Radio (AFS)	
		XVG	Hai Phong Radio (VTN)	
		VFA	Inuvik Coast Guard (CAN)	
		WOM	Miami High Seas Radio (USA)	
		XFC	Cozumel Radio (MEX)	
		OBC3	Callao Radio (PRU)	
4366	SSB		Küstenfunkstationen Sprechfunk-Kanal 404	4074
		SPO22	Szczecin Radio (POL)	
		4XO	Haifa Radio (ISR)	
		FFL	Saint Lys Radio (F)	
		6VA	Dakar Radio (SEN)	
		TUA	Abidjan Radio (CTI)	
		A4M	Musqat Radio (OMA)	
		XSQ	Guangzhou Radio (CHN)	
			mehrere Stationen (AUS)	
		FJP	Noumea Radio (NCL)	
			mehrere Stationen (MEX)	
			mehrere Stationen (B)	
4369	SSB		Küstenfunkstationen Sprechfunk-Kanal 405	4077
4369		PCG	Scheveningen Radio (HOL)	
		UNM2	Klaipeda Radio (LIT)	
		FFL	Saint Lys Radio (F)	
		UCY2	Astrachan Radio (URS)	
		UFN	Novorossiisk Radio (URS)	
		UON	Baku Radio (URS) Aserbeidschan	
		ZSC	Capetown Radio (AFS)	
		9VG	Singapore Radio (SNG)	
		EQM	Bushehr Radio (IRN)	
		XSG	Shanghai Radio (CHN)	
		VIS	Sydney Radio (AUS)	
		WLC	Rogers City Radio (USA)	
		WLO	Mobile Radio (USA)	
		6YI	Kingston Radio (JMC)	
			mehrere Stationen (B)	
4372	SSB		Küstenfunkstationen Sprechfunk-Kanal 406	4080
		GKT26	Portishead Radio (G)	
		SPC22	Gdynia Radio (POL)	
		TFA	Reykjavik Radio (ISL)	
		TFT	Hornafjördur Radio (ISL)	
		5BA	Cyprus Radio (CYP)	
		EHY	Madrid Radio (E)	
			mehrere Stationen (MDG)	
		HZG	Dammam Radio (ARS)	
		3DP	Suva Radio (FJI)	
		HKB	Barranquilla Radio (CLM)	
		HKC	Buenaventura Radio (CLM)	
		LPW	Bahia Blanca Radio (ARG)	
4375	SSB		Küstenfunkstationen Sprechfunk-Kanal 407	4083
		LGN4	Rogaland Radio (NOR)	
		PCG	Scheveningen Radio (HOL)	
		ZSD	Durban Radio (AFS)	
		9VG	Singapore Radio (SNG)	
		EQA	Abadan Radio (IRN)	
		JBO	Tokyo Radio (J)	
		VFF	Iqaluit Coast Guard (CAN)	
		VFR	Resolute Coast Guard (CAN)	

4375		VOK	Labrador Coast Guard (CAN)	
		8PO	Barbados Radio (BRB)	
4378	SSB		Küstenfunkstationen Sprechfunk-Kanal 408	4086
		HEB14	Bern Radio (SUI)	
		OSU	Oostende Radio (BEL)	
		SPO21	Szczecin Radio (POL)	
		ICB	Genova Radio (I)	
		YUR	Rijeka Radio (YUG)	
			mehrere Stationen (INS)	
		8Q2	Male Radio (MLD)	
		EQK	Khorramshahr Radio (IRN)	
		KUQ	Pago Pago Radio (SMA)	
		ZLW	Wellington Radio (NZL)	
			mehrere Stationen (MEX)	
		PJC	Curacao Radio (ATN)	
		LPO	Puerto Deseado Radio (ARG)	
		PVD7	Almirante Barroso Oil Terminal (B)	
		PZN	Paramaribo Radio (SUR)	
		ZXA4	Tedut Oil Terminal (B)	
4381	SSB		Küstenfunkstationen Sprechfunk-Kanal 409	4089
		LGN5	Rogaland Radio (NOR)	
		OXZ	Lyngby Radio (DNK)	
		ICB	Genova Radio (I)	
		9PA	Banana Radio (ZAI)	
		A7D	Doha Radio (QAT)	
		BVA	Taipei Radio (TWN)	
		HZG	Dammam Radio (ARS)	
4381			mehrere Stationen (PNG)	
		WLC	Rogers City Radio (USA)	
		WMI	Lorain Radio (USA)	
		WAH	Virgin Islands Radio (VIR)	
			mehrere Stationen (B)	
4384	SSB		Küstenfunkstationen Sprechfunk-Kanal 410	4092
		GKT20	Portishead Radio (G)	
		HAR	Budapest Radio (HNG)	
		PCG	Scheveningen Radio (HOL)	
		4XO	Haifa Radio (ISR)	
		7TF	Boufarik Radio (ALG)	
		9HD	Malta Radio (MLT)	
		S7Q	Seychelles Radio (SEY)	
		9WH20	Kota Kinabalu Radio (MLA)	
		XSQ	Guangzhou Radio (CHN)	
		YJM	Port Vila Radio (VUT)	
		ZLW	Wellington Radio (NZL)	
		VAI	Vancouver Coast Guard (CAN)	
		WOO	Ocean Gate Radio (USA)	
		LPC	Ushuaia Radio (ARG)	
4387	SSB		Küstenfunkstationen Sprechfunk-Kanal 411	4095
		OSU	Oostende Radio (BEL)	
		TAN	Istanbul Radio (TUR)	
			mehrere Stationen (INS)	
		VPS	Hongkong Radio (HKG)	
		T3K	Tarawa Radio (KIR)	
		ZJU	Funafuti Radio (TUV)	
		WOO	Ocean Gate Radio (USA)	
		FJY4	St.Paul Radio (AMS)	
		HCG	Guayaquil Radio (EQA)	
		LPM	Mar del Plata Radio (ARG)	
4390	SSB		Küstenfunkstationen Sprechfunk-Kanal 412	4098
		DAK	Norddeich Radio (D)	
		IAR	Roma Radio (I)	
		YKM7	Lattakia Radio (SYR)	
		UGH2	Yuzhno-Sakhalinsk Radio (URS)	
		7OA	Aden Radio (YEM)	

4390		VIA	Adelaide Radio (AUS)	
		VIT	Townsville Radio (AUS)	
		WOM	Miami High Seas Radio (USA)	
4393	SSB		Küstenfunkstationen Sprechfunk-Kanal 413	4101
		DAH	Norddeich Radio (D)	
		OHG2	Helsinki Radio (FNL)	
		7TF	Boufarik Radio (ALG)	
		CUL	Lisboa Radio (POR)	
		SVN21	Athens Radio (GRC)	
		UBN	Jdanov Radio (UKR)	
		UJO3	Izmail Radio (UKR)	
		D3E	Luanda Radio (AGL)	
		J5M	Bissau Radio (GNB)	
		A9M	Bahrain Radio (BHR)	
		S3E	Khulna Radio (BGD)	
		XVR4	Vungtau Radio (VTN)	
			mehrere Stationen (MEX)	
		LPL	General Pacheco Radio (ARG)	
4396	SSB		Küstenfunkstationen Sprechfunk-Kanal 414	4104
		DAJ	Norddeich Radio (D)	
		TFA	Reykjavik Radio (ISL)	
		TFX	Siglifjördur Radio (ISL)	
		5BA	Cyprus Radio (CYP)	
		URD	St.Petersburg Radio (URS)	
		5ZF	Mombasa Radio (KEN)	
		ZHH	St.Helena Radio (SHN)	
			mehrere Stationen (INS)	
4396		YJM	Port Vila Radio (VUT)	
		WLO	Mobile Radio (USA)	
		OBC3	Callao Radio (PRU)	
4399	SSB		Küstenfunkstationen Sprechfunk-Kanal 415	4107
		OXZ	Lyngby Radio (DNK)	
		SVN22	Athens Radio (GRC)	
			mehrere Stationen (MDG)	
		9MG	Penang Radio (MLA)	
		ASK	Karachi Radio (PAK)	
		DZF	Bacoor Radio (PHL)	
		V8L2	Seria Port Radio (BRU)	
		XVR4	Vungtau Radio (VTN)	
			mehrere Stationen (AUS)	
		LPG	Rio Gallegos Radio (ARG)	
4402	SSB		Küstenfunkstationen Sprechfunk-Kanal 416	4110
		HAR	Budapest Radio (HNG)	
		TFA	Reykjavik Radio (ISL)	
		TFX	Siglifjördur Radio (ISL)	
		FFL	Saint Lys Radio (F)	
		S9M	Sao Tome Radio (STP)	
		EQI	Abbas Radio (IRN)	
		S3D	Chittagong Radio (BGD)	
		S3E	Khulna Radio (BGD)	
		FJA	Mahina Radio (OCE)	
		KMI	Dixon Radio (USA)	
		WOO	Ocean Gate Radio (USA)	
		6YI	Kingston Radio (JMC)	
			mehrere Stationen (B)	
4405	SSB		Küstenfunkstationen Sprechfunk-Kanal 417	4113
		OHG2	Helsinki Radio (FNL)	
		OSU	Oostende Radio (BEL)	
		TAN	Istanbul Radio (TUR)	
		9MG	Penang Radio (MLA)	
		VPS	Hongkong Radio (HKG)	
			mehrere Stationen (AUS)	
			mehrere Stationen (PNG)	
		KMI	Dixon Radio (USA)	

4405		WOM	Miami High Seas Radio (USA)	
4408	SSB		Küstenfunkstationen Sprechfunk-Kanal 418	4116
		OXZ	Lyngby Radio (DNK)	
		4XO	Haifa Radio (ISR)	
		SUH	Alexandria Radio (EGY)	
		D4A	Sao Vicente Radio (CPV)	
		D4D	Praia Radio (CPV)	
		J2A	Djibouti Radio (DJI)	
			mehrere Stationen (INS)	
		JBO	Tokyo Radio (J)	
		VCS	Halifax Coast Guard (CAN)	
		WGK	St.Louis Radio (USA)	
		WMI	Lorain Radio (USA)	
		CLA	La Habana Radio (CUB)	
		LPM	Mar del Plata Radio (ARG)	
4411	SSB		Küstenfunkstationen Sprechfunk-Kanal 419	4119
		PCG	Scheveningen Radio (HOL)	
		TFA	Reykjavik Radio (ISL)	
		5AT	Tripoli Radio (LBY)	
		FFL	Saint Lys Radio (F)	
		YUR	Rijeka Radio (YUG)	
		TUA	Abidjan Radio (CTI)	
		DZS4	Manila Radio (PHL)	
		HLS	Seoul Radio (KOR)	
			mehrere Stationen (AUS)	
		WLO	Mobile Radio (USA)	
			mehrere Stationen (B)	
4414	SSB		Küstenfunkstationen Sprechfunk-Kanal 420	4122
		OXZ	Lyngby Radio (DNK)	
		SAG	Göteborg Radio (S)	
		IAR	Roma Radio (I)	
		LZW	Varna Radio (BUL)	
		9MG	Penang Radio (MLA)	
		EQR	Lavan Radio (IRN)	
		JYO	Aqaba Radio (JOR)	
4417	SSB		Küstenfunkstationen Sprechfunk-Anrufkanal 421	4125
		OSU	Oostende Radio (BEL)	
		PCG	Scheveningen Radio (HOL)	
		TFA	Reykjavik Radio (ISL)	
		TFT	Hornafjördur Radio (ISL)	
		TFX	Siglifjördur Radio (ISL)	
		IAR	Roma Radio (I)	
		9PA	Banana Radio (ZAI)	
		ETC	Assab Radio (ETH)	
		S9M	Sao Tome Radio (STP)	
		ZSC	Capetown Radio (AFS)	
		ZSD	Durban Radio (AFS)	
		ZSQ	Port Elizabeth Radio (AFS)	
		8Q2	Male Radio (MLD)	
		9KK	Kuwait Radio (KWT)	
		9WH20	Kota Kinabalu Radio (MLA)	
		A4M	Musqat Radio (OMA)	
		A7D	Doha Radio (QAT)	
		BVA	Taipei Radio (TWN)	
		HZG	Dammam Radio (ARS)	
		JBO	Tokyo Radio (J)	
		JYO	Aqaba Radio (JOR)	
		S3D	Chittagong Radio (BGD)	
		S3E	Khulna Radio (BGD)	
		VPS	Hongkong Radio (HKG)	
		XVG	Hai Phong Radio (VTN)	
			mehrere Stationen (NZL)	
		VM2PC	Penta Comstat (AUS)	
			mehrere Stationen (MEX)	

4417		C6N55	Coral Harbour Radio (BAH)	
		HPP	Panama Intelmar Radio (PNR)	
			mehrere Stationen (CHL)	
			mehrere Stationen (ARG)	
			Maracaibo Port Radio (VEN)	
		CBV	Valparaiso Radio (CHL)	
		CWF	Punta Carretas Radio (URG)	
		OBC3	Callao Radio (PRU)	
4420	SSB		Küstenfunkstationen Sprechfunk-Kanal 422	4128
		HAR	Budapest Radio (HNG)	
		HEB34	Bern Radio (SUI)	
		OSU	Oostende Radio (BEL)	
		5AB	Benghazi Radio (LBY)	
			mehrere Stationen (INS)	
		9WH20	Kota Kinabalu Radio (MLA)	
		XSG	Shanghai Radio (CHN)	
		YIR	Basrah Radio (IRQ)	
		WOO	Ocean Gate Radio (USA)	
4423	SSB		Küstenfunkstationen Sprechfunk-Kanal 423	4131
		DAI	Norddeich Radio (D)	
		SPC21	Gdynia Radio (POL)	
		4XO	Haifa Radio (ISR)	
		IAR	Roma Radio (I)	
			Stationen der PERTAMINA (INS)	
		A7D	Doha Radio (QAT)	
		ASK	Karachi Radio (PAK)	
		XSQ	Guangzhou Radio (CHN)	
4423		WOM	Miami High Seas Radio (USA)	
4426	SSB		Küstenfunkstationen Sprechfunk-Kanal 424	4134
		HEB24	Bern Radio (SUI)	
		OXZ	Lyngby Radio (DNK)	
		SAG	Göteborg Radio (S)	
		7TF	Boufarik Radio (ALG)	
		SVN24	Athens Radio (GRC)	
			mehrere Stationen (AUS)	
		NMO	Honolulu Coast Guard (HWA)	
		NMA	Miami Coast Guard Radio (USA)	
		NMC	San Francisco Coast Guard (USA)	
		NMF	Boston Coast Guard Radio (USA)	
		NMG	New Orleans Coast Guard (USA)	
		NMN	Portsmouth Coast Guard Radio (USA)	
		HPP	Panama Intelmar Radio (PNR)	
		LPB	Corrientes Radio (ARG)	
4429	SSB		Küstenfunkstationen Sprechfunk-Kanal 425	4137
		HAR	Budapest Radio (HNG)	
		OSU	Oostende Radio (BEL)	
		OXZ	Lyngby Radio (DNK)	
		5AT	Tripoli Radio (LBY)	
		SVN25	Athens Radio (GRC)	
		S9M	Sao Tome Radio (STP)	
		9KK	Kuwait Radio (KWT)	
		9MG	Penang Radio (MLA)	
		JBO	Tokyo Radio (J)	
		JYO	Aqaba Radio (JOR)	
		ZLW	Wellington Radio (NZL)	
4432	SSB		Küstenfunkstationen Sprechfunk-Kanal 426	4140
		GKV26	Portishead Radio (G)	
		LGN21	Rogaland Radio (NOR)	
		OXZ	Lyngby Radio (DNK)	
		5BA	Cyprus Radio (CYP)	
		7TF	Boufarik Radio (ALG)	
		CTV	Monsanto Radionaval (POR)	
		CUB	Funchal Radio (MDR)	
		CUG	Sao Miguel Radio (AZR)	

4432		ODR	Beirut Radio (LBN)	
		J5M	Bissau Radio (GNB)	
		8Q2	Male Radio (MLD)	
		BVA	Taipei Radio (TWN)	
		JBO	Tokyo Radio (J)	
		LPZ	Trelew Radio (ARG)	
4435	SSB		Küstenfunkstationen Sprechfunk-Kanal 427	4143
		ZSC	Capetown Radio (AFS)	
4474	SSB		Arbeitsfrequenz der Donau-Schiffahrt	
4483	SSB	VM2PC	Penta Comstat (AUS)	

PORTISHEAD RADIO

GKA British TELECOM International

Thank you for your reception report, which has been found to be correct and corresponds with our log.

DATE	TIME	FREQUENCY	CALL	MODE
20/6/90	1840Z	8516·0kHz	GKC4	CW

.... Radio Officer 27 JUNE 1990

Frequenzliste: 6-MHz-Bereich

Frequenz kHz	Betriebs-art	Ruf-zeichen	Station (Land)	Gegenfrequenz(en) Bemerkungen
6200	SSB		Schiffe	bis 6230 kHz / 3.0 kHz
6224	SSB		SIMPLEX-Kanal 6 A	
6227	SSB		SIMPLEX-Kanal 6 B	
6230	SSB		SIMPLEX-Kanal 6 C	
6263	RTTY		Schiffe	bis 6275.5 kHz / 0.5 kHz
6276	CW		Anrufkanal 3	
6276.5	CW		Anrufkanal 4	
6277	CW		Anrufkanal 1	
6277.5	CW		Anrufkanal 2	
6278	CW		Anrufkanal 5	
6278.5	CW		Anrufkanal 6	
6279	CW		Anrufkanal 7	
6279.5	CW		Anrufkanal 8	
6280	CW		Anrufkanal 9	
6280.5	CW		Anrufkanal 10	
6281	RTTY		Schiffe	bis 6284.5 kHz / 0.5 kHz
6285	CW		Arbeitsfrequenzen Schiffe	bis 6300 kHz
6300.5	RTTY		Schiffe	bis 6311.5 kHz / 0.5 kHz
6310.5	CW	ZAS	Sarande Radio (ALB)	
6312	S/C		Anruffrequenz für SELCALL	6312
6314	RTTY		NAVTEX-Frequenz FEC	
6314.5	RTTY		Küstenfunkstationen RTTY 6MHz Serie 1	6263
		9MG	Penang Radio (MLA)	
		KFS	Palo Alto Radio (USA)	
6315	RTTY		Küstenfunkstationen RTTY 6MHz Serie 2	6263.5
		GKE3	Portishead Radio (G)	
		CUL	Lisboa Radio (POR)	
		VIP	Perth Radio (AUS)	
		ZLW	Wellington Radio (NZL)	
		WNU	Slidell Radio (USA)	
6315.5	RTTY		Küstenfunkstationen RTTY 6MHz Serie 3	6264
		OST	Oostende Radio (BEL)	
		SPA34	Gdynia Radio (POL)	
		UBN	Jdanov Radio (UKR)	
		KFS	Palo Alto Radio (USA)	
		LSD836	Argentina Radio (ARG)	
6316	RTTY		Küstenfunkstationen RTTY 6MHz Serie 4	6264.5
		DCN	Norddeich Radio (D)	
		UDH	Riga Radio (LET)	
		IAR	Roma Radio (I)	
		UBE2	Petropavlovsk Radio (URS)	
		NMO	Honolulu Coast Guard (HWA)	
		ZLW	Wellington Radio (NZL)	
		NMN	Portsmouth Coast Guard Radio (USA)	
6316.5	RTTY		Küstenfunkstationen RTTY 6MHz Serie 5	6265
		PCH	Scheveningen Radio (HOL)	
		7TK21	Boufarik Radio (ALG)	
6317	RTTY		Küstenfunkstationen RTTY 6MHz Serie 6	6265.5
		OFA	Helsinki Radio (FNL)	
		UFB	Odessa Radio (UKR)	
		9WH20	Kota Kinabalu Radio (MLA)	
		WLO	Mobile Radio (USA)	
		LSD836	Argentina Radio (ARG)	
6317.5	RTTY		Küstenfunkstationen RTTY 6MHz Serie 7	6266
		DCM	Norddeich Radio (D)	
		3AC	Monaco Radio (MCO)	

6317.5		UPB	Providenia Bukhta Radio (URS)	
		JCS	Choshi Radio (J)	
		VCS	Halifax Coast Guard (CAN)	
6318	RTTY		Küstenfunkstationen RTTY 6MHz Serie 8	6266.5
		LGU2	Rogaland Radio (NOR)	
		KLB	Seattle Radio (USA)	
6318.5	RTTY		Küstenfunkstationen RTTY 6MHz Serie 9	6267
		OXZ	Lyngby Radio (DNK)	
		9MG	Penang Radio (MLA)	
		HZG	Dammam Radio (ARS)	
		VAI	Vancouver Coast Guard (CAN)	
6319	RTTY		Küstenfunkstationen RTTY 6MHz Serie 10	6267.5
		UAT	Moskau Radio (URS)	
		VIS	Sydney Radio (AUS)	
		WLO	Mobile Radio (USA)	
6319.5	RTTY		Küstenfunkstationen RTTY 6MHz Serie 12	6268.5
		GKP3	Portishead Radio (G)	
		UXN	Archangelsk Radio (URS)	
		NRV	Guam Coast Guard (GUM)	
		VIP	Perth Radio (AUS)	
		NMF	Boston Coast Guard Radio (USA)	
6320	RTTY		Küstenfunkstationen RTTY 6MHz Serie 13	6269
		DCL	Norddeich Radio (D)	
		9WW20	Kuching Radio (MLA)	
		KPH	San Francisco Radio (USA)	
6320.5	RTTY		Küstenfunkstationen RTTY 6MHz Serie 14	6269.5
		3AC	Monaco Radio (MCO)	
		FFL	Saint Lys Radio (F)	
		JNA	Tokyo Coast Guard (J)	
		VIS	Sydney Radio (AUS)	
6321	RTTY		Küstenfunkstationen RTTY 6MHz Serie 15	6270
		OXZ	Lyngby Radio (DNK)	
		WLO	Mobile Radio (USA)	
		LSD836	Argentina Radio (ARG)	
6321.5	RTTY		Küstenfunkstationen RTTY 6MHz Serie 16	6270.5
		GKL3	Portishead Radio (G)	
		SPB	Szczecin Radio (POL)	
		SVU	Athens Radio (GRC)	
6322	RTTY		Küstenfunkstationen RTTY 6MHz Serie 17	6271
		OST	Oostende Radio (BEL)	
		7TK22	Boufarik Radio (ALG)	
		KLC	Galveston Radio (USA)	
6322.5	RTTY		Küstenfunkstationen RTTY 6MHz Serie 18	6271.5
		SPA35	Gdynia Radio (POL)	
		9WW20	Kuching Radio (MLA)	
		VPS	Hongkong Radio (HKG)	
6323	RTTY		Küstenfunkstationen RTTY 6MHz Serie 19	6272
		WLO	Mobile Radio (USA)	
6323.5	RTTY		Küstenfunkstationen RTTY 6MHz Serie 20	6272.5
		PCH	Scheveningen Radio (HOL)	
		S9M	Sao Tome Radio (STP)	
		9VG	Singapore Radio (SNG)	
		NMC	San Francisco Coast Guard (USA)	
6324	RTTY		Küstenfunkstationen RTTY 6MHz Serie 21	6273
		LGU3	Rogaland Radio (NOR)	
		9WH20	Kota Kinabalu Radio (MLA)	
		WCC	Chatham Radio (USA)	
6324.5	RTTY		Küstenfunkstationen RTTY 6MHz Serie 22	6273.5
		GKQ3	Portishead Radio (G)	
		KPH	San Francisco Radio (USA)	
6325	RTTY		Küstenfunkstationen RTTY 6MHz Serie 23	6274
		DCF	Norddeich Radio (D)	
		UFB	Odessa Radio (UKR)	
		JOS	Nagasaki Radio (J)	

6325		XSX	Keelung Radio (TWN)	
6325.5	RTTY		Küstenfunkstationen RTTY 6MHz Serie 24	6274.5
		SVS	Athens Radio (GRC)	
		TAH	Istanbul Radio (TUR)	
		UQB	Kholmsk Radio (URS)	
		URD	St.Petersburg Radio (URS)	
		XSQ	Guangzhou Radio (CHN)	
		WLO	Mobile Radio (USA)	
6326	RTTY		Küstenfunkstationen RTTY 6MHz Serie 25	6275
6326.5	RTTY		Küstenfunkstationen RTTY 6MHz Serie 26	6275.5
6327	RTTY		Küstenfunkstationen RTTY 6MHz Serie 27	6281
6327.5	RTTY		Küstenfunkstationen RTTY 6MHz Serie 28	6281.5
6328	RTTY		Küstenfunkstationen RTTY 6MHz Serie 29	6282
6328.5	RTTY		Küstenfunkstationen RTTY 6MHz Serie 30	6282.5
6329	RTTY		Küstenfunkstationen RTTY 6MHz Serie 31	6283
		TAH	Istanbul Radio (TUR)	
6329.5	RTTY		Küstenfunkstationen RTTY 6MHz Serie 32	6283.5
6330	RTTY		Küstenfunkstationen RTTY 6MHz Serie 33	6284
6330.5	RTTY		Küstenfunkstationen RTTY 6MHz Serie 34	6284.5
6333.5	CW	XSZ	Dalian Radio (CHN)	
6333.5	CW	VII	Thursday Island Radio (AUS)	
6333.5	CW	VIM	Melbourne Radio (AUS)	
6334	RTTY	CTH	Horta Radionaval (AZR)	
6334.5	CW	UFM	Nevelsk Naval Radio (URS)	
6335.5	CW	DZI	Bacoor Radio (PHL)	
6335.5	CW	VFF	Iqaluit Coast Guard (CAN)	
6336	CW	LZW	Varna Radio (BUL)	
6337	CW	PKG	Bandjarmasin Radio (INS)	
6337	CW	PKO	Tarakan Radio (INS)	
6337	CW	PKP	Dumai Radio (INS)	
6337	CW	PKY4	Sorong Radio (INS)	
6337	CW	CLA	La Habana Radio (CUB)	
6337	CW	CBV	Valparaiso Radio (CHL)	
6337.5	CW	ZRH	NAVCOMCEN Capetown (AFS)	
6338.3	CW	ZRQ	NAVCOMCEN Capetown (AFS)	
6338.5	CW	DYM	Cebu Radio (PHL)	
6339	CW	DHJ59	Bundesmarine Wilhelmshaven (D)	
6339.8	CW	ZLO	Navy Irirangi (NZL)	
6340.5	CW	ETC	Assab Radio (ETH)	
6340.5	CW	9VG	Singapore Radio (SNG)	
6342	CW	LZL	Bourgas Radio (BUL)	
6342.6	CW	SUH	Alexandria Radio (EGY)	
6343	CW	DHS	Rügen Radio (D)	
6344	CW	SVB	Athens Radio (GRC)	
6344	CW	HLF	Seoul Radio (KOR)	
6344	CW	YJM	Port Vila Radio (VUT)	
6344	CW	WLO	Mobile Radio (USA)	auch RTTY
6345	CW	UCY2	Astrachan Radio (URS)	
6347	CW	PPL	Belem Radio (B)	
6348	CW	HWN	Marine Nationale Paris (F)	
6348	CW	5RS	Tamatave Radio (MDG)	
6348	CW	J2A	Djibouti Radio (DJI)	
6349	CW	PPJ	Juncao Radio (B)	
6350	CW	XFK	La Paz Radio (MEX)	
6351	CW	OBF4	Mollendo Radio (PRU)	
6351.5	CW	3BM	Bigara Meteo (MAU)	
6351.5	CW	P2M	Port Moresby Radio (PNG)	
6351.5	CW	P2R	Rabaul Radio (PNG)	
6351.5	CW	VIB	Brisbane Radio (AUS)	
6351.5	CW	VFA	Inuvik Coast Guard (CAN)	
6351.5	CW	YVG	La Guaira Radio (VEN)	
6352	CW	FUG	Marine Nationale La Regine (F)	
6352	CW	PPL	Belem Radio (B)	
6353	CW	YKI	Tartous Port Radio (SYR)	

6354	CW	URD	St.Petersburg Radio (URS)
6354	CW	XFM	Manzanillo Radio (MEX)
6355	CW	OFJ6	Helsinki Radio (FNL)
6355	CW	PKC4	Panjang Port Radio (INS)
6355	CW	PKP2	Telukbayur Radio (INS)
6355	CW	PKS	Pontianak Radio (INS)
6355	CW	PZN	Paramaribo Radio (SUR)
6355.9	CW	9MG	Penang Radio (MLA)
6358	CW	XFN	Progreso Radio (MEX)
6358.5	CW	DHS	Rügen Radio (D)
6358.5	CW	9VG55	Singapore Radio (SNG)
6358.5	RTTY	DHS	Rügen Radio (D)
6358.5	RTTY	PBC	Navy Goeree (HOL)
6360	CW	SXE	Athens Coastguard (GRC)
6360	CW	UHK	Batumi Radio (URS) Georgien
6360	CW	CLS	Flota de Pesca Radio (CUB)
6360	CW	XFQ	Salina Cruz Radio (MEX)
6360	CW	OBC3	Callao Radio (PRU)
6361	CW	KUQ	Pago Pago Radio (SMA)
6362	CW	EQA	Abadan Radio (IRN)
6362	CW	EQI	Abbas Radio (IRN)
6362	CW	EQK	Khorramshahr Radio (IRN)
6362	CW	EQR	Lavan Radio (IRN)
6363.5	CW	DAF	Norddeich Radio (D)
6364.5	CW	HZG	Dammam Radio (ARS)
6365	CW	IRM	Roma Medico Radio (I)
6365	CW	USZ2	Dikson Radio (URS)
6365.5	CW	KFS	Palo Alto Radio (USA)
6367	CW	XFU	Veracruz Radio (MEX)
6368.5	CW	UDH	Riga Radio (LET)
6369	CW	D3E	Luanda Radio (AGL)
6369	CW	XST	Qingdao Radio (CHN)
6369	CW	KLC	Galveston Radio (USA)
6370	CW	UEK2	Feodosia Radio (UKR)
6370	CW	UBE2	Petropavlovsk Radio (URS)
6370	CW	XSD	Yingkou Radio (CHN)
6370	CW	XSH	Basuo Radio (CHN)
6370	CW	VBA	Thunder Bay Coast Guard (CAN)
6371.2	CW	GYU	RNWS Gibraltar (GIB)
6372.5	CW	SAG3	Göteborg Radio (S)
6372.5	CW	YVM	Puerto Ordaz Radio (VEN)
6375	CW	HAR	Budapest Radio (HNG)
6375.4	CW	UGH2	Yuzhno-Sakhalinsk Radio (URS)
6376	CW	SPE32	Szczecin Radio (POL)
6376	CW	WCC	Chatham Radio (USA)
6376	CW	C6N	Nassau Radio (BAH)
6379	CW	4XZ	Haifa Naval Radio (ISR)
6379.5	CW	XSK	Beihai Radio (CHN)
6379.5	CW	8PO	Barbados Radio (BRB)
6380	CW	UQB	Kholmsk Radio (URS)
6380	CW	TIM	Limon Radio (CTR)
6380	FAX	UPM	Amderma Radio (URS)
6381	CW	9KK	Kuwait Radio (KWT)
6382.2	CW	EAD	Madrid Radio (E)
6383	CW	SPH31	Gdynia Radio (POL)
6383	CW	URL	Sevastopol Radio (UKR)
6383	CW	3XC	Conakry Radio (GUI)
6383	CW	6VA	Dakar Radio (SEN)
6383	CW	TYA	Cotonou Radio (BEN)
6383	CW	NMC	San Francisco Coast Guard (USA)
6384	CW	3XO	Kamsar Radio (GUI)
6385	CW	UFL	Vladivostok Radio (URS)
6385	CW	PPR	Rio de Janeiro Radio (B)
6386.5	CW	UJO3	Izmail Radio (UKR)

6386.5	CW	ZSJ	NAVCOMCEN Simonstown (AFS)
6386.5	CW	VTF	NAVCOMCEN Bombay (IND)
6386.5	CW	VTO	NAVCOMCEN Vishakapatnam (IND)
6386.5	CW	HKC	Buenaventura Radio (CLM)
6387	CW	HZG	Dammam Radio (ARS)
6388	CW	EBA	Madrid Radionaval (E)
6388	CW	JFA	Matsudo Radio (J)
6388	CW	VWA1	Ramnagar Port Radio (IND)
6388	CW	FUF	Navy Fort-de-France (MRT)
6388	RTTY	EBA	Madrid Radionaval (E)
6389	CW	CTP	Navy Palhais (POR)
6389.7	CW	WNU	Slidell Radio (USA)
6390	CW	HAR	Budapest Radio (HNG)
6390	CW	UPB	Providenia Bukhta Radio (URS)
6390	CW	AQP	NAVCOMCEN Karachi (PAK)
6390	CW	JYO	Aqaba Radio (JOR)
6390	CW	XSQ	Guangzhou Radio (CHN)
6390	CW	XFC	Cozumel Radio (MEX)
6390	CW	XFE	Ensenada Radio (MEX)
6390.3	CW	IDQ	Roma Naval (I)
6391.5	CW	OSN	Navy Oostende (BEL)
6392	CW	CLS	Flota de Pesca Radio (CUB)
6393	CW	DZW	Manila Radio (PHL)
6393.5	CW	CUL	Lisboa Radio (POR)
6393.5	CW	3BA	Mauritius Radio (MAU)
6393.5	CW	VHI	NAVCOMSTA Darwin (AUS)
6393.5	CW	ZLB	Awarua Radio (NZL)
6395	CW	TBA	Navy Ankara (TUR)
6397	CW	JMC	Tokyo Meteo (J)
6398	CW	SPH32	Gdynia Radio (POL)
6400	CW	UMV	Murmansk Radio (URS)
6400	CW	UON	Baku Radio (URS) Aserbeidschan
6400.5	CW	EAD	Madrid Radio (E)
6400.5	CW	TCR	Tophane Kulesi Radio (TUR)
6400.5	CW	XSR	Haikou Radio (CHN)
6402.6	CW	7TA	Alger Radio (ALG)
6404	CW	PCH	Scheveningen Radio (HOL)
6405	CW	LZW	Varna Radio (BUL)
6405	CW	UFH	Petropavlovsk Radio (URS)
6407.5	CW	XSL	Fuzhou Radio (CHN)
6407.5	CW	VIC	Carnarvon Radio (AUS)
6407.5	CW	VIE	Esperance Radio (AUS)
6407.5	CW	VIP	Perth Radio (AUS)
6408	CW	DZA	Mandaluyong Radio (PHL)
6408.5	CW	EBA	Madrid Radionaval (E)
6409.5	CW	IAR	Roma Radio (I)
6410	CW	UHK	Batumi Radio (URS) Georgien
6410.7	CW	KLB	Seattle Radio (USA)
6411	CW	OST	Oostende Radio (BEL)
6411	CW	SVF	Athens Radio (GRC)
6411	CW	5OW	Lagos Radio (NIG)
6411	CW	9LL	Freetown Radio (SRL)
6411	CW	DZF	Bacoor Radio (PHL)
6412	CW	9VG	Singapore Radio (SNG)
6413.7	CW	GYA	RNWS Whitehall (G)
6414.5	CW	ASK	Karachi Radio (PAK)
6414.5	CW	XSG	Shanghai Radio (CHN)
6414.5	CW	XFA	Acapulco Radio (MEX)
6415	CW	7TF4	Boufarik Radio (ALG)
6416	CW	WLO	Mobile Radio (USA)
6417	CW	UKX	Nachodka Naval Radio (URS)
6417	CW	DZP	Novaliches Radio (PHL)
6418	CW	IAR	Roma Radio (I)
6418	CW	IQX	Trieste Radio (I)

6418	CW	VTP	NAVCOMCEN Vishakapatnam (IND)
6418.5	RTTY	DGF41	DPA Hamburg (D)
6420	CW	UJQ	Kiev Radio (UKR)
6421.5	CW	FFL	Saint Lys Radio (F)
6423	CW	LZL	Bourgas Radio (BUL)
6423	CW	ZSC	Capetown Radio (AFS)
6423	CW	DZE	Mandaluyong Radio (PHL)
6423.5	CW	HPP	Panama Intelmar Radio (PNR)
6425	CW	ICB	Genova Radio (I)
6425	CW	SUP	Port Said Radio (EGY)
6425	CW	URD	St.Petersburg Radio (URS)
6425	CW	EQM	Bushehr Radio (IRN)
6425	CW	EQN	Bandar Khomeini Radio (IRN)
6425	CW	EQQ	Khark Radio (IRN)
6428.5	CW	DHS	Rügen Radio (D)
6428.5	CW	PKE5	Ternate Port Radio (INS)
6428.5	CW	PKM	Bitung Radio (INS)
6428.5	CW	XSU	Yantai Radio (CHN)
6428.5	CW	VHP	NAVCOMSTA Canberra (AUS)
6428.5	CW	VIX	Sydney Radio (AUS)
6429	CW	DZD	Antipolo Radio (PHL)
6430	CW	4XO	Haifa Radio (ISR)
6430	CW	UKA	Vladivostok Radio (URS)
6430	CW	CFH	Navy Halifax (CAN)
6430.4	CW	5RS	Tamatave Radio (MDG)
6432	CW	LGU	Rogaland Radio (NOR)
6432	CW	DZZ	Manila Radio (PHL)
6432	CW	XVS	Ho-Chi-Minh-Ville Radio (VTN)
6434	CW	ZAD	Durres Radio (ALB)
6434	CW	ZAS	Sarande Radio (ALB)
6435	CW	DZO	Bulacan Radio (PHL)
6435	CW	XFB	Ciudad del Carmen Radio (MEX)
6435	CW	XFY	Guaymas Radio (MEX)
6435	CW	PWZ33	Rio de Janeiro Radionaval (B)
6435.5	CW	DAN	Norddeich Radio (D)
6435.5	CW	CWA	Cerrito Radio (URG)
6436	CW	OBY2	Paita Radio (PRU)
6436.8	CW	ZLP	Navy Irirangi (NZL)
6438	CW	VFR	Resolute Coast Guard (CAN)
6439	CW	UNM2	Klaipeda Radio (LIT)
6439	CW	UKK3	Nakhodka Radio (URS)
6439	CW	XFP	Chetumal Radio (MEX)
6441	CW	DZG	Las Pinas Radio (PHL)
6442	CW	XSE	Qinhuangdao Radio (CHN)
6442.5	CW	XFF2	Pajaritos Radio (MEX)
6444	CW	DZK	Bulacan Radio (PHL)
6444.5	CW	SVD	Athens Radio (GRC)
6445	CW	UFL	Vladivostok Radio (URS)
6446	FAX	GYJ3	RNWS London (G)
6446.5	CW	WLO	Mobile Radio (USA)
6446.8	CW	OXZ	Lyngby Radio (DNK)
6447	CW	UFB	Odessa Radio (UKR)
6448	CW	LZW	Varna Radio (BUL)
6449	CW		Naval Time Signal Station, Belconnen (AUS)
6449.5	CW	DHS	Rügen Radio (D)
6449.5	CW	XSO	Wenzhou Radio (CHN)
6451	CW	HLG	Seoul Radio (KOR)
6451.5	CW	SAB3	Göteborg Radio (S)
6452	CW	XSG	Shanghai Radio (CHN)
6453	CW	DZJ	Bulacan Radio (PHL)
6453	FAX	NPG	USNAVCOMSTA San Francisco (USA)
6454	CW	XSG	Shanghai Radio (CHN)
6454	CW	CLA	La Habana Radio (CUB)
6455	CW	UDK2	Murmansk Naval Radio (URS)

6456	CW	CKN	Navy Aldergrove (CAN)
6456	CW	HCG	Guayaquil Radio (EQA)
6456.5	CW	DAL	Norddeich Radio (D)
6456.5	CW	PKB20	Lhokseumawe Pertamina Radio (INS)
6456.5	CW	PKN7	Bontang Pertamina Radio (INS)
6456.5	CW	PKR6	Cilacap Pertamina Radio (INS)
6457.5	CW	JOR	Nagasaki Radio (J)
6458	CW	XSM	Xiamen Radio (CHN)
6459	CW	SPE31	Szczecin Radio (POL)
6460	CW	LSA	Boca Radio (ARG)
6460	RTTY	SAB33	Göteborg Radio (S)
6460	RTTY	UKA	Vladivostok Radio (URS)
6461	CW	XSQ	Guangzhou Radio (CHN)
6462	CW	FUM	Navy Papeete (OCE)
6463.5	CW	XSP	Shantou Radio (CHN)
6463.5	CW	VIA	Adelaide Radio (AUS)
6463.5	CW	VID	Darwin Radio (AUS)
6463.5	CW	VIO	Broome Radio (AUS)
6463.5	CW	HKB	Barranquilla Radio (CLM)
6464	CW	VIS	Sydney Radio (AUS)
6465	CW	DYP	Cebu Radio (PHL)
6466	CW	DHS	Rügen Radio (D)
6466	CW	HZG	Dammam Radio (ARS)
6467	CW	LFU	Rogaland Radio (NOR)
6467	CW	ZSC	Capetown Radio (AFS)
6467	CW	JCS	Choshi Radio (J)
6467	CW	VTG	NAVCOMCEN Bombay (IND)
6468	CW	DZN	Navotas Radio (PHL)
6470	CW	SXA	Navy Athens (GRC)
6470	CW	UXN	Archangelsk Radio (URS)
6470.5	CW	4XO	Haifa Radio (ISR)
6470.5	CW	6YI	Kingston Radio (JMC)
6470.5	CW	9YL	North Post Radio (TRD)
6473.5	CW	YQI	Constanta Radio (ROU)
6474	CW	DYV	Iloilo Radio (PHL)
6474	CW	XSJ	Zhanjiang Radio (CHN)
6474	CW	OBQ5	Iquitos Radio (PRU)
6475	CW	UPM	Amderma Radio (URS)
6475.5	CW	DAM	Norddeich Radio (D)
6477	CW	DZU	Pasig Radio (PHL)
6477.5	CW	UBN	Jdanov Radio (UKR)
6477.5	CW	XSF	Lianyungang Radio (CHN)
6477.5	CW	KPH	San Francisco Radio (USA)
6478	CW	ZSC	Capetown Radio (AFS)
6478	CW	DYH	Cebu Radio (PHL)
6478	CW	HML	Nampho Radio (KRE)
6478.8	CW	SVA	Athens Radio (GRC)
6479	CW	JYO	Aqaba Radio (JOR)
6479	CW	HPP	Panama Intelmar Radio (PNR)
6479.8	CW	9MB	Navy Lumut (MLA)
6484	CW	LZL	Bourgas Radio (BUL)
6484.5	CW	XSV	Tianjin Radio (CHN)
6484.5	CW	WSC	Tuckerton Radio (USA)
6484.5	CW	XFL	Mazatlan Radio (MEX)
6485	CW	UAH	Tallin Radio (EST)
6485	CW	JCU	Choshi Radio (J)
6486	CW	DZH	Manila Radio (PHL)
6488	CW	D4A	Sao Vicente Radio (CPV)
6489	CW	XSJ	Zhanjiang Radio (CHN)
6491.5	CW	TAH	Istanbul Radio (TUR)
6491.5	CW	9PA	Banana Radio (ZAI)
6491.5	CW	JOS	Nagasaki Radio (J)
6491.5	CW	PKC	Palembang Radio (INS)
6491.5	CW	PKC3	Jambi Port Radio (INS)

6491.5	CW	PKD5	Benoa Port Radio (INS)	
6491.5	CW	PKZ2	Cirebon Port Radio (INS)	
6491.5	CW	VCS	Halifax Coast Guard (CAN)	
6491.5	CW	PJC	Curacao Radio (ATN)	
6492	CW	DZM	Bulacan Radio (PHL)	
6493	CW	YKM5	Baniyas Port Radio (SYR)	
6493	CW	VAI	Vancouver Coast Guard (CAN)	
6493.3	CW	YIR	Basrah Radio (IRQ)	
6494.4	CW	S9M	Sao Tome Radio (STP)	
6494.9	CW	UMV	Murmansk Radio (URS)	
6495	CW	WNU	Slidell Radio (USA)	
6496.4	CW	FJP	Noumea Radio (NCL)	
6496.4	RTTY	CFH	Navy Halifax (CAN)	auch FAX
6496.5	CW	ETC	Assab Radio (ETH)	
6498.4	CW	OST	Oostende Radio (BEL)	
6498.5	CW	SS..	Stationen der Ägyptischen Marine (EGY)	
6498.5	CW	SUQ	Ismailia Radio (EGY)	
6498.9	CW	CLY	La Habana Radionaval (CUB)	
6499.9	CW	PKN	Balikpapan Radio (INS)	
6499.9	CW	PKR	Semarang Radio (INS)	
6499.9	CW	PKY5	Merauke Port Radio (INS)	
6500	CW	OBQ5	Iquitos Radio (PRU)	
6501	SSB		Küstenfunkstationen Sprechfunk-Kanal 601	6200
		DAJ	Norddeich Radio (D)	
		HAR	Budapest Radio (HNG)	
		TFA	Reykjavik Radio (ISL)	
		5AT	Tripoli Radio (LBY)	
		7TF	Boufarik Radio (ALG)	
		SVN31	Athens Radio (GRC)	
			mehrere Stationen (INS)	
		8Q2	Male Radio (MLD)	
		9MG	Penang Radio (MLA)	
		BVA	Taipei Radio (TWN)	
		HZG	Dammam Radio (ARS)	
		PKX	Jakarta Radio (INS)	
		XSG	Shanghai Radio (CHN)	
		YIR	Basrah Radio (IRQ)	
		FJP	Noumea Radio (NCL)	
		NMO	Honolulu Coast Guard (HWA)	
		NRV	Guam Coast Guard (GUM)	
		ZLW	Wellington Radio (NZL)	
		NMA	Miami Coast Guard Radio (USA)	
		NMC	San Francisco Coast Guard (USA)	
		NMF	Boston Coast Guard Radio (USA)	
		NMG	New Orleans Coast Guard (USA)	
		NMN	Portsmouth Coast Guard Radio (USA)	
		NOJ	Kodiak Coast Guard Radio (ALS)	
		VFA	Inuvik Coast Guard (CAN)	
			mehrere Stationen (MEX)	
		NMR	San Juan Coast Guard (PTR)	
		CBM9	Punta Arenas Radio (CHL)	
		LPW	Bahia Blanca Radio (ARG)	
6504	SSB		Küstenfunkstationen Sprechfunk-Kanal 602	6203
		OSU	Oostende Radio (BEL)	
		PCG	Scheveningen Radio (HOL)	
		SPC31	Gdynia Radio (POL)	
		3AC	Monaco Radio (MCO)	
		CUL	Lisboa Radio (POR)	
		IAR	Roma Radio (I)	
		YUR	Rijeka Radio (YUG)	
		TRP8	Gamba Radio (GAB)	
		TUA	Abidjan Radio (CTI)	
			mehrere Stationen (INS)	
		9KK	Kuwait Radio (KWT)	

6504		9VG	Singapore Radio (SNG)	
		HLS	Seoul Radio (KOR)	
		S3D	Chittagong Radio (BGD)	
		S3E	Khulna Radio (BGD)	
		3DP	Suva Radio (FJI)	
		HPP	Panama Intelmar Radio (PNR)	
		HCG	Guayaquil Radio (EQA)	
6507	SSB		Küstenfunkstationen Sprechfunk-Kanal 603	6206
		HAR	Budapest Radio (HNG)	
		OXZ	Lyngby Radio (DNK)	
		SAG	Göteborg Radio (S)	
		TFA	Reykjavik Radio (ISL)	
		4XO	Haifa Radio (ISR)	
		5AT	Tripoli Radio (LBY)	
		5BA	Cyprus Radio (CYP)	
		7TF	Boufarik Radio (ALG)	
		9HD	Malta Radio (MLT)	
		SVN32	Athens Radio (GRC)	
		UFL	Vladivostok Radio (URS)	
		TUA	Abidjan Radio (CTI)	
			Stationen der PERTAMINA (INS)	
		HZG	Dammam Radio (ARS)	
			mehrere Stationen (AUS)	
		5WA	Apia Radio (SMO)	
		VFF	Iqaluit Coast Guard (CAN)	
			mehrere Stationen (MEX)	
		LPL	General Pacheco Radio (ARG)	
6510	SSB		Küstenfunkstationen Sprechfunk-Kanal 604	6209
		SPO31	Szczecin Radio (POL)	
		4XO	Haifa Radio (ISR)	
		EHY	Madrid Radio (E)	
		IAR	Roma Radio (I)	
		LZW	Varna Radio (BUL)	
		TAN	Istanbul Radio (TUR)	
		5RS	Tamatave Radio (MDG)	
			mehrere Stationen (INS)	
			mehrere Stationen (IRN)	
		ASK	Karachi Radio (PAK)	
		VPS	Hongkong Radio (HKG)	
		XSQ	Guangzhou Radio (CHN)	
			mehrere Stationen (PNG)	
			mehrere Stationen (MEX)	
		WAH	Virgin Islands Radio (VIR)	
		PPR	Rio de Janeiro Radio (B)	
6513	SSB		Küstenfunkstationen Sprechfunk-Kanal 605	6212
		HAR	Budapest Radio (HNG)	
		OXZ	Lyngby Radio (DNK)	
		SAG	Göteborg Radio (S)	
		5AB	Benghazi Radio (LBY)	
		7TF	Boufarik Radio (ALG)	
		FFL	St.Lys Radio (F)	
		SUH	Alexandria Radio (EGY)	
		UJO3	Izmail Radio (UKR)	
		YUR	Rijeka Radio (YUG)	
		UQB	Kholmsk Radio (URS)	
			Buchanan Port Radio (LBR)	
		5RS	Tamatave Radio (MDG)	
		ETC	Assab Radio (ETH)	
			mehrere Stationen (INS)	
		9KK	Kuwait Radio (KWT)	
		9WH20	Kota Kinabalu Radio (MLA)	
		HLS	Seoul Radio (KOR)	
		HSA	Bangkok Radio (THA)	
		S3E	Khulna Radio (BGD)	

6513		YIR	Basrah Radio (IRQ)	
		ZLW	Wellington Radio (NZL)	
		VAI	Vancouver Coast Guard (CAN)	
		VCS	Halifax Coast Guard (CAN)	
		VFF	Iqaluit Coast Guard (CAN)	
		WFN	Jeffersonville Radio (USA)	
		6YI	Kingston Radio (JMC)	
		WAH	Virgin Islands Radio (VIR)	
		CWF	Punta Carretas Radio (URG)	
		OBC3	Callao Radio (PRU)	
6516	SSB		Küstenfunkstationen Sprechfunk-Anrufkanal 606	6215
		OSU	Oostende Radio (BEL)	
		PCG	Scheveningen Radio (HOL)	
		TFA	Reykjavik Radio (ISL)	
		IAR	Roma Radio (I)	
		9PA	Banana Radio (ZAI)	
		ETC	Assab Radio (ETH)	
		8Q2	Male Radio (MLD)	
		9MG	Penang Radio (MLA)	
		9WH20	Kota Kinabalu Radio (MLA)	
		BVA	Taipei Radio (TWN)	
		HZG	Dammam Radio (ARS)	
		PKO2	Merak Pertamina Radio (INS)	
		S3D	Chittagong Radio (BGD)	
		S3E	Khulna Radio (BGD)	
		VPS	Hongkong Radio (HKG)	
		VM2PC	Penta Comstat (AUS)	
			mehrere Stationen (MEX)	
		HPP	Panama Intelmar Radio (PNR)	
		CWF	Punta Carretas Radio (URG)	
		LPW	Bahia Blanca Radio (ARG)	
6519	SSB		Küstenfunkstationen Sprechfunk-Kanal 607	6218
		FFL	St.Lys Radio (F)	
		VPS	Hongkong Radio (HKG)	
			mehrere Stationen (AUS)	
6522	SSB		Küstenfunkstationen Sprechfunk-Kanal 608	6221

Frequenzliste: 8-MHz-Bereich

Frequenz kHz	Betriebs- art	Ruf- zeichen	Station (Land)	Gegenfrequenz(en) Bemerkungen
8195	SSB		Schiffe	bis 8297 kHz / 3.0 kHz
8291	SSB		Not- und Sicherheitsverkehr-Kanal 833 SIMPLEX	
8294	SSB		SIMPLEX-Kanal 8 A	
8297	SSB		SIMPLEX-Kanal 8 B	
8342	CW		Arbeitsfrequenzen Schiffe	bis 8365.5 kHz
8342.5	FAX	GZZ40	RNWS London (G)	
8366	CW		Anrufkanal 1	
8366.5	CW		Anrufkanal 2	
8367	CW		Anrufkanal 5	
8367.5	CW		Anrufkanal 6	
8368	CW		Anrufkanal 3	
8368.5	CW		Anrufkanal 7	
8369	CW		Anrufkanal 4	
8369.5	CW		Anrufkanal 8	
8370	CW		Anrufkanal 9	
8370.5	CW		Anrufkanal 10	
8376.5	RTTY		Schiffe	bis 8414 kHz / 0.5 kHz
8376.5	RTTY		Küstenfunkstationen RTTY 8MHz Serie 1 SIMPLEX	
		IAR	Roma Radio (I)	
		KFS	Palo Alto Radio (USA)	
8414.5	S/C		Anruffrequenz für SELCALL	8414.5
8416.5	RTTY		NAVTEX-Frequenz FEC	
		NMF	Boston Coast Guard Radio (USA)	
8417	RTTY		Küstenfunkstationen RTTY 8MHz Serie 2	8377
		GKE4	Portishead Radio (G)	
		ZLW	Wellington Radio (NZL)	
		WNU	Slidell Radio (USA)	
8417.5	RTTY		Küstenfunkstationen RTTY 8MHz Serie 3	8377.5
8417.5		OST	Oostende Radio (BEL)	
		SPA45	Gdynia Radio (POL)	
		KFS	Palo Alto Radio (USA)	
8418	RTTY		Küstenfunkstationen RTTY 8MHz Serie 4	8378
		DCM	Norddeich Radio (D)	
		IAR	Roma Radio (I)	
		UFN	Novorossiisk Radio (URS)	
		ZLW	Wellington Radio (NZL)	
		LSD836	Argentina Radio (ARG)	
8418.5	RTTY		Küstenfunkstationen RTTY 8MHz Serie 5	8378.5
		LGB2	Rogaland Radio (NOR)	
		J2A	Djibouti Radio (DJI)	
		HZG	Dammam Radio (ARS)	
		WLO	Mobile Radio (USA)	
8419	RTTY		Küstenfunkstationen RTTY 8MHz Serie 6	8379
		OFA	Helsinki Radio (FNL)	
		UAT	Moskau Radio (URS)	
		9WH20	Kota Kinabalu Radio (MLA)	
		VIP	Perth Radio (AUS)	
		WLO	Mobile Radio (USA)	
		LSD836	Argentina Radio (ARG)	
8419.5	RTTY		Küstenfunkstationen RTTY 8MHz Serie 7	8379.5
		JNA	Tokyo Coast Guard (J)	
		XSG	Shanghai Radio (CHN)	
		VCS	Halifax Coast Guard (CAN)	
		LSD836	Argentina Radio (ARG)	
		PPR	Rio de Janeiro Radio (B)	
8420	RTTY		Küstenfunkstationen RTTY 8MHz Serie 8	8380

8420		FFL	Saint Lys Radio (F)	
		UBE2	Petropavlovsk Radio (URS)	
		HPP	Panama Intelmar Radio (PNR)	
8420.5	RTTY		Küstenfunkstationen RTTY 8MHz Serie 9	8380.5
		HEC18	Bern Radio (SUI)	
		UFB	Odessa Radio (UKR)	
		S9M	Sao Tome Radio (STP)	
		9VG	Singapore Radio (SNG)	
		KLC	Galveston Radio (USA)	
		CBV	Valparaiso Radio (CHL)	
8421	RTTY		Küstenfunkstationen RTTY 8MHz Serie 10	8381
		OXZ	Lyngby Radio (DNK)	
		CUL	Lisboa Radio (POR)	
		UQB	Kholmsk Radio (URS)	
		9WW20	Kuching Radio (MLA)	
		A7D	Doha Radio (QAT)	
		VIS	Sydney Radio (AUS)	
		WLO	Mobile Radio (USA)	
8421.5	RTTY		Küstenfunkstationen RTTY 8MHz Serie 11	8381.5
		7TK23	Boufarik Radio (ALG)	
		SVS	Athens Radio (GRC)	
		URD	St.Petersburg Radio (URS)	
		HLX	Seoul Radio (KOR)	
		JCS	Choshi Radio (J)	
		VPS	Hongkong Radio (HKG)	
		XSQ	Guangzhou Radio (CHN)	
		WLO	Mobile Radio (USA)	
8422	RTTY		Küstenfunkstationen RTTY 8MHz Serie 12	8382
		OST	Oostende Radio (BEL)	
		UAH	Tallin Radio (EST)	
		UPB	Providenia Bukhta Radio (URS)	
		NRV	Guam Coast Guard (GUM)	
		VIP	Perth Radio (AUS)	
8422.5	RTTY		Küstenfunkstationen RTTY 8MHz Serie 13	8382.5
		GKP4	Portishead Radio (G)	
		7TK24	Boufarik Radio (ALG)	
8422.5		UBN	Jdanov Radio (UKR)	
		KPH	San Francisco Radio (USA)	
8423	RTTY		Küstenfunkstationen RTTY 8MHz Serie 14	8383
		ICB	Genova Radio (I)	
		SVT	Athens Radio (GRC)	
		UFN	Novorossiisk Radio (URS)	
		UXN	Archangelsk Radio (URS)	
		VIS	Sydney Radio (AUS)	
8423.5	RTTY		Küstenfunkstationen RTTY 8MHz Serie 15	8383.5
		DCL	Norddeich Radio (D)	
		3AC	Monaco Radio (MCO)	
		XSG	Shanghai Radio (CHN)	
		WLO	Mobile Radio (USA)	
8424	RTTY		Küstenfunkstationen RTTY 8MHz Serie 16	8384
		SVU	Athens Radio (GRC)	
		9WH20	Kota Kinabalu Radio (MLA)	
		JOS	Nagasaki Radio (J)	
		WCC	Chatham Radio (USA)	
8424.5	RTTY		Küstenfunkstationen RTTY 8MHz Serie 17	8384.5
		PCH	Scheveningen Radio (HOL)	
		9MG	Penang Radio (MLA)	
		VPS	Hongkong Radio (HKG)	
8425	RTTY		Küstenfunkstationen RTTY 8MHz Serie 18	8385
		FFL	Saint Lys Radio (F)	
		KLB	Seattle Radio (USA)	
8425.5	RTTY		Küstenfunkstationen RTTY 8MHz Serie 19	8385.5
		GKY4	Portishead Radio (G)	
		HEC28	Bern Radio (SUI)	

8425.5		9PA	Banana Radio (ZAI)	
		WNU	Slidell Radio (USA)	
8426	RTTY		Küstenfunkstationen RTTY 8MHz Serie 20	8386
		GKL4	Portishead Radio (G)	
		ICB	Genova Radio (I)	
		NMC	San Francisco Coast Guard (USA)	
		NMN	Portsmouth Coast Guard Radio (USA)	
8426.5	RTTY		Küstenfunkstationen RTTY 8MHz Serie 21	8386.5
		LGB3	Rogaland Radio (NOR)	
		3AC	Monaco Radio (MCO)	
		9VG	Singapore Radio (SNG)	
		WCC	Chatham Radio (USA)	
8427	RTTY		Küstenfunkstationen RTTY 8MHz Serie 22	8387
		OXZ	Lyngby Radio (DNK)	
		JYO	Aqaba Radio (JOR)	
		KPH	San Francisco Radio (USA)	
8427.5	RTTY		Küstenfunkstationen RTTY 8MHz Serie 23	8387.5
		DCF	Norddeich Radio (D)	
		SPA46	Gdynia Radio (POL)	
		YUR	Rijeka Radio (YUG)	
		9WW20	Kuching Radio (MLA)	
		A9M	Bahrain Radio (BHR)	
8428	RTTY		Küstenfunkstationen RTTY 8MHz Serie 24	8388
		TAH	Istanbul Radio (TUR)	
		XSX	Keelung Radio (TWN)	
		NMN	Portsmouth Coast Guard Radio (USA)	
8428.5	RTTY		Küstenfunkstationen RTTY 8MHz Serie 25	8388.5
		PCH	Scheveningen Radio (HOL)	
		ZSC	Capetown Radio (AFS)	
		VWM	Madras Radio (IND)	
		VAI	Vancouver Coast Guard (CAN)	
		CLA	La Habana Radio (CUB)	
8429	RTTY		Küstenfunkstationen RTTY 8MHz Serie 26	8389
		HEC38	Bern Radio (SUI)	
		EDL4	Madrid Radio (E)	
		WLO	Mobile Radio (USA)	
8429.5	RTTY		Küstenfunkstationen RTTY 8MHz Serie 27	8389.5
		GKQ4	Portishead Radio (G)	
		VWB	Bombay Radio (IND)	
		NMO	Honolulu Coast Guard (HWA)	
8430	RTTY		Küstenfunkstationen RTTY 8MHz Serie 28	8390
		DCN	Norddeich Radio (D)	
		DHS	Rügen Radio (D)	
		9GP23	Tema Radio (GHA)	
		9MG	Penang Radio (MLA)	
8430.5	RTTY		Küstenfunkstationen RTTY 8MHz Serie 29	8390.5
8431	RTTY		Küstenfunkstationen RTTY 8MHz Serie 30	8391
		TAH	Istanbul Radio (TUR)	
8431.5	RTTY		Küstenfunkstationen RTTY 8MHz Serie 31	8391.5
8432	RTTY		Küstenfunkstationen RTTY 8MHz Serie 32	8392
8432.5	RTTY		Küstenfunkstationen RTTY 8MHz Serie 33	8392.5
8433	RTTY		Küstenfunkstationen RTTY 8MHz Serie 34	8393
8433.5	RTTY		Küstenfunkstationen RTTY 8MHz Serie 35	8393.5
8434	RTTY		Küstenfunkstationen RTTY 8MHz Serie 36	8394
8434.5	RTTY		Küstenfunkstationen RTTY 8MHz Serie 37	8394.5
		TAH	Istanbul Radio (TUR)	
8435	RTTY		Küstenfunkstationen RTTY 8MHz Serie 38	8395
8435.5	RTTY		Küstenfunkstationen RTTY 8MHz Serie 39	8395.5
		OST	Oostende Radio (BEL)	
8436	RTTY		Küstenfunkstationen RTTY 8MHz Serie 40	8396
8437	CW	4XZ	Haifa Naval Radio (ISR)	
8438	CW	UNQ	Novorossiisk Radio (URS)	
8438	CW	9WH20	Kota Kinabalu Radio (MLA)	
8439	RTTY	PBC	Navy Goeree (HOL)	

8440	CW	YIR	Basrah Radio (IRQ)
8440	CW	VCS	Halifax Coast Guard (CAN)
8440.6	CW	UAT	Moskau Radio (URS)
8441	CW	XYR	Yangon Radio (BRM)
8441	CW	9YL	North Post Radio (TRD)
8441	CW	C6N	Nassau Radio (BAH)
8441.4	CW	9HD	Malta Radio (MLT)
8441.4	CW	5ZF	Mombasa Radio (KEN)
8441.4	CW	7OA	Aden Radio (YEM)
8442	CW	SXA	Navy Athens (GRC)
8443	CW	DHS	Rügen Radio (D)
8443	CW	VFF	Iqaluit Coast Guard (CAN)
8444.5	CW	KFS	Palo Alto Radio (USA)
8445	CW	YUR	Rijeka Radio (YUG)
8445	CW	9PA	Banana Radio (ZAI)
8445	CW	S7Q	Seychelles Radio (SEY)
8445	CW	A4M	Musqat Radio (OMA)
8445	CW	PKK	Kupang Radio (INS)
8445	CW	PKO	Tarakan Radio (INS)
8445	CW	PKR3	Cilacap Port Radio (INS)
8445	CW	XSX	Keelung Radio (TWN)
8445.5	CW	WLO	Mobile Radio (USA)
8446	CW	UFM	Nevelsk Naval Radio (URS)
8446.8	CW	PKN6	Samarinda Radio (INS)
8447	CW	L2C	Buenos Aires Prefectura Naval (ARG)
8448	CW	A9M	Bahrain Radio (BHR)
8449	CW	TJC	Douala Radio (CME)
8449	CW	ZKR	Rarotonga Radio (CKH)
8449	CW	8RB	Demerara Radio (GUY)
8449	CW	LPC	Ushuaia Radio (ARG)
8449.3	CW	8PO	Barbados Radio (BRB)
8450	CW	5AB	Benghazi Radio (LBY)
8450	CW	SUZ	Serapeum Marine Radio (EGY)
8451	CW	HAR	Budapest Radio (HNG)
8451	CW	DYL3	Iloilo Radio (PHL)
8451	CW	XSG	Shanghai Radio (CHN)
8452	CW	7TA	Alger Radio (ALG)
8452	CW	VIS	Sydney Radio (AUS)
8452	CW	VIT	Townsville Radio (AUS)
8453	CW	HWN	Marine Nationale Paris (F)
8453	CW	TNA	Pointe Noire Radio (COG)
8453	CW	XSM	Xiamen Radio (CHN)
8453	CW	VAI	Vancouver Coast Guard (CAN)
8453	CW	YVM	Puerto Ordaz Radio (VEN)
8454	CW	A9M	Bahrain Radio (BHR)
8454.4	CW	SVG	Athens Radio (GRC)
8455	CW	XSQ	Guangzhou Radio (CHN)
8456	CW	VFA	Inuvik Coast Guard (CAN)
8457	CW	OFJ82	Helsinki Radio (FNL)
8457	CW	PKG	Bandjarmasin Radio (INS)
8457	CW	PKP	Dumai Radio (INS)
8457	CW	PKY5	Merauke Port Radio (INS)
8457	CW	XSP	Shantou Radio (CHN)
8457	CW	LSA	Boca Radio (ARG)
8458	CW	HAR	Budapest Radio (HNG)
8458	CW	XSQ	Guangzhou Radio (CHN)
8459	CW	YQI	Constanta Radio (ROU)
8459	CW	XSB48	Dan Dong Radio (CHN)
8459	FAX	NOJ	USCG Kodiak (ALS)
8460	CW	LZW	Varna Radio (BUL)
8460.5	CW	PPJ	Juncao Radio (B)
8460.5	CW	PPL	Belem Radio (B)
8461	CW	ZSC	Capetown Radio (AFS)
8461	CW	PKD	Surabaya Radio (INS)

8461	CW	PKR	Semarang Radio (INS)
8461	CW	PKY4	Sorong Radio (INS)
8461	CW	FJA	Mahina Radio (OCE)
8461	CW	CBA	Antofagasta Radio (CHL)
8461	CW	YVG	La Guaira Radio (VEN)
8462	CW	PP..	Wetterfunkfrequenz (B) PPJ PPO PPL
8463	CW	DHS	Rügen Radio (D)
8463	CW	JOU	Nagasaki Radio (J)
8463	CW	CKN	Navy Aldergrove (CAN)
8463	FAX	UPM	Amderma Radio (URS)
8464	CW	TUA	Abidjan Radio (CTI)
8465	CW	5RS	Tamatave Radio (MDG)
8465	CW	NMN	Portsmouth Coast Guard Radio (USA)
8465	CW	6YI	Kingston Radio (JMC)
8466	CW	HAR	Budapest Radio (HNG)
8466	CW	HSC62	Bangkok Port Radio (THA)
8467.5	FAX	JJC	Tokyo Meteo (J)
8469	CW	CUL	Lisboa Radio (POR)
8469	CW	D4A	Sao Vicente Radio (CPV)
8469	CW	D4D	Praia Radio (CPV)
8469	CW	EQA	Abadan Radio (IRN)
8469	CW	EQI	Abbas Radio (IRN)
8469	CW	EQK	Khorramshahr Radio (IRN)
8469	CW	EQQ	Khark Radio (IRN)
8469	CW	EQR	Lavan Radio (IRN)
8469	CW	XXG	Macau Radio (MAC)
8470	CW	XVG	Hai Phong Radio (VTN)
8470	CW	XFL	Mazatlan Radio (MEX)
8471	CW	NMN	Portsmouth Coast Guard Radio (USA)
8472	CW	LZL	Bourgas Radio (BUL)
8472	CW	SUP	Port Said Radio (EGY)
8472	CW	YKI	Tartous Port Radio (SYR)
8472	CW	TEC	Ocean Radio (CTR)
8473	CW	UNM2	Klaipeda Radio (LIT)
8473	CW	4PB	Colombo Radio (CLN)
8473	CW	HLG	Seoul Radio (KOR)
8473	CW	PKE	Amboina Radio (INS)
8473	CW	PKS	Pontianak Radio (INS)
8473.3	CW	A7D	Doha Radio (QAT)
8473.5	CW	WLO	Mobile Radio (USA)
8474	CW	JYO	Aqaba Radio (JOR)
8474	CW	HCG	Guayaquil Radio (EQA)
8476	CW	UAH	Tallin Radio (EST)
8476	CW	9VG	Singapore Radio (SNG)
8478	CW	OST	Oostende Radio (BEL)
8478	CW	VHP	NAVCOMSTA Canberra (AUS)
8478	CW	VIX	Sydney Radio (AUS)
8478	CW	TIM	Limon Radio (CTR)
8478	CW	CBV	Valparaiso Radio (CHL)
8478.5	CW	FUF	Navy Fort-de-France (MRT)
8479	CW	JCU	Choshi Radio (J)
8480	CW	5AL	Tobruk Radio (LBY)
8480	CW	ZSC	Capetown Radio (AFS)
8480	CW	HZY	Ras Tanura Radio (ARS)
8480	CW	XUK	Kompong-Som-Ville Radio (CBG)
8482	CW	SPH41	Gdynia Radio (POL)
8483.5	CW	DAN	Norddeich Radio (D)
8484	CW	HLF	Seoul Radio (KOR)
8484	CW	XSE	Qinhuangdao Radio (CHN)
8484.5	CW	HZG	Dammam Radio (ARS)
8485	CW	4XO	Haifa Radio (ISR)
8485	CW	UFN	Novorossiisk Radio (URS)
8486	CW	IDQ	Roma Naval (I)
8487	CW	XSG	Shanghai Radio (CHN)

8487	CW	VID	Darwin Radio (AUS)	
8489	CW	CLS	Flota de Pesca Radio (CUB)	
8490	CW	AQP	NAVCOMCEN Karachi (PAK)	
8490	CW	XSQ	Guangzhou Radio (CHN)	
8490	CW	OBF4	Mollendo Radio (PRU)	
8491.3	RTTY	NMF	Boston Coast Guard Radio (USA)	
8492	CW	9MG	Penang Radio (MLA)	
8492	CW	JNA	Tokyo Coast Guard (J)	
8492	CW	PPR	Rio de Janeiro Radio (B)	
8494	FAX	NOJ	USCG Kodiak (ALS)	
8495	CW	UFB	Odessa Radio (UKR)	
8496	CW	5OZ	Port Harcourt Radio (NIG)	
8496	CW	CLA	La Habana Radio (CUB)	
8497	CW	HLJ	Seoul Radio (KOR)	
8498	CW	SAG4	Göteborg Radio (S)	
8502	CW	NIK	Boston Coast Guard Radio (USA)	auch RTTY
8502	CW	ZSC	Capetown Radio (AFS)	
8502	CW	XSG	Shanghai Radio (CHN)	
8502	CW	YJM	Port Vila Radio (VUT)	
8502	CW	PPL	Belem Radio (B)	
8502	CW	PPO	Olinda Radio (B)	
8504	CW	ZLB	Awarua Radio (NZL)	
8505	CW	XFK	La Paz Radio (MEX)	
8506	CW	UDH	Riga Radio (LET)	
8506	CW	XSX	Keelung Radio (TWN)	
8508	CW	KLC	Galveston Radio (USA)	
8510	CW	FFS	Saint Lys Radio (F)	
8510	CW	UKK3	Nakhodka Radio (URS)	
8510	CW	J2A	Djibouti Radio (DJI)	
8510	CW	VWV	Vishakapatnam Radio (IND)	
8510	CW	CCM	Magallanes Radionaval (CHL)	
8511	CW	XSW2	Taichung Radio (TWN)	
8511.9	CW	DAL	Norddeich Radio (D)	
8512.7	CW	VHI	NAVCOMSTA Darwin (AUS)	
8514	CW	VWB	Bombay Radio (IND)	
8514	CW	XSQ	Guangzhou Radio (CHN)	
8514	CW	WLO	Mobile Radio (USA)	
8514	CW	XFA	Acapulco Radio (MEX)	
8515	CW	5AT	Tripoli Radio (LBY)	
8515	CW	URL	Sevastopol Radio (UKR)	
8515	CW	UFL	Vladivostok Radio (URS)	
8515	CW	UMV	Murmansk Radio (URS)	
8515	CW	P2R	Rabaul Radio (PNG)	
8516	CW	GKC	Portishead Radio (G)	
8516	CW	CLS	Flota de Pesca Radio (CUB)	
8516.3	CW	SXE	Athens Coastguard (GRC)	
8517	CW	9VG	Singapore Radio (SNG)	
8518	CW	4XZ	Haifa Naval Radio (ISR)	
8518	CW	ELC	Monrovia Radio (LBR)	
8520.1	CW	PPO	Olinda Radio (B)	
8521	CW	VIS	Sydney Radio (AUS)	
8522	CW	9WW20	Kuching Radio (MLA)	
8522.5	CW	FFL	Saint Lys Radio (F)	
8523.4	CW	JOR	Nagasaki Radio (J)	
8523.5	CW	CTV	Monsanto Radionaval (POR)	
8524	CW	DZW	Manila Radio (PHL)	
8525	CW	9KK	Kuwait Radio (KWT)	
8525	CW	WNU	Slidell Radio (USA)	
8526	CW	JMC	Tokyo Meteo (J)	
8526	CW	VWC	Calcutta Radio (IND)	
8526.5	RTTY	CTV	Monsanto Radionaval (POR)	
8527	CW	OBY2	Paita Radio (PRU)	
8527.5	CW	LFN	Rogaland Radio (NOR)	
8528.5	CW	EBA	Madrid Radionaval (E)	

8528.5	CW	UFB	Odessa Radio (UKR)	
8528.5	RTTY	EBA	Madrid Radionaval (E)	
8529	CW	HML	Nampho Radio (KRE)	
8530	CW	IAR	Roma Radio (I)	
8530	CW	SVJ	Athens Radio (GRC)	
8530	CW	9VG	Singapore Radio (SNG)	
8530	CW	XSK	Beihai Radio (CHN)	
8532	CW	LZW	Varna Radio (BUL)	
8534	CW	3VP	La Skhirra Radio (TUN)	
8534	CW	WLO	Mobile Radio (USA)	auch RTTY
8536.5	CW	SVF	Athens Radio (GRC)	
8538	CW	6WW	Navy Dakar (SEN)	
8539	CW	VPS	Hongkong Radio (HKG)	
8541	CW	XSJ	Zhanjiang Radio (CHN)	
8542	CW	PKX	Jakarta Radio (INS)	
8543	CW	VPS	Hongkong Radio (HKG)	
8545	CW	UQK	Riga Radio (LET)	
8545.9	CW	GKA	Portishead Radio (G)	
8546	CW	UHK	Batumi Radio (URS) Georgien	
8546	CW	XST	Qingdao Radio (CHN)	
8546	CW	XSY	Hualien Radio (TWN)	
8546	CW	OBC3	Callao Radio (PRU)	
8546	CW	OBQ5	Iquitos Radio (PRU)	
8548	CW	PPO	Olinda Radio (B)	
8548.5	CW	DZF	Bacoor Radio (PHL)	
8550	CW	FFT	Saint Lys Radio (F)	
8550	CW	PWZ33	Rio de Janeiro Radionaval (B)	
8551.5	CW	CTP	Navy Palhais (POR)	
8552	CW	GKK	Portishead Radio (G)	
8554	CW	3BA	Mauritius Radio (MAU)	
8555	CW	TBB	Navy Ankara (TUR)	
8556	CW	DZP	Novaliches Radio (PHL)	
8556	RTTY	SAB44	Göteborg Radio (S)	
8556.5	CW	HZG	Dammam Radio (ARS)	
8557	CW	UGH2	Yuzhno-Sakhalinsk Radio (URS)	
8557.1	CW	SPE41	Szczecin Radio (POL)	
8558	CW	V8L1	Seria Port Radio (BRU)	
8558.4	CW	KFS	Palo Alto Radio (USA)	
8559.5	CW	GKB	Portishead Radio (G)	
8562	CW	PCH	Scheveningen Radio (HOL)	
8562	CW	XFE	Ensenada Radio (MEX)	
8562.5	CW	XFB	Ciudad del Carmen Radio (MEX)	
8564	CW	LZL	Bourgas Radio (BUL)	
8564	CW	DZE	Mandaluyong Radio (PHL)	
8565	CW	D3E	Luanda Radio (AGL)	
8566	CW	ZSJ	NAVCOMCEN Simonstown (AFS)	
8566	CW	VTF	NAVCOMCEN Bombay (IND)	
8566	CW	VTO	NAVCOMCEN Vishakapatnam (IND)	
8567	CW	XDA	Mexico City Radio (MEX)	
8568	CW	FUV	Navy Djibouti (DJI)	
8568.5	CW	XFM	Manzanillo Radio (MEX)	
8569	CW	GKD	Portishead Radio (G)	
8570	CW	UPB	Providenia Bukhta Radio (URS)	
8570	CW	XVT	Da Nang Radio (VTN)	
8570	CW	NRV	Guam Coast Guard (GUM)	
8570	CW	WNU	Slidell Radio (USA)	
8571	CW	UFN	Novorossiisk Radio (URS)	
8571	CW	JNA	Tokyo Coast Guard (J)	
8571.5	CW	9VG	Singapore Radio (SNG)	
8572	CW	5TA	Nouadhibou Radio (MTN)	
8572	CW	DZD	Antipolo Radio (PHL)	
8573	CW	CLA	La Habana Radio (CUB)	
8573.5	CW	HSA	Bangkok Radio (THA)	
8573.9	CW	5RS	Tamatave Radio (MDG)	

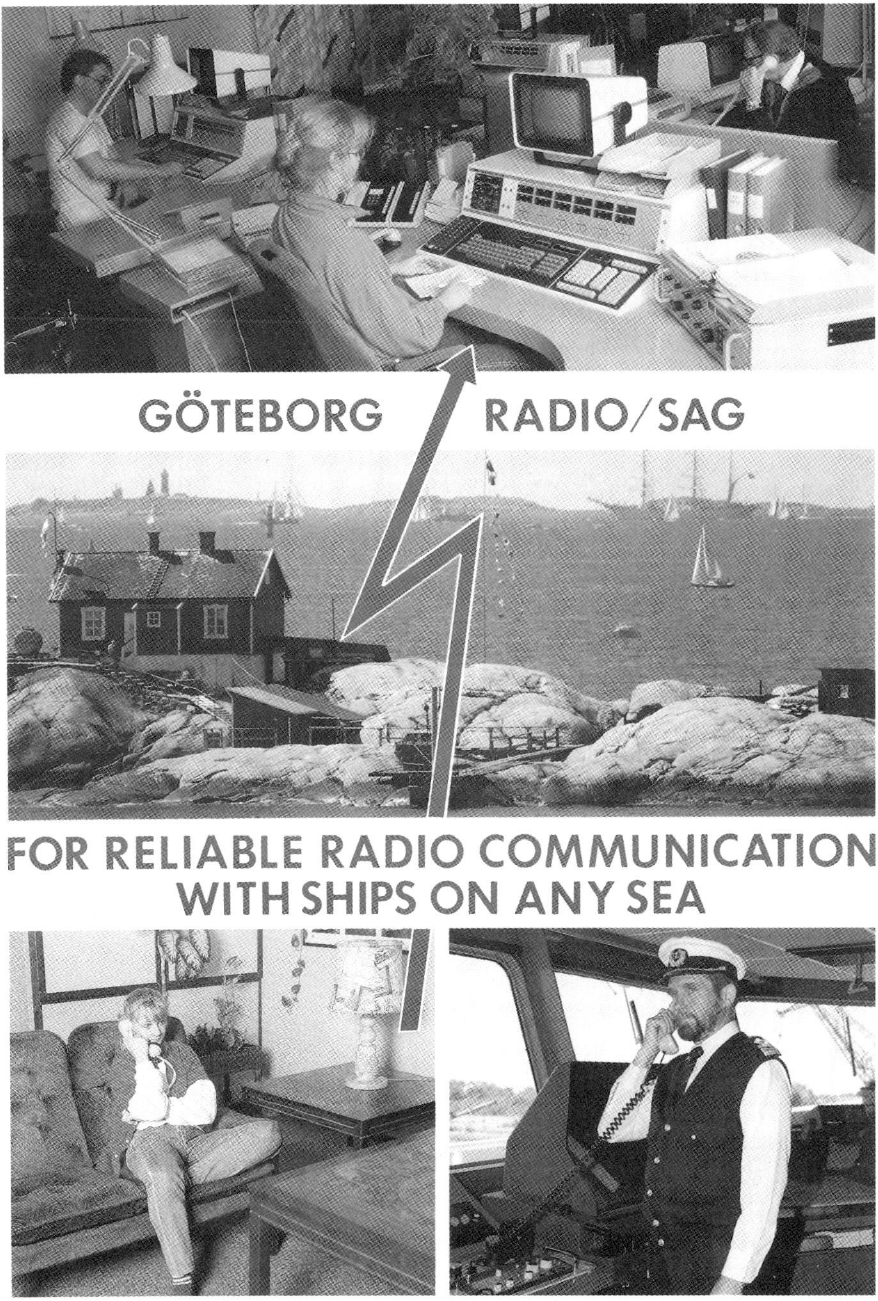
GÖTEBORG RADIO/SAG
FOR RELIABLE RADIO COMMUNICATION
WITH SHIPS ON ANY SEA

8574	CW	LGB	Rogaland Radio (NOR)
8574	CW	XSU	Yantai Radio (CHN)
8574	CW	HKC	Buenaventura Radio (CLM)
8575	CW	URD	St.Petersburg Radio (URS)
8575.5	CW	XDA	Mexico City Radio (MEX)
8576	CW	DZZ	Manila Radio (PHL)
8577	CW	HLO	Seoul Radio (KOR)
8578	CW	SUH	Alexandria Radio (EGY)
8580.5	CW	DZO	Bulacan Radio (PHL)
8580.5	CW	XFC	Cozumel Radio (MEX)
8581.6	CW	GKM	Portishead Radio (G)
8582	CW	HNT	Basrah Port Radio (IRQ)
8582	CW	XSN	Ningbo Radio (CHN)
8582	CW	XSW	Kaohsiung Radio (TWN)
8582.5	CW	KLB	Seattle Radio (USA)
8584	CW	DHS	Rügen Radio (D)
8584	CW	DZN	Navotas Radio (PHL)
8584	CW	VPS	Hongkong Radio (HKG)
8585	CW	KUQ	Pago Pago Radio (SMA)
8586	CW	XSO	Wenzhou Radio (CHN)
8586	CW	WCC	Chatham Radio (USA)
8588	CW	4WD3	Hodeidah Radio (YEM)
8588	CW	DZG	Las Pinas Radio (PHL)
8589	CW	HPP	Panama Intelmar Radio (PNR)
8590	CW	XVS	Ho-Chi-Minh-Ville Radio (VTN)
8590.5	CW	XDA	Mexico City Radio (MEX)
8591.5	CW	GKG	Portishead Radio (G)
8592	CW	DZK	Bulacan Radio (PHL)
8593	CW	UFB	Odessa Radio (UKR)
8595	CW	UFL	Vladivostok Radio (URS)
8595.5	CW	9MG	Penang Radio (MLA)
8595.5	CW	VWA1	Ramnagar Port Radio (IND)
8595.5	CW	XFP	Chetumal Radio (MEX)
8597	CW	VIP	Perth Radio (AUS)
8598	CW	OXZ	Lyngby Radio (DNK)
8598	CW	XSL	Fuzhou Radio (CHN)
8598.4	CW	ZLO	Navy Irirangi (NZL)
8600	CW	ELH	Harbel Radio (LBR)
8600	CW	DXF	Davao Radio (PHL)
8600	CW	XSV	Tianjin Radio (CHN)
8602	CW	CWA	Cerrito Radio (URG)
8602.5	CW	HPP	Panama Intelmar Radio (PNR)
8604	CW	GKH	Portishead Radio (G)
8604	CW	DZJ	Bulacan Radio (PHL)
8604.2	CW	ZRH	NAVCOMCEN Capetown (AFS)
8605.9	CW	ZRQ	NAVCOMCEN Capetown (AFS)
8606	CW	GKI	Portishead Radio (G)
8606	CW	ELZ	Cape Palmas Radio (LBR)
8607	CW	LZW	Varna Radio (BUL)
8608	CW	DZA	Mandaluyong Radio (PHL)
8608.5	CW	DHS	Rügen Radio (D)
8609.5	CW	9VG	Singapore Radio (SNG)
8610	CW	UXN	Archangelsk Radio (URS)
8611.5	CW	TAH	Istanbul Radio (TUR)
8613	CW	XFY	Guaymas Radio (MEX)
8613.2	CW	GYA	RNWS Whitehall (G)
8614	CW	URL	Sevastopol Radio (UKR)
8614	CW	XSJ	Zhanjiang Radio (CHN)
8614	FAX	NWC	USNAVCOMSTA Exmouth (AUS)
8616	CW	HAR	Budapest Radio (HNG)
8617	CW	XSV	Tianjin Radio (CHN)
8618	CW	EAD	Madrid Radio (E)
8618	CW	UJO3	Izmail Radio (UKR)
8618	CW	ETC	Assab Radio (ETH)

8618	CW	KPH	San Francisco Radio (USA)
8619	CW	VPS	Hongkong Radio (HKG)
8620	CW	UBN	Jdanov Radio (UKR)
8621	CW	XFN	Progreso Radio (MEX)
8622	CW	PCH	Scheveningen Radio (HOL)
8622	CW	XSF	Lianyungang Radio (CHN)
8623	CW	5BA	Cyprus Radio (CYP)
8624	CW	XSQ	Guangzhou Radio (CHN)
8624	CW	CLY	La Habana Radionaval (CUB)
8625	CW	YKM7	Lattakia Radio (SYR)
8625	CW	FUM	Navy Papeete (OCE)
8625.2	CW	GYU	RNWS Gibraltar (GIB)
8626	CW	PKB20	Lhokseumawe Pertamina Radio (INS)
8626	CW	PKC2	Plaju Pertamina Radio (INS)
8626	CW	PKI2	Jakarta Pertamina Radio (INS)
8626	CW	PKN7	Bontang Pertamina Radio (INS)
8626	CW	PKO2	Merak Pertamina Radio (INS)
8626	CW	PKR6	Cilacap Pertamina Radio (INS)
8626	CW	XDA	Mexico City Radio (MEX)
8628	CW	DXR	Davao Radio (PHL)
8628	CW	JFA	Matsudo Radio (J)
8628.5	CW	NOJ	Kodiak Coast Guard Radio (ALS)
8629	CW	XSD	Yingkou Radio (CHN)
8630	CW	A7D	Doha Radio (QAT)
8630	CW	VWB	Bombay Radio (IND)
8630	CW	WCC	Chatham Radio (USA)
8631	CW	XFQ	Salina Cruz Radio (MEX)
8632	CW	DYV	Iloilo Radio (PHL)
8632	CW	XSW	Kaohsiung Radio (TWN)
8634	CW	SPH42	Gdynia Radio (POL)
8634	CW	S9M	Sao Tome Radio (STP)
8634	CW	VTG	NAVCOMCEN Bombay (IND)
8634	CW	XSH	Basuo Radio (CHN)
8634	CW	PPR	Rio de Janeiro Radio (B)
8635	CW	UJQ	Kiev Radio (UKR)
8636	CW	DZU	Pasig Radio (PHL)
8636	CW	HLW	Seoul Radio (KOR)
8638.5	CW	DAM	Norddeich Radio (D)
8641	CW	HIW7	Boca Chica Piloto Radio (DOM)
8641	CW	HIW8	Puerto Plata Piloto Radio (DOM)
8642	CW	CTV	Monsanto Radionaval (POR)
8642	CW	C9C	Maputo Radionaval (MOZ)
8642	CW	D4A	Sao Vicente Radio (CPV)
8642	CW	KPH	San Francisco Radio (USA)
8642	CW	HIA	Santo Domingo Piloto Radio (DOM)
8646	CW	SAB4	Göteborg Radio (S)
8646	CW	VTP	NAVCOMCEN Vishakapatnam (IND)
8646	CW	LPD	General Pacheco Radio (ARG)
8648	CW	DHJ59	Bundesmarine Wilhelmshaven (D)
8648	CW	DZH	Manila Radio (PHL)
8649.5	CW	ICB	Genova Radio (I)
8650	CW	SPB42	Szczecin Radio (POL)
8650	CW	XSL22	Fangcheng Radio (CHN)
8650	CW	NMO	Honolulu Coast Guard (HWA)
8650	CW	OBC	Callao Radionaval (PRU)
8651	CW	HZG	Dammam Radio (ARS)
8651	CW	XSI	Sanya Radio (CHN)
8652	CW	OST	Oostende Radio (BEL)
8652.5	CW	PZN	Paramaribo Radio (SUR)
8653.6	CW	JCS	Choshi Radio (J)
8654.4	CW	PCH	Scheveningen Radio (HOL)
8656	CW	IAR	Roma Radio (I)
8656	CW	DZM	Bulacan Radio (PHL)
8656	CW	XFU	Veracruz Radio (MEX)

8657	CW	FUJ	Navy Noumea (NCL)	
8658	CW	ASK	Karachi Radio (PAK)	
8658	CW	S3E	Khulna Radio (BGD)	
8658	CW	WLO	Mobile Radio (USA)	
8659.5	CW	KLC	Galveston Radio (USA)	
8660	CW	DHS	Rügen Radio (D)	
8662	CW	TAH	Istanbul Radio (TUR)	
8662	CW	TCR	Tophane Kulesi Radio (TUR)	
8663	CW	UFN	Novorossiisk Radio (URS)	
8664	CW	WSC	Tuckerton Radio (USA)	
8665	CW	XSG	Shanghai Radio (CHN)	
8666	CW	FUG	Marine Nationale La Regine (F)	
8666	CW	KLC	Galveston Radio (USA)	
8666.4	CW	SPH43	Gdynia Radio (POL)	
8667	CW	YKM5	Baniyas Port Radio (SYR)	
8668	CW	YIR	Basrah Radio (IRQ)	
8670	CW	IAR	Roma Radio (I)	
8670	CW	ASK	Karachi Radio (PAK)	
8672	CW	DZI	Bacoor Radio (PHL)	
8672.5	CW	DAF	Norddeich Radio (D)	
8674.4	CW	VWM	Madras Radio (IND)	
8675	CW	UQB	Kholmsk Radio (URS)	
8675.5	CW	FUX	Navy Le Port (REU)	
8676	CW	STP	Port Sudan Radio (SDN)	
8676	CW	DYM	Cebu Radio (PHL)	
8677	CW	CBV	Valparaiso Radio (CHL)	auch FAX
8678	CW	LGB	Rogaland Radio (NOR)	
8678	CW	SPH44	Gdynia Radio (POL)	
8678	CW	XSZ	Dalian Radio (CHN)	
8678	CW	ZLP	Navy Irirangi (NZL)	
8679	CW	IQX	Trieste Radio (I)	
8680	CW	UQB	Kholmsk Radio (URS)	
8680	CW	XUK	Kompong-Som-Ville Radio (CBG)	
8680	CW	WSC	Tuckerton Radio (USA)	
8681	CW	SVI	Athens Radio (GRC)	
8682	CW	EAD	Madrid Radio (E)	
8682	CW	J2A	Djibouti Radio (DJI)	
8682	CW	NMC	San Francisco Coast Guard (USA)	
8684	CW	GKJ	Portishead Radio (G)	
8684	CW	LZL	Bourgas Radio (BUL)	
8685	CW	IRM	Roma Medico Radio (I)	
8686	CW	CNP	Casablanca Radio (MRC)	
8686	CW	HSA	Bangkok Radio (THA)	
8686	CW	JCT	Choshi Radio (J)	
8686	CW	PKA	Sabang Radio (INS)	
8686	CW	PKB	Belawan Radio (INS)	
8686	CW	PKF	Makassar Radio (INS)	
8686	CW	PKM9	Donggala Port Radio (INS)	
8686	CW	C2N	Nauru Radio (NRU)	
8687	CW	SVA	Athens Radio (GRC)	
8687.6	CW	URD	St.Petersburg Radio (URS)	
8688	CW	9VG	Singapore Radio (SNG)	
8688	CW	WNU	Slidell Radio (USA)	
8688.5	CW	ZSC	Capetown Radio (AFS)	
8690	CW	UMV	Murmansk Radio (URS)	
8690	CW	6VA	Dakar Radio (SEN)	
8690	CW	3DP	Suva Radio (FJI)	
8690	CW	CLA	La Habana Radio (CUB)	
8690	CW	FJY4	St.Paul Radio (AMS)	
8690.5	CW	XFF2	Pajaritos Radio (MEX)	
8692.5	CW	SVD	Athens Radio (GRC)	
8694	CW	4XO	Haifa Radio (ISR)	
8694	CW	ASK	Karachi Radio (PAK)	
8694	CW	PKM	Bitung Radio (INS)	

8694	CW	PNK	Jayapura Radio (INS)	
8694	CW	S3D	Chittagong Radio (BGD)	
8694	CW	XSZ	Dalian Radio (CHN)	
8694	CW	XVN	Nhatrang Radio (VTN)	
8694	CW	PJC	Curacao Radio (ATN)	
8694.2	CW	CBM	Magallanes Radio (CHL)	
8695	CW	UHK	Batumi Radio (URS) Georgien	
8696	CW	DHS	Rügen Radio (D)	
8696	CW	ZAD	Durres Radio (ALB)	
8697	CW	CFH	Navy Halifax (CAN)	
8698	CW	7TF6	Boufarik Radio (ALG)	
8698	CW	5OW	Lagos Radio (NIG)	
8698	CW	C9L2	Maputo Radio (MOZ)	
8698	CW	C9L6	Mocambique Radio (MOZ)	
8698	CW	9MG	Penang Radio (MLA)	
8698	CW	EQM	Bushehr Radio (IRN)	
8698	CW	EQN	Bandar Khomeini Radio (IRN)	
8698	CW	FJP	Noumea Radio (NCL)	
8700	CW	YUR	Rijeka Radio (YUG)	
8700	CW	9GP23	Tema Radio (GHA)	
8700	CW	XSY	Hualien Radio (TWN)	
8700.4	CW	HKB	Barranquilla Radio (CLM)	
8701	CW	UNM2	Klaipeda Radio (LIT)	
8702	CW	ODR	Beirut Radio (LBN)	
8702	CW	XSR	Haikou Radio (CHN)	
8702	CW	LST	YPF Buenos Aires Radio (ARG)	
8704	CW	SVB	Athens Radio (GRC)	
8705.4	CW	PKC	Palembang Radio (INS)	
8705.4	CW	PKN	Balikpapan Radio (INS)	
8705.4	CW	PKY2	Biak Port Radio (INS)	
8706	CW	3CA	Banapa Radio (GNE)	
8706	CW	JOS	Nagasaki Radio (J)	
8706.4	CW	UCO	Ialta Radio (UKR)	
8707	SSB		Küstenfunkstationen Sprechfunk-Kanal 834	----
8710	SSB		Küstenfunkstationen Sprechfunk-Kanal 835	----
		HEB58	Bern Radio (SUI)	
8713	SSB		Küstenfunkstationen Sprechfunk-Kanal 836	----
8716	SSB		Küstenfunkstationen Sprechfunk-Kanal 837	----
8719	SSB		Küstenfunkstationen Sprechfunk-Kanal 801	8195
		OXZ	Lyngby Radio (DNK)	
		SAG	Göteborg Radio (S)	
		4XO	Haifa Radio (ISR)	
		9MG	Penang Radio (MLA)	
		A9M	Bahrain Radio (BHR)	
		CBM9	Punta Arenas Radio (CHL)	
8722	SSB		Küstenfunkstationen Sprechfunk-Kanal 802	8198
		GKT42	Portishead Radio (G)	
		OHG2	Helsinki Radio (FNL)	
		7TF	Boufarik Radio (ALG)	
		CUL	Lisboa Radio (POR)	
		SVN41	Athens Radio (GRC)	
		D4A	Sao Vicente Radio (CPV)	
		J5M	Bissau Radio (GNB)	
		BVA	Taipei Radio (TWN)	
		DXA2	Buayan City Port Radio (PHL)	
		VIS	Sydney Radio (AUS)	
		WOM	Miami High Seas Radio (USA)	
8725	SSB		Küstenfunkstationen Sprechfunk-Kanal 803	8201
		HEB48	Bern Radio (SUI)	
		OSU	Oostende Radio (BEL)	
		SAG	Göteborg Radio (S)	
		6VA	Dakar Radio (SEN)	
		ZSQ	Port Elizabeth Radio (AFS)	
		ASK	Karachi Radio (PAK)	

8725		HLS	Seoul Radio (KOR)	
		WFN	Jeffersonville Radio (USA)	
		PJC	Curacao Radio (ATN)	
8728	SSB		Küstenfunkstationen Sprechfunk-Kanal 804	8204
		OHG2	Helsinki Radio (FNL)	
		SPC43	Gdynia Radio (POL)	
		3AC	Monaco Radio (MCO)	
		EHY	Madrid Radio (E)	
		UCY2	Astrachan Radio (URS)	
		9LL	Freetown Radio (SRL)	
		S9M	Sao Tome Radio (STP)	
		9VG	Singapore Radio (SNG)	
		A7D	Doha Radio (QAT)	
		JYO	Aqaba Radio (JOR)	
		KMI	Dixon Radio (USA)	
		WAH	Virgin Islands Radio (VIR)	
		OBC3	Callao Radio (PRU)	
8731	SSB		Küstenfunkstationen Sprechfunk-Kanal 805	8207
		OSU	Oostende Radio (BEL)	
		PCG	Scheveningen Radio (HOL)	
		TFA	Reykjavik Radio (ISL)	
		4XO	Haifa Radio (ISR)	
		ZAD	Durres Radio (ALB)	
		UFL	Vladivostok Radio (URS)	
		UPB	Providenia Bukhta Radio (URS)	
		ETC	Assab Radio (ETH)	
		ZSC	Capetown Radio (AFS)	
		EQI	Abbas Radio (IRN)	
		FJP	Noumea Radio (NCL)	
		P2M	Port Moresby Radio (PNG)	
		P2R	Rabaul Radio (PNG)	
		WOM	Miami High Seas Radio (USA)	
		HCG	Guayaquil Radio (EQA)	
8734	SSB		Küstenfunkstationen Sprechfunk-Kanal 806	8210
		OSU	Oostende Radio (BEL)	
		PCG	Scheveningen Radio (HOL)	
		SPC44	Gdynia Radio (POL)	
		ICB	Genova Radio (I)	
		SVN42	Athens Radio (GRC)	
		TUA	Abidjan Radio (CTI)	
		A9M	Bahrain Radio (BHR)	
		S3D	Chittagong Radio (BGD)	
		KUQ	Pago Pago Radio (SMA)	
		VIP	Perth Radio (AUS)	
8737	SSB		Küstenfunkstationen Sprechfunk-Kanal 807	8213
		TFA	Reykjavik Radio (ISL)	
		5BA	Cyprus Radio (CYP)	
		9HD	Malta Radio (MLT)	
		URD	St.Petersburg Radio (URS)	
		5TA	Nouadhibou Radio (MTN)	
		ZBI	Ascension Radio (ASC)	
		ZHH	St.Helena Radio (SHN)	
		8Q2	Male Radio (MLD)	
		9WH20	Kota Kinabalu Radio (MLA)	
		ZLW	Wellington Radio (NZL)	
		VAI	Vancouver Coast Guard (CAN)	
		WGK	St.Louis Radio (USA)	
8740	SSB		Küstenfunkstationen Sprechfunk-Kanal 808	8216
		OXZ	Lyngby Radio (DNK)	
		SVN43	Athens Radio (GRC)	
		YKM7	Lattakia Radio (SYR)	
		ZBI	Ascension Radio (ASC)	
		ZSD	Durban Radio (AFS)	
		DYO	Cebu Radio (PHL)	

8740		DZO	Bulacan Radio (PHL)	
		HZG	Dammam Radio (ARS)	
		WOO	Ocean Gate Radio (USA)	
		C6N55	Coral Harbour Radio (BAH)	
		LPZ	Trelew Radio (ARG)	
		PVD7	Almirante Barroso Oil Terminal (B)	
		PZN	Paramaribo Radio (SUR)	
		ZXA4	Tedut Oil Terminal (B)	
8743	SSB		Küstenfunkstationen Sprechfunk-Kanal 809	8219
		LFL5	Rogaland Radio (NOR)	
		TFA	Reykjavik Radio (ISL)	
		7TF	Boufarik Radio (ALG)	
		SVN44	Athens Radio (GRC)	
		9KK	Kuwait Radio (KWT)	
		ASK	Karachi Radio (PAK)	
		KMI	Dixon Radio (USA)	
		CLA	La Habana Radio (CUB)	
		WAH	Virgin Islands Radio (VIR)	
		XFA	Acapulco Radio (MEX)	
		XFB	Ciudad del Carmen Radio (MEX)	
		XFC	Cozumel Radio (MEX)	
8746	SSB		Küstenfunkstationen Sprechfunk-Kanal 810	8222
		LFL6	Rogaland Radio (NOR)	
		SPO41	Szczecin Radio (POL)	
		EHY	Madrid Radio (E)	
		TAN	Istanbul Radio (TUR)	
		YUR	Rijeka Radio (YUG)	
		EQM	Bushehr Radio (IRN)	
		JBO	Tokyo Radio (J)	
		PKB	Belawan Radio (INS)	
		PKN	Balikpapan Radio (INS)	
		XSQ	Guangzhou Radio (CHN)	
		3DP	Suva Radio (FJI)	
		WOM	Miami High Seas Radio (USA)	
		LPB	Corrientes Radio (ARG)	
8749	SSB		Küstenfunkstationen Sprechfunk-Kanal 811	8225
		HAR	Budapest Radio (HNG)	
		LFL7	Rogaland Radio (NOR)	
		OXZ	Lyngby Radio (DNK)	
		TAN	Istanbul Radio (TUR)	
		HZG	Dammam Radio (ARS)	
		VPS	Hongkong Radio (HKG)	
		VID	Darwin Radio (AUS)	
		VIM	Melbourne Radio (AUS)	
		VIP	Perth Radio (AUS)	
		WOO	Ocean Gate Radio (USA)	
		LPM	Mar del Plata Radio (ARG)	
8752	SSB		Küstenfunkstationen Sprechfunk-Kanal 812	8228
		OSU	Oostende Radio (BEL)	
		SPC41	Gdynia Radio (POL)	
		4XO	Haifa Radio (ISR)	
		9PA	Banana Radio (ZAI)	
		DZF	Bacoor Radio (PHL)	
		JBO	Tokyo Radio (J)	
		PKX	Jakarta Radio (INS)	
		XSG	Shanghai Radio (CHN)	
		ZLW	Wellington Radio (NZL)	
		VFF	Iqaluit Coast Guard (CAN)	
		6YI	Kingston Radio (JMC)	
		LPC	Ushuaia Radio (ARG)	
8755	SSB		Küstenfunkstationen Sprechfunk-Kanal 813	8231
		HAR	Budapest Radio (HNG)	
		LFL8	Rogaland Radio (NOR)	
		OSU	Oostende Radio (BEL)	

8755		OXZ	Lyngby Radio (DNK)	
		7TF	Boufarik Radio (ALG)	
		CTV	Monsanto Radionaval (POR)	
		CUL	Lisboa Radio (POR)	
		YKO	Tartous Radio (SYR)	
		D4A	Sao Vicente Radio (CPV)	
		J5M	Bissau Radio (GNB)	
		9WH20	Kota Kinabalu Radio (MLA)	
		BVA	Taipei Radio (TWN)	
		VWB	Bombay Radio (IND)	
8758	SSB		Küstenfunkstationen Sprechfunk-Kanal 814	8234
		IAR	Roma Radio (I)	
		UGH2	Yuzhno-Sakhalinsk Radio (URS)	
		S9M	Sao Tome Radio (STP)	
			Stationen der PERTAMINA (INS)	
		HSA	Bangkok Radio (THA)	
		JBO	Tokyo Radio (J)	
		T3K	Tarawa Radio (KIR)	
		ZJU	Funafuti Radio (TUV)	
		WOM	Miami High Seas Radio (USA)	
		CLA	La Habana Radio (CUB)	
		LPL	General Pacheco Radio (ARG)	
8761	SSB		Küstenfunkstationen Sprechfunk-Kanal 815	8237
		DAK	Norddeich Radio (D)	
		OSU	Oostende Radio (BEL)	
		SVN46	Athens Radio (GRC)	
		UFN	Novorossiisk Radio (URS)	
		9PA	Banana Radio (ZAI)	
		9VG	Singapore Radio (SNG)	
		XSQ	Guangzhou Radio (CHN)	
		YIR	Basrah Radio (IRQ)	
		VID	Darwin Radio (AUS)	
		VIP	Perth Radio (AUS)	
		WOO	Ocean Gate Radio (USA)	
8764	SSB		Küstenfunkstationen Sprechfunk-Kanal 816	8240
		GKU46	Portishead Radio (G)	
		PKG	Bandjarmasin Radio (INS)	
		PKP	Dumai Radio (INS)	
		FJA	Mahina Radio (OCE)	
		NMO	Honolulu Coast Guard (HWA)	
		NRV	Guam Coast Guard (GUM)	
		NMA	Miami Coast Guard Radio (USA)	
		NMC	San Francisco Coast Guard (USA)	
		NMF	Boston Coast Guard Radio (USA)	
		NMG	New Orleans Coast Guard (USA)	
		NMN	Portsmouth Coast Guard Radio (USA)	
		NOJ	Kodiak Coast Guard Radio (ALS)	
		8PO	Barbados Radio (BRB)	
		NMR	San Juan Coast Guard (PTR)	
		LPG	Rio Gallegos Radio (ARG)	
8767	SSB		Küstenfunkstationen Sprechfunk-Kanal 817	8243
		DAJ	Norddeich Radio (D)	
		FFL	Saint Lys Radio (F)	
		SUH	Alexandria Radio (EGY)	
		5RS	Tamatave Radio (MDG)	
		C2N	Nauru Radio (NRU)	
		VIA	Adelaide Radio (AUS)	
		VIT	Townsville Radio (AUS)	
		HPP	Panama Intelmar Radio (PNR)	
		XFK	La Paz Radio (MEX)	
		XFM	Manzanillo Radio (MEX)	
		XFP	Chetumal Radio (MEX)	
		XFQ	Salina Cruz Radio (MEX)	
8770	SSB		Küstenfunkstationen Sprechfunk-Kanal 818	8246

8770		OXZ	Lyngby Radio (DNK)	
		5AT	Tripoli Radio (LBY)	
		5BA	Cyprus Radio (CYP)	
		S7Q	Seychelles Radio (SEY)	
		TJC	Douala Radio (CME)	
		9MG	Penang Radio (MLA)	
		ASK	Karachi Radio (PAK)	
		XSG	Shanghai Radio (CHN)	
		YJM	Port Vila Radio (VUT)	
		LPW	Bahia Blanca Radio (ARG)	
		OCA4L	Bayovar Oil Terminal (PRU)	
8773	SSB		Küstenfunkstationen Sprechfunk-Kanal 819	8249
		GKU49	Portishead Radio (G)	
		IAR	Roma Radio (I)	
		SVN	Athens Radio (GRC)	
		7OA	Aden Radio (YEM)	
		DZS4	Manila Radio (PHL)	
		PKX	Jakarta Radio (INS)	
		HPP	Panama Intelmar Radio (PNR)	
		PPB	Sao Luis Radio (B)	
		PPC	Itajai Radio (B)	
		PPJ	Juncao Radio (B)	
		PPL	Belem Radio (B)	
		PPM	Manaus Radio (B)	
		PPN	Natal Radio (B)	
		PPO	Olinda Radio (B)	
		PPR	Rio de Janeiro Radio (B)	
		PPT	Santarem Radio (B)	
8776	SSB		Küstenfunkstationen Sprechfunk-Kanal 820	8252
		DAI	Norddeich Radio (D)	
		5BA	Cyprus Radio (CYP)	
		IAR	Roma Radio (I)	
		SVN	Athens Radio (GRC)	
		9PA	Banana Radio (ZAI)	
		D4D	Praia Radio (CPV)	
		JBO	Tokyo Radio (J)	
		5WA	Apia Radio (SMO)	
8779	SSB		Küstenfunkstationen Sprechfunk-Anrufkanal 821	8255
		LFL	Rogaland Radio (NOR)	
		OSU	Oostende Radio (BEL)	
		PCG	Scheveningen Radio (HOL)	
		TFA	Reykjavik Radio (ISL)	
		3AC	Monaco Radio (MCO)	
		IAR	Roma Radio (I)	
		5TA	Nouadhibou Radio (MTN)	
		9PA	Banana Radio (ZAI)	
		ETC	Assab Radio (ETH)	
		S9M	Sao Tome Radio (STP)	
		ZSC	Capetown Radio (AFS)	
		ZSD	Durban Radio (AFS)	
		ZSQ	Port Elizabeth Radio (AFS)	
		8Q2	Male Radio (MLD)	
		9KK	Kuwait Radio (KWT)	
		9MG	Penang Radio (MLA)	
		9VG	Singapore Radio (SNG)	
		9WH20	Kota Kinabalu Radio (MLA)	
		A4M	Musqat Radio (OMA)	
		A7D	Doha Radio (QAT)	
		BVA	Taipei Radio (TWN)	
		DZK	Bulacan Radio (PHL)	
		HZG	Dammam Radio (ARS)	
		JBO	Tokyo Radio (J)	
		JYO	Aqaba Radio (JOR)	
		S3D	Chittagong Radio (BGD)	

8779		S3E	Khulna Radio (BGD)	
		ZKR	Rarotonga Radio (CKH)	
			mehrere Stationen (MEX)	
		HPP	Panama Intelmar Radio (PNR)	
			mehrere Stationen (B)	
			mehrere Stationen (ARG)	
		CBV	Valparaiso Radio (CHL)	
		CWF	Punta Carretas Radio (URG)	
		OBC3	Callao Radio (PRU)	
8782	SSB		Küstenfunkstationen Sprechfunk-Kanal 822	8258
		GKV42	Portishead Radio (G)	
		HAR	Budapest Radio (HNG)	
		HEB18	Bern Radio (SUI)	
		UJQ	Kiev Radio (UKR)	
		5ZF	Mombasa Radio (KEN)	
		TUA	Abidjan Radio (CTI)	
		S3E	Khulna Radio (BGD)	
		XSQ	Guangzhou Radio (CHN)	
		VIT	Townsville Radio (AUS)	
		KMI	Dixon Radio (USA)	
		PPL	Belem Radio (B)	
		PPR	Rio de Janeiro Radio (B)	
8785	SSB		Küstenfunkstationen Sprechfunk-Kanal 823	8261
		OXZ	Lyngby Radio (DNK)	
		ICB	Genova Radio (I)	
		SVN	Athens Radio (GRC)	
		UXN	Archangelsk Radio (URS)	
		YIR	Basrah Radio (IRQ)	
		VCS	Halifax Coast Guard (CAN)	
		LPO	Puerto Deseado Radio (ARG)	
8788	SSB		Küstenfunkstationen Sprechfunk-Kanal 824	8264
		DAP	Norddeich Radio (D)	
		HEB28	Bern Radio (SUI)	
		SPC42	Gdynia Radio (POL)	
		UMV	Murmansk Radio (URS)	
		9VG	Singapore Radio (SNG)	
		A4M	Musqat Radio (OMA)	
		BVA	Taipei Radio (TWN)	
		EQK	Khorramshahr Radio (IRN)	
		WLO	Mobile Radio (USA)	
		PPB	Sao Luis Radio (B)	
		PPJ	Juncao Radio (B)	
		PPO	Olinda Radio (B)	
		PPT	Santarem Radio (B)	
8791	SSB		Küstenfunkstationen Sprechfunk-Kanal 825	8267
		HAR	Budapest Radio (HNG)	
		OXZ	Lyngby Radio (DNK)	
		SAG	Göteborg Radio (S)	
		7TF	Boufarik Radio (ALG)	
		FFL	Saint Lys Radio (F)	
		UBE2	Petropavlovsk Radio (URS)	
		ZKR	Rarotonga Radio (CKH)	
		VFR	Resolute Coast Guard (CAN)	
		WOM	Miami High Seas Radio (USA)	
		8PO	Barbados Radio (BRB)	
		FJY4	St.Paul Radio (AMS)	
8794	SSB		Küstenfunkstationen Sprechfunk-Kanal 826	8270
		GKV46	Portishead Radio (G)	
		PCG	Scheveningen Radio (HOL)	
		IAR	Roma Radio (I)	
		A7D	Doha Radio (QAT)	
		PKA	Sabang Radio (INS)	
		PKD	Surabaya Radio (INS)	
		PKD5	Benoa Port Radio (INS)	

8794		PKE	Amboina Radio (INS)	
		PKK	Kupang Radio (INS)	
		VFA	Inuvik Coast Guard (CAN)	
		WLC	Rogers City Radio (USA)	
		WMI	Lorain Radio (USA)	
		WOO	Ocean Gate Radio (USA)	
		XDA	Mexico City Radio (MEX)	
		XFE	Ensenada Radio (MEX)	
		XFL	Mazatlan Radio (MEX)	
			Amuay Port Radio (VEN)	
		HKB	Barranquilla Radio (CLM)	
		HKC	Buenaventura Radio (CLM)	
8797	SSB		Küstenfunkstationen Sprechfunk-Kanal 827	8273
		OXZ	Lyngby Radio (DNK)	
		SAG	Göteborg Radio (S)	
		4XO	Haifa Radio (ISR)	
		YUW	Bar Radio (YUG)	
			Sapele Port Radio (NIG)	
		J2A	Djibouti Radio (DJI)	
		HLS	Seoul Radio (KOR)	
8800	SSB		Küstenfunkstationen Sprechfunk-Kanal 828	8276
		DAH	Norddeich Radio (D)	
		HAR	Budapest Radio (HNG)	
		LFL23	Rogaland Radio (NOR)	
		CNP	Casablanca Radio (MRC)	
		FFL	Saint Lys Radio (F)	
		ODR	Beirut Radio (LBN)	
		TJC	Douala Radio (CME)	
		DYD4	Iloilo Radio (PHL)	
		PKF	Makassar Radio (INS)	
		PKR	Semarang Radio (INS)	
		PKY4	Sorong Radio (INS)	
		PNK	Jayapura Radio (INS)	
		PPJ	Juncao Radio (B)	
		PPO	Olinda Radio (B)	
		PPR	Rio de Janeiro Radio (B)	
8803	SSB		Küstenfunkstationen Sprechfunk-Kanal 829	8279
		LFL24	Rogaland Radio (NOR)	
		OHG2	Helsinki Radio (FNL)	
		OSU	Oostende Radio (BEL)	
		OXZ	Lyngby Radio (DNK)	
		5AB	Benghazi Radio (LBY)	
		5BA	Cyprus Radio (CYP)	
		8Q2	Male Radio (MLD)	
		EQN	Bandar Khomeini Radio (IRN)	
		XSG	Shanghai Radio (CHN)	
		FJA	Mahina Radio (OCE)	
		VIA	Adelaide Radio (AUS)	
		VIB	Brisbane Radio (AUS)	
		VIS	Sydney Radio (AUS)	
		WLO	Mobile Radio (USA)	
		XDA	Mexico City Radio (MEX)	
		XFN	Progreso Radio (MEX)	
		XFU	Veracruz Radio (MEX)	
		XFY	Guaymas Radio (MEX)	
		ZPB	Asuncion Radio (PRG)	
8806	SSB		Küstenfunkstationen Sprechfunk-Kanal 830	8282
		SPO42	Szczecin Radio (POL)	
		FFL	Saint Lys Radio (F)	
		YUR	Rijeka Radio (YUG)	
		PKC	Palembang Radio (INS)	
		PKC4	Panjang Port Radio (INS)	
		PKM	Bitung Radio (INS)	
		WLO	Mobile Radio (USA)	

8806		PPL	Belem Radio (B)	
		PPM	Manaus Radio (B)	
		PPN	Natal Radio (B)	
		PPR	Rio de Janeiro Radio (B)	
8809	SSB		Küstenfunkstationen Sprechfunk-Kanal 831	8285
		GKW41	Portishead Radio (G)	
		HEB38	Bern Radio (SUI)	
		TFA	Reykjavik Radio (ISL)	
		IAR	Roma Radio (I)	
		TAN	Istanbul Radio (TUR)	
		5RS	Tamatave Radio (MDG)	
		9MG	Penang Radio (MLA)	
		ASK	Karachi Radio (PAK)	
		BVA	Taipei Radio (TWN)	
		WOM	Miami High Seas Radio (USA)	
8812	SSB		Küstenfunkstationen Sprechfunk-Kanal 832	8288
		VPS	Hongkong Radio (HKG)	

ALGERIA الجزائر

وزارة البريد والمواصلات السلكية واللاسلكية

MINISTERE DES POSTES ET TELECOMMUNICATIONS

SWL : Rainer BRANNOLTE on 17H34 UTC

CFM My Transmission 8-10-1982

QRG : 12662 KHz

TX : 7.5 KW

Mode CW - SSB - Fone. CW(A1)

Ant. : Omnidirectionnelle

QTH : ALGER

SERVICE RADIOELECTRIQUE

Name : ALGER-RADIO 7TA

Remarks : Merci pour votre rapport

Many tnx fr ur nice report. 73 es best.

Frequenzliste: 12-MHz-Bereich

Frequenz kHz	Betriebs-art	Ruf-zeichen	Station (Land)	Gegenfrequenz(en) Bemerkungen
12230	SSB		Schiffe	bis 12365 kHz / 3.0 kHz
12353	SSB		SIMPLEX-Kanal 12 A	
12356	SSB		SIMPLEX-Kanal 12 B	
12359	SSB		SIMPLEX-Kanal 12 C	
12362	SSB		SIMPLEX-Kanal 12 D	
12365	SSB		SIMPLEX-Kanal 12 E	
12422	CW		Arbeitsfrequenzen Schiffe	bis 12476.5 kHz
12477	RTTY		Schiffe	bis 12549.5 kHz / 0.5 kHz
12550	CW		Anrufkanal 1	
12550.5	CW		Anrufkanal 2	
12551	CW		Anrufkanal 5	
12551.5	CW		Anrufkanal 6	
12552	CW		Anrufkanal 3	
12552.5	CW		Anrufkanal 7	
12553	CW		Anrufkanal 8	
12553.5	CW		Anrufkanal 4	
12554	CW		Anrufkanal 9	
12554.5	CW		Anrufkanal 10	
12555	RTTY		Schiffe	bis 12576.5 kHz / 0.5 kHz
12577	S/C		Anruffrequenz für SELCALL	12577
12579	RTTY		NAVTEX-Frequenz FEC	
		NMF	Boston Coast Guard Radio (USA)	
12579.5	RTTY		Küstenfunkstationen RTTY 12MHz Serie 1	12477
		DCN	Norddeich Radio (D)	
		UMV	Murmansk Radio (URS)	
		S9M	Sao Tome Radio (STP)	
		9VG	Singapore Radio (SNG)	
		KFS	Palo Alto Radio (USA)	
12580	RTTY		Küstenfunkstationen RTTY 12MHz Serie 2	12477.5
		GKE5	Portishead Radio (G)	
		URD	St.Petersburg Radio (URS)	
		ZLW	Wellington Radio (NZL)	
		WNU	Slidell Radio (USA)	
12580.5	RTTY		Küstenfunkstationen RTTY 12MHz Serie 3	12478
		OST	Oostende Radio (BEL)	
		SPA64	Gdynia Radio (POL)	
		KFS	Palo Alto Radio (USA)	
12581	RTTY		Küstenfunkstationen RTTY 12MHz Serie 4	12478.5
		DCM	Norddeich Radio (D)	
		UFB	Odessa Radio (UKR)	
		JCS	Choshi Radio (J)	
		ZLW	Wellington Radio (NZL)	
12581.5	RTTY		Küstenfunkstationen RTTY 12MHz Serie 5	12479
		SPB	Szczecin Radio (POL)	
		VWB	Bombay Radio (IND)	
		WLO	Mobile Radio (USA)	
12582	RTTY		Küstenfunkstationen RTTY 12MHz Serie 6	12479.5
		VIP	Perth Radio (AUS)	
12582.5	RTTY		Küstenfunkstationen RTTY 12MHz Serie 7	12480
		FFL	Saint Lys Radio (F)	
12583	RTTY		Küstenfunkstationen RTTY 12MHz Serie 8	12480.5
		HPP	Panama Intelmar Radio (PNR)	
12583.5	RTTY		Küstenfunkstationen RTTY 12MHz Serie 9	12481
		UFB	Odessa Radio (UKR)	
		9MG	Penang Radio (MLA)	
		CBV	Valparaiso Radio (CHL)	

12584	RTTY		Küstenfunkstationen RTTY 12MHz Serie 10	12481.5
		UFN	Novorossiisk Radio (URS)	
		HZG	Dammam Radio (ARS)	
		VIS	Sydney Radio (AUS)	
12584.5	RTTY		Küstenfunkstationen RTTY 12MHz Serie 11	12482
		3AC	Monaco Radio (MCO)	
		UBN	Jdanov Radio (UKR)	
		JYO	Aqaba Radio (JOR)	
		XSQ	Guangzhou Radio (CHN)	
		WLO	Mobile Radio (USA)	
12585	RTTY		Küstenfunkstationen RTTY 12MHz Serie 12	12482.5
		PCH	Scheveningen Radio (HOL)	
		HLX	Seoul Radio (KOR)	
		NRV	Guam Coast Guard (GUM)	
		VIP	Perth Radio (AUS)	
12585.5	RTTY		Küstenfunkstationen RTTY 12MHz Serie 13	12483
		VPS	Hongkong Radio (HKG)	
		KPH	San Francisco Radio (USA)	
12586	RTTY		Küstenfunkstationen RTTY 12MHz Serie 14	12483.5
		LZW	Varna Radio (BUL)	
		VIS	Sydney Radio (AUS)	
12586.5	RTTY		Küstenfunkstationen RTTY 12MHz Serie 15	12484
		DCL	Norddeich Radio (D)	
		VWM	Madras Radio (IND)	
		WLO	Mobile Radio (USA)	
12587	RTTY		Küstenfunkstationen RTTY 12MHz Serie 16	12484.5
		OST	Oostende Radio (BEL)	
12587.5	RTTY		Küstenfunkstationen RTTY 12MHz Serie 17	12485
		SVS	Athens Radio (GRC)	
12588	RTTY		Küstenfunkstationen RTTY 12MHz Serie 18	12485.5
		HEC13	Bern Radio (SUI)	
		9MG	Penang Radio (MLA)	
12588.5	RTTY		Küstenfunkstationen RTTY 12MHz Serie 19	12486
		WNU	Slidell Radio (USA)	
12589	RTTY		Küstenfunkstationen RTTY 12MHz Serie 20	12486.5
		LGJ3	Rogaland Radio (NOR)	
		XSG	Shanghai Radio (CHN)	
		NMO	Honolulu Coast Guard (HWA)	
12589.5	RTTY		Küstenfunkstationen RTTY 12MHz Serie 21	12487
		FFL	Saint Lys Radio (F)	
		WCC	Chatham Radio (USA)	
12590	RTTY		Küstenfunkstationen RTTY 12MHz Serie 22	12487.5
		EDK5	Madrid Radio (E)	
		9VG	Singapore Radio (SNG)	
		JNA	Tokyo Coast Guard (J)	
		KPH	San Francisco Radio (USA)	
12590.5	RTTY		Küstenfunkstationen RTTY 12MHz Serie 23	12488
		UDH	Riga Radio (LET)	
		SVT	Athens Radio (GRC)	
		KLB	Seattle Radio (USA)	
12591	RTTY		Küstenfunkstationen RTTY 12MHz Serie 24	12488.5
		A7D	Doha Radio (QAT)	
		VPS	Hongkong Radio (HKG)	
12591.5	RTTY		Küstenfunkstationen RTTY 12MHz Serie 25	12489
		GKL5	Portishead Radio (G)	
		WLO	Mobile Radio (USA)	
12592	RTTY		Küstenfunkstationen RTTY 12MHz Serie 26	12489.5
		OXZ	Lyngby Radio (DNK)	
		JOS	Nagasaki Radio (J)	
		CLA	La Habana Radio (CUB)	
12592.5	RTTY		Küstenfunkstationen RTTY 12MHz Serie 27	12490
		UQB	Kholmsk Radio (URS)	
		NMN	Portsmouth Coast Guard Radio (USA)	
12593	RTTY		Küstenfunkstationen RTTY 12MHz Serie 28	12490.5

12593		GKP5	Portishead Radio (G)	
		KFS	Palo Alto Radio (USA)	
12593.5	RTTY		Küstenfunkstationen RTTY 12MHz Serie 29	12491
		WLO	Mobile Radio (USA)	
12594	RTTY		Küstenfunkstationen RTTY 12MHz Serie 30	12491.5
		DCF	Norddeich Radio (D)	
		UKA	Vladivostok Radio (URS)	
		PPR	Rio de Janeiro Radio (B)	
12594.5	RTTY		Küstenfunkstationen RTTY 12MHz Serie 31	12492
		A9M	Bahrain Radio (BHR)	
12595	RTTY		Küstenfunkstationen RTTY 12MHz Serie 32	12492.5
		CUL	Lisboa Radio (POR)	
12595.5	RTTY		Küstenfunkstationen RTTY 12MHz Serie 33	12493
		OFA	Helsinki Radio (FNL)	
		9PA	Banana Radio (ZAI)	
12596	RTTY		Küstenfunkstationen RTTY 12MHz Serie 34	12493.5
		3AC	Monaco Radio (MCO)	
		WLO	Mobile Radio (USA)	
12596.5	RTTY		Küstenfunkstationen RTTY 12MHz Serie 35	12494
		PCH	Scheveningen Radio (HOL)	
12597	RTTY		Küstenfunkstationen RTTY 12MHz Serie 36	12494.5
		SPB62	Szczecin Radio (POL)	
		UBE2	Petropavlovsk Radio (URS)	
		9VG	Singapore Radio (SNG)	
		CLA	La Habana Radio (CUB)	
12597.5	RTTY		Küstenfunkstationen RTTY 12MHz Serie 37	12495
		UFN	Novorossiisk Radio (URS)	
12598	RTTY		Küstenfunkstationen RTTY 12MHz Serie 38	12495.5
		SPA65	Gdynia Radio (POL)	
		WCC	Chatham Radio (USA)	
12598.5	RTTY		Küstenfunkstationen RTTY 12MHz Serie 39	12496
		UPB	Providenia Bukhta Radio (URS)	
		VCS	Halifax Coast Guard (CAN)	
12599	RTTY		Küstenfunkstationen RTTY 12MHz Serie 40	12496.5
		XSX	Keelung Radio (TWN)	
		WLO	Mobile Radio (USA)	
12599.5	RTTY		Küstenfunkstationen RTTY 12MHz Serie 41	12497
		IAR	Roma Radio (I)	
		UAT	Moskau Radio (URS)	
		J2A	Djibouti Radio (DJI)	
		VAI	Vancouver Coast Guard (CAN)	
12600	RTTY		Küstenfunkstationen RTTY 12MHz Serie 42	12497.5
		DHS	Rügen Radio (D)	
		7TK25	Boufarik Radio (ALG)	
		KPH	San Francisco Radio (USA)	
12600.5	RTTY		Küstenfunkstationen RTTY 12MHz Serie 43	12498
		HEC23	Bern Radio (SUI)	
		UAH	Tallin Radio (EST)	
12601	RTTY		Küstenfunkstationen RTTY 12MHz Serie 44	12498.5
		ZSC	Capetown Radio (AFS)	
12601.5	RTTY		Küstenfunkstationen RTTY 12MHz Serie 45	12499
		OXZ	Lyngby Radio (DNK)	
		LSD836	Argentina Radio (ARG)	
12602	RTTY		Küstenfunkstationen RTTY 12MHz Serie 46	12499.5
		XSG	Shanghai Radio (CHN)	
		LSD836	Argentina Radio (ARG)	
12602.5	RTTY		Küstenfunkstationen RTTY 12MHz Serie 47	12500
		KFS	Palo Alto Radio (USA)	
		LSD836	Argentina Radio (ARG)	
12603	RTTY		Küstenfunkstationen RTTY 12MHz Serie 48	12500.5
		GKY5	Portishead Radio (G)	
		KLC	Galveston Radio (USA)	
12603.5	RTTY		Küstenfunkstationen RTTY 12MHz Serie 49	12501
		HEC33	Bern Radio (SUI)	

12604	RTTY		Küstenfunkstationen RTTY 12MHz Serie 50	12501.5
		WLO	Mobile Radio (USA)	
12604.5	RTTY		Küstenfunkstationen RTTY 12MHz Serie 51	12502
12605	RTTY		Küstenfunkstationen RTTY 12MHz Serie 52	12502.5
		LGJ4	Rogaland Radio (NOR)	
		WNU	Slidell Radio (USA)	
12605.5	RTTY		Küstenfunkstationen RTTY 12MHz Serie 53	12503
		FFL	Saint Lys Radio (F)	
12606	RTTY		Küstenfunkstationen RTTY 12MHz Serie 54	12503.5
		ICB	Genova Radio (I)	
		WLO	Mobile Radio (USA)	
12606.5	RTTY		Küstenfunkstationen RTTY 12MHz Serie 55	12504
12607	RTTY		Küstenfunkstationen RTTY 12MHz Serie 56	12504.5
		GKQ5	Portishead Radio (G)	
12607.5	RTTY		Küstenfunkstationen RTTY 12MHz Serie 57	12505
		YUR	Rijeka Radio (YUG)	
		UXN	Archangelsk Radio (URS)	
		WNU	Slidell Radio (USA)	
12608	RTTY		Küstenfunkstationen RTTY 12MHz Serie 58	12505.5
12608.5	RTTY		Küstenfunkstationen RTTY 12MHz Serie 59	12506
12609	RTTY		Küstenfunkstationen RTTY 12MHz Serie 60	12506.5
12609.5	RTTY		Küstenfunkstationen RTTY 12MHz Serie 61	12507
12610	RTTY		Küstenfunkstationen RTTY 12MHz Serie 62	12507.5
12610.5	RTTY		Küstenfunkstationen RTTY 12MHz Serie 63	12508
12611	RTTY		Küstenfunkstationen RTTY 12MHz Serie 64	12508.5
12611.5	RTTY		Küstenfunkstationen RTTY 12MHz Serie 65	12509
12612	RTTY		Küstenfunkstationen RTTY 12MHz Serie 66	12509.5
12612.5	RTTY		Küstenfunkstationen RTTY 12MHz Serie 67	12510
12613	RTTY		Küstenfunkstationen RTTY 12MHz Serie 68	12510.5
12613.5	RTTY		Küstenfunkstationen RTTY 12MHz Serie 69	12511
12614	RTTY		Küstenfunkstationen RTTY 12MHz Serie 70	12511.5
		TAH	Istanbul Radio (TUR)	
12614.5	RTTY		Küstenfunkstationen RTTY 12MHz Serie 71	12512
12615	RTTY		Küstenfunkstationen RTTY 12MHz Serie 72	12512.5
12615.5	RTTY		Küstenfunkstationen RTTY 12MHz Serie 73	12513
12616	RTTY		Küstenfunkstationen RTTY 12MHz Serie 74	12513.5
12616.5	RTTY		Küstenfunkstationen RTTY 12MHz Serie 75	12514
12617	RTTY		Küstenfunkstationen RTTY 12MHz Serie 76	12514.5
12617.5	RTTY		Küstenfunkstationen RTTY 12MHz Serie 77	12515
12618	RTTY		Küstenfunkstationen RTTY 12MHz Serie 78	12515.5
12618.5	RTTY		Küstenfunkstationen RTTY 12MHz Serie 79	12516
12619	RTTY		Küstenfunkstationen RTTY 12MHz Serie 80	12516.5
12619.5	RTTY		Küstenfunkstationen RTTY 12MHz Serie 81	12517
12620	RTTY		Küstenfunkstationen RTTY 12MHz Serie 82	12517.5
12620.5	RTTY		Küstenfunkstationen RTTY 12MHz Serie 83	12518
12621	RTTY		Küstenfunkstationen RTTY 12MHz Serie 84	12518.5
		TAH	Istanbul Radio (TUR)	
12621.5	RTTY		Küstenfunkstationen RTTY 12MHz Serie 85	12519
12622	RTTY		Küstenfunkstationen RTTY 12MHz Serie 86	12519.5
12622.5	RTTY		Küstenfunkstationen RTTY 12MHz Serie 88	12520.5
12623	RTTY		Küstenfunkstationen RTTY 12MHz Serie 89	12521
12623.5	RTTY		Küstenfunkstationen RTTY 12MHz Serie 90	12521.5
12624	RTTY		Küstenfunkstationen RTTY 12MHz Serie 91	12522
12624.5	RTTY		Küstenfunkstationen RTTY 12MHz Serie 92	12522.5
12625	RTTY		Küstenfunkstationen RTTY 12MHz Serie 93	12523
12625.5	RTTY		Küstenfunkstationen RTTY 12MHz Serie 94	12523.5
12626	RTTY		Küstenfunkstationen RTTY 12MHz Serie 95	12524
12626.5	RTTY		Küstenfunkstationen RTTY 12MHz Serie 96	12524.5
12627	RTTY		Küstenfunkstationen RTTY 12MHz Serie 97	12525
12627.5	RTTY		Küstenfunkstationen RTTY 12MHz Serie 98	12525.5
12628	RTTY		Küstenfunkstationen RTTY 12MHz Serie 99	12526
12628.5	RTTY		Küstenfunkstationen RTTY 12MHz Serie 100	12526.5
12629	RTTY		Küstenfunkstationen RTTY 12MHz Serie 101	12527
12629.5	RTTY		Küstenfunkstationen RTTY 12MHz Serie 102	12527.5

12630	RTTY		Küstenfunkstationen RTTY 12MHz Serie 103	12528
12630.5	RTTY		Küstenfunkstationen RTTY 12MHz Serie 104	12528.5
12631	RTTY		Küstenfunkstationen RTTY 12MHz Serie 105	12529
12631.5	RTTY		Küstenfunkstationen RTTY 12MHz Serie 106	12529.5
12632	RTTY		Küstenfunkstationen RTTY 12MHz Serie 107	12530
12632.5	RTTY		Küstenfunkstationen RTTY 12MHz Serie 108	12530.5
12633	RTTY		Küstenfunkstationen RTTY 12MHz Serie 109	12531
12633.5	RTTY		Küstenfunkstationen RTTY 12MHz Serie 110	12531.5
12634	RTTY		Küstenfunkstationen RTTY 12MHz Serie 111	12532
12634.5	RTTY		Küstenfunkstationen RTTY 12MHz Serie 112	12532.5
12635	RTTY		Küstenfunkstationen RTTY 12MHz Serie 113	12533
12635.5	RTTY		Küstenfunkstationen RTTY 12MHz Serie 114	12533.5
12636	RTTY		Küstenfunkstationen RTTY 12MHz Serie 115	12534
12636.5	RTTY		Küstenfunkstationen RTTY 12MHz Serie 116	12534.5
12637	RTTY		Küstenfunkstationen RTTY 12MHz Serie 117	12535
12637.5	RTTY		Küstenfunkstationen RTTY 12MHz Serie 118	12535.5
12638	RTTY		Küstenfunkstationen RTTY 12MHz Serie 119	12536
12638.5	RTTY		Küstenfunkstationen RTTY 12MHz Serie 120	12536.5
12639	RTTY		Küstenfunkstationen RTTY 12MHz Serie 121	12537
12639.5	RTTY		Küstenfunkstationen RTTY 12MHz Serie 122	12537.5
12640	RTTY		Küstenfunkstationen RTTY 12MHz Serie 123	12538
		TAH	Istanbul Radio (TUR)	
12640.5	RTTY		Küstenfunkstationen RTTY 12MHz Serie 124	12538.5
12641	RTTY		Küstenfunkstationen RTTY 12MHz Serie 125	12539
12641.5	RTTY		Küstenfunkstationen RTTY 12MHz Serie 126	12539.5
12642	RTTY		Küstenfunkstationen RTTY 12MHz Serie 127	12540
12642.5	RTTY		Küstenfunkstationen RTTY 12MHz Serie 128	12540.5
12643	RTTY		Küstenfunkstationen RTTY 12MHz Serie 129	12541
12643.5	RTTY		Küstenfunkstationen RTTY 12MHz Serie 130	12541.5
12644	RTTY		Küstenfunkstationen RTTY 12MHz Serie 131	12542
12644.5	RTTY		Küstenfunkstationen RTTY 12MHz Serie 132	12542.5
12645	RTTY		Küstenfunkstationen RTTY 12MHz Serie 133	12543
12645.5	RTTY		Küstenfunkstationen RTTY 12MHz Serie 134	12543.5
12646	RTTY		Küstenfunkstationen RTTY 12MHz Serie 135	12544
		TAH	Istanbul Radio (TUR)	
12646.5	RTTY		Küstenfunkstationen RTTY 12MHz Serie 136	12544.5
12647	RTTY		Küstenfunkstationen RTTY 12MHz Serie 137	12545
12647.5	RTTY		Küstenfunkstationen RTTY 12MHz Serie 138	12545.5
12648	RTTY		Küstenfunkstationen RTTY 12MHz Serie 139	12546
12648.5	RTTY		Küstenfunkstationen RTTY 12MHz Serie 140	12546.5
12649	RTTY		Küstenfunkstationen RTTY 12MHz Serie 141	12547
12649.5	RTTY		Küstenfunkstationen RTTY 12MHz Serie 142	12547.5
12650	RTTY		Küstenfunkstationen RTTY 12MHz Serie 143	12548
12650.5	RTTY		Küstenfunkstationen RTTY 12MHz Serie 144	12548.5
12651	RTTY		Küstenfunkstationen RTTY 12MHz Serie 145	12549
12651.5	RTTY		Küstenfunkstationen RTTY 12MHz Serie 146	12549.5
12652	RTTY		Küstenfunkstationen RTTY 12MHz Serie 147	12555
12652.5	RTTY		Küstenfunkstationen RTTY 12MHz Serie 148	12555.5
12653	RTTY		Küstenfunkstationen RTTY 12MHz Serie 149	12556
12653.5	RTTY		Küstenfunkstationen RTTY 12MHz Serie 150	12556.5
12654	RTTY		Küstenfunkstationen RTTY 12MHz Serie 151	12557
		TAH	Istanbul Radio (TUR)	
12654.5	RTTY		Küstenfunkstationen RTTY 12MHz Serie 152	12557.5
12655	RTTY		Küstenfunkstationen RTTY 12MHz Serie 153	12558
12655.5	RTTY		Küstenfunkstationen RTTY 12MHz Serie 154	12558.5
12656	RTTY		Küstenfunkstationen RTTY 12MHz Serie 155	12559
12656.5	RTTY		Küstenfunkstationen RTTY 12MHz Serie 156	12559.5
12659	CW	LZW	Varna Radio (BUL)	
12659.5	CW	9VG	Singapore Radio (SNG)	
12660	CW	5AB	Benghazi Radio (LBY)	
12660	CW	9PA	Banana Radio (ZAI)	
12660	CW	S7Q	Seychelles Radio (SEY)	
12660	CW	YIR	Basrah Radio (IRQ)	
12660	CW	WLO	Mobile Radio (USA)	

12660	RTTY	LOK	Orcadas Radionaval (ANT)
12660.5	CW	UNQ	Novorossiisk Radio (URS)
12661	CW	UMV	Murmansk Radio (URS)
12661.5	CW	DYL3	Iloilo Radio (PHL)
12661.5	CW	XSG	Shanghai Radio (CHN)
12662	CW	7TF	Boufarik Radio (ALG)
12662	CW	XSL	Fuzhou Radio (CHN)
12664.5	CW	FUM	Navy Papeete (OCE)
12666.5	CW	5BA	Cyprus Radio (CYP)
12670	CW	SUZ	Serapeum Marine Radio (EGY)
12671	CW	VFA	Inuvik Coast Guard (CAN)
12671	CW	VFF	Iqaluit Coast Guard (CAN)
12673.5	CW	ETC	Assab Radio (ETH)
12673.5	CW	JOU	Nagasaki Radio (J)
12673.5	CW	CLA	La Habana Radio (CUB)
12674	CW	PPL	Belem Radio (B)
12675	CW	XFB	Ciudad del Carmen Radio (MEX)
12675	CW	XFK	La Paz Radio (MEX)
12675.5	CW	A4M	Musqat Radio (OMA)
12678	CW	FFS	Saint Lys Radio (F)
12678	CW	UQB	Kholmsk Radio (URS)
12678	CW	9MG	Penang Radio (MLA)
12678	CW	YJM	Port Vila Radio (VUT)
12679.8	CW	5RS	Tamatave Radio (MDG)
12680	CW	5AT	Tripoli Radio (LBY)
12681.5	CW	DHS	Rügen Radio (D)
12682.5	CW	LFC	Rogaland Radio (NOR)
12682.5	CW	ODR	Beirut Radio (LBN)
12682.5	CW	TNA	Pointe Noire Radio (COG)
12682.5	CW	PKE	Amboina Radio (INS)
12682.5	CW	PKF	Makassar Radio (INS)
12682.5	CW	PKP	Dumai Radio (INS)
12682.5	CW	PNK	Jayapura Radio (INS)
12687	CW	OFJ32	Helsinki Radio (FNL)
12687	CW	JCT	Choshi Radio (J)
12687	CW	PPR	Rio de Janeiro Radio (B)
12689	CW	LZL	Bourgas Radio (BUL)
12689	CW	PPL	Belem Radio (B)
12689.5	CW	PPJ	Juncao Radio (B)
12690	CW	ZAD	Durres Radio (ALB)
12691	CW	GXH	USNAVCOMMSTA Thurso (G)
12691	CW	FUX	Navy Le Port (REU)
12692.2	CW	ZRH	NAVCOMCEN Capetown (AFS)
12693	CW	URD	St.Petersburg Radio (URS)
12693.9	CW	ZRQ	NAVCOMCEN Capetown (AFS)
12695.5	CW	CNP	Casablanca Radio (MRC)
12695.5	CW	XSX	Keelung Radio (TWN)
12695.5	CW	KFS	Palo Alto Radio (USA)
12698	CW	ZSC	Capetown Radio (AFS)
12698	CW	A9M	Bahrain Radio (BHR)
12699	CW	YKI	Tartous Port Radio (SYR)
12699	CW	HPP	Panama Intelmar Radio (PNR)
12700	CW	D4A	Sao Vicente Radio (CPV)
12700	CW	D4D	Praia Radio (CPV)
12700	CW	EQM	Bushehr Radio (IRN)
12700	CW	EQN	Bandar Khomeini Radio (IRN)
12700	CW	EQQ	Khark Radio (IRN)
12700	CW	XSQ	Guangzhou Radio (CHN)
12700	CW	3DP	Suva Radio (FJI)
12700	CW	H4H	Honiara Radio (SLM)
12702	CW	DHS	Rügen Radio (D)
12702	CW	CTP	Navy Palhais (POR)
12703	CW	UNM2	Klaipeda Radio (LIT)
12703	CW	XFL	Mazatlan Radio (MEX)

12704.5	CW	PKD	Surabaya Radio (INS)	
12704.5	CW	PKM	Bitung Radio (INS)	
12704.5	CW	WLO	Mobile Radio (USA)	
12705	CW	DHJ59	Bundesmarine Wilhelmshaven (D)	
12705	CW	XSR	Haikou Radio (CHN)	
12706	CW	UQK	Riga Radio (LET)	
12706.5	CW	LST	YPF Buenos Aires Radio (ARG)	
12707	CW	9VG	Singapore Radio (SNG)	
12708	CW	XFQ	Salina Cruz Radio (MEX)	
12709	CW	LZL	Bourgas Radio (BUL)	
12709	CW	ELC	Monrovia Radio (LBR)	
12709	CW	ZSC	Capetown Radio (AFS)	
12709	CW	A9M	Bahrain Radio (BHR)	
12709	CW	FJP	Noumea Radio (NCL)	
12709	CW	8PO	Barbados Radio (BRB)	
12709	CW	8RB	Demerara Radio (GUY)	
12709	CW	LSA	Boca Radio (ARG)	
12709.2	CW	9HD	Malta Radio (MLT)	
12710	CW	VWB	Bombay Radio (IND)	
12710	CW	XSZ	Dalian Radio (CHN)	
12711	CW	HCG	Guayaquil Radio (EQA)	
12712	CW	HLW3	Seoul Radio (KOR)	
12714	CW	GKM	Portishead Radio (G)	
12714	CW	CBV	Valparaiso Radio (CHL)	
12716	CW	9VG	Singapore Radio (SNG)	
12718.5	CW	VWM	Madras Radio (IND)	
12718.5	CW	NMN	Portsmouth Coast Guard Radio (USA)	
12719.8	CW	ZLO	Navy Irirangi (NZL)	
12720	CW	SVI	Athens Radio (GRC)	
12720	CW	UPB	Providenia Bukhta Radio (URS)	
12721	CW	SPH61	Gdynia Radio (POL)	
12722	CW	FJY4	St.Paul Radio (AMS)	
12723	CW	UAH	Tallin Radio (EST)	
12724	CW	ZSC	Capetown Radio (AFS)	
12724	CW	9VG	Singapore Radio (SNG)	
12725	CW	OSN	Navy Oostende (BEL)	
12725	CW	OBC3	Callao Radio (PRU)	
12726	CW	CFH	Navy Halifax (CAN)	
12727	CW	HLJ2	Seoul Radio (KOR)	
12727.5	CW	LGJ	Rogaland Radio (NOR)	
12727.5	CW	XSL	Fuzhou Radio (CHN)	
12727.5	CW	XSW	Kaohsiung Radio (TWN)	
12727.5	FAX	NWC	USNAVCOMSTA Exmouth (AUS)	
12728	CW	YKM7	Lattakia Radio (SYR)	
12728	CW	J2A	Djibouti Radio (DJI)	
12728	CW	L2C	Buenos Aires Prefectura Naval (ARG)	
12729	CW	UFL	Vladivostok Radio (URS)	
12729	CW	XFN	Progreso Radio (MEX)	
12730	CW	UMV	Murmansk Radio (URS)	
12730	CW	NMC	San Francisco Coast Guard (USA)	
12732	CW	UBN	Jdanov Radio (UKR)	
12733.5	CW	9VG	Singapore Radio (SNG)	
12734	CW	XSP	Shantou Radio (CHN)	
12735	CW	URL	Sevastopol Radio (UKR)	
12735	CW	HLX	Seoul Radio (KOR)	
12736.5	CW	TCR	Tophane Kulesi Radio (TUR)	
12736.6	CW	TAH	Istanbul Radio (TUR)	
12738	CW	PPR	Rio de Janeiro Radio (B)	
12740	CW	XSD	Yingkou Radio (CHN)	
12740	CW	ZLB	Awarua Radio (NZL)	
12740	CW	XDA	Mexico City Radio (MEX)	
12741	CW	HWN	Marine Nationale Paris (F)	
12743	CW	NRV	Guam Coast Guard (GUM)	
12743	CW	CBV	Valparaiso Radio (CHL)	auch FAX

12745	CW	DHS	Rügen Radio (D)	
12745.5	CW	VWC	Calcutta Radio (IND)	
12745.5	FAX	JJC	Tokyo Meteo (J)	
12748	CW	IRM	Roma Medico Radio (I)	
12748	CW	CLA	La Habana Radio (CUB)	
12750	CW	VHI	NAVCOMSTA Darwin (AUS)	
12750	CW	NIK	Boston Coast Guard Radio (USA)	auch RTTY
12750	CW	CWA	Cerrito Radio (URG)	
12752	CW	CKN	Navy Aldergrove (CAN)	
12752	CW	C6N	Nassau Radio (BAH)	
12752	CW	XFA	Acapulco Radio (MEX)	
12752.5	CW	HZG	Dammam Radio (ARS)	
12753.5	CW	OXZ	Lyngby Radio (DNK)	
12755	CW	9GP23	Tema Radio (GHA)	
12755.5	CW	SAB6	Göteborg Radio (S)	
12757	CW	YQI	Constanta Radio (ROU)	
12759	CW	AOK	USNAVCOMSTA Rota (E)	
12760	CW	IRM	Roma Medico Radio (I)	
12760	CW	UCO	Ialta Radio (UKR)	
12763.5	CW	DAM	Norddeich Radio (D)	
12763.5	CW	LPD	General Pacheco Radio (ARG)	
12768	CW	PCH	Scheveningen Radio (HOL)	
12772.5	CW	ZSC	Capetown Radio (AFS)	
12775	CW	XFU	Veracruz Radio (MEX)	
12780	CW	HAR	Budapest Radio (HNG)	
12780.5	CW	YUR	Rijeka Radio (YUG)	
12781.5	CW	OST	Oostende Radio (BEL)	
12781.5	CW	9MB	Navy Lumut (MLA)	
12785	CW	XSX	Keelung Radio (TWN)	
12786	CW	DZW	Manila Radio (PHL)	
12788.5	CW	GKD	Portishead Radio (G)	
12790	CW	GKG	Portishead Radio (G)	
12790	CW	XST	Qingdao Radio (CHN)	
12790.5	CW	XFF2	Pajaritos Radio (MEX)	
12791.5	CW	GKH	Portishead Radio (G)	
12792	CW	HZG	Dammam Radio (ARS)	
12792	CW	CLA	La Habana Radio (CUB)	
12795	CW	UXN	Archangelsk Radio (URS)	
12795	CW	OBQ5	Iquitos Radio (PRU)	
12795	CW	PWZ33	Rio de Janeiro Radionaval (B)	
12797	CW	UDK2	Murmansk Naval Radio (URS)	
12799.5	CW	PCH	Scheveningen Radio (HOL)	
12799.5	CW	XSZ	Dalian Radio (CHN)	
12800	CW	HSA	Bangkok Radio (THA)	
12801	CW	TAH	Istanbul Radio (TUR)	
12804	FAX	NKW	USNAVCOMSTA Diego Garcia (BIO)	
12806	CW	3VP	La Skhirra Radio (TUN)	
12807.8	CW	GYA	RNWS Whitehall (G)	
12808.5	CW	VTG	NAVCOMCEN Bombay (IND)	
12808.5	CW	KPH	San Francisco Radio (USA)	
12811.3	CW	HZY	Ras Tanura Radio (ARS)	
12815	CW	GKF5	Portishead Radio (G)	
12815	CW	XFY	Guaymas Radio (MEX)	
12816	CW	DZA	Mandaluyong Radio (PHL)	
12817	CW	S9M	Sao Tome Radio (STP)	
12817.5	CW	9VG	Singapore Radio (SNG)	
12817.5	CW	XSU	Yantai Radio (CHN)	
12818	RTTY	SAB63	Göteborg Radio (S)	
12820	CW	VWA1	Ramnagar Port Radio (IND)	
12822	CW	GKA	Portishead Radio (G)	
12822	CW	DZF	Bacoor Radio (PHL)	
12822	CW	XSV	Tianjin Radio (CHN)	
12824	CW	XFC	Cozumel Radio (MEX)	
12824.2	CW	GYU	RNWS Gibraltar (GIB)	

12826.5	CW	SPH62	Gdynia Radio (POL)
12826.5	CW	JCS	Choshi Radio (J)
12826.5	CW	WNU	Slidell Radio (USA)
12828.7	FAX	UJQ	Kiev Radio (UKR)
12829.5	CW	XFM	Manzanillo Radio (MEX)
12831	CW	3BA	Mauritius Radio (MAU)
12831	CW	9MG	Penang Radio (MLA)
12832.5	CW	DAF	Norddeich Radio (D)
12833	CW	SVF	Athens Radio (GRC)
12833.5	CW	DZP	Novaliches Radio (PHL)
12835.4	CW	GKB	Portishead Radio (G)
12836	CW	XDA	Mexico City Radio (MEX)
12840	CW	LZW	Varna Radio (BUL)
12840	CW	JMC	Tokyo Meteo (J)
12840	CW	VTF	NAVCOMCEN Bombay (IND)
12840	CW	VTP	NAVCOMCEN Vishakapatnam (IND)
12840	CW	PPJ	Juncao Radio (B)
12840	CW	PPO	Olinda Radio (B)
12840.5	RTTY	PBC	Navy Goeree (HOL)
12843	CW	HLO	Seoul Radio (KOR)
12843	CW	XFP	Chetumal Radio (MEX)
12843	CW	UGE2	Bellingshausen Radio (ANT)
12844.5	CW	KFS	Palo Alto Radio (USA)
12844.5	FAX	GZZ44	RNWS London (G)
12846	CW	DZE	Mandaluyong Radio (PHL)
12847	CW	WCC	Chatham Radio (USA)
12847.5	CW	JFA	Matsudo Radio (J)
12849	CW	ZSJ	NAVCOMCEN Simonstown (AFS)
12853.5	CW	PCH	Scheveningen Radio (HOL)
12853.5	CW	HKC	Buenaventura Radio (CLM)
12855	CW	XDA	Mexico City Radio (MEX)
12855.8	CW	4WD3	Hodeidah Radio (YEM)
12856	CW	XSG	Shanghai Radio (CHN)
12857.5	CW	6WW	Navy Dakar (SEN)
12858	CW	GKI	Portishead Radio (G)
12858	CW	DZD	Antipolo Radio (PHL)
12859	CW	SVD	Athens Radio (GRC)
12860	CW	4XO	Haifa Radio (ISR)
12860.5	CW	DHS	Rügen Radio (D)
12860.8	CW	5RS	Tamatave Radio (MDG)
12862.5	CW	DZZ	Manila Radio (PHL)
12864	CW	XSW	Kaohsiung Radio (TWN)
12867	CW	XYR	Yangon Radio (BRM)
12869	CW	WNU	Slidell Radio (USA)
12870	CW	UKA	Vladivostok Radio (URS)
12870	CW	DZO	Bulacan Radio (PHL)
12871.5	CW	GKJ	Portishead Radio (G)
12871.5	CW	XSG	Shanghai Radio (CHN)
12871.5	CW	KUQ	Pago Pago Radio (SMA)
12872	CW	SPE62	Szczecin Radio (POL)
12874	CW	VCS	Halifax Coast Guard (CAN)
12876	CW	LFJ	Rogaland Radio (NOR)
12876	CW	XSM	Xiamen Radio (CHN)
12876	CW	VAI	Vancouver Coast Guard (CAN)
12877	CW	XSQ	Guangzhou Radio (CHN)
12878	CW	JCU	Choshi Radio (J)
12878	CW	CLS	Flota de Pesca Radio (CUB)
12879.5	CW	WSC	Tuckerton Radio (USA)
12880.5	CW	SAG6	Göteborg Radio (S)
12882	CW	DZG	Las Pinas Radio (PHL)
12885	CW	9YL	North Post Radio (TRD)
12886.5	CW	WLO	Mobile Radio (USA)
12887.5	CW	EAD	Madrid Radio (E)
12888	CW	DZK	Bulacan Radio (PHL)

12889.5	CW	XSE	Qinhuangdao Radio (CHN)
12889.5	CW	NMO	Honolulu Coast Guard (HWA)
12890	CW	XSJ	Zhanjiang Radio (CHN)
12891	CW	UFN	Novorossiisk Radio (URS)
12895	CW	9KK	Kuwait Radio (KWT)
12898	CW	XSG	Shanghai Radio (CHN)
12898.5	CW	DAN	Norddeich Radio (D)
12900	CW	DXF	Davao Radio (PHL)
12900	CW	XVG	Hai Phong Radio (VTN)
12902	CW	HLJ	Seoul Radio (KOR)
12904.5	CW	KLC	Galveston Radio (USA)
12906	CW	DZJ	Bulacan Radio (PHL)
12907	CW	KLB	Seattle Radio (USA)
12907.5	CW	YUR	Rijeka Radio (YUG)
12907.5	CW	VHP	NAVCOMSTA Canberra (AUS)
12907.5	CW	VIX	Sydney Radio (AUS)
12909	CW	DHS	Rügen Radio (D)
12910	CW	UAT	Moskau Radio (URS)
12910	CW	CLY	La Habana Radionaval (CUB)
12912	CW	UHK	Batumi Radio (URS) Georgien
12912	CW	XSH	Basuo Radio (CHN)
12912.6	CW	FFL	Saint Lys Radio (F)
12916.5	CW	OXZ	Lyngby Radio (DNK)
12916.5	CW	HLF	Seoul Radio (KOR)
12919	CW	UFN	Novorossiisk Radio (URS)
12919	CW	CLS	Flota de Pesca Radio (CUB)
12923	CW	HLW2	Seoul Radio (KOR)
12925	CW	9KK	Kuwait Radio (KWT)
12925.5	CW	4PB	Colombo Radio (CLN)
12925.5	CW	WCC	Chatham Radio (USA)
12928	CW	SPH63	Gdynia Radio (POL)
12930.5	CW	JYO	Aqaba Radio (JOR)
12934.5	CW	EAD	Madrid Radio (E)
12935	CW	UHK	Batumi Radio (URS) Georgien
12935	CW	HLG	Seoul Radio (KOR)
12936	CW	DZN	Navotas Radio (PHL)
12939	CW	SPE61	Szczecin Radio (POL)
12940	CW	LZW	Varna Radio (BUL)
12942	CW	SVG	Athens Radio (GRC)
12942	CW	JNA	Tokyo Coast Guard (J)
12943.5	CW	CUL	Lisboa Radio (POR)
12943.5	CW	9MG	Penang Radio (MLA)
12944.9	CW	ZLP	Navy Irirangi (NZL)
12948	CW	DYV	Iloilo Radio (PHL)
12950	CW	UFB	Odessa Radio (UKR)
12951.5	CW	DYH	Cebu Radio (PHL)
12952.2	CW	VIS	Sydney Radio (AUS)
12954	CW	LZL	Bourgas Radio (BUL)
12954	CW	DZU	Pasig Radio (PHL)
12954	CW	XSG	Shanghai Radio (CHN)
12954	CW	CLS	Flota de Pesca Radio (CUB)
12955	CW	UFL	Vladivostok Radio (URS)
12958.5	CW	PPO	Olinda Radio (B)
12961.5	CW	LFI	Rogaland Radio (NOR)
12963	CW	HAR	Budapest Radio (HNG)
12963.5	CW	ZHH	St.Helena Radio (SHN)
12966	CW	VWB	Bombay Radio (IND)
12966.3	CW	A7D	Doha Radio (QAT)
12969	CW	XSV	Tianjin Radio (CHN)
12970.5	CW	SUH	Alexandria Radio (EGY)
12970.5	CW	PKB	Belawan Radio (INS)
12970.5	CW	PKX	Jakarta Radio (INS)
12970.5	CW	PKY4	Sorong Radio (INS)
12970.5	RTTY	9GP23	Tema Radio (GHA)

12972	CW	HAR	Budapest Radio (HNG)	
12972	CW	DZH	Manila Radio (PHL)	
12973	CW	XSQ	Guangzhou Radio (CHN)	
12975	CW	IQX	Trieste Radio (I)	
12977	CW	URL	Sevastopol Radio (UKR)	
12978	CW	ICB	Genova Radio (I)	
12979.5	CW	VIS	Sydney Radio (AUS)	
12979.5	CW	PPL	Belem Radio (B)	
12980	CW	PKB20	Lhokseumawe Pertamina Radio (INS)	
12980	CW	PKI2	Jakarta Pertamina Radio (INS)	
12980	CW	PKN7	Bontang Pertamina Radio (INS)	
12980	CW	PKR6	Cilacap Pertamina Radio (INS)	
12983	CW		Naval Time Signal Station, Belconnen (AUS)	
12984	CW	4XZ	Haifa Naval Radio (ISR)	
12984	CW	DZM	Bulacan Radio (PHL)	
12987	CW	YKM5	Baniyas Port Radio (SYR)	
12988.5	CW	3BM	Bigara Meteo (MAU)	
12988.5	CW	LPD	General Pacheco Radio (ARG)	
12990	CW	UKK3	Nakhodka Radio (URS)	
12992	CW	WLO	Mobile Radio (USA)	auch RTTY
12993	CW	D4A	Sao Vicente Radio (CPV)	
12994	CW	VIP	Perth Radio (AUS)	
12995.3	CW	ELZ	Cape Palmas Radio (LBR)	
12996	CW	IAR	Roma Radio (I)	
12997	CW	XSQ	Guangzhou Radio (CHN)	
12997.5	CW	UFB	Odessa Radio (UKR)	
12998	CW	SXA	Navy Athens (GRC)	
12999.5	CW	CTV	Monsanto Radionaval (POR)	
13000	CW	UBE2	Petropavlovsk Radio (URS)	
13002	CW	KPH	San Francisco Radio (USA)	
13002.5	RTTY	CTV	Monsanto Radionaval (POR)	
13005.5	CW	HLW	Seoul Radio (KOR)	
13006.5	CW	GKK	Portishead Radio (G)	
13006.5	CW	XFE	Ensenada Radio (MEX)	
13008	CW	DZI	Bacoor Radio (PHL)	
13008	CW	JOR	Nagasaki Radio (J)	
13011	CW	IAR	Roma Radio (I)	
13011	CW	AQP	NAVCOMCEN Karachi (PAK)	
13011	CW	WNU	Slidell Radio (USA)	
13014	CW	DYM	Cebu Radio (PHL)	
13014.5	CW	XDA	Mexico City Radio (MEX)	
13015.5	CW	IAR	Roma Radio (I)	
13015.5	CW	OBQ5	Iquitos Radio (PRU)	
13019.8	CW	GKC	Portishead Radio (G)	
13020.4	CW	VPS	Hongkong Radio (HKG)	
13021.2	CW	FUF	Navy Fort-de-France (MRT)	
13022	CW	SPE63	Szczecin Radio (POL)	
13023	CW	D3E	Luanda Radio (AGL)	
13024	CW	A7D	Doha Radio (QAT)	
13024	CW	ASK	Karachi Radio (PAK)	
13024	CW	S3E	Khulna Radio (BGD)	
13024.9	CW	WLO	Mobile Radio (USA)	
13027.5	CW	DAL	Norddeich Radio (D)	
13029	CW	SVB	Athens Radio (GRC)	
13029	CW	UQB	Kholmsk Radio (URS)	
13030	CW	URD	St.Petersburg Radio (URS)	
13031	CW	VPS	Hongkong Radio (HKG)	
13033.5	CW	WCC	Chatham Radio (USA)	
13038	CW	KLC	Galveston Radio (USA)	
13040	CW	UFN	Novorossiisk Radio (URS)	
13041	CW	UFB	Odessa Radio (UKR)	
13042	CW	P2M	Port Moresby Radio (PNG)	
13042	CW	P2R	Rabaul Radio (PNG)	
13042.5	CW	9LL	Freetown Radio (SRL)	

13042.5	CW	C9C	Maputo Radionaval (MOZ)	
13042.5	CW	FUV	Navy Djibouti (DJI)	
13042.5	CW	XVS	Ho-Chi-Minh-Ville Radio (VTN)	
13042.5	CW	PJC	Curacao Radio (ATN)	
13043	CW	XDD	Mexico City Meteo (MEX)	
13044	CW	VPS	Hongkong Radio (HKG)	
13046	CW	PZN	Paramaribo Radio (SUR)	
13047	CW	SVA	Athens Radio (GRC)	
13047	CW	D4A	Sao Vicente Radio (CPV)	
13049.5	CW	HPP	Panama Intelmar Radio (PNR)	
13051.5	CW	4XO	Haifa Radio (ISR)	
13051.5	CW	ASK	Karachi Radio (PAK)	
13054	CW	JDC	Choshi Radio (J)	
13054	CW	XSQ	Guangzhou Radio (CHN)	
13055	CW	LSA	Boca Radio (ARG)	
13056	CW	C9L2	Maputo Radio (MOZ)	
13056	CW	C9L6	Mocambique Radio (MOZ)	
13056	CW	S3D	Chittagong Radio (BGD)	
13058	CW	TEC	Ocean Radio (CTR)	
13059	CW	EBA	Madrid Radionaval (E)	
13059	RTTY	EBA	Madrid Radionaval (E)	
13060	CW	SUP	Port Said Radio (EGY)	
13060.5	CW	7OA	Aden Radio (YEM)	
13061	CW	TUA	Abidjan Radio (CTI)	
13062	CW	CLA	La Habana Radio (CUB)	
13062.5	CW	DHS	Rügen Radio (D)	
13063	CW	JDB	Nagasaki Radio (J)	
13063.5	CW	WSC	Tuckerton Radio (USA)	
13065	CW	EAD	Madrid Radio (E)	
13065	CW	5OW	Lagos Radio (NIG)	
13065	CW	5ZF	Mombasa Radio (KEN)	
13065	CW	6YI	Kingston Radio (JMC)	
13065	CW	LPC	Ushuaia Radio (ARG)	
13067	CW	OST	Oostende Radio (BEL)	
13067	CW	CTH	Horta Radionaval (AZR)	
13069	CW	TJC	Douala Radio (CME)	
13069.5	CW	EQA	Abadan Radio (IRN)	
13069.5	CW	EQI	Abbas Radio (IRN)	
13069.5	CW	EQK	Khorramshahr Radio (IRN)	
13069.5	CW	EQR	Lavan Radio (IRN)	
13069.5	CW	JOS	Nagasaki Radio (J)	
13070	CW	UDH	Riga Radio (LET)	
13070	RTTY	CTH	Horta Radionaval (AZR)	
13073.8	CW	FFT6	Saint Lys Radio (F)	
13074.3	CW	6VA	Dakar Radio (SEN)	
13076.5	CW	JNA	Tokyo Coast Guard (J)	
13076.7	CW	HZG	Dammam Radio (ARS)	
13077	SSB		Küstenfunkstationen Sprechfunk-Kanal 1201	12230
		GKT51	Portishead Radio (G)	
		5BA	Cyprus Radio (CYP)	
		EHY	Madrid Radio (E)	
		UAT	Moskau Radio (URS)	
		UFL	Vladivostok Radio (URS)	
		A7D	Doha Radio (QAT)	
		BVA	Taipei Radio (TWN)	
		PKB	Belawan Radio (INS)	
		PKF	Makassar Radio (INS)	
		KMI	Dixon Radio (USA)	
		VFF	Iqaluit Coast Guard (CAN)	
		WAH	Virgin Islands Radio (VIR)	
13080	SSB		Küstenfunkstationen Sprechfunk-Kanal 1202	12233
		GKT52	Portishead Radio (G)	
		HAR	Budapest Radio (HNG)	
		HEB13	Bern Radio (SUI)	

13080		SVN	Athens Radio (GRC)	
		HZG	Dammam Radio (ARS)	
		S3D	Chittagong Radio (BGD)	
		3DP	Suva Radio (FJI)	
		KMI	Dixon Radio (USA)	
		WFN	Jeffersonville Radio (USA)	
		WGK	St.Louis Radio (USA)	
		WAH	Virgin Islands Radio (VIR)	
		CBM9	Punta Arenas Radio (CHL)	
13083	SSB		Küstenfunkstationen Sprechfunk-Kanal 1203	12236
		OXZ	Lyngby Radio (DNK)	
		SAG	Göteborg Radio (S)	
		5AT	Tripoli Radio (LBY)	
		CUL	Lisboa Radio (POR)	
		J5M	Bissau Radio (GNB)	
		XSG	Shanghai Radio (CHN)	
		YIR	Basrah Radio (IRQ)	
		VIS	Sydney Radio (AUS)	
		VIT	Townsville Radio (AUS)	
		KMI	Dixon Radio (USA)	
		WOO	Ocean Gate Radio (USA)	
		HKB	Barranquilla Radio (CLM)	
		HKC	Buenaventura Radio (CLM)	
13086	SSB		Küstenfunkstationen Sprechfunk-Kanal 1204	12239
		LFL31	Rogaland Radio (NOR)	
		4XO	Haifa Radio (ISR)	
		SVN	Athens Radio (GRC)	
		URD	St.Petersburg Radio (URS)	
		S9M	Sao Tome Radio (STP)	
		DYO	Cebu Radio (PHL)	
		HPP	Panama Intelmar Radio (PNR)	
13089	SSB		Küstenfunkstationen Sprechfunk-Kanal 1205	12242
		DAP	Norddeich Radio (D)	
		LFL32	Rogaland Radio (NOR)	
		UDH	Riga Radio (LET)	
		UNM2	Klaipeda Radio (LIT)	
		ICB	Genova Radio (I)	
		UFB	Odessa Radio (UKR)	
		YKM7	Lattakia Radio (SYR)	
		TUA	Abidjan Radio (CTI)	
		NMO	Honolulu Coast Guard (HWA)	
		NRV	Guam Coast Guard (GUM)	
		NMA	Miami Coast Guard Radio (USA)	
		NMC	San Francisco Coast Guard (USA)	
		NMF	Boston Coast Guard Radio (USA)	
		NMG	New Orleans Coast Guard (USA)	
		NMN	Portsmouth Coast Guard Radio (USA)	
		NOJ	Kodiak Coast Guard Radio (ALS)	
13092	SSB		Küstenfunkstationen Sprechfunk-Kanal 1206	12245
		GKT56	Portishead Radio (G)	
		OHG2	Helsinki Radio (FNL)	
		TFA	Reykjavik Radio (ISL)	
		IAR	Roma Radio (I)	
		TAN	Istanbul Radio (TUR)	
		ZAD	Durres Radio (ALB)	
		5RS	Tamatave Radio (MDG)	
		EPW1	Teheran Radio (IRN)	
		WOM	Miami High Seas Radio (USA)	
13095	SSB		Küstenfunkstationen Sprechfunk-Kanal 1207	12248
		OSU	Oostende Radio (BEL)	
		PCG	Scheveningen Radio (HOL)	
		4XO	Haifa Radio (ISR)	
		7TF	Boufarik Radio (ALG)	
		CTV	Monsanto Radionaval (POR)	

13095		CUL	Lisboa Radio (POR)	
		SVN	Athens Radio (GRC)	
		YUW	Bar Radio (YUG)	
		JBO	Tokyo Radio (J)	
		XSQ	Guangzhou Radio (CHN)	
		ZJU	Funafuti Radio (TUV)	
		VAI	Vancouver Coast Guard (CAN)	
		PJC	Curacao Radio (ATN)	
		HCG	Guayaquil Radio (EQA)	
		PZN	Paramaribo Radio (SUR)	
13098	SSB		Küstenfunkstationen Sprechfunk-Kanal 1208	12251
		DAK	Norddeich Radio (D)	
		HAR	Budapest Radio (HNG)	
		TFA	Reykjavik Radio (ISL)	
		5BA	Cyprus Radio (CYP)	
		SVN54	Athens Radio (GRC)	
		BVA	Taipei Radio (TWN)	
		JBO	Tokyo Radio (J)	
		WOM	Miami High Seas Radio (USA)	
		PVD7	Almirante Barroso Oil Terminal (B)	
		ZXA4	Tedut Oil Terminal (B)	
13101	SSB		Küstenfunkstationen Sprechfunk-Kanal 1209	12254
		SPC63	Gdynia Radio (POL)	
		IAR	Roma Radio (I)	
		UFN	Novorossiisk Radio (URS)	
		UXN	Archangelsk Radio (URS)	
		ZSC	Capetown Radio (AFS)	
		A9M	Bahrain Radio (BHR)	
		DZK	Bulacan Radio (PHL)	
		PKM	Bitung Radio (INS)	
		PKP	Dumai Radio (INS)	
		ZLW	Wellington Radio (NZL)	
		WOM	Miami High Seas Radio (USA)	
		XDA	Mexico City Radio (MEX)	
		XFB	Ciudad del Carmen Radio (MEX)	
		XFM	Manzanillo Radio (MEX)	
		XFP	Chetumal Radio (MEX)	
		XFY	Guaymas Radio (MEX)	
13104	SSB		Küstenfunkstationen Sprechfunk-Kanal 1210	12257
		HEB43	Bern Radio (SUI)	
		OXZ	Lyngby Radio (DNK)	
		EHY	Madrid Radio (E)	
		UBE2	Petropavlovsk Radio (URS)	
		J2A	Djibouti Radio (DJI)	
		PKE	Amboina Radio (INS)	
		PKX	Jakarta Radio (INS)	
		VWB	Bombay Radio (IND)	
		WOO	Ocean Gate Radio (USA)	
		CWF	Punta Carretas Radio (URG)	
13107	SSB		Küstenfunkstationen Sprechfunk-Kanal 1211	12260
		LFL34	Rogaland Radio (NOR)	
		OXZ	Lyngby Radio (DNK)	
		ICB	Genova Radio (I)	
		9MG	Penang Radio (MLA)	
		XSQ	Guangzhou Radio (CHN)	
		YIR	Basrah Radio (IRQ)	
		WOO	Ocean Gate Radio (USA)	
		PPO	Olinda Radio (B)	
13110	SSB		Küstenfunkstationen Sprechfunk-Kanal 1212	12263
		DAH	Norddeich Radio (D)	
		SVN	Athens Radio (GRC)	
		YKO	Tartous Radio (SYR)	
		6VA	Dakar Radio (SEN)	
		TUA	Abidjan Radio (CTI)	

13110		DXF	Davao Radio (PHL)	
		JBO	Tokyo Radio (J)	
		PKD	Surabaya Radio (INS)	
		PNK	Jayapura Radio (INS)	
		WLO	Mobile Radio (USA)	
13113	SSB		Küstenfunkstationen Sprechfunk-Kanal 1213	12266
		LFL35	Rogaland Radio (NOR)	
		OSU	Oostende Radio (BEL)	
		PCG	Scheveningen Radio (HOL)	
		IAR	Roma Radio (I)	
		S9M	Sao Tome Radio (STP)	
		HLS	Seoul Radio (KOR)	
		XSG	Shanghai Radio (CHN)	
		5WA	Apia Radio (SMO)	
		VCS	Halifax Coast Guard (CAN)	
		8PO	Barbados Radio (BRB)	
13116	SSB		Küstenfunkstationen Sprechfunk-Kanal 1214	12269
		HAR	Budapest Radio (HNG)	
		OXZ	Lyngby Radio (DNK)	
		SVN	Athens Radio (GRC)	
		UQB	Kholmsk Radio (URS)	
		ASK	Karachi Radio (PAK)	
		VFA	Inuvik Coast Guard (CAN)	
		PPR	Rio de Janeiro Radio (B)	
13119	SSB		Küstenfunkstationen Sprechfunk-Kanal 1215	12272
		OSU	Oostende Radio (BEL)	
		OXZ	Lyngby Radio (DNK)	
		SAG	Göteborg Radio (S)	
		TFA	Reykjavik Radio (ISL)	
		4XO	Haifa Radio (ISR)	
		7TF	Boufarik Radio (ALG)	
		SVN57	Athens Radio (GRC)	
		S7Q	Seychelles Radio (SEY)	
		WOM	Miami High Seas Radio (USA)	
		OBC3	Callao Radio (PRU)	
13122	SSB		Küstenfunkstationen Sprechfunk-Kanal 1216	12275
		SPC61	Gdynia Radio (POL)	
		9HD	Malta Radio (MLT)	
		ODR	Beirut Radio (LBN)	
		SUH	Alexandria Radio (EGY)	
		9VG	Singapore Radio (SNG)	
		BVA	Taipei Radio (TWN)	
13125	SSB		Küstenfunkstationen Sprechfunk-Kanal 1217	12278
		LFL37	Rogaland Radio (NOR)	
		OXZ	Lyngby Radio (DNK)	
		7TF	Boufarik Radio (ALG)	
		ZHH	St.Helena Radio (SHN)	
		YIR	Basrah Radio (IRQ)	
		CLA	La Habana Radio (CUB)	
13128	SSB		Küstenfunkstationen Sprechfunk-Kanal 1218	12281
		DAI	Norddeich Radio (D)	
		LFL38	Rogaland Radio (NOR)	
		OSU	Oostende Radio (BEL)	
		IAR	Roma Radio (I)	
		TAN	Istanbul Radio (TUR)	
		D4A	Sao Vicente Radio (CPV)	
		D4D	Praia Radio (CPV)	
		JBO	Tokyo Radio (J)	
13131	SSB		Küstenfunkstationen Sprechfunk-Kanal 1219	12284
		OSU	Oostende Radio (BEL)	
		OXZ	Lyngby Radio (DNK)	
		PCG	Scheveningen Radio (HOL)	
		SAG	Göteborg Radio (S)	
		LZW	Varna Radio (BUL)	

13131		9VG	Singapore Radio (SNG)	
13134	SSB		Küstenfunkstationen Sprechfunk-Kanal 1220	12287
		SPO61	Szczecin Radio (POL)	
		TFA	Reykjavik Radio (ISL)	
		SVN	Athens Radio (GRC)	
		JYO	Aqaba Radio (JOR)	
		S3E	Khulna Radio (BGD)	
		LPL	General Pacheco Radio (ARG)	
13137	SSB		Küstenfunkstationen Sprechfunk-Anrufkanal 1221	12290
		LFL	Rogaland Radio (NOR)	
		OSU	Oostende Radio (BEL)	
		PCG	Scheveningen Radio (HOL)	
		TFA	Reykjavik Radio (ISL)	
		3AC	Monaco Radio (MCO)	
		IAR	Roma Radio (I)	
		9PA	Banana Radio (ZAI)	
		S9M	Sao Tome Radio (STP)	
		ZSC	Capetown Radio (AFS)	
		ZSD	Durban Radio (AFS)	
		8Q2	Male Radio (MLD)	
		9MG	Penang Radio (MLA)	
		9VG	Singapore Radio (SNG)	
		A7D	Doha Radio (QAT)	
		BVA	Taipei Radio (TWN)	
		HZG	Dammam Radio (ARS)	
		JBO	Tokyo Radio (J)	
		JYO	Aqaba Radio (JOR)	
		S3D	Chittagong Radio (BGD)	
		S3E	Khulna Radio (BGD)	
		HPP	Panama Intelmar Radio (PNR)	
		XDA	Mexico City Radio (MEX)	
		XFB	Ciudad del Carmen Radio (MEX)	
		XFE	Ensenada Radio (MEX)	
		XFK	La Paz Radio (MEX)	
		XFL	Mazatlan Radio (MEX)	
		XFM	Manzanillo Radio (MEX)	
		XFN	Progreso Radio (MEX)	
		XFQ	Salina Cruz Radio (MEX)	
		XFU	Veracruz Radio (MEX)	
		XFY	Guaymas Radio (MEX)	
		CBV	Valparaiso Radio (CHL)	
		CWF	Punta Carretas Radio (URG)	
		LPC	Ushuaia Radio (ARG)	
		OBC3	Callao Radio (PRU)	
		PPO	Olinda Radio (B)	
		PPR	Rio de Janeiro Radio (B)	
13140	SSB		Küstenfunkstationen Sprechfunk-Kanal 1222	12293
		LFL40	Rogaland Radio (NOR)	
		FFL	Saint Lys Radio (F)	
		TAN	Istanbul Radio (TUR)	
		EPW1	Teheran Radio (IRN)	
		ZKR	Rarotonga Radio (CKH)	
		XFA	Acapulco Radio (MEX)	
		XFE	Ensenada Radio (MEX)	
		XFK	La Paz Radio (MEX)	
13143	SSB		Küstenfunkstationen Sprechfunk-Kanal 1223	12296
		OXZ	Lyngby Radio (DNK)	
		CNP	Casablanca Radio (MRC)	
		DZF	Bacoor Radio (PHL)	
		HZG	Dammam Radio (ARS)	
		WOM	Miami High Seas Radio (USA)	
		PPM	Manaus Radio (B)	
13146	SSB		Küstenfunkstationen Sprechfunk-Kanal 1224	12299
		DAJ	Norddeich Radio (D)	

13146		GKV54	Portishead Radio (G)	
		3AC	Monaco Radio (MCO)	
		YUR	Rijeka Radio (YUG)	
		ZSD	Durban Radio (AFS)	
		9KK	Kuwait Radio (KWT)	
		ZLW	Wellington Radio (NZL)	
		6YI	Kingston Radio (JMC)	
13149	SSB		Küstenfunkstationen Sprechfunk-Kanal 1225	12302
		LFL42	Rogaland Radio (NOR)	
		5RS	Tamatave Radio (MDG)	
		DZO	Bulacan Radio (PHL)	
		XSQ	Guangzhou Radio (CHN)	
		P2M	Port Moresby Radio (PNG)	
		P2R	Rabaul Radio (PNG)	
		WLO	Mobile Radio (USA)	
		XDA	Mexico City Radio (MEX)	
		XFC	Cozumel Radio (MEX)	
		XFL	Mazatlan Radio (MEX)	
		XFN	Progreso Radio (MEX)	
		XFQ	Salina Cruz Radio (MEX)	
13152	SSB		Küstenfunkstationen Sprechfunk-Kanal 1226	12305
		OXZ	Lyngby Radio (DNK)	
		SAG	Göteborg Radio (S)	
		FFL	Saint Lys Radio (F)	
		9MG	Penang Radio (MLA)	
		VIM	Melbourne Radio (AUS)	
		VIP	Perth Radio (AUS)	
		WLO	Mobile Radio (USA)	
13155	SSB		Küstenfunkstationen Sprechfunk-Kanal 1227	12308
		HEB23	Bern Radio (SUI)	
		OHG2	Helsinki Radio (FNL)	
		SPO62	Szczecin Radio (POL)	
		UGH2	Yuzhno-Sakhalinsk Radio (URS)	
		9PA	Banana Radio (ZAI)	
		TJC	Douala Radio (CME)	
		9KK	Kuwait Radio (KWT)	
		VIA	Adelaide Radio (AUS)	
		VID	Darwin Radio (AUS)	
13158	SSB		Küstenfunkstationen Sprechfunk-Kanal 1228	12311
		GKV58	Portishead Radio (G)	
		HAR	Budapest Radio (HNG)	
		LFL44	Rogaland Radio (NOR)	
		8Q2	Male Radio (MLD)	
		ASK	Karachi Radio (PAK)	
		BVA	Taipei Radio (TWN)	
		DZM	Bulacan Radio (PHL)	
		WOO	Ocean Gate Radio (USA)	
		CLA	La Habana Radio (CUB)	
		PPJ	Juncao Radio (B)	
		PPL	Belem Radio (B)	
13161	SSB		Küstenfunkstationen Sprechfunk-Kanal 1229	12314
		SPC62	Gdynia Radio (POL)	
		FFL	Saint Lys Radio (F)	
		YUR	Rijeka Radio (YUG)	
		A7D	Doha Radio (QAT)	
		HLS	Seoul Radio (KOR)	
		VIB	Brisbane Radio (AUS)	
		VID	Darwin Radio (AUS)	
		VIP	Perth Radio (AUS)	
		KMI	Dixon Radio (USA)	
13164	SSB		Küstenfunkstationen Sprechfunk-Kanal 1230	12317
		GKV50	Portishead Radio (G)	
		HEB33	Bern Radio (SUI)	
		5BA	Cyprus Radio (CYP)	

13164		IAR	Roma Radio (I)	
		WOM	Miami High Seas Radio (USA)	
		LPC	Ushuaia Radio (ARG)	
13167	SSB		Küstenfunkstationen Sprechfunk-Kanal 1231	12320
		LFL45	Rogaland Radio (NOR)	
		SPC64	Gdynia Radio (POL)	
		5AB	Benghazi Radio (LBY)	
		FFL	Saint Lys Radio (F)	
		8Q2	Male Radio (MLD)	
		DZM	Bulacan Radio (PHL)	
		EQN	Bandar Khomeini Radio (IRN)	
		VPS	Hongkong Radio (HKG)	
		VIS	Sydney Radio (AUS)	
		VIT	Townsville Radio (AUS)	
		ZPC	Asuncion Radio (PRG)	
13170	SSB		Küstenfunkstationen Sprechfunk-Kanal 1232	12323
		GKW52	Portishead Radio (G)	
		7TF	Boufarik Radio (ALG)	
		SVN	Athens Radio (GRC)	
		ASK	Karachi Radio (PAK)	
		KUQ	Pago Pago Radio (SMA)	
		HPP	Panama Intelmar Radio (PNR)	
13173	SSB		Küstenfunkstationen Sprechfunk-Kanal 1233	12326
13176	SSB		Küstenfunkstationen Sprechfunk-Kanal 1234	12329
13179	SSB		Küstenfunkstationen Sprechfunk-Kanal 1235	12332
		PCG	Scheveningen Radio (HOL)	
		FFL	St.Lys Radio (F)	
13182	SSB		Küstenfunkstationen Sprechfunk-Kanal 1236	12335
13185	SSB		Küstenfunkstationen Sprechfunk-Kanal 1237	12338
		HEB53	Bern Radio (SUI)	
		4XO	Haifa Radio (ISR)	
		FFL	St.Lys Radio (F)	
13188	SSB		Küstenfunkstationen Sprechfunk-Kanal 1238	12341
13191	SSB		Küstenfunkstationen Sprechfunk-Kanal 1239	12344
		FFL	St.Lys Radio (F)	
13194	SSB		Küstenfunkstationen Sprechfunk-Kanal 1240	12347
		VPS	Hongkong Radio (HKG)	
13197	SSB		Küstenfunkstationen Sprechfunk-Kanal 1241	12350

Frequenzliste: 16-MHz-Bereich

Frequenz kHz	Betriebs-art	Ruf-zeichen	Station (Land)	Gegenfrequenz(en) Bemerkungen
16360	SSB		Schiffe	bis 16546 kHz / 3.0 kHz
16528	SSB		SIMPLEX-Kanal 16 A	
16531	SSB		SIMPLEX-Kanal 16 B	
16534	SSB		SIMPLEX-Kanal 16 C	
16537	SSB		SIMPLEX-Kanal 16 D	
16540	SSB		SIMPLEX-Kanal 16 E	
16543	SSB		SIMPLEX-Kanal 16 F	
16546	SSB		SIMPLEX-Kanal 16 G	
16619	CW		Arbeitsfrequenzen Schiffe	bis 16683 kHz
16683.5	RTTY		Schiffe	bis 16733.5 kHz / 0.5 kHz
16734	CW		Anrufkanal 1	
16734.5	CW		Anrufkanal 2	
16735	CW		Anrufkanal 5	
16735.5	CW		Anrufkanal 6	
16736	CW		Anrufkanal 3	
16736.5	CW		Anrufkanal 7	
16737	CW		Anrufkanal 8	
16737.5	CW		Anrufkanal 9	
16738	CW		Anrufkanal 4	
16738.5	CW		Anrufkanal 10	
16738.5	RTTY		Schiffe	bis 16804 kHz / 0.5 kHz
16804.5	S/C		Anruffrequenz für SELCALL	16804.5
16806.5	RTTY		NAVTEX-Frequenz FEC	
		NMF	Boston Coast Guard Radio (USA)	
16807	RTTY		Küstenfunkstationen RTTY 16MHz Serie 1	16683.5
		DCN	Norddeich Radio (D)	
		S9M	Sao Tome Radio (STP)	
		9VG	Singapore Radio (SNG)	
		KFS	Palo Alto Radio (USA)	
16807.5	RTTY		Küstenfunkstationen RTTY 16MHz Serie 2	16684
		GKE6	Portishead Radio (G)	
		ZLW	Wellington Radio (NZL)	
		WNU	Slidell Radio (USA)	
16808	RTTY		Küstenfunkstationen RTTY 16MHz Serie 3	16684.5
		OST	Oostende Radio (BEL)	
		SPA85	Gdynia Radio (POL)	
		VWM	Madras Radio (IND)	
		KFS	Palo Alto Radio (USA)	
16808.5	RTTY		Küstenfunkstationen RTTY 16MHz Serie 4	16685
		VWB	Bombay Radio (IND)	
		ZLW	Wellington Radio (NZL)	
		KLB	Seattle Radio (USA)	
		LSD836	Argentina Radio (ARG)	
16809	RTTY		Küstenfunkstationen RTTY 16MHz Serie 5	16685.5
		LGX2	Rogaland Radio (NOR)	
		WLO	Mobile Radio (USA)	
16809.5	RTTY		Küstenfunkstationen RTTY 16MHz Serie 6	16686
		SPB81	Szczecin Radio (POL)	16663
		EDJ6	Madrid Radio (E)	
		VIP	Perth Radio (AUS)	
16810	RTTY		Küstenfunkstationen RTTY 16MHz Serie 7	16686.5
		JCS	Choshi Radio (J)	
16810.5	RTTY		Küstenfunkstationen RTTY 16MHz Serie 8	16687
		FFL	Saint Lys Radio (F)	
16811	RTTY		Küstenfunkstationen RTTY 16MHz Serie 9	16687.5
		9MG	Penang Radio (MLA)	

16811		HZG	Dammam Radio (ARS)	
		CBV	Valparaiso Radio (CHL)	
16811.5	RTTY		Küstenfunkstationen RTTY 16MHz Serie 10	16688
		DCM	Norddeich Radio (D)	
		A9M	Bahrain Radio (BHR)	
		VIS	Sydney Radio (AUS)	
16812	RTTY		Küstenfunkstationen RTTY 16MHz Serie 11	16688.5
		3AC	Monaco Radio (MCO)	
		JNA	Tokyo Coast Guard (J)	
		XSQ	Guangzhou Radio (CHN)	
		WLO	Mobile Radio (USA)	
16812.5	RTTY		Küstenfunkstationen RTTY 16MHz Serie 12	16689
		OST	Oostende Radio (BEL)	
		HLX	Seoul Radio (KOR)	
		NRV	Guam Coast Guard (GUM)	
		VIP	Perth Radio (AUS)	
16813	RTTY		Küstenfunkstationen RTTY 16MHz Serie 13	16689.5
		KPH	San Francisco Radio (USA)	
16813.5	RTTY		Küstenfunkstationen RTTY 16MHz Serie 14	16690
		VIS	Sydney Radio (AUS)	
16814	RTTY		Küstenfunkstationen RTTY 16MHz Serie 15	16690.5
		WLO	Mobile Radio (USA)	
16814.5	RTTY		Küstenfunkstationen RTTY 16MHz Serie 16	16691
		HEC17	Bern Radio (SUI)	
		UPB	Providenia Bukhta Radio (URS)	
		JOS	Nagasaki Radio (J)	
16815	RTTY		Küstenfunkstationen RTTY 16MHz Serie 17	16691.5
		9VG	Singapore Radio (SNG)	
16815.5	RTTY		Küstenfunkstationen RTTY 16MHz Serie 18	16692
		OXZ	Lyngby Radio (DNK)	
		9MG	Penang Radio (MLA)	
16816	RTTY		Küstenfunkstationen RTTY 16MHz Serie 19	16692.5
		ZSC	Capetown Radio (AFS)	
		WNU	Slidell Radio (USA)	
16816.5	RTTY		Küstenfunkstationen RTTY 16MHz Serie 20	16693
		A7D	Doha Radio (QAT)	
		NMC	San Francisco Coast Guard (USA)	
16817	RTTY		Küstenfunkstationen RTTY 16MHz Serie 21	16693.5
		WCC	Chatham Radio (USA)	
16817.5	RTTY		Küstenfunkstationen RTTY 16MHz Serie 22	16694
		3AC	Monaco Radio (MCO)	
		UBE2	Petropavlovsk Radio (URS)	
		KPH	San Francisco Radio (USA)	
16818	RTTY		Küstenfunkstationen RTTY 16MHz Serie 23	16694.5
		SVT	Athens Radio (GRC)	
16818.5	RTTY		Küstenfunkstationen RTTY 16MHz Serie 25	16695.5
		9VG	Singapore Radio (SNG)	
		WLO	Mobile Radio (USA)	
16819	RTTY		Küstenfunkstationen RTTY 16MHz Serie 26	16696
		DHS	Rügen Radio (D)	
		CLA	La Habana Radio (CUB)	
16819.5	RTTY		Küstenfunkstationen RTTY 16MHz Serie 27	16696.5
		NMO	Honolulu Coast Guard (HWA)	
		NMN	Portsmouth Coast Guard Radio (USA)	
16820	RTTY		Küstenfunkstationen RTTY 16MHz Serie 28	16697
		IAR	Roma Radio (I)	
		KFS	Palo Alto Radio (USA)	
16820.5	RTTY		Küstenfunkstationen RTTY 16MHz Serie 29	16697.5
		GKL6	Portishead Radio (G)	
		FFL	Saint Lys Radio (F)	
		WLO	Mobile Radio (USA)	
16821	RTTY		Küstenfunkstationen RTTY 16MHz Serie 30	16698
		VPS	Hongkong Radio (HKG)	
16821.5	RTTY		Küstenfunkstationen RTTY 16MHz Serie 31	16698.5

16821.5		OXZ	Lyngby Radio (DNK)	
		JYO	Aqaba Radio (JOR)	
		VCS	Halifax Coast Guard (CAN)	
16822	RTTY		Küstenfunkstationen RTTY 16MHz Serie 32	16699
		3AC	Monaco Radio (MCO)	
		VAI	Vancouver Coast Guard (CAN)	
16822.5	RTTY		Küstenfunkstationen RTTY 16MHz Serie 33	16699.5
		9VG	Singapore Radio (SNG)	
		HPP	Panama Intelmar Radio (PNR)	
16823	RTTY		Küstenfunkstationen RTTY 16MHz Serie 34	16700
16823.5	RTTY		Küstenfunkstationen RTTY 16MHz Serie 35	16700.5
16824	RTTY		Küstenfunkstationen RTTY 16MHz Serie 36	16701
		GKP6	Portishead Radio (G)	
		CLA	La Habana Radio (CUB)	
16824.5	RTTY		Küstenfunkstationen RTTY 16MHz Serie 37	16701.5
16825	RTTY		Küstenfunkstationen RTTY 16MHz Serie 38	16702
		OFA	Helsinki Radio (FNL)	
		J2A	Djibouti Radio (DJI)	
		WCC	Chatham Radio (USA)	
16825.5	RTTY		Küstenfunkstationen RTTY 16MHz Serie 39	16702.5
		UQB	Kholmsk Radio (URS)	
16826	RTTY		Küstenfunkstationen RTTY 16MHz Serie 40	16703
		UAH	Tallin Radio (EST)	
		WLO	Mobile Radio (USA)	
		LSD836	Argentina Radio (ARG)	
16826.5	RTTY		Küstenfunkstationen RTTY 16MHz Serie 41	16703.5
		PCH	Scheveningen Radio (HOL)	
16827	RTTY		Küstenfunkstationen RTTY 16MHz Serie 42	16704
		GKY6	Portishead Radio (G)	
16827.5	RTTY		Küstenfunkstationen RTTY 16MHz Serie 43	16704.5
		HEC37	Bern Radio (SUI)	
		UFB	Odessa Radio (UKR)	
16828	RTTY		Küstenfunkstationen RTTY 16MHz Serie 44	16705
		WLO	Mobile Radio (USA)	
		LSD836	Argentina Radio (ARG)	
16828.5	RTTY		Küstenfunkstationen RTTY 16MHz Serie 45	16705.5
		DCL	Norddeich Radio (D)	
16829	RTTY		Küstenfunkstationen RTTY 16MHz Serie 46	16706
		UBN	Jdanov Radio (UKR)	
		XSG	Shanghai Radio (CHN)	
16829.5	RTTY		Küstenfunkstationen RTTY 16MHz Serie 47	16706.5
		UXN	Archangelsk Radio (URS)	
		KFS	Palo Alto Radio (USA)	
16830	RTTY		Küstenfunkstationen RTTY 16MHz Serie 48	16707
		HEC27	Bern Radio (SUI)	
		KLC	Galveston Radio (USA)	
16830.5	RTTY		Küstenfunkstationen RTTY 16MHz Serie 49	16707.5
		SVU	Athens Radio (GRC)	
16831	RTTY		Küstenfunkstationen RTTY 16MHz Serie 50	16708
		VPS	Hongkong Radio (HKG)	
		WLO	Mobile Radio (USA)	
16831.5	RTTY		Küstenfunkstationen RTTY 16MHz Serie 51	16708.5
		FFL	Saint Lys Radio (F)	
16832	RTTY		Küstenfunkstationen RTTY 16MHz Serie 52	16709
		LGX3	Rogaland Radio (NOR)	
		WNU	Slidell Radio (USA)	
16832.5	RTTY		Küstenfunkstationen RTTY 16MHz Serie 53	16709.5
16833	RTTY		Küstenfunkstationen RTTY 16MHz Serie 54	16710
		WLO	Mobile Radio (USA)	
16833.5	RTTY		Küstenfunkstationen RTTY 16MHz Serie 55	16710.5
16834	RTTY		Küstenfunkstationen RTTY 16MHz Serie 56	16711
		CUL	Lisboa Radio (POR)	
16834.5	RTTY		Küstenfunkstationen RTTY 16MHz Serie 57	16711.5
		WNU	Slidell Radio (USA)	

16835	RTTY		Küstenfunkstationen RTTY 16MHz Serie 58	16712
		UFN	Novorossiisk Radio (URS)	
16835.5	RTTY		Küstenfunkstationen RTTY 16MHz Serie 59	16712.5
16836	RTTY		Küstenfunkstationen RTTY 16MHz Serie 60	16713
		DCF	Norddeich Radio (D)	
16836.5	RTTY		Küstenfunkstationen RTTY 16MHz Serie 61	16713.5
		7TK27	Boufarik Radio (ALG)	
		UFN	Novorossiisk Radio (URS)	
		WLO	Mobile Radio (USA)	
16837	RTTY		Küstenfunkstationen RTTY 16MHz Serie 62	16714
		3AC	Monaco Radio (MCO)	
		LZW	Varna Radio (BUL)	
		UAT	Moskau Radio (URS)	16691
16837.5	RTTY		Küstenfunkstationen RTTY 16MHz Serie 63	16714.5
16838	RTTY		Küstenfunkstationen RTTY 16MHz Serie 64	16715
		XSG	Shanghai Radio (CHN)	
		XSX	Keelung Radio (TWN)	
16838.5	RTTY		Küstenfunkstationen RTTY 16MHz Serie 65	16715.5
		YUR	Rijeka Radio (YUG)	
16839	RTTY		Küstenfunkstationen RTTY 16MHz Serie 66	16716
		PCH	Scheveningen Radio (HOL)	
		SPA86	Gdynia Radio (POL)	
16839.5	RTTY		Küstenfunkstationen RTTY 16MHz Serie 67	16716.5
		ICB	Genova Radio (I)	
16840	RTTY		Küstenfunkstationen RTTY 16MHz Serie 68	16717
		GKQ6	Portishead Radio (G)	
16840.5	RTTY		Küstenfunkstationen RTTY 16MHz Serie 69	16717.5
16841	RTTY		Küstenfunkstationen RTTY 16MHz Serie 70	16718
16841.5	RTTY		Küstenfunkstationen RTTY 16MHz Serie 71	16718.5
16842	RTTY		Küstenfunkstationen RTTY 16MHz Serie 72	16719
16842.5	RTTY		Küstenfunkstationen RTTY 16MHz Serie 73	16719.5
16843	RTTY		Küstenfunkstationen RTTY 16MHz Serie 74	16720
16843.5	RTTY		Küstenfunkstationen RTTY 16MHz Serie 75	16720.5
16844	RTTY		Küstenfunkstationen RTTY 16MHz Serie 76	16721
16844.5	RTTY		Küstenfunkstationen RTTY 16MHz Serie 77	16721.5
16845	RTTY		Küstenfunkstationen RTTY 16MHz Serie 78	16722
16845.5	RTTY		Küstenfunkstationen RTTY 16MHz Serie 79	16722.5
16846	RTTY		Küstenfunkstationen RTTY 16MHz Serie 80	16723
		URD	St.Petersburg Radio (URS)	
16846.5	RTTY		Küstenfunkstationen RTTY 16MHz Serie 81	16723.5
16847	RTTY		Küstenfunkstationen RTTY 16MHz Serie 82	16724
16847.5	RTTY		Küstenfunkstationen RTTY 16MHz Serie 83	16724.5
16848	RTTY		Küstenfunkstationen RTTY 16MHz Serie 84	16725
16848.5	RTTY		Küstenfunkstationen RTTY 16MHz Serie 85	16725.5
16849	RTTY		Küstenfunkstationen RTTY 16MHz Serie 86	16726
16849.5	RTTY		Küstenfunkstationen RTTY 16MHz Serie 87	16726.5
16850	RTTY		Küstenfunkstationen RTTY 16MHz Serie 88	16727
16850.5	RTTY		Küstenfunkstationen RTTY 16MHz Serie 89	16727.5
16851	RTTY		Küstenfunkstationen RTTY 16MHz Serie 90	16728
		TAH	Istanbul Radio (TUR)	
16851.5	RTTY		Küstenfunkstationen RTTY 16MHz Serie 91	16728.5
16852	RTTY		Küstenfunkstationen RTTY 16MHz Serie 92	16729
16852.5	RTTY		Küstenfunkstationen RTTY 16MHz Serie 93	16729.5
16853	RTTY		Küstenfunkstationen RTTY 16MHz Serie 94	16730
16853.5	RTTY		Küstenfunkstationen RTTY 16MHz Serie 95	16730.5
16854	RTTY		Küstenfunkstationen RTTY 16MHz Serie 96	16731
16854.5	RTTY		Küstenfunkstationen RTTY 16MHz Serie 97	16731.5
16855	RTTY		Küstenfunkstationen RTTY 16MHz Serie 98	16732
16855.5	RTTY		Küstenfunkstationen RTTY 16MHz Serie 99	16732.5
16856	RTTY		Küstenfunkstationen RTTY 16MHz Serie 100	16733
		TAH	Istanbul Radio (TUR)	
16856.5	RTTY		Küstenfunkstationen RTTY 16MHz Serie 101	16738.5
16857	RTTY		Küstenfunkstationen RTTY 16MHz Serie 102	16739
16857.5	RTTY		Küstenfunkstationen RTTY 16MHz Serie 103	16739.5

16858	RTTY		Küstenfunkstationen RTTY 16MHz Serie 104	16740
16858.5	RTTY		Küstenfunkstationen RTTY 16MHz Serie 105	16740.5
16859	RTTY		Küstenfunkstationen RTTY 16MHz Serie 106	16741
16859.5	RTTY		Küstenfunkstationen RTTY 16MHz Serie 107	16741.5
16860	RTTY		Küstenfunkstationen RTTY 16MHz Serie 108	16742
16860.5	RTTY		Küstenfunkstationen RTTY 16MHz Serie 109	16742.5
16861	RTTY		Küstenfunkstationen RTTY 16MHz Serie 110	16743
16861.5	RTTY		Küstenfunkstationen RTTY 16MHz Serie 111	16743.5
16862	RTTY		Küstenfunkstationen RTTY 16MHz Serie 112	16744
16862.5	RTTY		Küstenfunkstationen RTTY 16MHz Serie 113	16744.5
16863	RTTY		Küstenfunkstationen RTTY 16MHz Serie 114	16745
16863.5	RTTY		Küstenfunkstationen RTTY 16MHz Serie 115	16745.5
16864	RTTY		Küstenfunkstationen RTTY 16MHz Serie 116	16746
16864.5	RTTY		Küstenfunkstationen RTTY 16MHz Serie 117	16746.5
16865	RTTY		Küstenfunkstationen RTTY 16MHz Serie 118	16747
16865.5	RTTY		Küstenfunkstationen RTTY 16MHz Serie 119	16747.5
16866	RTTY		Küstenfunkstationen RTTY 16MHz Serie 120	16748
16866.5	RTTY		Küstenfunkstationen RTTY 16MHz Serie 121	16748.5
16867	RTTY		Küstenfunkstationen RTTY 16MHz Serie 122	16749
16867.5	RTTY		Küstenfunkstationen RTTY 16MHz Serie 123	16749.5
16868	RTTY		Küstenfunkstationen RTTY 16MHz Serie 124	16750
16868.5	RTTY		Küstenfunkstationen RTTY 16MHz Serie 125	16750.5
16869	RTTY		Küstenfunkstationen RTTY 16MHz Serie 126	16751
16869.5	RTTY		Küstenfunkstationen RTTY 16MHz Serie 127	16751.5
16870	RTTY		Küstenfunkstationen RTTY 16MHz Serie 128	16752
16870.5	RTTY		Küstenfunkstationen RTTY 16MHz Serie 129	16752.5
16871	RTTY		Küstenfunkstationen RTTY 16MHz Serie 130	16753
16871.5	RTTY		Küstenfunkstationen RTTY 16MHz Serie 131	16753.5
16872	RTTY		Küstenfunkstationen RTTY 16MHz Serie 132	16754
16872.5	RTTY		Küstenfunkstationen RTTY 16MHz Serie 133	16754.5
16873	RTTY		Küstenfunkstationen RTTY 16MHz Serie 134	16755
16873.5	RTTY		Küstenfunkstationen RTTY 16MHz Serie 135	16755.5
16874	RTTY		Küstenfunkstationen RTTY 16MHz Serie 136	16756
16874.5	RTTY		Küstenfunkstationen RTTY 16MHz Serie 137	16756.5
16875	RTTY		Küstenfunkstationen RTTY 16MHz Serie 138	16757
16875.5	RTTY		Küstenfunkstationen RTTY 16MHz Serie 139	16757.5
16876	RTTY		Küstenfunkstationen RTTY 16MHz Serie 140	16758
16876.5	RTTY		Küstenfunkstationen RTTY 16MHz Serie 141	16758.5
16877	RTTY		Küstenfunkstationen RTTY 16MHz Serie 142	16759
16877.5	RTTY		Küstenfunkstationen RTTY 16MHz Serie 143	16759.5
16878	RTTY		Küstenfunkstationen RTTY 16MHz Serie 144	16760
16878.5	RTTY		Küstenfunkstationen RTTY 16MHz Serie 145	16760.5
16879	RTTY		Küstenfunkstationen RTTY 16MHz Serie 146	16761
16879.5	RTTY		Küstenfunkstationen RTTY 16MHz Serie 147	16761.5
16880	RTTY		Küstenfunkstationen RTTY 16MHz Serie 148	16762
16880.5	RTTY		Küstenfunkstationen RTTY 16MHz Serie 149	16762.5
16881	RTTY		Küstenfunkstationen RTTY 16MHz Serie 150	16763
		TAH	Istanbul Radio (TUR)	
16881.5	RTTY		Küstenfunkstationen RTTY 16MHz Serie 151	16763.5
16882	RTTY		Küstenfunkstationen RTTY 16MHz Serie 152	16764
16882.5	RTTY		Küstenfunkstationen RTTY 16MHz Serie 153	16764.5
16883	RTTY		Küstenfunkstationen RTTY 16MHz Serie 154	16765
		OST	Oostende Radio (BEL)	
16883.5	RTTY		Küstenfunkstationen RTTY 16MHz Serie 155	16765.5
16884	RTTY		Küstenfunkstationen RTTY 16MHz Serie 156	16766
16884.5	RTTY		Küstenfunkstationen RTTY 16MHz Serie 157	16766.5
16885	RTTY		Küstenfunkstationen RTTY 16MHz Serie 158	16767
16885.5	RTTY		Küstenfunkstationen RTTY 16MHz Serie 159	16767.5
16886	RTTY		Küstenfunkstationen RTTY 16MHz Serie 160	16768
		TAH	Istanbul Radio (TUR)	
16886.5	RTTY		Küstenfunkstationen RTTY 16MHz Serie 161	16768.5
16887	RTTY		Küstenfunkstationen RTTY 16MHz Serie 162	16769
16887.5	RTTY		Küstenfunkstationen RTTY 16MHz Serie 163	16769.5
16888	RTTY		Küstenfunkstationen RTTY 16MHz Serie 164	16770

16888.5	RTTY		Küstenfunkstationen RTTY 16MHz Serie 165	16770.5
16889	RTTY		Küstenfunkstationen RTTY 16MHz Serie 166	16771
16889.5	RTTY		Küstenfunkstationen RTTY 16MHz Serie 167	16771.5
16890	RTTY		Küstenfunkstationen RTTY 16MHz Serie 168	16772
16890.5	RTTY		Küstenfunkstationen RTTY 16MHz Serie 169	16772.5
16891	RTTY		Küstenfunkstationen RTTY 16MHz Serie 170	16773
		TAH	Istanbul Radio (TUR)	
16891.5	RTTY		Küstenfunkstationen RTTY 16MHz Serie 171	16773.5
16892	RTTY		Küstenfunkstationen RTTY 16MHz Serie 172	16774
16892.5	RTTY		Küstenfunkstationen RTTY 16MHz Serie 173	16774.5
16893	RTTY		Küstenfunkstationen RTTY 16MHz Serie 174	16775
16893.5	RTTY		Küstenfunkstationen RTTY 16MHz Serie 175	16775.5
16894	RTTY		Küstenfunkstationen RTTY 16MHz Serie 176	16776
16894.5	RTTY		Küstenfunkstationen RTTY 16MHz Serie 177	16776.5
16895	RTTY		Küstenfunkstationen RTTY 16MHz Serie 178	16777
16895.5	RTTY		Küstenfunkstationen RTTY 16MHz Serie 179	16777.5
16896	RTTY		Küstenfunkstationen RTTY 16MHz Serie 180	16778
16896.5	RTTY		Küstenfunkstationen RTTY 16MHz Serie 181	16778.5
16897	RTTY		Küstenfunkstationen RTTY 16MHz Serie 182	16779
16897.5	RTTY		Küstenfunkstationen RTTY 16MHz Serie 183	16779.5
16898	RTTY		Küstenfunkstationen RTTY 16MHz Serie 184	16780
16898.5	RTTY		Küstenfunkstationen RTTY 16MHz Serie 185	16780.5
16899	RTTY		Küstenfunkstationen RTTY 16MHz Serie 186	16781
16899.5	RTTY		Küstenfunkstationen RTTY 16MHz Serie 187	16781.5
16900	RTTY		Küstenfunkstationen RTTY 16MHz Serie 188	16782
16900.5	RTTY		Küstenfunkstationen RTTY 16MHz Serie 189	16782.5
		9GP23	Tema Radio (GHA)	
16901	RTTY		Küstenfunkstationen RTTY 16MHz Serie 190	16783
16901.5	RTTY		Küstenfunkstationen RTTY 16MHz Serie 191	16783.5
16902	RTTY		Küstenfunkstationen RTTY 16MHz Serie 192	16784
16902.5	RTTY		Küstenfunkstationen RTTY 16MHz Serie 193	16784.5
16905	CW	FUV	Navy Djibouti (DJI)	
16906	CW	YIR	Basrah Radio (IRQ)	
16907.3	CW	DHS	Rügen Radio (D)	
16907.5	CW	JFA	Matsudo Radio (J)	
16910	CW	HLJ	Seoul Radio (KOR)	
16911.2	CW	JNA	Tokyo Coast Guard (J)	
16912	CW	SUH	Alexandria Radio (EGY)	
16914.5	CW	SPH84	Gdynia Radio (POL)	
16914.5	CW	XDA	Mexico City Radio (MEX)	
16914.5	FAX	NWC	USNAVCOMSTA Exmouth (AUS)	
16915	CW	FUX	Navy Le Port (REU)	
16916.5	CW	XSG	Shanghai Radio (CHN)	
16916.5	CW	WSC	Tuckerton Radio (USA)	
16918	CW	LZW	Varna Radio (BUL)	
16918	CW	PPJ	Juncao Radio (B)	
16918.8	CW	GKJ	Portishead Radio (G)	
16918.8	CW	VHP	NAVCOMSTA Canberra (AUS)	
16918.8	CW	VIX	Sydney Radio (AUS)	
16921	CW	CLS	Flota de Pesca Radio (CUB)	
16922	CW	UDK2	Murmansk Naval Radio (URS)	
16923.6	CW	OFJ7	Helsinki Radio (FNL)	
16925	CW	URL	Sevastopol Radio (UKR)	
16925	CW	L2C	Buenos Aires Prefectura Naval (ARG)	
16926.5	CW	CFH	Navy Halifax (CAN)	
16927.5	CW	XFE	Ensenada Radio (MEX)	
16928.4	CW	LFX	Rogaland Radio (NOR)	
16930.4	CW	5RS	Tamatave Radio (MDG)	
16930.8	CW	ELZ	Cape Palmas Radio (LBR)	
16932	CW	7TF	Boufarik Radio (ALG)	
16933.2	CW	JOS	Nagasaki Radio (J)	
16933.2	CW	WCC	Chatham Radio (USA)	
16935	CW	A7D	Doha Radio (QAT)	
16935	CW	VWB	Bombay Radio (IND)	

16935.2	CW	XFA	Acapulco Radio (MEX)
16938	CW	HAR	Budapest Radio (HNG)
16938	CW	VTG	NAVCOMCEN Bombay (IND)
16939.8	CW	KLC	Galveston Radio (USA)
16940	CW	XSW	Kaohsiung Radio (TWN)
16940.8	CW	LST	YPF Buenos Aires Radio (ARG)
16942.5	CW	XDA	Mexico City Radio (MEX)
16942.8	CW	YUR	Rijeka Radio (YUG)
16944	CW	LZL	Bourgas Radio (BUL)
16945	CW	XVG	Hai Phong Radio (VTN)
16947	CW	UFB	Odessa Radio (UKR)
16947.5	CW	6YI	Kingston Radio (JMC)
16947.6	CW	FFT	Saint Lys Radio (F)
16947.6	CW	6VA	Dakar Radio (SEN)
16947.6	CW	VIP	Perth Radio (AUS)
16947.6	CW	8PO	Barbados Radio (BRB)
16947.6	CW	8RB	Demerara Radio (GUY)
16947.8	CW	TUA	Abidjan Radio (CTI)
16948	CW	9GP23	Tema Radio (GHA)
16948	CW	HCG	Guayaquil Radio (EQA)
16948.5	CW	VCS	Halifax Coast Guard (CAN)
16950	CW	9MB	Navy Lumut (MLA)
16950	CW	XSQ	Guangzhou Radio (CHN)
16951	CW	YKI	Tartous Port Radio (SYR)
16951.5	CW	6WW	Navy Dakar (SEN)
16952.4	CW	LFT	Rogaland Radio (NOR)
16953	CW	HZG	Dammam Radio (ARS)
16954.4	CW	GKC	Portishead Radio (G)
16956	CW	CBV	Valparaiso Radio (CHL)
16956	CW	PZN	Paramaribo Radio (SUR)
16958	CW	FUJ	Navy Noumea (NCL)
16959	CW	HML	Nampho Radio (KRE)
16959.2	CW	CUL	Lisboa Radio (POR)
16960	CW	UMV	Murmansk Radio (URS)
16960	CW	HZY	Ras Tanura Radio (ARS)
16960	CW	CKN	Navy Aldergrove (CAN)
16961	CW	CLA	La Habana Radio (CUB)
16961.5	CW	FUF	Navy Fort-de-France (MRT)
16962.5	CW	DXF	Davao Radio (PHL)
16963	CW	5AL	Tobruk Radio (LBY)
16965	CW	DHS	Rügen Radio (D)
16966	CW	SVI	Athens Radio (GRC)
16966	CW	S9M	Sao Tome Radio (STP)
16966.5	CW	9VG	Singapore Radio (SNG)
16967	CW	YKM5	Baniyas Port Radio (SYR)
16968	CW	PPL	Belem Radio (B)
16968.5	CW	WLO	Mobile Radio (USA)
16968.8	CW	XSJ	Zhanjiang Radio (CHN)
16969.5	RTTY	NMF	Boston Coast Guard Radio (USA)
16970	CW	ICB	Genova Radio (I)
16970	CW	UQB	Kholmsk Radio (URS)
16970	CW	OBQ5	Iquitos Radio (PRU)
16971	FAX	JJC	Tokyo Meteo (J)
16972	CW	WCC	Chatham Radio (USA)
16974	CW	SPE81	Szczecin Radio (POL)
16974.6	CW	GKD	Portishead Radio (G)
16975	CW	VWM	Madras Radio (IND)
16976	CW	NMN	Portsmouth Coast Guard Radio (USA)
16978.4	CW	3BM	Bigara Meteo (MAU)
16980	CW	UNQ	Novorossiisk Radio (URS)
16980.4	CW	DAM	Norddeich Radio (D)
16981.5	CW	SVG	Athens Radio (GRC)
16983	CW	ELC	Monrovia Radio (LBR)
16984	CW	PPR	Rio de Janeiro Radio (B)

16986	CW	CTP	Navy Palhais (POR)	
16987	CW	VPS	Hongkong Radio (HKG)	
16987.2	CW	GYU	RNWS Gibraltar (GIB)	
16990	CW	HLO	Seoul Radio (KOR)	
16992.8	CW	UAT	Moskau Radio (URS)	
16994	CW	9VG	Singapore Radio (SNG)	
16995	CW	9KK	Kuwait Radio (KWT)	
16997	CW	UDH	Riga Radio (LET)	
16997.6	CW	WLO	Mobile Radio (USA)	auch RTTY
16998.5	CW	JDC	Choshi Radio (J)	
17000	CW	DHS	Rügen Radio (D)	
17002.4	CW	XSG	Shanghai Radio (CHN)	
17004	CW	HKB	Barranquilla Radio (CLM)	
17004.2	CW	ZRH	NAVCOMCEN Capetown (AFS)	
17005	CW	IAR	Roma Radio (I)	
17006	CW	ZRQ	NAVCOMCEN Capetown (AFS)	
17007.2	CW	PCH	Scheveningen Radio (HOL)	
17007.5	CW	KLB	Seattle Radio (USA)	
17008.5	CW	TAH	Istanbul Radio (TUR)	
17010	CW	URD	St.Petersburg Radio (URS)	
17011	CW	XSX	Keelung Radio (TWN)	
17013	CW	5BA	Cyprus Radio (CYP)	
17014	CW	UEK2	Feodosia Radio (UKR)	
17015	CW	UJQ	Kiev Radio (UKR)	
17016	CW	SPH82	Gdynia Radio (POL)	
17016.5	CW	KPH	San Francisco Radio (USA)	
17017.1	CW	OST	Oostende Radio (BEL)	
17018	CW	ZSC	Capetown Radio (AFS)	
17018	RTTY	EBA	Madrid Radionaval (E)	auch CW
17021.6	CW	TAH	Istanbul Radio (TUR)	
17022.5	CW	WLO	Mobile Radio (USA)	
17024	RTTY	SAB83	Göteborg Radio (S)	
17025	CW	UPB	Providenia Bukhta Radio (URS)	
17026	CW	KFS	Palo Alto Radio (USA)	
17027	CW	FFL	Saint Lys Radio (F)	
17027.5	CW	HPP	Panama Intelmar Radio (PNR)	
17029	CW	JMC	Tokyo Meteo (J)	
17030	CW	XSG	Shanghai Radio (CHN)	
17030.4	CW	GYA	RNWS Whitehall (G)	
17031	CW	9VG	Singapore Radio (SNG)	
17032	CW	SXE	Athens Coastguard (GRC)	
17034	CW	VWB	Bombay Radio (IND)	
17035	CW	TCR	Tophane Kulesi Radio (TUR)	
17035	CW	XSW	Kaohsiung Radio (TWN)	
17037	CW	YQI	Constanta Radio (ROU)	
17038	CW	WNU	Slidell Radio (USA)	
17040	FAX	AOK	USNAVCOMSTA Rota (E)	
17040.8	CW	FFS	Saint Lys Radio (F)	
17040.8	CW	FJA	Mahina Radio (OCE)	
17043.2	CW	JCU	Choshi Radio (J)	
17045.6	CW	YUR	Rijeka Radio (YUG)	
17045.6	CW	4PB	Colombo Radio (CLN)	
17045.6	CW	HKC	Buenaventura Radio (CLM)	
17045.6	CW	LPD	General Pacheco Radio (ARG)	
17048	CW	DAF	Norddeich Radio (D)	
17048	CW	DZW	Manila Radio (PHL)	
17050.4	CW	ASK	Karachi Radio (PAK)	
17051	CW	4XZ	Haifa Naval Radio (ISR)	
17052.5	CW	JNA	Tokyo Coast Guard (J)	
17053	CW	XSX	Keelung Radio (TWN)	
17053.7	CW	CTV	Monsanto Radionaval (POR)	
17055	CW	LZW	Varna Radio (BUL)	
17055.6	CW	D4A	Sao Vicente Radio (CPV)	
17056.7	RTTY	CTV	Monsanto Radionaval (POR)	

17057.2	CW	SAB8	Göteborg Radio (S)
17060	CW	4XO	Haifa Radio (ISR)
17060	CW	UKK3	Nakhodka Radio (URS)
17062	CW	HZG	Dammam Radio (ARS)
17063	CW	UFB	Odessa Radio (UKR)
17064	CW	SPH83	Gdynia Radio (POL)
17064.8	CW	EAD	Madrid Radio (E)
17065	CW	FUE	Marine Nationale Brest (F)
17068.4	CW	OXZ	Lyngby Radio (DNK)
17069.6	FAX	JJC	Tokyo Meteo (J)
17070	CW	SPE83	Szczecin Radio (POL)
17072	CW	GKG	Portishead Radio (G)
17074.4	CW	LGX	Rogaland Radio (NOR)
17074.4	CW	PKB	Belawan Radio (INS)
17074.4	CW	PKD	Surabaya Radio (INS)
17074.4	CW	PKX	Jakarta Radio (INS)
17074.4	CW	PNK	Jayapura Radio (INS)
17075	CW	ZSC	Capetown Radio (AFS)
17075.5	CW	XFF2	Pajaritos Radio (MEX)
17077	CW	UAH	Tallin Radio (EST)
17079	CW	HLF	Seoul Radio (KOR)
17079.4	CW	SAG8	Göteborg Radio (S)
17080	CW	XSQ	Guangzhou Radio (CHN)
17082	CW	DGR28	DPA Hamburg (D)
17083	CW	CLY	La Habana Radionaval (CUB)
17084	CW	IQX	Trieste Radio (I)
17084	CW	VHI	NAVCOMSTA Darwin (AUS)
17085	CW	UBN	Jdanov Radio (UKR)
17088.8	CW	KPH	San Francisco Radio (USA)
17090	CW	DZF	Bacoor Radio (PHL)
17091.3	CW	XSQ	Guangzhou Radio (CHN)
17092	CW	GKH	Portishead Radio (G)
17093	CW	JOR	Nagasaki Radio (J)
17093.6	CW	AQP	NAVCOMCEN Karachi (PAK)
17094.8	CW	SVJ	Athens Radio (GRC)
17096	CW	VPS	Hongkong Radio (HKG)
17098.4	CW	GKA	Portishead Radio (G)
17100	CW	DHS	Rügen Radio (D)
17103.2	CW	XSG	Shanghai Radio (CHN)
17104.2	CW	PCH	Scheveningen Radio (HOL)
17105	CW	IRM	Roma Medico Radio (I)
17106.5	CW	WSC	Tuckerton Radio (USA)
17110	CW	UFL	Vladivostok Radio (URS)
17112	CW	DZP	Novaliches Radio (PHL)
17112.6	CW	JCS	Choshi Radio (J)
17113	CW	GKB	Portishead Radio (G)
17115	CW	URD	St.Petersburg Radio (URS)
17115.5	CW	XFL	Mazatlan Radio (MEX)
17117.5	RTTY	PBC	Navy Goeree (HOL)
17117.6	CW	WNU	Slidell Radio (USA)
17118	CW	HLG	Seoul Radio (KOR)
17120	CW	PPO	Olinda Radio (B)
17120.5	CW	XDA	Mexico City Radio (MEX)
17126	CW	XSZ	Dalian Radio (CHN)
17128	CW	HAR	Budapest Radio (HNG)
17128	CW	DZE	Mandaluyong Radio (PHL)
17128.5	CW	ZLP	Navy Irirangi (NZL)
17130	CW	HAR	Budapest Radio (HNG)
17130	CW	HLW	Seoul Radio (KOR)
17132	CW	ZSJ	NAVCOMCEN Simonstown (AFS)
17132	CW	VTF	NAVCOMCEN Bombay (IND)
17132	CW	XSV	Tianjin Radio (CHN)
17134	CW	UNM2	Klaipeda Radio (LIT)
17134	CW	XFN	Progreso Radio (MEX)

17136.8	CW	GKM	Portishead Radio (G)	
17138.4	CW	VIS	Sydney Radio (AUS)	
17140	CW	UMV	Murmansk Radio (URS)	
17140	CW	XDA	Mexico City Radio (MEX)	
17140	FAX	PWZ33	Rio de Janeiro Radionaval (B)	
17141	CW	UFN	Novorossiisk Radio (URS)	
17141.6	CW	YVG	La Guaira Radio (VEN)	
17143.6	CW	DAN	Norddeich Radio (D)	
17144	CW	DZD	Antipolo Radio (PHL)	
17145	CW	LZW	Varna Radio (BUL)	
17146.4	CW	4XO	Haifa Radio (ISR)	
17146.4	CW	ELC	Monrovia Radio (LBR)	
17146.4	CW	NRV	Guam Coast Guard (GUM)	
17146.6	CW	CBV	Valparaiso Radio (CHL)	auch FAX
17147.2	CW	SVA	Athens Radio (GRC)	
17147.9	CW	5RS	Tamatave Radio (MDG)	
17149	CW	TIM	Limon Radio (CTR)	
17151.2	CW	GKI	Portishead Radio (G)	
17151.2	CW	NMC	San Francisco Coast Guard (USA)	auch FAX
17152	CW	DZZ	Manila Radio (PHL)	
17153	CW	URL	Sevastopol Radio (UKR)	
17156	CW	ASK	Karachi Radio (PAK)	
17160	CW	DZO	Bulacan Radio (PHL)	
17160	CW	PWZ33	Rio de Janeiro Radionaval (B)	
17160.8	CW	IAR	Roma Radio (I)	
17160.8	CW	LSA	Boca Radio (ARG)	
17161.3	CW	VIS	Sydney Radio (AUS)	
17162	CW	PPO	Olinda Radio (B)	
17164.8	CW	ZSC	Capetown Radio (AFS)	
17165.6	CW	LFF	Rogaland Radio (NOR)	
17165.6	CW	3CA	Banapa Radio (GNE)	
17165.6	CW	CLA	La Habana Radio (CUB)	
17166.5	CW	JCT	Choshi Radio (J)	
17167.5	CW	GKK	Portishead Radio (G)	
17168	CW	DZN	Navotas Radio (PHL)	
17169	CW	A9M	Bahrain Radio (BHR)	
17170	CW	PPJ	Juncao Radio (B)	
17170	CW	PPL	Belem Radio (B)	
17170.4	CW	CNP	Casablanca Radio (MRC)	
17170.4	CW	ZLB	Awarua Radio (NZL)	
17170.5	CW	PJC	Curacao Radio (ATN)	
17172.4	CW	9MG	Penang Radio (MLA)	
17172.4	CW	WLO	Mobile Radio (USA)	
17173	CW	ZAD	Durres Radio (ALB)	
17173	CW	UHK	Batumi Radio (URS) Georgien	
17175.2	CW	5ZF	Mombasa Radio (KEN)	
17175.2	CW	9LL	Freetown Radio (SRL)	
17175.2	CW	7OA	Aden Radio (YEM)	
17175.2	CW	A9M	Bahrain Radio (BHR)	
17175.2	CW	CLS	Flota de Pesca Radio (CUB)	
17175.5	CW	VAI	Vancouver Coast Guard (CAN)	
17176	CW	DZG	Las Pinas Radio (PHL)	
17177.6	CW	DAL	Norddeich Radio (D)	
17180	CW	HWN	Marine Nationale Paris (F)	
17182	CW	ICB	Genova Radio (I)	
17182	CW	LZL	Bourgas Radio (BUL)	
17183	CW	DHS	Rügen Radio (D)	
17184	CW	DZK	Bulacan Radio (PHL)	
17184.5	CW	9YL	North Post Radio (TRD)	
17184.8	CW	EAD	Madrid Radio (E)	
17184.8	CW	9PA	Banana Radio (ZAI)	
17184.8	CW	PKA	Sabang Radio (INS)	
17184.8	CW	PKE	Amboina Radio (INS)	
17184.8	CW	PKP	Dumai Radio (INS)	

17184.8	CW	KFS	Palo Alto Radio (USA)	
17187	CW	OST	Oostende Radio (BEL)	
17188	CW	SVD	Athens Radio (GRC)	
17189.6	CW	D3E	Luanda Radio (AGL)	
17189.6	CW	XYR	Yangon Radio (BRM)	
17189.6	CW	CLS	Flota de Pesca Radio (CUB)	
17190.5	CW	UHK	Batumi Radio (URS) Georgien	
17192	CW	VPS	Hongkong Radio (HKG)	
17194	CW	C2N	Nauru Radio (NRU)	
17194.4	CW	SVF	Athens Radio (GRC)	
17194.4	CW	PPR	Rio de Janeiro Radio (B)	
17198.3	CW	HZG	Dammam Radio (ARS)	
17198.9	CW	PCH	Scheveningen Radio (HOL)	
17199.2	CW	WNU	Slidell Radio (USA)	
17203.9	CW	OXZ82	Lyngby Radio (DNK)	
17206.1	CW	IAR	Roma Radio (I)	
17208.5	CW	DHS	Rügen Radio (D)	
17210.6	CW	ZSC	Capetown Radio (AFS)	
17210.9	CW	UFN	Novorossiisk Radio (URS)	
17213.9	CW	SPH81	Gdynia Radio (POL)	
17214.4	CW	VPS	Hongkong Radio (HKG)	
17214.9	CW	PPL	Belem Radio (B)	
17215	CW	JDB	Nagasaki Radio (J)	
17216.9	CW	XSQ	Guangzhou Radio (CHN)	
17220.4	CW	ICB	Genova Radio (I)	
17220.5	CW	JOU	Nagasaki Radio (J)	
17220.5	CW	NMC	San Francisco Coast Guard (USA)	
17221.4	CW	A7D	Doha Radio (QAT)	
17222.4	CW	ICB	Genova Radio (I)	
17223.4	CW	A4M	Musqat Radio (OMA)	
17227.5	CW	ZLO	Navy Irirangi (NZL)	
17228.4	CW	TIM	Limon Radio (CTR)	
17230.1	CW	KLC	Galveston Radio (USA)	
17230.1	CW	CWA	Cerrito Radio (URG)	
17230.9	CW	DZJ	Bulacan Radio (PHL)	
17230.9	CW	LSA	Boca Radio (ARG)	
17232.4	CW	HPP	Panama Intelmar Radio (PNR)	
17232.9	CW	9VG	Singapore Radio (SNG)	
17233.9	CW	UXN	Archangelsk Radio (URS)	
17235.4	CW	LZL	Bourgas Radio (BUL)	
17237	CW	TJC	Douala Radio (CME)	
17237.9	CW	CLS	Flota de Pesca Radio (CUB)	
17238.9	CW	XSV	Tianjin Radio (CHN)	
17239.9	CW	5OW	Lagos Radio (NIG)	
17242	SSB		Küstenfunkstationen Sprechfunk-Kanal 1601	16360
		LFN2	Rogaland Radio (NOR)	
		OXZ	Lyngby Radio (DNK)	
		UNM2	Klaipeda Radio (LIT)	
		UFN	Novorossiisk Radio (URS)	
		S7Q	Seychelles Radio (SEY)	
		WOM	Miami High Seas Radio (USA)	
		LPL	General Pacheco Radio (ARG)	
17245	SSB		Küstenfunkstationen Sprechfunk-Kanal 1602	16363
		GKT62	Portishead Radio (G)	
		HZG	Dammam Radio (ARS)	
		VIS	Sydney Radio (AUS)	
		KMI	Dixon Radio (USA)	
		WAH	Virgin Islands Radio (VIR)	
17248	SSB		Küstenfunkstationen Sprechfunk-Kanal 1603	16366
		HAR	Budapest Radio (HNG)	
		LFN3	Rogaland Radio (NOR)	
		OXZ	Lyngby Radio (DNK)	
		5BA	Cyprus Radio (CYP)	
		IAR	Roma Radio (I)	

17248		DXF	Davao Radio (PHL)	
		JBO	Tokyo Radio (J)	
		S3D	Chittagong Radio (BGD)	
		XSQ	Guangzhou Radio (CHN)	
		KMI	Dixon Radio (USA)	
		WAH	Virgin Islands Radio (VIR)	
17251	SSB		Küstenfunkstationen Sprechfunk-Kanal 1604	16369
		LFN4	Rogaland Radio (NOR)	
		FFL	Saint Lys Radio (F)	
		JBO	Tokyo Radio (J)	
		VIP	Perth Radio (AUS)	
		VCS	Halifax Coast Guard (CAN)	
		XDA	Mexico City Radio (MEX)	
		XFA	Acapulco Radio (MEX)	
		XFK	La Paz Radio (MEX)	
		XFM	Manzanillo Radio (MEX)	
		XFP	Chetumal Radio (MEX)	
17254	SSB		Küstenfunkstationen Sprechfunk-Kanal 1605	16372
		OXZ	Lyngby Radio (DNK)	
		SAG	Göteborg Radio (S)	
		FFL	St.Lys Radio (F)	
		URD	St.Petersburg Radio (URS)	
		DZO	Bulacan Radio (PHL)	
		EQA	Abadan Radio (IRN)	
		FJA	Mahina Radio (OCE)	
		WOO	Ocean Gate Radio (USA)	
17257	SSB		Küstenfunkstationen Sprechfunk-Kanal 1606	16375
		GKT66	Portishead Radio (G)	
		TFA	Reykjavik Radio (ISL)	
		IAR	Roma Radio (I)	
		TAN	Istanbul Radio (TUR)	
		UAT	Moskau Radio (URS)	
		JBO	Tokyo Radio (J)	
		S3E	Khulna Radio (BGD)	
		ZLW	Wellington Radio (NZL)	
		PPO	Olinda Radio (B)	
17260	SSB		Küstenfunkstationen Sprechfunk-Kanal 1607	16378
		LFN6	Rogaland Radio (NOR)	
		SPC81	Gdynia Radio (POL)	
		3AC	Monaco Radio (MCO)	
		SVN	Athens Radio (GRC)	
		UFL	Vladivostok Radio (URS).	
		ZJU	Funafuti Radio (TUV)	
		WLO	Mobile Radio (USA)	
		PJC	Curacao Radio (ATN)	
17263	SSB		Küstenfunkstationen Sprechfunk-Kanal 1608	16381
		OXZ	Lyngby Radio (DNK)	
		SAG	Göteborg Radio (S)	
		ICB	Genova Radio (I)	
		ZSC	Capetown Radio (AFS)	
		BVA	Taipei Radio (TWN)	
		XSG	Shanghai Radio (CHN)	
		VAI	Vancouver Coast Guard (CAN)	
		OBC3	Callao Radio (PRU)	
		PZN	Paramaribo Radio (SUR)	
17266	SSB		Küstenfunkstationen Sprechfunk-Kanal 1609	16384
		OSU	Oostende Radio (BEL)	
		4XO	Haifa Radio (ISR)	
		SVN	Athens Radio (GRC)	
		HZG	Dammam Radio (ARS)	
		JBO	Tokyo Radio (J)	
		WOM	Miami High Seas Radio (USA)	
17269	SSB		Küstenfunkstationen Sprechfunk-Kanal 1610	16387
		DAP	Norddeich Radio (D)	

17269		LFN8	Rogaland Radio (NOR)	
		SUH	Alexandria Radio (EGY)	
		BVA	Taipei Radio (TWN)	
		PKX	Jakarta Radio (INS)	
		VIS	Sydney Radio (AUS)	
		WOM	Miami High Seas Radio (USA)	
		CWF	Punta Carretas Radio (URG)	
17272	SSB		Küstenfunkstationen Sprechfunk-Kanal 1611	16390
		GKU61	Portishead Radio (G)	
		HEB17	Bern Radio (SUI)	
		5AT	Tripoli Radio (LBY)	
		TAN	Istanbul Radio (TUR)	
		YUR	Rijeka Radio (YUG)	
		9MG	Penang Radio (MLA)	
		WOM	Miami High Seas Radio (USA)	
		PPR	Rio de Janeiro Radio (B)	
17275	SSB		Küstenfunkstationen Sprechfunk-Kanal 1612	16393
		ASK	Karachi Radio (PAK)	
		VIP	Perth Radio (AUS)	
		VIT	Townsville Radio (AUS)	
17278	SSB		Küstenfunkstationen Sprechfunk-Kanal 1613	16396
		LFN9	Rogaland Radio (NOR)	
		OSU	Oostende Radio (BEL)	
		UKK3	Nakhodka Radio (URS)	
		9VG	Singapore Radio (SNG)	
		PPR	Rio de Janeiro Radio (B)	
17281	SSB		Küstenfunkstationen Sprechfunk-Kanal 1614	16399
		OHG2	Helsinki Radio (FNL)	
		OXZ	Lyngby Radio (DNK)	
		SAG	Göteborg Radio (S)	
		ICB	Genova Radio (I)	
		8Q2	Male Radio (MLD)	
		BVA	Taipei Radio (TWN)	
		XSQ	Guangzhou Radio (CHN)	
		XDA	Mexico City Radio (MEX)	
		XFC	Cozumel Radio (MEX)	
17284	SSB		Küstenfunkstationen Sprechfunk-Kanal 1615	16402
		GKU65	Portishead Radio (G)	
		HEB27	Bern Radio (SUI)	
		TFA	Reykjavik Radio (ISL)	
		CUL	Lisboa Radio (POR)	
		UBE2	Petropavlovsk Radio (URS)	
		J5M	Bissau Radio (GNB)	
		DYO	Cebu Radio (PHL)	
		HPP	Panama Intelmar Radio (PNR)	
		HKB	Barranquilla Radio (CLM)	
		HKC	Buenaventura Radio (CLM)	
17287	SSB		Küstenfunkstationen Sprechfunk-Kanal 1616	16405
		DAJ	Norddeich Radio (D)	
		IAR	Roma Radio (I)	
		EQI	Abbas Radio (IRN)	
		WOM	Miami High Seas Radio (USA)	
17290	SSB		Küstenfunkstationen Sprechfunk-Kanal 1617	16408
		HAR	Budapest Radio (HNG)	
		OXZ	Lyngby Radio (DNK)	
		4XO	Haifa Radio (ISR)	
		XFN	Progreso Radio (MEX)	
		PPJ	Juncao Radio (B)	
		OXZ	Lyngby Radio (DNK)	
17293	SSB		Küstenfunkstationen Sprechfunk-Kanal 1618	16411
		GKU68	Portishead Radio (G)	
		TAN	Istanbul Radio (TUR)	
		S9M	Sao Tome Radio (STP)	
		A9M	Bahrain Radio (BHR)	

17296	SSB		Küstenfunkstationen Sprechfunk-Kanal 1619	16414
		LFN23	Rogaland Radio (NOR)	
		FFL	Saint Lys Radio (F)	
		SVO63	Athinai Radio (GRC)	
		9KK	Kuwait Radio (KWT)	
		DZM	Bulacan Radio (PHL)	
17299	SSB		Küstenfunkstationen Sprechfunk-Kanal 1620	16417
		LFN24	Rogaland Radio (NOR)	
		5AB	Benghazi Radio (LBY)	
		JYO	Aqaba Radio (JOR)	
		WFN	Jeffersonville Radio (USA)	
		WGK	St.Louis Radio (USA)	
		WOO	Ocean Gate Radio (USA)	
17302	SSB		Küstenfunkstationen Sprechfunk-Anrufkanal 1621	16420
		LFN	Rogaland Radio (NOR)	
		OSU	Oostende Radio (BEL)	
		TFA	Reykjavik Radio (ISL)	
		3AC	Monaco Radio (MCO)	
		IAR	Roma Radio (I)	
		9PA	Banana Radio (ZAI)	
		S9M	Sao Tome Radio (STP)	
		ZSC	Capetown Radio (AFS)	
		8Q2	Male Radio (MLD)	
		9MG	Penang Radio (MLA)	
		9VG	Singapore Radio (SNG)	
		A7D	Doha Radio (QAT)	
		BVA	Taipei Radio (TWN)	
		HZG	Dammam Radio (ARS)	
		JBO	Tokyo Radio (J)	
		HPP	Panama Intelmar Radio (PNR)	
		XDA	Mexico City Radio (MEX)	
		XFK	La Paz Radio (MEX)	
		XFN	Progreso Radio (MEX)	
		CBV	Valparaiso Radio (CHL)	
		CWF	Punta Carretas Radio (URG)	
		LPL	General Pacheco Radio (ARG)	
		PPR	Rio de Janeiro Radio (B)	
17305	SSB		Küstenfunkstationen Sprechfunk-Kanal 1622	16423
		HEB47	Bern Radio (SUI)	
		OXZ	Lyngby Radio (DNK)	
		FFL	St.Lys Radio (F)	
		9KK	Kuwait Radio (KWT)	
		VID	Darwin Radio (AUS)	
		VIS	Sydney Radio (AUS)	
		HPP	Panama Intelmar Radio (PNR)	
17308	SSB		Küstenfunkstationen Sprechfunk-Kanal 1623	16426
		GKV63	Portishead Radio (G)	
		PCG	Scheveningen Radio (HOL)	
		UFB	Odessa Radio (UKR)	
		UJQ	Kiev Radio (UKR)	
		D4A	Sao Vicente Radio (CPV)	
		D4D	Praia Radio (CPV)	
		BVA	Taipei Radio (TWN)	
		XSG	Shanghai Radio (CHN)	
		ZPD	Asuncion Radio (PRG)	
17311	SSB		Küstenfunkstationen Sprechfunk-Kanal 1624	16429
		DAK	Norddeich Radio (D)	
		IAR	Roma Radio (I)	
		5WA	Apia Radio (SMO)	
		KMI	Dixon Radio (USA)	
17314	SSB		Küstenfunkstationen Sprechfunk-Kanal 1625	16432
		OSU	Oostende Radio (BEL)	
		SPO81	Szczecin Radio (POL)	
		TFA	Reykjavik Radio (ISL)	

17314		SVN	Athens Radio (GRC)	
		EQK	Khorramshahr Radio (IRN)	
		NMA	Miami Coast Guard Radio (USA)	
		NMC	San Francisco Coast Guard (USA)	
		NMF	Boston Coast Guard Radio (USA)	
		NMN	Portsmouth Coast Guard Radio (USA)	
17317	SSB		Küstenfunkstationen Sprechfunk-Kanal 1626	16435
		SVN	Athens Radio (GRC)	
		UQB	Kholmsk Radio (URS)	
		UXN	Archangelsk Radio (URS)	
		A7D	Doha Radio (QAT)	
		YIR	Basrah Radio (IRQ)	
		WOO	Ocean Gate Radio (USA)	
		CLA	La Habana Radio (CUB)	
17320	SSB		Küstenfunkstationen Sprechfunk-Kanal 1627	16438
		HAR	Budapest Radio (HNG)	
		LFN26	Rogaland Radio (NOR)	
		OSU	Oostende Radio (BEL)	
		SVN	Athens Radio (GRC)	
		YUR	Rijeka Radio (YUG)	
17323	SSB		Küstenfunkstationen Sprechfunk-Kanal 1628	16441
		4XO	Haifa Radio (ISR)	
		FFL	Saint Lys Radio (F)	
		UGH2	Yuzhno-Sakhalinsk Radio (URS)	
		CLA	La Habana Radio (CUB)	
17326	SSB		Küstenfunkstationen Sprechfunk-Kanal 1629	16444
		LFN27	Rogaland Radio (NOR)	
		7TF	Boufarik Radio (ALG)	
		SVN	Athens Radio (GRC)	
		6VA	Dakar Radio (SEN)	
		EQM	Bushehr Radio (IRN)	
17329	SSB		Küstenfunkstationen Sprechfunk-Kanal 1630	16447
		OSU	Oostende Radio (BEL)	
		TFA	Reykjavik Radio (ISL)	
		UDH	Riga Radio (LET)	
		EHY	Madrid Radio (E)	
17332	SSB		Küstenfunkstationen Sprechfunk-Kanal 1631	16450
		HEB37	Bern Radio (SUI)	
		SPC82	Gdynia Radio (POL)	
		7TF	Boufarik Radio (ALG)	
		BVA	Taipei Radio (TWN)	
		WOO	Ocean Gate Radio (USA)	
17335	SSB		Küstenfunkstationen Sprechfunk-Kanal 1632	16453
		GKW62	Portishead Radio (G)	
		HAR	Budapest Radio (HNG)	
		5BA	Cyprus Radio (CYP)	
		CUL	Lisboa Radio (POR)	
		WLO	Mobile Radio (USA)	
17338	SSB		Küstenfunkstationen Sprechfunk-Kanal 1633	16456
		SPC83	Gdynia Radio (POL)	
		FFL	Saint Lys Radio (F)	
		SVO67	Athens Radio (GRC)	
		UON	Baku Radio (URS) Aserbeidschan	
		BVA	Taipei Radio (TWN)	
		PPL	Belem Radio (B)	
17341	SSB		Küstenfunkstationen Sprechfunk-Kanal 1634	16459
		DAI	Norddeich Radio (D)	
		SVN	Athens Radio (GRC)	
		TUA	Abidjan Radio (CTI)	
		HLS	Seoul Radio (KOR)	
17344	SSB		Küstenfunkstationen Sprechfunk-Kanal 1635	16462
		OXZ	Lyngby Radio (DNK)	
		CTV	Monsanto Radionaval (POR)	
		LZW	Varna Radio (BUL)	

17344		YKM7	Lattakia Radio (SYR)	
		J5M	Bissau Radio (GNB)	
17347	SSB		Küstenfunkstationen Sprechfunk-Kanal 1636	16465
		PCG	Scheveningen Radio (HOL)	
		7TF	Boufarik Radio (ALG)	
17350	SSB		Küstenfunkstationen Sprechfunk-Kanal 1637	16468
		GKW67	Portishead Radio (G)	
		EHY	Madrid Radio (E)	
		5RS	Tamatave Radio (MDG)	
		HLS	Seoul Radio (KOR)	
		VPS	Hongkong Radio (HKG)	
		ZLW	Wellington Radio (NZL)	
17353	SSB		Küstenfunkstationen Sprechfunk-Kanal 1638	16471
		OHG2	Helsinki Radio (FNL)	
		SPO82	Szczecin Radio (POL)	
		CNP	Casablanca Radio (MRC)	
		YUW	Bar Radio (YUG)	
		S9M	Sao Tome Radio (STP)	
		KUQ	Pago Pago Radio (SMA)	
17356	SSB		Küstenfunkstationen Sprechfunk-Kanal 1639	16474
		DAH	Norddeich Radio (D)	
		PCG	Scheveningen Radio (HOL)	
		ZAD	Durres Radio (ALB)	
		9PA	Banana Radio (ZAI)	
		8Q2	Male Radio (MLD)	
		DZK	Bulacan Radio (PHL)	
17359	SSB		Küstenfunkstationen Sprechfunk-Kanal 1640	16477
		GKW60	Portishead Radio (G)	
		SVN	Athens Radio (GRC)	
		8PO	Barbados Radio (BRB)	
17362	SSB		Küstenfunkstationen Sprechfunk-Kanal 1641	16480
		OXZ	Lyngby Radio (DNK)	
		SAG	Göteborg Radio (S)	
		7TF	Boufarik Radio (ALG)	
		UBN	Jdanov Radio (UKR)	
		9VG	Singapore Radio (SNG)	
		YIR	Basrah Radio (IRQ)	
		WLO	Mobile Radio (USA)	
17365	SSB		Küstenfunkstationen Sprechfunk-Kanal 1642	16483
		FFL	St.Lys Radio (F)	
17366.9	FAX	5YE3	Nairobi Meteo (KEN)	
17368	SSB		Küstenfunkstationen Sprechfunk-Kanal 1643	16486
		FFL	St.Lys Radio (F)	
17371	SSB		Küstenfunkstationen Sprechfunk-Kanal 1644	16489
17374	SSB		Küstenfunkstationen Sprechfunk-Kanal 1645	16492
		4XO	Haifa Radio (ISR)	
17377	SSB		Küstenfunkstationen Sprechfunk-Kanal 1646	16495
17380	SSB		Küstenfunkstationen Sprechfunk-Kanal 1647	16498
17383	SSB		Küstenfunkstationen Sprechfunk-Kanal 1648	16501
17386	SSB		Küstenfunkstationen Sprechfunk-Kanal 1649	16504
		5BA	Cyprus Radio (CYP)	
		PPR	Rio de Janeiro Radio (B)	
17389	SSB		Küstenfunkstationen Sprechfunk-Kanal 1650	16507
		VPS	Hongkong Radio (HKG)	
17392	SSB		Küstenfunkstationen Sprechfunk-Kanal 1651	16510
17395	SSB		Küstenfunkstationen Sprechfunk-Kanal 1652	16513
17398	SSB		Küstenfunkstationen Sprechfunk-Kanal 1653	16516
17401	SSB		Küstenfunkstationen Sprechfunk-Kanal 1654	16519
17404	SSB		Küstenfunkstationen Sprechfunk-Kanal 1655	16522
17407	SSB		Küstenfunkstationen Sprechfunk-Kanal 1656	16525
		HEB57	Bern Radio (SUI)	
18780	SSB		Schiffe	bis 18843 kHz / 3.0 kHz
18825	SSB		SIMPLEX-Kanal 18 A	
18828	SSB		SIMPLEX-Kanal 18 B	

18831	SSB		SIMPLEX-Kanal 18 C	
18834	SSB		SIMPLEX-Kanal 18 D	
18837	SSB		SIMPLEX-Kanal 18 E	
18840	SSB		SIMPLEX-Kanal 18 F	
18843	SSB		SIMPLEX-Kanal 18 G	
18870.5	RTTY		Schiffe	bis 18898 kHz / 0.5 kHz
19681	RTTY		Küstenfunkstationen RTTY 18MHz Serie 1	18870.5
19681.5	RTTY		Küstenfunkstationen RTTY 18MHz Serie 2	18871
19682	RTTY		Küstenfunkstationen RTTY 18MHz Serie 3	18871.5
19682.5	RTTY		Küstenfunkstationen RTTY 18MHz Serie 4	18872
19683	RTTY		Küstenfunkstationen RTTY 18MHz Serie 5	18872.5
19683.5	RTTY		Küstenfunkstationen RTTY 18MHz Serie 6	18873
19684	RTTY		Küstenfunkstationen RTTY 18MHz Serie 7	18873.5
19684.5	RTTY		Küstenfunkstationen RTTY 18MHz Serie 8	18874
19685	RTTY		Küstenfunkstationen RTTY 18MHz Serie 9	18874.5
19685.5	RTTY		Küstenfunkstationen RTTY 18MHz Serie 10	18875
19686	RTTY		Küstenfunkstationen RTTY 18MHz Serie 11	18875.5
19686.5	RTTY		Küstenfunkstationen RTTY 18MHz Serie 12	18876
19687	RTTY		Küstenfunkstationen RTTY 18MHz Serie 13	18876.5
19687.5	RTTY		Küstenfunkstationen RTTY 18MHz Serie 14	18877
19688	RTTY		Küstenfunkstationen RTTY 18MHz Serie 15	18877.5
19688.5	RTTY		Küstenfunkstationen RTTY 18MHz Serie 16	18878
19689	RTTY		Küstenfunkstationen RTTY 18MHz Serie 17	18878.5
19689.5	RTTY		Küstenfunkstationen RTTY 18MHz Serie 18	18879
19690	RTTY		Küstenfunkstationen RTTY 18MHz Serie 19	18879.5
		TAH	Istanbul Radio (TUR)	
19690.5	RTTY		Küstenfunkstationen RTTY 18MHz Serie 20	18880
19691	RTTY		Küstenfunkstationen RTTY 18MHz Serie 21	18880.5
19691.5	RTTY		Küstenfunkstationen RTTY 18MHz Serie 22	18881
19692	RTTY		Küstenfunkstationen RTTY 18MHz Serie 23	18881.5
19692.5	RTTY		Küstenfunkstationen RTTY 18MHz Serie 24	18882
19693	RTTY		Küstenfunkstationen RTTY 18MHz Serie 25	18882.5
19693.5	RTTY		Küstenfunkstationen RTTY 18MHz Serie 26	18883
19694	RTTY		Küstenfunkstationen RTTY 18MHz Serie 27	18883.5
19694.5	RTTY		Küstenfunkstationen RTTY 18MHz Serie 28	18884
19695	RTTY		Küstenfunkstationen RTTY 18MHz Serie 29	18884.5
19695.5	RTTY		Küstenfunkstationen RTTY 18MHz Serie 30	18885
19696	RTTY		Küstenfunkstationen RTTY 18MHz Serie 31	18885.5
19696.5	RTTY		Küstenfunkstationen RTTY 18MHz Serie 32	18886
19697	RTTY		Küstenfunkstationen RTTY 18MHz Serie 33	18886.5
19697.5	RTTY		Küstenfunkstationen RTTY 18MHz Serie 34	18887
19698	RTTY		Küstenfunkstationen RTTY 18MHz Serie 35	18887.5
19698.5	RTTY		Küstenfunkstationen RTTY 18MHz Serie 36	18888
19699	RTTY		Küstenfunkstationen RTTY 18MHz Serie 37	18888.5
19699.5	RTTY		Küstenfunkstationen RTTY 18MHz Serie 38	18889
19700	RTTY		Küstenfunkstationen RTTY 18MHz Serie 39	18889.5
		TAH	Istanbul Radio (TUR)	
19700.5	RTTY		Küstenfunkstationen RTTY 18MHz Serie 40	18890
19701	RTTY		Küstenfunkstationen RTTY 18MHz Serie 41	18890.5
19701.5	RTTY		Küstenfunkstationen RTTY 18MHz Serie 42	18891
19702	RTTY		Küstenfunkstationen RTTY 18MHz Serie 43	18891.5
19702.5	RTTY		Küstenfunkstationen RTTY 18MHz Serie 44	18892
19703	RTTY		Küstenfunkstationen RTTY 18MHz Serie 45	18892.5
19755	SSB		Küstenfunkstationen Sprechfunk-Kanal 1801	18780
		GKT18	Portishead Radio (G)	
19758	SSB		Küstenfunkstationen Sprechfunk-Kanal 1802	18783
		PCG	Scheveningen Radio (HOL)	
19761	SSB		Küstenfunkstationen Sprechfunk-Kanal 1803	18786
		GKU18	Portishead Radio (G)	
19764	SSB		Küstenfunkstationen Sprechfunk-Kanal 1804	18789
19767	SSB		Küstenfunkstationen Sprechfunk-Kanal 1805	18792
19770	SSB		Küstenfunkstationen Sprechfunkanrufkanal 1806/18795	
		PCG	Scheveningen Radio (HOL)	
		IAR	Roma Radio (I)	

19773	SSB		Küstenfunkstationen Sprechfunk-Kanal 1807	18798
19776	SSB		Küstenfunkstationen Sprechfunk-Kanal 1808	18801
		4XO	Haifa Radio (ISR)	
19779	SSB		Küstenfunkstationen Sprechfunk-Kanal 1809	18804
		HEB19	Bern Radio (SUI)	
19782	SSB		Küstenfunkstationen Sprechfunk-Kanal 1810	18807
19785	SSB		Küstenfunkstationen Sprechfunk-Kanal 1811	18810
19788	SSB		Küstenfunkstationen Sprechfunk-Kanal 1812	18813
19791	SSB		Küstenfunkstationen Sprechfunk-Kanal 1813	18816
		FFL	St.Lys Radio (F)	
19794	SSB		Küstenfunkstationen Sprechfunk-Kanal 1814	18819
19797	SSB		Küstenfunkstationen Sprechfunk-Kanal 1815	18822

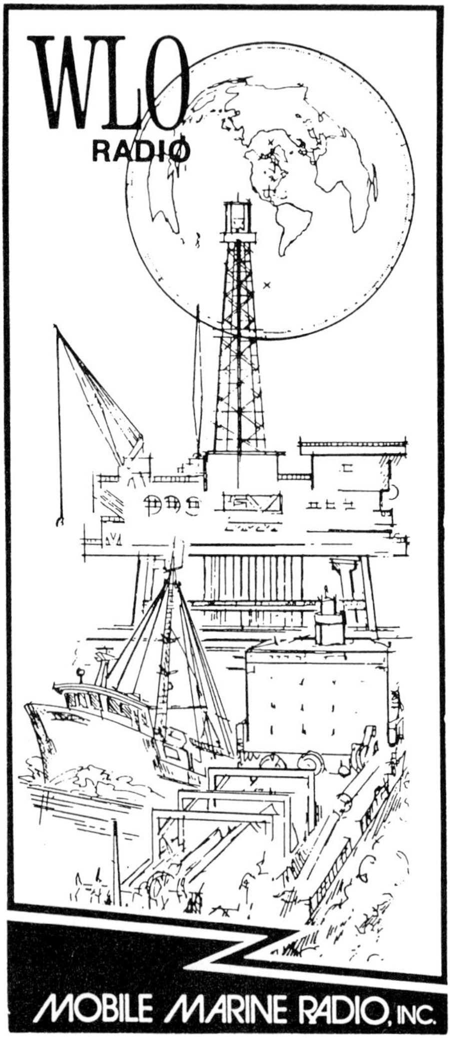

Frequenzliste: 22-MHz-Bereich

Frequenz kHz	Betriebs-art	Ruf-zeichen	Station (Land)	Gegenfrequenz(en) Bemerkungen
22000	SSB		Schiffe	bis 22177 kHz / 3.0 kHz
22159	SSB		SIMPLEX-Kanal 22 A	
22162	SSB		SIMPLEX-Kanal 22 B	
22165	SSB		SIMPLEX-Kanal 22 C	
22168	SSB		SIMPLEX-Kanal 22 D	
22171	SSB		SIMPLEX-Kanal 22 E	
22174	SSB		SIMPLEX-Kanal 22 F	
22177	SSB		SIMPLEX-Kanal 22 G	
22242	CW		Arbeitsfrequenzen Schiffe	bis 22279 kHz
22279.5	CW		Anrufkanal 1	
22280	CW		Anrufkanal 2	
22280.5	CW		Anrufkanal 3	
22281	CW		Anrufkanal 4	
22281.5	CW		Anrufkanal 5	
22282	CW		Anrufkanal 6	
22282.5	CW		Anrufkanal 7	
22283	CW		Anrufkanal 8	
22283.5	CW		Anrufkanal 9	
22284	CW		Anrufkanal 10	
22284.5	RTTY		Schiffe	bis 22374 kHz / 0.5 kHz
22324.5	FAX	NDT	USNAVCOMSTA Yokosuka (J)	
22356.8	RTTY	SAB93	Göteborg Radio (S)	
	RTTY	DFW36	DPA Hamburg (D)	auch CW
22376.5	RTTY		Küstenfunkstationen RTTY 22MHz Serie 1	22284.5
		DCN	Norddeich Radio (D)	
		9MG	Penang Radio (MLA)	
		KFS	Palo Alto Radio (USA)	
22377	RTTY		Küstenfunkstationen RTTY 22MHz Serie 2	22285
		GKE7	Portishead Radio (G)	
		ZLW	Wellington Radio (NZL)	
		WNU	Slidell Radio (USA)	
22377.5	RTTY		Küstenfunkstationen RTTY 22MHz Serie 3	22285.5
		OST	Oostende Radio (BEL)	
		SPA94	Gdynia Radio (POL)	
		KFS	Palo Alto Radio (USA)	
22378	RTTY		Küstenfunkstationen RTTY 22MHz Serie 4	22286
		FFL	Saint Lys Radio (F)	
		ZLW	Wellington Radio (NZL)	
22378.5	RTTY		Küstenfunkstationen RTTY 22MHz Serie 5	22286.5
		VWB	Bombay Radio (IND)	
22379	RTTY		Küstenfunkstationen RTTY 22MHz Serie 6	22287
		SPB91	Szczecin Radio (POL)	22195
		LZW	Varna Radio (BUL)	
		VPS	Hongkong Radio (HKG)	
		VIP	Perth Radio (AUS)	
22379.5	RTTY		Küstenfunkstationen RTTY 22MHz Serie 7	22287.5
		JCS	Choshi Radio (J)	
22380	RTTY		Küstenfunkstationen RTTY 22MHz Serie 8	22288
		PCH	Scheveningen Radio (HOL)	
22380.5	RTTY		Küstenfunkstationen RTTY 22MHz Serie 9	22288.5
		CBV	Valparaiso Radio (CHL)	
22381	RTTY		Küstenfunkstationen RTTY 22MHz Serie 10	22289
		J2A	Djibouti Radio (DJI)	
		S9M	Sao Tome Radio (STP)	
		9VG	Singapore Radio (SNG)	
		VIS	Sydney Radio (AUS)	

22381		WLO	Mobile Radio (USA)	
22381.5	RTTY		Küstenfunkstationen RTTY 22MHz Serie 11	22289.5
		HEC52	Bern Radio (SUI)	
		XSQ	Guangzhou Radio (CHN)	
22382	RTTY		Küstenfunkstationen RTTY 22MHz Serie 12	22290
		OST	Oostende Radio (BEL)	
		HLX	Seoul Radio (KOR)	
		NRV	Guam Coast Guard (GUM)	
		VIP	Perth Radio (AUS)	
22382.5	RTTY		Küstenfunkstationen RTTY 22MHz Serie 13	22290.5
		UAT	Moskau Radio (URS)	
		KPH	San Francisco Radio (USA)	
22383	RTTY		Küstenfunkstationen RTTY 22MHz Serie 14	22291
		PCH	Scheveningen Radio (HOL)	
		VIS	Sydney Radio (AUS)	
22383.5	RTTY		Küstenfunkstationen RTTY 22MHz Serie 15	22291.5
		DCM	Norddeich Radio (D)	
		9MG	Penang Radio (MLA)	
		WLO	Mobile Radio (USA)	
22384	RTTY		Küstenfunkstationen RTTY 22MHz Serie 16	22292
		UPB	Providenia Bukhta Radio (URS)	
		JOS	Nagasaki Radio (J)	
		VWM	Madras Radio (IND)	
22384.5	RTTY		Küstenfunkstationen RTTY 22MHz Serie 17	22292.5
		KLC	Galveston Radio (USA)	
22385	RTTY		Küstenfunkstationen RTTY 22MHz Serie 18	22293
		OXZ	Lyngby Radio (DNK)	
22385.5	RTTY		Küstenfunkstationen RTTY 22MHz Serie 19	22293.5
		WNU	Slidell Radio (USA)	auch CW
22386	RTTY		Küstenfunkstationen RTTY 22MHz Serie 20	22294
		HZG	Dammam Radio (ARS)	
22386.5	RTTY		Küstenfunkstationen RTTY 22MHz Serie 21	22294.5
		WCC	Chatham Radio (USA)	
22387	RTTY		Küstenfunkstationen RTTY 22MHz Serie 22	22295
		3AC	Monaco Radio (MCO)	
		XSG	Shanghai Radio (CHN)	
22387.5	RTTY		Küstenfunkstationen RTTY 22MHz Serie 23	22295.5
		SVT	Athens Radio (GRC)	
22388	RTTY		Küstenfunkstationen RTTY 22MHz Serie 24	22296
22388.5	RTTY		Küstenfunkstationen RTTY 22MHz Serie 25	22296.5
22389	RTTY		Küstenfunkstationen RTTY 22MHz Serie 26	22297
		9VG	Singapore Radio (SNG)	
		CLA	La Habana Radio (CUB)	
22389.5	RTTY		Küstenfunkstationen RTTY 22MHz Serie 27	22297.5
		NMO	Honolulu Coast Guard (HWA)	
		NMN	Portsmouth Coast Guard Radio (USA)	
22390	RTTY		Küstenfunkstationen RTTY 22MHz Serie 28	22298
		KFS	Palo Alto Radio (USA)	
22390.5	RTTY		Küstenfunkstationen RTTY 22MHz Serie 29	22298.5
		FFL	Saint Lys Radio (F)	
22391	RTTY		Küstenfunkstationen RTTY 22MHz Serie 30	22299
		DCL	Norddeich Radio (D)	
22391.5	RTTY		Küstenfunkstationen RTTY 22MHz Serie 31	22299.5
		VAI	Vancouver Coast Guard (CAN)	
22392	RTTY		Küstenfunkstationen RTTY 22MHz Serie 32	22300
22392.5	RTTY		Küstenfunkstationen RTTY 22MHz Serie 33	22300.5
22393	RTTY		Küstenfunkstationen RTTY 22MHz Serie 34	22301
		GKP7	Portishead Radio (G)	
		UQB	Kholmsk Radio (URS)	
22393.5	RTTY		Küstenfunkstationen RTTY 22MHz Serie 35	22301.5
		UFB	Odessa Radio (UKR)	
22394	RTTY		Küstenfunkstationen RTTY 22MHz Serie 36	22302
		OXZ	Lyngby Radio (DNK)	
		CLA	La Habana Radio (CUB)	

22394.5	RTTY		Küstenfunkstationen RTTY 22MHz Serie 37	22302.5
22395	RTTY		Küstenfunkstationen RTTY 22MHz Serie 38	22303
		OFA	Helsinki Radio (FNL)	
		KPH	San Francisco Radio (USA)	
		LSD836	Argentina Radio (ARG)	
22395.5	RTTY		Küstenfunkstationen RTTY 22MHz Serie 39	22303.5
		7TK28	Boufarik Radio (ALG)	
22396	RTTY		Küstenfunkstationen RTTY 22MHz Serie 40	22304
		DHS	Rügen Radio (D)	
		KLB	Seattle Radio (USA)	
22396.5	RTTY		Küstenfunkstationen RTTY 22MHz Serie 41	22304.5
		LSD836	Argentina Radio (ARG)	
22397	RTTY		Küstenfunkstationen RTTY 22MHz Serie 42	22305
		GKL7	Portishead Radio (G)	
22397.5	RTTY		Küstenfunkstationen RTTY 22MHz Serie 43	22305.5
22398	RTTY		Küstenfunkstationen RTTY 22MHz Serie 44	22306
		IAR	Roma Radio (I)	
		UBE2	Petropavlovsk Radio (URS)	
		LSD836	Argentina Radio (ARG)	
22398.5	RTTY		Küstenfunkstationen RTTY 22MHz Serie 45	22306.5
22399	RTTY		Küstenfunkstationen RTTY 22MHz Serie 46	22307
		A9M	Bahrain Radio (BHR)	
22399.5	RTTY		Küstenfunkstationen RTTY 22MHz Serie 47	22307.5
22400	RTTY		Küstenfunkstationen RTTY 22MHz Serie 48	22308
22400.5	RTTY		Küstenfunkstationen RTTY 22MHz Serie 49	22308.5
		SVU	Athens Radio (GRC)	
22401	RTTY		Küstenfunkstationen RTTY 22MHz Serie 50	22309
		HEC62	Bern Radio (SUI)	
22401.5	RTTY		Küstenfunkstationen RTTY 22MHz Serie 51	22309.5
22402	RTTY		Küstenfunkstationen RTTY 22MHz Serie 52	22310
		LGG3	Rogaland Radio (NOR)	
		WNU	Slidell Radio (USA)	
22402.5	RTTY		Küstenfunkstationen RTTY 22MHz Serie 53	22310.5
22403	RTTY		Küstenfunkstationen RTTY 22MHz Serie 54	22311
		WLO	Mobile Radio (USA)	
22403.5	RTTY		Küstenfunkstationen RTTY 22MHz Serie 55	22311.5
		HEC72	Bern Radio (SUI)	
22404	RTTY		Küstenfunkstationen RTTY 22MHz Serie 56	22312
		UFN	Novorossiisk Radio (URS)	
		WLO	Mobile Radio (USA)	
22404.5	RTTY		Küstenfunkstationen RTTY 22MHz Serie 57	22312.5
		DCF	Norddeich Radio (D)	
		URD	St.Petersburg Radio (URS)	
		WNU	Slidell Radio (USA)	
22405	RTTY		Küstenfunkstationen RTTY 22MHz Serie 58	22313
		GKY7	Portishead Radio (G)	
		VCS	Halifax Coast Guard (CAN)	
22405.5	RTTY		Küstenfunkstationen RTTY 22MHz Serie 59	22313.5
22406	RTTY		Küstenfunkstationen RTTY 22MHz Serie 60	22314
		WLO	Mobile Radio (USA)	
22406.5	RTTY		Küstenfunkstationen RTTY 22MHz Serie 61	22314.5
		CUL	Lisboa Radio (POR)	
22407	RTTY		Küstenfunkstationen RTTY 22MHz Serie 62	22315
		ICB	Genova Radio (I)	
		9GP23	Tema Radio (GHA)	
		WLO	Mobile Radio (USA)	
22407.5	RTTY		Küstenfunkstationen RTTY 22MHz Serie 63	22315.5
22408	RTTY		Küstenfunkstationen RTTY 22MHz Serie 64	22316
		ZSC	Capetown Radio (AFS)	
		XSG	Shanghai Radio (CHN)	
22408.5	RTTY		Küstenfunkstationen RTTY 22MHz Serie 65	22316.5
22409	RTTY		Küstenfunkstationen RTTY 22MHz Serie 66	22317
		GKQ7	Portishead Radio (G)	
		SPA95	Gdynia Radio (POL)	

22409.5	RTTY		Küstenfunkstationen RTTY 22MHz Serie 67	22317.5
22410	RTTY		Küstenfunkstationen RTTY 22MHz Serie 68	22318
22410.5	RTTY		Küstenfunkstationen RTTY 22MHz Serie 69	22318.5
22411	RTTY		Küstenfunkstationen RTTY 22MHz Serie 70	22319
		TAH	Istanbul Radio (TUR)	
22411.5	RTTY		Küstenfunkstationen RTTY 22MHz Serie 71	22319.5
22412	RTTY		Küstenfunkstationen RTTY 22MHz Serie 72	22320
22412.5	RTTY		Küstenfunkstationen RTTY 22MHz Serie 73	22320.5
22413	RTTY		Küstenfunkstationen RTTY 22MHz Serie 74	22321
22413.5	RTTY		Küstenfunkstationen RTTY 22MHz Serie 75	22321.5
22414	RTTY		Küstenfunkstationen RTTY 22MHz Serie 76	22322
22414.5	RTTY		Küstenfunkstationen RTTY 22MHz Serie 77	22322.5
22415	RTTY		Küstenfunkstationen RTTY 22MHz Serie 78	22323
22415.5	RTTY		Küstenfunkstationen RTTY 22MHz Serie 79	22323.5
22416	RTTY		Küstenfunkstationen RTTY 22MHz Serie 80	22324
22416.5	RTTY		Küstenfunkstationen RTTY 22MHz Serie 81	22324.5
22417	RTTY		Küstenfunkstationen RTTY 22MHz Serie 82	22325
22417.5	RTTY		Küstenfunkstationen RTTY 22MHz Serie 83	22325.5
22418	RTTY		Küstenfunkstationen RTTY 22MHz Serie 84	22326
22418.5	RTTY		Küstenfunkstationen RTTY 22MHz Serie 85	22326.5
22419	RTTY		Küstenfunkstationen RTTY 22MHz Serie 86	22327
		TAH	Istanbul Radio (TUR)	
22419.5	RTTY		Küstenfunkstationen RTTY 22MHz Serie 87	22327.5
22420	RTTY		Küstenfunkstationen RTTY 22MHz Serie 88	22328
22420.5	RTTY		Küstenfunkstationen RTTY 22MHz Serie 89	22328.5
22421	RTTY		Küstenfunkstationen RTTY 22MHz Serie 90	22329
22421.5	RTTY		Küstenfunkstationen RTTY 22MHz Serie 91	22329.5
22422	RTTY		Küstenfunkstationen RTTY 22MHz Serie 92	22330
22422.5	RTTY		Küstenfunkstationen RTTY 22MHz Serie 93	22330.5
22423	RTTY		Küstenfunkstationen RTTY 22MHz Serie 94	22331
22423.5	RTTY		Küstenfunkstationen RTTY 22MHz Serie 95	22331.5
22424	RTTY		Küstenfunkstationen RTTY 22MHz Serie 96	22332
22424.5	RTTY		Küstenfunkstationen RTTY 22MHz Serie 97	22332.5
22425	RTTY		Küstenfunkstationen RTTY 22MHz Serie 98	22333
22425.5	RTTY		Küstenfunkstationen RTTY 22MHz Serie 99	22333.5
22426	RTTY		Küstenfunkstationen RTTY 22MHz Serie 100	22334
22426.5	RTTY		Küstenfunkstationen RTTY 22MHz Serie 101	22334.5
22427	RTTY		Küstenfunkstationen RTTY 22MHz Serie 102	22335
22427.5	RTTY		Küstenfunkstationen RTTY 22MHz Serie 103	22335.5
22428	RTTY		Küstenfunkstationen RTTY 22MHz Serie 104	22336
22428.5	RTTY		Küstenfunkstationen RTTY 22MHz Serie 105	22336.5
22429	RTTY		Küstenfunkstationen RTTY 22MHz Serie 106	22337
22429.5	RTTY		Küstenfunkstationen RTTY 22MHz Serie 107	22337.5
22430	RTTY		Küstenfunkstationen RTTY 22MHz Serie 108	22338
22430.5	RTTY		Küstenfunkstationen RTTY 22MHz Serie 109	22338.5
22431	RTTY		Küstenfunkstationen RTTY 22MHz Serie 110	22339
22431.5	RTTY		Küstenfunkstationen RTTY 22MHz Serie 111	22339.5
22432	RTTY		Küstenfunkstationen RTTY 22MHz Serie 112	22340
22432.5	RTTY		Küstenfunkstationen RTTY 22MHz Serie 113	22340.5
22433	RTTY		Küstenfunkstationen RTTY 22MHz Serie 114	22341
22433.5	RTTY		Küstenfunkstationen RTTY 22MHz Serie 115	22341.5
22434	RTTY		Küstenfunkstationen RTTY 22MHz Serie 116	22342
22434.5	RTTY		Küstenfunkstationen RTTY 22MHz Serie 117	22342.5
22435	RTTY		Küstenfunkstationen RTTY 22MHz Serie 118	22343
22435.5	RTTY		Küstenfunkstationen RTTY 22MHz Serie 119	22343.5
22436	RTTY		Küstenfunkstationen RTTY 22MHz Serie 120	22344
22436.5	RTTY		Küstenfunkstationen RTTY 22MHz Serie 121	22344.5
22437	RTTY		Küstenfunkstationen RTTY 22MHz Serie 122	22345
22437.5	RTTY		Küstenfunkstationen RTTY 22MHz Serie 123	22345.5
22438	RTTY		Küstenfunkstationen RTTY 22MHz Serie 124	22346
22438.5	RTTY		Küstenfunkstationen RTTY 22MHz Serie 125	22346.5
22439	RTTY		Küstenfunkstationen RTTY 22MHz Serie 126	22347
		TAH	Istanbul Radio (TUR)	
22439.5	RTTY		Küstenfunkstationen RTTY 22MHz Serie 127	22347.5

22440	RTTY		Küstenfunkstationen RTTY 22MHz Serie 128	22348
22440.5	RTTY		Küstenfunkstationen RTTY 22MHz Serie 129	22348.5
22441	RTTY		Küstenfunkstationen RTTY 22MHz Serie 130	22349
22441.5	RTTY		Küstenfunkstationen RTTY 22MHz Serie 131	22349.5
22442	RTTY		Küstenfunkstationen RTTY 22MHz Serie 132	22350
22442.5	RTTY		Küstenfunkstationen RTTY 22MHz Serie 133	22350.5
22443	RTTY		Küstenfunkstationen RTTY 22MHz Serie 134	22351
		OST	Oostende Radio (BEL)	
22443.5	RTTY		Küstenfunkstationen RTTY 22MHz Serie 135	22351.5
22446	CW	EAD	Madrid Radio (E)	
22447	CW	FUV	Navy Djibouti (DJI)	
22448	CW	YQI	Constanta Radio (ROU)	
22448.7	CW	GKB	Portishead Radio (G)	
22452	CW	XSQ	Guangzhou Radio (CHN)	
22454	CW	HPP	Panama Intelmar Radio (PNR)	
22454.2	CW	GYA	RNWS Whitehall (G)	
22455	CW	UDH	Riga Radio (LET)	
22455	CW	ZSC	Capetown Radio (AFS)	
22458	CW	WNU	Slidell Radio (USA)	
22459	CW	OXZ	Lyngby Radio (DNK)	
22459	CW	XSX	Keelung Radio (TWN)	
22463	CW	JCU	Choshi Radio (J)	
22465	CW	9MG	Penang Radio (MLA)	
22465	CW	XFA	Acapulco Radio (MEX)	
22467	CW	GKA	Portishead Radio (G)	
22467	CW	KLC	Galveston Radio (USA)	
22471	CW	XDA	Mexico City Radio (MEX)	
22471.5	CW	SVD	Athens Radio (GRC)	
22472	CW	NMO	Honolulu Coast Guard (HWA)	
22473	CW	LFG	Rogaland Radio (NOR)	
22473	CW	CBV	Valparaiso Radio (CHL)	
22474	CW	VIS	Sydney Radio (AUS)	
22475	CW	PPL	Belem Radio (B)	
22476	CW	DAM	Norddeich Radio (D)	
22477	CW	XFU	Veracruz Radio (MEX)	
22477.5	CW	KPH	San Francisco Radio (USA)	
22479	CW	CUL	Lisboa Radio (POR)	
22479	CW	9VG	Singapore Radio (SNG)	
22481	CW	DHS	Rügen Radio (D)	
22482	CW	HLG	Seoul Radio (KOR)	
22484	CW	HZG	Dammam Radio (ARS)	
22485	CW	VHP	NAVCOMSTA Canberra (AUS)	
22485	CW	VIX	Sydney Radio (AUS)	
22486	CW	LZW	Varna Radio (BUL)	
22487	CW	XSV	Tianjin Radio (CHN)	
22487	CW	WLO	Mobile Radio (USA)	
22490	CW	5RS	Tamatave Radio (MDG)	
22490	CW	DZZ	Manila Radio (PHL)	
22491	CW	4XO	Haifa Radio (ISR)	
22491	CW	ELC	Monrovia Radio (LBR)	
22494	CW	GKK	Portishead Radio (G)	
22495	CW	SPH91	Gdynia Radio (POL)	
22495	CW	VIS	Sydney Radio (AUS)	
22496	CW	PPJ	Juncao Radio (B)	
22497	CW	UDK2	Murmansk Naval Radio (URS)	
22499	CW	HPP	Panama Intelmar Radio (PNR)	
22500	CW	HAR	Budapest Radio (HNG)	
22500	CW	SVF	Athens Radio (GRC)	
22502	CW	DZG	Las Pinas Radio (PHL)	
22503	CW	GKG	Portishead Radio (G)	
22504	CW	9KK	Kuwait Radio (KWT)	
22505	CW	SPE91	Szczecin Radio (POL)	
22506	CW	DZI	Bacoor Radio (PHL)	
22509	CW	FFL9	St.Lys Radio (F)	

22511	CW	XFN	Progreso Radio (MEX)
22512	CW	UAT	Moskau Radio (URS)
22513.5	CW	LPD	General Pacheco Radio (ARG)
22515	CW	KFS	Palo Alto Radio (USA)
22516	CW	DAN	Norddeich Radio (D)
22516	CW	XDA	Mexico City Radio (MEX)
22518	CW	WCC	Chatham Radio (USA)
22520	CW	UQK	Riga Radio (LET)
22520	CW	LZL	Bourgas Radio (BUL)
22522	CW	9GP23	Tema Radio (GHA)
22524	CW	JFA	Matsudo Radio (J)
22525	CW	IRM	Roma Medico Radio (I)
22525	CW	XSQ	Guangzhou Radio (CHN)
22525.5	CW	GKH	Portishead Radio (G)
22527	CW	GKM	Portishead Radio (G)
22527	CW	NRV	Guam Coast Guard (GUM)
22528.5	CW	GKI	Portishead Radio (G)
22528.9	FAX	NMC	San Francisco Coast Guard (USA)
22530	CW	PWZ33	Rio de Janeiro Radionaval (B)
22533	CW	OST	Oostende Radio (BEL)
22533	CW	EAD	Madrid Radio (E)
22533	CW	ZLB	Awarua Radio (NZL)
22536	CW	VPS	Hongkong Radio (HKG)
22537	CW	FUF	Navy Fort-de-France (MRT)
22538	CW	DZN	Navotas Radio (PHL)
22539	CW	KLB	Seattle Radio (USA)
22539.5	CW	PCH	Scheveningen Radio (HOL)
22541	FAX	JJC	Tokyo Meteo (J)
22543	CW	7TF	Boufarik Radio (ALG)
22544	CW	FUM	Navy Papeete (OCE)
22545	CW	GKJ	Portishead Radio (G)
22545	CW	NMN	Portsmouth Coast Guard Radio (USA)
22547	CW	LSA	Boca Radio (ARG)
22548	CW	TAH	Istanbul Radio (TUR)
22550	CW	DHS	Rügen Radio (D)
22551	CW	SPE92	Szczecin Radio (POL)
22551	CW	VWB	Bombay Radio (IND)
22555	CW	UFB	Odessa Radio (UKR)
22555	CW	OBQ5	Iquitos Radio (PRU)
22557	CW	KPH	San Francisco Radio (USA)
22563.5	CW	YUR	Rijeka Radio (YUG)
22563.5	CW	EQI	Abbas Radio (IRN)
22563.5	CW	EQK	Khorramshahr Radio (IRN)
22565	CW	XSW	Kaohsiung Radio (TWN)
22566.5	CW	CLY	La Habana Radionaval (CUB)
22568.5	CW	DZW	Manila Radio (PHL)
22569.5	CW	DHS	Rügen Radio (D)
22571.5	CW	UFL	Vladivostok Radio (URS)
22574.5	CW	GKD	Portishead Radio (G)
22575.5	CW	9PA	Banana Radio (ZAI)
22575.5	CW	PKX	Jakarta Radio (INS)
22576.5	CW	JNA	Tokyo Coast Guard (J)
22577.5	CW	PPL	Belem Radio (B)
22578.5	CW	9VG	Singapore Radio (SNG)
22578.5	CW	CLS	Flota de Pesca Radio (CUB)
22579.5	CW	HZG	Dammam Radio (ARS)
22581.5	CW	AQP	NAVCOMCEN Karachi (PAK)
22584.5	CW	DHS	Rügen Radio (D)
22586.5	CW	UDH	Riga Radio (LET)
22587	CW	3BM	Bigara Meteo (MAU)
22587	CW	LPD91	General Pacheco Radio (ARG)
22588.5	CW	WSC	Tuckerton Radio (USA)
22588.5	CW	PPO	Olinda Radio (B)
22589	CW	VHI	NAVCOMSTA Darwin (AUS)

22589.5	CW	SVA	Athens Radio (GRC)
22590.5	CW	ELZ	Cape Palmas Radio (LBR)
22591.5	CW	DAF	Norddeich Radio (D)
22591.5	CW	LZL	Bourgas Radio (BUL)
22592.4	CW	A9M	Bahrain Radio (BHR)
22595.5	CW	UJQ	Kiev Radio (UKR)
22595.5	CW	URL	Sevastopol Radio (UKR)
22595.6	CW	SVB	Athens Radio (GRC)
22596.5	CW	UNQ	Novorossiisk Radio (URS)
22597.5	CW	XSG	Shanghai Radio (CHN)
22598.5	CW	ZLP	Navy Irirangi (NZL)
22599.5	CW	SPH93	Gdynia Radio (POL)
22602.5	CW	OXZ92	Lyngby Radio (DNK)
22603	CW	PPR	Rio de Janeiro Radio (B)
22605.5	RTTY	DHS	Rügen Radio (D)
22606.5	CW	XDA	Mexico City Radio (MEX)
22607.5	CW	SPH92	Gdynia Radio (POL)
22609	CW	CFH	Navy Halifax (CAN)
22610.5	CW	LFL	Rogaland Radio (NOR)
22610.5	CW	OFJ22	Helsinki Radio (FNL)
22610.5	CW	CLA	La Habana Radio (CUB)
22611.5	CW	HLF	Seoul Radio (KOR)
22611.7	CW	ZRH	NAVCOMCEN Capetown (AFS)
22613.3	CW	ZRQ	NAVCOMCEN Capetown (AFS)
22613.5	CW	DHS	Rügen Radio (D)
22616.5	CW	HAR	Budapest Radio (HNG)
22616.5	CW	XSJ	Zhanjiang Radio (CHN)
22619.5	CW	VCS	Halifax Coast Guard (CAN)
22621.5	CW	XDA	Mexico City Radio (MEX)
22623.5	CW	URL	Sevastopol Radio (UKR)
22628.5	CW	IAR	Roma Radio (I)
22630.5	CW	IAR	Roma Radio (I)
22630.8	CW	ZLO	Navy Irirangi (NZL)
22631.5	CW	XYR	Yangon Radio (BRM)
22632.5	CW	LZW	Varna Radio (BUL)
22634	CW	IAR	Roma Radio (I)
22635.5	CW	URL	Sevastopol Radio (UKR)
22636.5	CW	JCT	Choshi Radio (J)
22638.4	CW	VAI	Vancouver Coast Guard (CAN)
22643.5	CW	XSG	Shanghai Radio (CHN)
22646.5	CW	JOS	Nagasaki Radio (J)
22648.5	CW	JNA	Tokyo Coast Guard (J)
22649	CW	CLA	La Habana Radio (CUB)
22652.5	CW	PPL	Belem Radio (B)
22655	CW	OST	Oostende Radio (BEL)
22655	CW	XSQ	Guangzhou Radio (CHN)
22656.5	CW	UFL	Vladivostok Radio (URS)
22657.8	CW	GKC	Portishead Radio (G)
22659	CW	ZSC	Capetown Radio (AFS)
22659.5	CW	JOR	Nagasaki Radio (J)
22660	CW	SVI	Athens Radio (GRC)
22660	CW	LSA	Boca Radio (ARG)
22661.1	CW	CLS	Flota de Pesca Radio (CUB)
22662.5	CW	LZW	Varna Radio (BUL)
22662.5	CW	S9M	Sao Tome Radio (STP)
22663.5	CW	SAG9	Göteborg Radio (S)
22664.5	CW	HWN	Marine Nationale Paris (F)
22666.2	CW	DAL	Norddeich Radio (D)
22666.5	CW	LZL	Bourgas Radio (BUL)
22668.3	CW	HZG	Dammam Radio (ARS)
22668.5	CW	5RS	Tamatave Radio (MDG)
22668.5	CW	KLC	Galveston Radio (USA)
22669.5	CW	JCS	Choshi Radio (J)
22670.5	CW	TIM	Limon Radio (CTR)

22670.5	CW	PPR	Rio de Janeiro Radio (B)	
22679	CW	SVG	Athens Radio (GRC)	
22681	CW	WNU	Slidell Radio (USA)	
22682	CW	PCH	Scheveningen Radio (HOL)	
22683	CW	DZJ	Bulacan Radio (PHL)	
22684	CW	UHK	Batumi Radio (URS) Georgien	
22684.5	CW	A9M	Bahrain Radio (BHR)	
22686.5	CW	WLO	Mobile Radio (USA)	
22688	CW	FFS	Saint Lys Radio (F)	
22688	CW	XSV	Tianjin Radio (CHN)	
22688	CW	WLO	Mobile Radio (USA)	auch RTTY
22690.5	CW	JOU	Nagasaki Radio (J)	
22691	CW	VIP	Perth Radio (AUS)	
22694	CW	XSG	Shanghai Radio (CHN)	
22694	CW	CWA	Cerrito Radio (URG)	
22696	SSB		Küstenfunkstationen Sprechfunk-Kanal 2201	22000
		HAR	Budapest Radio (HNG)	
		EHY	Madrid Radio (E)	
		BVA	Taipei Radio (TWN)	
		WOO	Ocean Gate Radio (USA)	
22699	SSB		Küstenfunkstationen Sprechfunk-Kanal 2202	22003
		HAR	Budapest Radio (HNG)	
		LFN30	Rogaland Radio (NOR)	
		IAR	Roma Radio (I)	
		UFB	Odessa Radio (UKR)	
		UFL	Vladivostok Radio (URS)	
		S3D	Chittagong Radio (BGD)	
22702	SSB		Küstenfunkstationen Sprechfunk-Kanal 2203	22006
		OXZ	Lyngby Radio (DNK)	
		SAG	Göteborg Radio (S)	
		DZO	Bulacan Radio (PHL)	
		EQM	Bushehr Radio (IRN)	
		VIS	Sydney Radio (AUS)	
		HPP	Panama Intelmar Radio (PNR)	
22705	SSB		Küstenfunkstationen Sprechfunk-Kanal 2204	22009
		OHG2	Helsinki Radio (FNL)	
		4XO	Haifa Radio (ISR)	
		FFL	Saint Lys Radio (F)	
		YUR	Rijeka Radio (YUG)	
		ZSC	Capetown Radio (AFS)	
		9KK	Kuwait Radio (KWT)	
		LPL	General Pacheco Radio (ARG)	
22708	SSB		Küstenfunkstationen Sprechfunk-Kanal 2205	22012
		PCG	Scheveningen Radio (HOL)	
		7TF	Boufarik Radio (ALG)	
		EQK	Khorramshahr Radio (IRN)	
		WOO	Ocean Gate Radio (USA)	
22711	SSB		Küstenfunkstationen Sprechfunk-Kanal 2206	22015
		GKT76	Portishead Radio (G)	
		SPC93	Gdynia Radio (POL)	
		YUR	Rijeka Radio (YUG)	
		OBC3	Callao Radio (PRU)	
22714	SSB		Küstenfunkstationen Sprechfunk-Kanal 2207	22018
		DAJ	Norddeich Radio (D)	
		4XO	Haifa Radio (ISR)	
		CUL	Lisboa Radio (POR)	
		UAT	Moskau Radio (URS)	
		BVA	Taipei Radio (TWN)	
		DZK	Bulacan Radio (PHL)	
		XSG	Shanghai Radio (CHN)	
22717	SSB		Küstenfunkstationen Sprechfunk-Kanal 2208	22021
		LFN32	Rogaland Radio (NOR)	
		OXZ	Lyngby Radio (DNK)	
		LZW	Varna Radio (BUL)	

22717		JBO	Tokyo Radio (J)	
		HPP	Panama Intelmar Radio (PNR)	
22720	SSB		Küstenfunkstationen Sprechfunk-Kanal 2209	22024
		OSU	Oostende Radio (BEL)	
		SPC94	Gdynia Radio (POL)	
		SVN	Athens Radio (GRC)	
		S9M	Sao Tome Radio (STP)	
		DXF	Davao Radio (PHL)	
		HLS	Seoul Radio (KOR)	
22723	SSB		Küstenfunkstationen Sprechfunk-Kanal 2210	22027
		SVN	Athinai Radio (GRC)	
		WOO	Ocean Gate Radio (USA)	
22726	SSB		Küstenfunkstationen Sprechfunk-Kanal 2211	22030
		OXZ	Lyngby Radio (DNK)	
		SAG	Göteborg Radio (S)	
		IAR	Roma Radio (I)	
22729	SSB		Küstenfunkstationen Sprechfunk-Kanal 2212	22033
		GKU72	Portishead Radio (G)	
		HAR	Budapest Radio (HNG)	
		5BA	Cyprus Radio (CYP)	
		9VG	Singapore Radio (SNG)	
		VIP	Perth Radio (AUS)	
22732	SSB		Küstenfunkstationen Sprechfunk-Kanal 2213	22036
		OXZ	Lyngby Radio (DNK)	
		SAG	Göteborg Radio (S)	
		5AT	Tripoli Radio (LBY)	
		TAN	Istanbul Radio (TUR)	
		UQB	Kholmsk Radio (URS)	
		URD	St.Petersburg Radio (URS)	
		ZLW	Wellington Radio (NZL)	
		VCS	Halifax Coast Guard (CAN)	
22735	SSB		Küstenfunkstationen Sprechfunk-Kanal 2214	22039
		GKU74	Portishead Radio (G)	
		HEB52	Bern Radio (SUI)	
		OSU	Oostende Radio (BEL)	
		TAN	Istanbul Radio (TUR)	
		BVA	Taipei Radio (TWN)	
		XSQ	Guangzhou Radio (CHN)	
		KMI	Dixon Radio (USA)	
		CWF	Punta Carretas Radio (URG)	
22738	SSB		Küstenfunkstationen Sprechfunk-Kanal 2215	22042
		LFN35	Rogaland Radio (NOR)	
		SPC91	Gdynia Radio (POL)	
		FFL	St.Lys Radio (F)	
		WOM	Miami High Seas Radio (USA)	
22741	SSB		Küstenfunkstationen Sprechfunk-Kanal 2216	22045
		OXZ	Lyngby Radio (DNK)	
		ICB	Genova Radio (I)	
		9KK	Kuwait Radio (KWT)	
		WOM	Miami High Seas Radio (USA)	
22744	SSB		Küstenfunkstationen Sprechfunk-Kanal 2217	22048
		DAP	Norddeich Radio (D)	
		4XO	Haifa Radio (ISR)	
		SVN	Athens Radio (GRC)	
		VPS	Hongkong Radio (HKG)	
22747	SSB		Küstenfunkstationen Sprechfunk-Kanal 2218	22051
		OXZ	Lyngby Radio (DNK)	
		5BA	Cyprus Radio (CYP)	
		UFB	Odessa Radio (UKR)	
		S9M	Sao Tome Radio (STP)	
22750	SSB		Küstenfunkstationen Sprechfunk-Kanal 2219	22054
		OSU	Oostende Radio (BEL)	
		SPO91	Szczecin Radio (POL)	
		3AC	Monaco Radio (MCO)	

22750		SVN	Athens Radio (GRC)	
		BVA	Taipei Radio (TWN)	
		XSG	Shanghai Radio (CHN)	
		5WA	Apia Radio (SMO)	
22753	SSB		Küstenfunkstationen Sprechfunk-Kanal 2220	22057
		GKU70	Portishead Radio (G)	
		HEB72	Bern Radio (SUI)	
		6VA	Dakar Radio (SEN)	
		VAI	Vancouver Coast Guard (CAN)	
22756	SSB		Küstenfunkstationen Sprechfunk-Anrufkanal 2221/22060	
		LFN	Rogaland Radio (NOR)	
		OSU	Oostende Radio (BEL)	
		PCG	Scheveningen Radio (HOL)	
		TFA	Reykjavik Radio (ISL)	
		3AC	Monaco Radio (MCO)	
		IAR	Roma Radio (I)	
		9PA	Banana Radio (ZAI)	
		ZSC	Capetown Radio (AFS)	
		8Q2	Male Radio (MLD)	
		9MG	Penang Radio (MLA)	
		9VG	Singapore Radio (SNG)	
		BVA	Taipei Radio (TWN)	
		HZG	Dammam Radio (ARS)	
		JBO	Tokyo Radio (J)	
		HPP	Panama Intelmar Radio (PNR)	
		XDA	Mexico City Radio (MEX)	
		XFN	Progreso Radio (MEX)	
		CBV	Valparaiso Radio (CHL)	
		CWF	Punta Carretas Radio (URG)	
		PPR	Rio de Janeiro Radio (B)	
22759	SSB		Küstenfunkstationen Sprechfunk-Kanal 2222	22063
		DAH	Norddeich Radio (D)	
		OHG2	Helsinki Radio (FNL)	
		CUL	Lisboa Radio (POR)	
		8Q2	Male Radio (MLD)	
		HLS	Seoul Radio (KOR)	
		HZG	Dammam Radio (ARS)	
		WOM	Miami High Seas Radio (USA)	
22762	SSB		Küstenfunkstationen Sprechfunk-Kanal 2223	22066
		DAI	Norddeich Radio (D)	
		IAR	Roma Radio (I)	
		TAN	Istanbul Radio (TUR)	
		VIS	Sydney Radio (AUS)	
		KMI	Dixon Radio (USA)	
		WAH	Virgin Islands Radio (VIR)	
22765	SSB		Küstenfunkstationen Sprechfunk-Kanal 2224	22069
		SVN	Athens Radio (GRC)	
22768	SSB		Küstenfunkstationen Sprechfunk-Kanal 2225	22072
		OSU	Oostende Radio (BEL)	
		TFA	Reykjavik Radio (ISL)	
		7TF	Boufarik Radio (ALG)	
		TUA	Abidjan Radio (CTI)	
		XDA	Mexico City Radio (MEX)	
		XFA	Acapulco Radio (MEX)	
22771	SSB		Küstenfunkstationen Sprechfunk-Kanal 2226	22075
		TFA	Reykjavik Radio (ISL)	
		FFL	Saint Lys Radio (F)	
		SUH	Alexandria Radio (EGY)	
		ZAD	Durres Radio (ALB)	
		XSQ	Guangzhou Radio (CHN)	
22774	SSB		Küstenfunkstationen Sprechfunk-Kanal 2227	22078
		GKV77	Portishead Radio (G)	
		7TF	Boufarik Radio (ALG)	
		ASK	Karachi Radio (PAK)	

22774		JBO	Tokyo Radio (J)	
		WLO	Mobile Radio (USA)	
22777	FAX	JJC	Tokyo Meteo (J)	
22777	SSB		Küstenfunkstationen Sprechfunk-Kanal 2228	22081
		OXZ	Lyngby Radio (DNK)	
		SAG	Göteborg Radio (S)	
		UGH2	Yuzhno-Sakhalinsk Radio (URS)	
		VIP	Perth Radio (AUS)	
		KMI	Dixon Radio (USA)	
22780	SSB		Küstenfunkstationen Sprechfunk-Kanal 2229	22084
		GKV79	Portishead Radio (G)	
		EHY	Madrid Radio (E)	
22783	SSB		Küstenfunkstationen Sprechfunk-Kanal 2230	22087
		SAG	Göteborg Radio (S)	
		TAN	Istanbul Radio (TUR)	
22786	SSB		Küstenfunkstationen Sprechfunk-Kanal 2231	22090
		FFL	Saint Lys Radio (F)	
		SVN	Athens Radio (GRC)	
		UFN	Novorossiisk Radio (URS)	
		9MG	Penang Radio (MLA)	
		HZG	Dammam Radio (ARS)	
		WLO	Mobile Radio (USA)	
22789	SSB		Küstenfunkstationen Sprechfunk-Kanal 2232	22093
		HEB62	Bern Radio (SUI)	
		PCG	Scheveningen Radio (HOL)	
		SPC92	Gdynia Radio (POL)	
		YIR	Basrah Radio (IRQ)	
		CLA	La Habana Radio (CUB)	
22792	SSB		Küstenfunkstationen Sprechfunk-Kanal 2233	22096
		LFN40	Rogaland Radio (NOR)	
		EQN	Bandar Khomeini Radio (IRN)	
22795	SSB		Küstenfunkstationen Sprechfunk-Kanal 2234	22099
		LFN41	Rogaland Radio (NOR)	
		OXZ	Lyngby Radio (DNK)	
		5AB	Benghazi Radio (LBY)	
		PKX	Jakarta Radio (INS)	
		XDA	Mexico City Radio (MEX)	
		XFK	La Paz Radio (MEX)	
22798	SSB		Küstenfunkstationen Sprechfunk-Kanal 2235	22102
		FFL	Saint Lys Radio (F)	
		SVN	Athens Radio (GRC)	
		A7D	Doha Radio (QAT)	
		EQI	Abbas Radio (IRN)	
22801	SSB		Küstenfunkstationen Sprechfunk-Kanal 2236	22105
		OXZ	Lyngby Radio (DNK)	
		JBO	Tokyo Radio (J)	
		ZLW	Wellington Radio (NZL)	
		KMI	Dixon Radio (USA)	
		WOO	Ocean Gate Radio (USA)	
22804	SSB		Küstenfunkstationen Sprechfunk-Kanal 2237	22108
		LFN43	Rogaland Radio (NOR)	
		CTV	Monsanto Radionaval (POR)	
		IAR	Roma Radio (I)	
		8Q2	Male Radio (MLD)	
		WLO	Mobile Radio (USA)	
22807	SSB		Küstenfunkstationen Sprechfunk-Kanal 2238	22111
		DAK	Norddeich Radio (D)	
		HAR	Budapest Radio (HNG)	
		7TF	Boufarik Radio (ALG)	
		PPR	Rio de Janeiro Radio (B)	
22810	SSB		Küstenfunkstationen Sprechfunk-Kanal 2239	22114
		LFN44	Rogaland Radio (NOR)	
		OSU	Oostende Radio (BEL)	
		YUR	Rijeka Radio (YUG)	

22813	SSB		Küstenfunkstationen Sprechfunk-Kanal 2240	22117
		GKX70	Portishead Radio (G)	
		LFN45	Rogaland Radio (NOR)	
		5RS	Tamatave Radio (MDG)	
		ASK	Karachi Radio (PAK)	
		JBO	Tokyo Radio (J)	
22816	SSB		Küstenfunkstationen Sprechfunk-Kanal 2241	22120
		VPS	Hongkong Radio (HKG)	
22819	SSB		Küstenfunkstationen Sprechfunk-Kanal 2242	22123
22822	SSB		Küstenfunkstationen Sprechfunk-Kanal 2243	22126
		PPR	Rio de Janeiro Radio (B)	
22825	SSB		Küstenfunkstationen Sprechfunk-Kanal 2244	22129
22828	SSB		Küstenfunkstationen Sprechfunk-Kanal 2245	22132
22831	SSB		Küstenfunkstationen Sprechfunk-Kanal 2246	22135
		HEB82	Bern Radio (SUI)	
		PPR	Rio de Janeiro Radio (B)	
22834	SSB		Küstenfunkstationen Sprechfunk-Kanal 2247	22138
22837	SSB		Küstenfunkstationen Sprechfunk-Kanal 2248	22141
22840	SSB		Küstenfunkstationen Sprechfunk-Kanal 2249	22144
22843	SSB		Küstenfunkstationen Sprechfunk-Kanal 2250	22147
		PPR	Rio de Janeiro Radio (B)	
22846	SSB		Küstenfunkstationen Sprechfunk-Kanal 2251	22150
		PPR	Rio de Janeiro Radio (B)	
22849	SSB		Küstenfunkstationen Sprechfunk-Kanal 2252	22153
22852	SSB		Küstenfunkstationen Sprechfunk-Kanal 2253	22156

JOINT COMMUNICATIONS
CENTRE GIBRALTAR

To MANFRED WILHELMI this confirms your report of callsign "GYU"

DATE 6.5.90 TIME 17.15

FREQUENCY 8525.235 MODE A1A

Thank you for your report, Good Luck and Good DX.

[illegible]

For Officer - in - Charge
ROYAL NAVY.

Frequenzliste: 25-MHz-Bereich

Frequenz kHz	Betriebs-art	Ruf-zeichen	Station (Land)	Gegenfrequenz(en) Bemerkungen
25070	SSB		Schiffe	bis 25118 kHz / 3.0 kHz
25100	SSB		SIMPLEX-Kanal 25 A	
25103	SSB		SIMPLEX-Kanal 25 B	
25106	SSB		SIMPLEX-Kanal 25 C	
25109	SSB		SIMPLEX-Kanal 25 D	
25112	SSB		SIMPLEX-Kanal 25 E	
25115	SSB		SIMPLEX-Kanal 25 F	
25118	SSB		SIMPLEX-Kanal 25 G	
25161.5	CW		Arbeitsfrequenzen Schiffe	bis 25171 kHz
25171.5	CW		Anrufkanal A	
25172	CW		Anrufkanal C	
25172.5	CW		Anrufkanal B	
25173	RTTY		Schiffe	bis 25208 kHz / 0.5 kHz
26101	RTTY		Küstenfunkstationen RTTY 25MHz Serie 1	25173
26101.5	RTTY		Küstenfunkstationen RTTY 25MHz Serie 2	25173.5
		OXZ	Lyngby Radio (DNK)	
26102	RTTY		Küstenfunkstationen RTTY 25MHz Serie 3	25174
26102.5	RTTY		Küstenfunkstationen RTTY 25MHz Serie 4	25174.5
26103	RTTY		Küstenfunkstationen RTTY 25MHz Serie 5	25175
26103.5	RTTY		Küstenfunkstationen RTTY 25MHz Serie 6	25175.5
26104	RTTY		Küstenfunkstationen RTTY 25MHz Serie 7	25176
26104.5	RTTY		Küstenfunkstationen RTTY 25MHz Serie 8	25176.5
26105	RTTY		Küstenfunkstationen RTTY 25MHz Serie 9	25177
26105.5	RTTY		Küstenfunkstationen RTTY 25MHz Serie 10	25177.5
26106	RTTY		Küstenfunkstationen RTTY 25MHz Serie 11	25178
26106.5	RTTY		Küstenfunkstationen RTTY 25MHz Serie 12	25178.5
26107	RTTY		Küstenfunkstationen RTTY 25MHz Serie 13	25179
26107.5	RTTY		Küstenfunkstationen RTTY 25MHz Serie 14	25179.5
26108	RTTY		Küstenfunkstationen RTTY 25MHz Serie 15	25180
26108.5	RTTY		Küstenfunkstationen RTTY 25MHz Serie 16	25180.5
26109	RTTY		Küstenfunkstationen RTTY 25MHz Serie 17	25181
26109.5	RTTY		Küstenfunkstationen RTTY 25MHz Serie 18	25181.5
26110	RTTY		Küstenfunkstationen RTTY 25MHz Serie 19	25182
26110.5	RTTY		Küstenfunkstationen RTTY 25MHz Serie 20	25182.5
26111	RTTY		Küstenfunkstationen RTTY 25MHz Serie 21	25183
26111.5	RTTY		Küstenfunkstationen RTTY 25MHz Serie 22	25183.5
26112	RTTY		Küstenfunkstationen RTTY 25MHz Serie 23	25184
26112.5	RTTY		Küstenfunkstationen RTTY 25MHz Serie 24	25184.5
26113	RTTY		Küstenfunkstationen RTTY 25MHz Serie 25	25185
26113.5	RTTY		Küstenfunkstationen RTTY 25MHz Serie 26	25185.5
26114	RTTY		Küstenfunkstationen RTTY 25MHz Serie 27	25186
26114.5	RTTY		Küstenfunkstationen RTTY 25MHz Serie 28	25186.5
26115	RTTY		Küstenfunkstationen RTTY 25MHz Serie 29	25187
26115.5	RTTY		Küstenfunkstationen RTTY 25MHz Serie 30	25187.5
26116	RTTY		Küstenfunkstationen RTTY 25MHz Serie 31	25188
26116.5	RTTY		Küstenfunkstationen RTTY 25MHz Serie 32	25188.5
26117	RTTY		Küstenfunkstationen RTTY 25MHz Serie 33	25189
26117.5	RTTY		Küstenfunkstationen RTTY 25MHz Serie 34	25189.5
26118	RTTY		Küstenfunkstationen RTTY 25MHz Serie 35	25190
26118.5	RTTY		Küstenfunkstationen RTTY 25MHz Serie 36	25190.5
26119	RTTY		Küstenfunkstationen RTTY 25MHz Serie 37	25191
26119.5	RTTY		Küstenfunkstationen RTTY 25MHz Serie 38	25191.5
26120	RTTY		Küstenfunkstationen RTTY 25MHz Serie 39	25192
26120.5	RTTY		Küstenfunkstationen RTTY 25MHz Serie 40	25192.5
26145	SSB		Küstenfunkstationen Sprechfunk-Kanal 2501	25070
		OXZ	Lyngby Radio (DNK)	

26145		PPR	Rio de Janeiro Radio (B)	
26148	SSB		Küstenfunkstationen Sprechfunk-Kanal 2502	25073
		GKU25	Portishead Radio (G)	
		OXZ	Lyngby Radio (DNK)	
		VIP	Perth Radio (AUS)	
26151	SSB		Küstenfunkstationen Sprechfunk-Kanal 2503	25076
		HEB25	Bern Radio (SUI)	
26154	SSB		Küstenfunkstationen Sprechfunk-Kanal 2504	25079
		PPR	Rio de Janeiro Radio (B)	
26157	SSB		Küstenfunkstationen Sprechfunk-Kanal 2505	25082
		4XO	Haifa Radio (ISR)	
		PPR	Rio de Janeiro Radio (B)	
26160	SSB		Küstenfunkstationen Sprechfunk-Kanal 2506	25085
26163	SSB		Küstenfunkstationen Sprechfunk-Kanal 2507	25088
26166	SSB		Küstenfunkstationen Sprechfunk-Kanal 2508	25091
		PPR	Rio de Janeiro Radio (B)	
26169	SSB		Küstenfunkstationen Sprechfunk-Kanal 2509	25094
26172	SSB		Küstenfunkstationen Sprechfunkanrufkanal 2510/	25097
		IAR	Roma Radio (I)	
		PPR	Rio de Janeiro Radio (B)	

ITU-Rufzeichenplan

Funkstellen haben Rufzeichen, die aus einer Kombination von Buchstaben und Ziffern bestehen und verschieden lang sein können. Die Rufzeichen werden den einzelnen Funkstellen durch die für sie zuständige nationale Fernmeldeverwaltung nach den Richtlinien der ITU (Internationale Fernmeldeunion) zugeteilt. Den einzelnen Ländern sind die folgenden Rufzeichenreihen zugewiesen.

AAA - ALZ	USA
AMA - AOZ	Spanien
APA - ASZ	Pakistan
ATA - AWZ	Indien
AXA - AXZ	Australien
AYA - AYZ	Argentinien
A2A - A2Z	Botswana
A3A - A3Z	Tonga
A4A - A4Z	Oman
A5A - A5Z	Bhutan
A6A - A6Z	Ver. Arab. Emirate
A7A - A7Z	Katar
A8A - A8Z	Liberia
A9A - A9Z	Bahrain
BAA - BZZ	China
CAA - CEZ	Chile
CFA - CKZ	Kanada
CLA - CMZ	Kuba
CNA - CNZ	Marokko
COA - COZ	Kuba
CPA - CPZ	Bolivien
CQA - CUZ	Portugal
CVA - CXZ	Uruguay
CYA - CZZ	Kanada
C2A - C2Z	Nauru
C3A - C3Z	Andorra
C4A - C4Z	Zypern
C5A - C5Z	Gambia
C6A - C6Z	Bahamas
C7A - C7Z	WMO (Welt Meteo Org.)
C8A - C9Z	Mozambique
DAA - DRZ	Bundesrep. Deutschland
DSA - DTZ	Republik Korea
DUA - DZZ	Philippinen
D2A - D3Z	Angola
D4A - D4Z	Kap Verde
D5A - D5Z	Liberia
D6A - D6Z	Komoren
D7A - D9Z	Republik Korea
EAA - EHZ	Spanien
EIA - EJZ	Irland
EKA - EKZ	UdSSR
ELA - ELZ	Liberia
EMA - EOZ	UdSSR
EPA - EQZ	Iran
ERA - ESZ	UdSSR
ETA - ETZ	Äthiopien
EUA - EWZ	Byeloruss. Sowjet-Rep.
EXA - EZZ	UdSSR
E2A - E2Z	Thailand
FAA - FZZ	Frankreich
GAA - GZZ	Großbritannien
HAA - HAZ	Ungarn
HBA - HBZ	Schweiz
HCA - HDZ	Ecuador
HEA - HEZ	Schweiz
HFA - HFZ	Polen
HGA - HGZ	Ungarn
HHA - HHZ	Haiti
HIA - HIZ	Dominikanische Rep.
HJA - HKZ	Kolumbien
HLA - HLZ	Republik Korea
HMA - HMZ	Dem. Rep. Korea
HNA - HNZ	Irak
HOA - HPZ	Panama
HQA - HRZ	Honduras
HSA - HSZ	Thailand
HTA - HTZ	Nicaragua
HUA - HUZ	El Salvador
HVA - HVZ	Vatikan
HWA - HYZ	Frankreich
HZA - HZZ	Saudi Arabien
H2A - H2Z	Zypern
H3A - H3Z	Panama
H4A - H4Z	Salomonen
H6A - H7Z	Nikaragua
H8A - H9Z	Panama
IAA - IZZ	Italien
JAA - JSZ	Japan
JTA - JVZ	Mongolei
JWA - JXZ	Norwegen
JYA - JYZ	Jordanien
JZA - JZZ	Indonesien
J2A - J2Z	Djibouti

J3A - J3Z	Grenada
J4A - J4Z	Griechenland
J5A - J5Z	Guinea-Bissau
J6A - J6Z	Saint Lucia
J7A - J7Z	Dominica
J8A - J8Z	St.Vincent & Grenadines
KAA - KZZ	USA
LAA - LNZ	Norwegen
LOA - LWZ	Argentinien
LXA - LXZ	Luxemburg
LYA - LYZ	UdSSR
LZA - LZZ	Bulgarien
L2A - L9Z	Argentinien
MAA - MZZ	Großbritannien
NAA - NZZ	USA
OAA - OCZ	Peru
ODA - ODZ	Libanon
OEA - OEZ	Österreich
OFA - OJZ	Finnland
OKA - OMZ	Tschechoslowakei
ONA - OTZ	Belgien
OUA - OZZ	Dänemark
PAA - PIZ	Niederlande
PJA - PJZ	Niederländ. Antillen
PKA - POZ	Indonesien
PPA - PYZ	Brasilien
PZA - PZZ	Surinam
P2A - P2Z	Papua Neu Guinea
P3A - P3Z	Zypern
P4A - P4Z	Aruba
P5A - P9Z	Dem. Volksrep. Korea
RAA - RZZ	UdSSR
SAA - SMZ	Schweden
SNA - SRZ	Polen
SSA - SSM	Ägypten
SSN - STZ	Sudan
SUA - SUZ	Ägypten
SVA - SZZ	Griechenland
S2A - S3Z	Bangladesh
S6A - S6Z	Singapore
S7A - S7Z	Seychellen
S9A - S9Z	Sao Tome & Principe
TAA - TCZ	Türkei
TDA - TDZ	Guatemala
TEA - TEZ	Costa Rica
TFA - TFZ	Island
TGA - TGZ	Guatemala
THA - THZ	Frankreich
TIA - TIZ	Costa Rica
TJA - TJZ	Kamerun
TKA - TKZ	Frankreich
TLA - TLZ	Zentralafrikan. Rep.
TMA - TMZ	Frankreich
TNA - TNZ	Congo
TOA - TQZ	Frankreich
TRA - TRZ	Gabun
TSA - TSZ	Tunesien
TTA - TTZ	Tschad
TUA - TUZ	Elfenbeinküste
TVA - TXZ	Frankreich
TYA - TYZ	Benin
TZA - TZZ	Mali
T2A - T2Z	Tuvalu
T3A - T3Z	Kiribati
T4A - T4Z	Kuba
T5A - T5Z	Somalia
T6A - T6Z	Afghanistan
T7A - T7Z	San Marino
T8A - T8Z	Jungferninseln (British)
UAA - UQZ	UdSSR
URA - UTZ	Ukraine
UUA - UZZ	UdSSR
VAA - VGZ	Kanada
VHA - VNZ	Australien
VOA - VOZ	Kanada
VPA - VSZ	Großbritannien
VTA - VWZ	Indien
VXA - VYZ	Kanada
VZA - VZZ	Australien
V2A - V2Z	Antigua & Barbuda
V3A - V3Z	Belize
V4A - V4Z	St. Kitts & Nevis
V5A - V5Z	Namibia
V6A - V6Z	Micronesien
V7A - V7Z	Marshall I.
V8A - V8Z	Brunei
WAA - WZZ	USA
XAA - XIZ	Mexico
XJA - XOZ	Kanada
XPA - XPZ	Dänemark
XQA - XRZ	Chile
XSA - XSZ	China
XTA - XTZ	Burkina Faso
XUA - XUZ	Kampuchea
XVA - XVZ	Vietnam
XWA - XWZ	Laos
XXA - XXZ	Portugal
XYA - XZZ	Burma
YAA - YAZ	Afghanistan
YBA - YHZ	Indonesien
YIA - YIZ	Irak
YJA - YJZ	Vanuatu
YKA - YKZ	Syrien
YLA - YLZ	UdSSR

YMA - YMZ	Türkei
YNA - YNZ	Nicaragua
YOA - YRZ	Rumänien
YSA - YSZ	El Salvador
YTA - YUZ	Jugoslawien
YVA - YYZ	Venezuela
YZA - YZZ	Jugoslawien
Y2A - Y9Z	Deutschland
ZAA - ZAZ	Albanien
ZBA - ZJZ	Großbritannien
ZKA - ZMZ	Neuseeland
ZNA - ZOZ	Großbritannien
ZPA - ZPZ	Paraguay
ZRA - ZUZ	Südafrika
ZVA - ZZZ	Brasilien
Z2A - Z2Z	Sirnbabwe
2AA - 2ZZ	Grossbritannien
3AA - 3AZ	Monaco
3BA - 3BZ	Mauritius
3CA - 3CZ	Äquatorial Guinea
3DA - 3DM	Swaziland
3DN - 3DZ	Fiji I.
3EA - 3FZ	Panama
3GA - 3GZ	Chile
3HA - 3UZ	China
3VA - 3VZ	Tunesien
3WA - 3WZ	Vietnam
3XA - 3XZ	Guinea
3YA - 3YZ	Norwegen
3ZA - 3ZZ	Polen
4AA - 4CZ	Mexico
4DA - 4IZ	Philippinen
4JA - 4LZ	UdSSR
4MA - 4MZ	Venezuela
4NA - 4OZ	Jugoslawien
4PA - 4SZ	Sri Lanka
4TA - 4TZ	Peru
4UA - 4UZ	UNO
4VA - 4VZ	Haiti
4WA - 4WZ	Jemen
4XA - 4XZ	Israel
4YA - 4YZ	ICAO
4ZA - 4ZZ	Israel
5AA - 5AZ	Libyen
5BA - 5BZ	Zypern
5CA - 5GZ	Marokko
5HA - 5IZ	Tanzania
5JA - 5KZ	Kolumbien
5LA - 5MZ	Liberia
5NA - 5OZ	Nigeria
5PA - 5QZ	Dänemark

5RA - 5SZ	Madagascar
5TA - 5TZ	Mauretanien
5UA - 5UZ	Niger
5VA - 5VZ	Togo
5WA - 5WZ	West Samoa
5XA - 5XZ	Uganda
5YA - 5ZZ	Kenya
6AA - 6BZ	Ägypten
6CA - 6CZ	Syrien
6DA - 6JZ	Mexico
6KA - 6NZ	Republik Korea
6OA - 6OZ	Somalia
6PA - 6SZ	Pakistan
6TA - 6UZ	Sudan
6VA - 6WZ	Senegal
6XA - 6XZ	Madagaskar
6YA - 6YZ	Jamaica
6ZA - 6ZZ	Liberia
7AA - 7IZ	Indonesien
7JA - 7NZ	Japan
7OA - 7OZ	Jemen
7PA - 7PZ	Lesotho
7RA - 7RZ	Algerien
7SA - 7SZ	Schweden
7TA - 7YZ	Algerien
7ZA - 7ZZ	Saudi Arabien
8AA - 8IZ	Indonesien
8JA - 8NZ	Japan
8OA - 8OZ	Botswana
8PA - 8PZ	Barbados
8QA - 8QZ	Malediven
8RA - 8RZ	Guyana
8SA - 8SZ	Schweden
8TA - 8YZ	Indien
8ZA - 8ZZ	Saudi Arabien
9BA - 9DZ	Iran
9EA - 9FZ	Äthiopien
9GA - 9GZ	Ghana
9HA - 9HZ	Malta
9IA - 9JZ	Sambia
9KA - 9KZ	Kuwait
9LA - 9LZ	Sierra Leone
9MA - 9MZ	Malaysia
9NA - 9NZ	Nepal
9OA - 9TZ	Zaire
9UA - 9UZ	Burundi
9VA - 9VZ	Singapore
9WA - 9WZ	Malaysia
9XA - 9XZ	Rwanda
9YA - 9ZZ	Trinidad & Tobago

Rufzeichenliste der Küstenfunkstellen

Nachfolgend sind alle Rufzeichen von Küstenfunkstellen und anderen am Seefunk beteiligten Funkstellen aufgelistet. Neben dem Stationsnamen (in der Regel die Ortsbezeichnung) ist das Land gemäß ITU-Landesabkürzung genannt.

Dem eigentlichen Rufzeichen können sich weitere Buchstaben oder Ziffern anschließen, um eine bestimmte Frequenz, Frequenzreihe oder andere betriebliche Merkmale zu kennzeichnen.

Bei den Stationsnamen werden häufig folgende Abkürzungen verwendet: R.: Radio, Ny: Marine (Navy), CG: Küstenwache (Coast Guard), CCG: Canadian Coast Guard, USCG: US Coast Guard, USN: US Navy, Pt.: Port, Pto.: Puerto/Porto. Weitere Abkürzungen können Sie ggf. am Ende des Buches nachschlagen. Die Schreibweise der Ortsbezeichnungen richtet sich nach den internationalen Gepflogenheiten.

Rufz.	Stationsname, ITU-Land
3AC	Monaco Radio (MCO)
3BA	Mauritius Radio (MAU)
3BB	Port Louis Harbour Radio (MAU)
3BM	Bigara Meteo (MAU)
3CA	Banapa Radio (GNE)
3CA4	Mbini Radio (GNE)
3DP	Suva Radio (FJI)
3SB	Navy Datong (CHN)
3SD	Navy Beijing (CHN)
3VB	Bizerte Radio (TUN)
3VM	Mahdia Radio (TUN)
3VP	La Skhirra Radio (TUN)
3VT	Tunis Radio (TUN)
3VW	La Goulette Port Radio (TUN)
3VW1	Bizerte Port Radio (TUN)
3VW2	Sfax Port Radio (TUN)
3VW3	Sousse Port Radio (TUN)
3VW4	Gabes-Ghannouch Port Radio (TUN)
3VX	Tunis Radio (TUN)
3XC	Conakry Radio (GUI)
3XO	Kamsar Radio (GUI)
4PB	Colombo Radio (CLN)
4WD3	Hodeidah Radio (YEM)
4XO	Haifa Radio (ISR)
4XT	Tel Aviv Naval Radio (ISR)
4XZ	Haifa Naval Radio (ISR)
5AB	Benghazi Radio (LBY)
5AI	Tripoli Port Radio (LBY)
5AL	Tobruk Radio (LBY)
5AT	Tripoli Radio (LBY)
5AV	Benghazi Port Radio (LBY)
5BA	Cyprus Radio (CYP)
5HA	Dar-Es-Salaam Radio (TZA)
5OW	Lagos Radio (NIG)
5OZ	Port Harcourt Radio (NIG)
5RD	Fort-Dauphin Radio (MDG)
5RN	Nossi-Be Radio (MDG)
5RO	Majunga Radio (MDG)
5RS	Tamatave (Taomasina) Radio (MDG)
5TA	Nouadhibou Radio (MTN)
5VA	Lome Radio (TGO)
5WA	Apia Radio (SMO)
5ZF	Mombasa Radio (KEN)
6OF	Mogadiscio Port Radio (SOM)
6OY	Berbera Radio (SOM)
6VA	Dakar Radio (SEN)
6WW	Navy Dakar (SEN)
6YI	Kingston Radio (JMC)
7CB	Navy Belawan (INS)
7OA	Aden Radio (YEM)
7TA	Alger Radio (ALG)
7TB	Annaba Radio (ALG)
7TF	Boufarik Radio (ALG)
7TO	Oran Radio (ALG)
8PO	Barbados Radio (BRB)
8Q2	Male Radio (MLD)
8RB	Demerara Radio (GUY)
9GP23	Tema Radio (GHA)
9HD	Malta Radio (MLT)
9KK	Kuwait Radio (KWT)
9LL	Freetown Radio (SRL)
9MB	Navy Lumut (MLA)
9MG	Penang Radio (MLA)
9MV	Navy Johore Bharu (MLA)
9PA	Banana Radio (ZAI)
9WH20	Kota Kinabalu Radio (MLA)
9WW20	Kuching Radio (MLA)
9YL	North Post Radio (TRD)

Rufz.	Stationsname, ITU-Land
A3A	Nukualofa Radio (TON)
A4M	Musqat Radio (OMA)
A6L	Emirates Radio (UAE)
A7D	Doha Radio (QAT)
A7S	Doha Port Radio (QAT)
A9M	Bahrain Radio (BHR)
ABK	Kwajalein Control (MRL)
AME	Madrid Radionaval (E)
AOK	USNAVCOMSTA Rota (E)
AOS9	USNAVCOMSTA Rota (E)
AQP	NAVCOMCEN Karachi (PAK)
ARL	Navy Karachi (PAK)
ASK	Karachi Radio (PAK)
BVA	Taipei Radio (TWN)
C2N	Nauru Radio (NRU)
C5G	Banjul Radio (GMB)
C6N	Nassau Radio (BAH)
C7R	Ozean Wetterschiff „Romeo" (W.M.O.)
C9C	Maputo Radionaval (MOZ)
C9L2	Maputo Radio (MOZ)
C9L6	Mocambique Radio (MOZ)
CBA2	Arica Radio (CHL)
CBA20	Antofagasta Radio (CHL)
CBM	Magallanes Radio (CHL)
CBO	Punta Corona Radio (CHL)
CBV	Valparaiso Radio (CHL)
CBV3	Isla de Pascua Radio (PAQ)
CCM	Magallanes Radionaval (CHL)
CCS	Santiago Radionaval (CHL)
CCV	Valparaiso Radionaval (CHL)
CFH	Navy Halifax (CAN)
CKN	Navy Aldergrove (CAN)
CLA	La Habana Radio (CUB)
CLM	Santiago de Cuba Radio (CUB)
CLS	La Habana Flota de Pesca Radio (CUB)
CLY	La Habana Radionaval (CUB)
CND	Agadir Radio (MRC)
CND3	Safi Radio (MRC)
CNL	USNAVCOMSTA Kenitra (MRC)
CNP	Casablanca Radio (MRC)
CNP6	Kenitra Port Radio (MRC)
CNW	Tanger Radio (MRC)
CTC	Cascais Radionaval (POR)
CTH	Horta Radionaval (AZR)
CTN	Leixoes Radionaval (POR)
CTP	Palhais Radionaval (POR)
CTQ	Porto Santo Radionaval (MDR)
CTS	Sagres Radionaval (POR)
CTV	Monsanto Radionaval (POR)
CUB	Funchal Radio (MDR)
CUG	Sao Miguel Radio (AZR)
CUL	Lisboa Radio (POR)
CWA	Cerrito Radio (URG)
CWC	Marinestationen aus Uruguay (URG)
CWF	Punta Carretas Radio (URG)
CXR	Montevideo Radionaval (URG)
D3E	Luanda Radio (AGL)
D4A	Sao Vicente Radio (CPV)
D4D	Praia Radio (CPV)
DAB	Norddeich Radio (D)

Rufz.	Stationsname, ITU-Land
DAF	Norddeich Radio (D)
DAH	Norddeich Radio (D)
DAI	Norddeich Radio (D)
DAJ	Norddeich Radio (D)
DAL	Norddeich Radio (D)
DAM	Norddeich Radio (D)
DAN	Norddeich Radio (D)
DAO	Kiel Radio (D)
DAP	Norddeich Radio (D)
DCF	Norddeich Radio (D)
DCL	Norddeich Radio (D)
DCM	Norddeich Radio (D)
DCN	Norddeich Radio (D)
DDH	DWD Quickborn (D)
DDK	DWD Quickborn (D)
DFW36	DPA Hamburg (D)
DGF41	DPA Hamburg (D)
DGR28	DPA Hamburg (D)
DHJ58	Bundesmarine Glücksburg (D)
DHJ59	Bundesmarine Wilhelmshaven (D)
DHS	Rügen Radio (D)
DXA2	Buayan City Port Radio (PHL)
DXF	Davao Radio (PHL)
DXR	Davao Radio (PHL)
DYD4	Iloilo Radio (PHL)
DYH	Cebu Radio (PHL)
DYL3	Iloilo Radio (PHL)
DYM	Cebu Radio (PHL)
DYO	Cebu Radio (PHL)
DYP	Cebu Radio (PHL)
DYV	Iloilo Radio (PHL)
DZA	Mandaluyong Radio (PHL)
DZD	Antipolo Radio (PHL)
DZE	Mandaluyong Radio (PHL)
DZF	Bacoor Radio (PHL)
DZG	Las Pinas Radio (PHL)
DZH	Manila Radio (PHL)
DZI	Bacoor Radio (PHL)
DZJ	Bulacan Radio (PHL)
DZK	Bulacan Radio (PHL)
DZM	Bulacan Radio (PHL)
DZN	Navotas Radio (PHL)
DZO	Bulacan Radio (PHL)
DZP	Novaliches Radio (PHL)
DZS4	Manila Radio (PHL)
DZU	Pasig Radio (PHL)
DZW	Manila Radio (PHL)
DZZ	Manila Radio (PHL)
EAB	Bagur Radio (E)
EAC	Tarifa Radio (E)
EAD	Madrid Radio (E)
EAF	Finisterre Radio (E)
EAL	Las Palmas Radio (CNR)
EAR	Coruna Radio (E)
EAS	Cabo Penas Radio (E)
EAT	Tenerife Radio (CNR)
EAV	Cabo La Nao Radio (E)
EBA	Madrid Radionaval (E)
EBB	El Ferrol del Caudillo Radionaval (E)
EBC	Cadiz Radionaval (E)
EBD	Cartagena Radionaval (E)

Rufz.	Stationsname, ITU-Land
EBK	Las Palmas Radionaval (CNR)
EDF	Madrid Radio (E)
EDG	Madrid Radio (E)
EDJ	Madrid Radio (E)
EDK	Madrid Radio (E)
EDL	Madrid Radio (E)
EDZ	Madrid Radio (E)
EJK	Valentia Radio (IRL)
EJM	Malin Head Radio (IRL)
ELC	Monrovia Radio (LBR)
ELH	Harbel Radio (LBR)
ELZ	Cape Palmas Radio (LBR)
EPW1	Teheran Radio (IRN)
EQA	Abadan Radio (IRN)
EQI	Abbas Radio (IRN)
EQK	Khorramshahr Radio (IRN)
EQM	Bushehr Radio (IRN)
EQN	Bandar Khomeini Radio (IRN)
EQQ	Khark Radio (IRN)
EQR	Lavan Radio (IRN)
ETC	Assab Radio (ETH)
ETV	Massawa Radio (ETH)
FFB	Boulogne-sur-Mer Radio (F)
FFC	Arcachon Radio (F)
FFL	Saint Lys Radio (F)
FFM	Marseille Radio (F)
FFO	Saint Nazaire Radio (F)
FFS	Saint Lys Radio (F)
FFT	Saint Lys Radio (F)
FFU	Brest-Le Conquet Radio (F)
FJA	Mahina Radio (OCE)
FJP	Noumea Radio (NCL)
FJY4	St.Paul Radio (AMS)
FUB	Marine Nationale Paris (F)
FUC	Marine Nationale Cherbourg (F)
FUD	Marine Nationale Boulogne (F)
FUE	Marine Nationale Brest (F)
FUF	Marine Nationale Fort-de-France (MRT)
FUG	Marine Nationale La Regine (F)
FUI	Marine Nationale Ajaccio (F)
FUJ	Marine Nationale Noumea (NCL)
FUM	Marine Nationale Papeete (OCE)
FUN	Marine Nationale Lorient (F)
FUO	Marine Nationale Toulon (F)
FUR	Marine Nationale La Pallice (F)
FUV	Marine Nationale Djibouti (DJI)
FUX	Marine Nationale Le Port (REU)
GCC	Cullercoats Radio (G)
GHD	Hebrides Radio (G)
GKA	Portishead Radio (G)
GKB	Portishead Radio (G)
GKC	Portishead Radio (G)
GKD	Portishead Radio (G)
GKE	Portishead Radio (G)
GKG	Portishead Radio (G)
GKH	Portishead Radio (G)
GKI	Portishead Radio (G)
GKJ	Portishead Radio (G)
GKK	Portishead Radio (G)
GKM	Portishead Radio (G)
GKN	Portishead Radio (G)

Rufz.	Stationsname, ITU-Land
GKO	Portishead Radio (G)
GKP	Portishead Radio (G)
GKQ	Portishead Radio (G)
GKR	Wick Radio (G)
GKS	Portishead Radio (G)
GKT	Portishead Radio (G)
GKU	Portishead Radio (G)
GKV	Portishead Radio (G)
GKW	Portishead Radio (G)
GKX	Portishead Radio (G)
GKY	Portishead Radio (G)
GKZ	Humber Radio (G)
GLD	Land's End Radio (G)
GNF	North Foreland Radio (G)
GNI	Niton Radio (G)
GNK	Shetland Radio (G)
GPK	Portpatrick Radio (G)
GUC	St.Peter Port Radio (G)
GUD	Jersey Radio (G)
GXH	USNAVCOMMSTA Thurso (G)
GXW	RNWS Portland Bill (G)
GYA	RNWS Whitehall (G)
GYC	RNWS London (G)
GYD	RNWS London (G)
GYI	RNWS London (G)
GYJ	RNWS London (G)
GYU	RNWS Gibraltar (GIB)
GZU	RNWS Petersfield (G)
GZZ	RNWS London (G)
H4H	Honiara Radio (SLM)
HAR	Budapest Radio (HNG)
HCG	Guayaquil Radio (EQA)
HDN	Quito Radionaval (EQA)
HEB	Bern Radio (SUI)
HEC	Bern Radio (SUI)
HIA	Santo Domingo Piloto Radio (DOM)
HIW7	Boca Chica Piloto Radio (DOM)
HIW8	Puerto Plata Piloto Radio (DOM)
HKB	Barranquilla Radio (CLM)
HKC	Buenaventura Radio (CLM)
HLF	Seoul Radio (KOR)
HLG	Seoul Radio (KOR)
HLJ	Seoul Radio (KOR)
HLO	Seoul Radio (KOR)
HLP	Pusan Radio (KOR)
HLS	Seoul Radio (KOR)
HLW	Seoul Radio (KOR)
HLX	Seoul Radio (KOR)
HML	Nampho Radio (KRE)
HNT	Basrah Port Radio (IRQ)
HPP	Panama Intelmar Radio (PNR)
HSA	Bangkok Radio (THA)
HSC62	Bangkok Port Radio (THA)
HSZ	Navy Bangkok (THA)
HWN	Marine Nationale Paris (F)
HWU	Marine Nationale Le Blanc (F)
HZG	Dammam Radio (ARS)
HZY	Ras Tanura Radio (ARS)
IAR	Roma Radio (I)
IBA	USNAVCOMSTA Napoli (I)

Rufz.	Stationsname, ITU-Land
IBJ	Verona Radionaval (I)
ICA	Ancona Radionaval (I)
ICB	Genova Radio (I)
ICE	Brindisi Radionaval (I)
ICF	Messina Radionaval (I)
ICG	Genova Radionaval (I)
ICH	La Maddalena Radionaval (I)
ICM	Ponza Radionaval (I)
ICN	Napoli Radionaval (I)
ICS	La Spezia Radionaval (I)
ICT	Taranto Radionaval (I)
IDC	Cagliari Radio (I)
IDF	Messina Radio (I)
IDP	Cagliari Radionaval (I)
IDQ	Roma Radionaval (I)
IDR	Roma Radionaval (I)
IGA	Trapani Radionaval (I)
IGJ	Augusta Radionaval (I)
IPA	Ancona Radio (I)
IPB	Bari Radio (I)
IPD	Civitavecchia Radio (I)
IPL	Livorno Radio (I)
IQA	Augusta Radio (I)
IQH	Napoli Radio (I)
IQX	Trieste Radio (I)
IRM	Roma Medico Radio (I)
IZN	Porto Torres Radio (I)
J2A	Djibouti Radio (DJI)
J5M	Bissau Radio (GNB)
JBO	Tokyo Radio (J)
JCS	Choshi Radio (J)
JCT	Choshi Radio (J)
JCU	Choshi Radio (J)
JDB	Nagasaki Radio (J)
JDC	Choshi Radio (J)
JFA	Matsudo Fishery Radio (J)
JFC	Misaki Fishery Radio (J)
JFE	Naha Fishery Radio (J)
JFF	Miyagi Ken Fishery Radio (J)
JFG	Shizuokaken Fishery Radio (J)
JFH	Hamajima Fishery Radio (J)
JFK	Shimonoseki Fishery Radio (J)
JFM	Muroto Fishery Radio (J)
JFN	Tobata Fishery Radio (J)
JFO	Fukuoka Fishery Radio (J)
JFS	Hachinohe Fishery Radio (J)
JFT	Kamaishi Fishery Radio (J)
JFW	Iwaki Fishery Radio (J)
JFY	Wakkanai Fishery Radio (J)
JFZ	Kushiro Fishery Radio (J)
JMC	Tokyo Meteo (J)
JNA	Tokyo Coast Guard (J)
JOR	Nagasaki Radio (J)
JOS	Nagasaki Radio (J)
JOU	Nagasaki Radio (J)
JXU	Navy Bodö (NOR)
JYO	Aqaba Radio (JOR)
KBP	Honolulu Radio (HWA)
KBQ	Miami Radio (USA)
KCC	Corpus Christi Radio (USA)

Rufz.	Stationsname, ITU-Land
KCI95	NOAA Cold Bay Weather Service (ALS)
KCI98	NOAA King Salmon Weather Serv. (ALS)
KCQ	Galveston Radio (USA)
KDL	Houston Radio (USA)
KFS	Palo Alto Radio (USA)
KFX	Astoria Radio (USA)
KGD58	NOAA Annette Weather Service (ALS)
KGD91	NOAA Yakutat Weather Service (ALS)
KHC	San Diego Radio (USA)
KHT	Cedar Rapids Radio (USA)
KLB	Seattle Radio (USA)
KLC	Galveston Radio (USA)
KMI	Dixon Radio (USA)
KMV	Apra Harbor Radio (GUM)
KO3274	Puerto Yabucoa Sunoco Radio (PTR)
KOU	Los Angeles Radio (USA)
KOW	Seattle Radio (USA)
KPH	San Francisco Radio (USA)
KQP	Galveston Radio (USA)
KRV	Ponce Playa Radio (PTR)
KUQ	Pago Pago Radio (SMA)
KXC713	Woods Hole Oceanograph. Instit. (USA)
L2C	Buenos Aires Prefectura Naval (ARG)
L2F	Buenos Aires Prefectura Naval (ARG)
L2Q	Mar del Plata Prefectura Naval (ARG)
L2T	Mar del Plata Prefectura Naval (ARG)
L2X	Comodoro Rivadavia Prefect. Naval (ARG)
L3A	Comodoro Rivadavia Prefect. Naval (ARG)
LBA	Navy Stavanger (NOR)
LBJ	Navy Harstad (NOR)
LFC	Rogaland Radio (NOR)
LFF	Rogaland Radio (NOR)
LFG	Rogaland Radio (NOR)
LFI	Rogaland Radio (NOR)
LFJ	Rogaland Radio (NOR)
LFL	Rogaland Radio (NOR)
LFN	Rogaland Radio (NOR)
LFO	Orlandet Radio (NOR)
LFR	Rogaland Radio (NOR)
LFT	Rogaland Radio (NOR)
LFU	Rogaland Radio (NOR)
LFW	Rogaland Radio (NOR)
LFX	Rogaland Radio (NOR)
LFZ	Rogaland Radio (NOR)
LGA	Ålesund Radio (NOR)
LGB	Rogaland Radio (NOR)
LGC	Rogaland Radio (NOR)
LGD	Orlandet Radio (NOR)
LGE	Harstadt Radio (NOR)
LGF	Rogaland Radio (NOR)
LGG	Rogaland Radio (NOR)
LGH	Harstadt Radio (NOR)
LGI	Hammerfest Radio (NOR)
LGJ	Rogaland Radio (NOR)
LGL	Florö Radio (NOR)
LGN	Bergen Radio (NOR)
LGN	Rogaland Radio (NOR)
LGP	Bodö Radio (NOR)
LGQ	Rogaland Radio (NOR)
LGS	Svalbard Radio (SVB)
LGT	Tjöme Radio (NOR)

Rufz.	Stationsname, ITU-Land
LGU	Rogaland Radio (NOR)
LGV	Vardö Radio (NOR)
LGW	Rogaland Radio (NOR)
LGX	Rogaland Radio (NOR)
LGZ	Farsund Radio (NOR)
LJB	Björnöya Radio (SVB)
LJN	Ny-Ålesund Radio (SVB)
LMJ	Jan Mayen Radio (JMY)
LOK	Orcadas Radionaval (ANT)
LOL	Buenos Aires Radionaval (ARG)
LOR	Puerto Belgrano Radionaval (ARG)
LPB	Corrientes Radio (ARG)
LPC	Ushuaia Radio (ARG)
LPD	General Pacheco Radio (ARG)
LPG	Rio Gallegos Radio (ARG)
LPL	General Pacheco Radio (ARG)
LPM	Mar del Plata Radio (ARG)
LPO	Puerto Deseado Radio (ARG)
LPW	Bahia Blanca Radio (ARG)
LPZ	Trelew Radio (ARG)
LSA	Boca Radio (ARG)
LSD836	Argentina Radio (ARG)
LZL	Bourgas Radio (BUL)
LZW	Varna Radio (BUL)
MAN	RNWS Portland (G)
MKL	RNWS Pitreavie (G)
MTI	RNWS Plymouth (G)
MTO	RNWS Rosyth (G)
NAM	USNAVCOMSTA Norfolk (USA)
NAR	USNAVCOMSTA Key West (USA)
NAU	USNAVCOMSTA San Juan (PTR)
NBA	USNAVCOMSTA Balboa (PNZ)
NGD	USNAVCOMSTA McMurdo Sound (ANT)
NGR	USNAVCOMSTA Nea Makri (GRC)
NIK	Boston Coast Guard Radio (USA)
NMA	Miami Coast Guard Radio (USA)
NMA10	Mayport Coast Guard Radio (USA)
NMB	Charleston Coast Guard Radio (USA)
NMC	San Francisco Coast Guard (USA)
NMF	Boston Coast Guard Radio (USA)
NMG	New Orleans Coast Guard (USA)
NMK	Cape May Coast Guard Radio (USA)
NMN	Portsmouth Coast Guard Radio (USA)
NMN13	Cape Hatteras Coast Guard Radio (USA)
NMN37	Fort Macon Coast Guard Radio (USA)
NMN70	Chincoteague Coast Guard (USA)
NMN80	Hampton Roads Coast Guard R. (USA)
NMO	Honolulu Coast Guard (HWA)
NMR	San Juan Coast Guard (PTR)
NMY41	Shinnecock Coast Guard Radio (USA)
NOJ	Kodiak Coast Guard Radio (ALS)
NPM	USNAVCOMSTA Pearl Harbor (HWA)
NPN	USNAVCOMSTA Barrigada (GUM)
NPO	USNAVCOMSTA San Miguel (PHL)
NRK	USNAVCOMSTA Keflavik (ISL)
NRV	Guam Coast Guard Radio (GUM)
NWC	USNAVCOMSTA Exmouth (AUS)
OBC	Callao Radionaval (PRU)
OBC3	Callao Radio (PRU)
OBF4	Mollendo Radio (PRU)
OBQ5	Iquitos Radio (PRU)
OBR3	Salaverry Radio (PRU)
OBY2	Paita Radio (PRU)
OCA4L	Bayovar Oil Terminal (PRU)
ODR	Beirut Radio (LBN)
OED2	Donaufunk Wien (AUT)
OFA	Helsinki Radio (FNL)
OFH	Mariehamn Radio (FNL)
OFJ	Helsinki Radio (FNL)
OHC	Helsinki Radio (FNL)
OHG	Helsinki Radio (FNL)
OHM	Mariehamn Radio (FNL)
OMC	Bratislava Radio (TCH)
OMK	Komarno Radio (TCH)
OML	Decin Radio (TCH)
OMP	Praha Radio (TCH)
OSN	Navy Oostende (BEL)
OST	Oostende Radio (BEL)
OSU	Oostende Radio (BEL)
OUA	Fladeradio Aarhus (DNK)
OVC	Fladeradio Grönnedal (GRL)
OVG	Fladeradio Frederikshavn (DNK)
OXB	Blavand Radio (DNK)
OXF	Qaqortoq (Julianehaab) Radio (GRL)
OXI	Nuuk (Godthaab) Radio (GRL)
OXJ	Torshavn Radio (FAR)
OXP	Skagen Radio (DNK)
OXZ	Lyngby Radio (DNK)
OYE	Rönne Radio (DNK)
OYR	Aasiat (Egedesminde) Radio (GRL)
OZL	Ammassalik (Angmagssalik) Radio (GRL)
P2M	Port Moresby Radio (PNG)
P2R	Rabaul Radio (PNG)
PBB	Navy Den Helder (HOL)
PBC	Navy Goeree (HOL)
PBK	Kustwacht Scheveningen (HOL)
PBV	Navy Valkenburgh (HOL)
PCG	Scheveningen Radio (HOL)
PCH	Scheveningen Radio (HOL)
PCI	Kustwacht Ijmuiden (HOL)
PJC	Curacao Radio (ATN)
PJK	Navy Willemstad (ATN)
PKA	Sabang Radio (INS)
PKB	Belawan Radio (INS)
PKB20	Lhokseumawe Pertamina Radio (INS)
PKB3	Sibolga Port Radio (INS)
PKC	Palembang Radio (INS)
PKC2	Plaju Pertamina Radio (INS)
PKC3	Jambi Port Radio (INS)
PKC4	Panjang Port Radio (INS)
PKD	Surabaya Radio (INS)
PKD5	Benoa Port Radio (INS)
PKE	Amboina Radio (INS)
PKE22	Amboina Port Radio (INS)
PKE3	Pulau Gebe Port Radio (INS)
PKE5	Ternate Port Radio (INS)
PKF	Makassar Radio (INS)
PKG	Bandjarmasin Radio (INS)
PKI2	Jakarta Pertamina Radio (INS)
PKJ2	Tanjung Pinang Port Radio (INS)
PKJ20	Sekupang Pertamina Radio (INS)

Rufz.	Stationsname, ITU-Land
PKJ4	Tanjung Balaikarimun Port Radio (INS)
PKK	Kupang Radio (INS)
PKM	Bitung Radio (INS)
PKM9	Donggala Port Radio (INS)
PKN	Balikpapan Radio (INS)
PKN6	Samarinda Radio (INS)
PKN7	Bontang Pertamina Radio (INS)
PKO	Tarakan Radio (INS)
PKO2	Merak Pertamina Radio (INS)
PKP	Dumai Radio (INS)
PKP2	Telukbayur Radio (INS)
PKR	Semarang Radio (INS)
PKR3	Cilacap Port Radio (INS)
PKR6	Cilacap Pertamina Radio (INS)
PKS	Pontianak Radio (INS)
PKX	Jakarta Radio (INS)
PKY2	Biak Port Radio (INS)
PKY3	Manokwari Port Radio (INS)
PKY4	Sorong Radio (INS)
PKY5	Merauke Port Radio (INS)
PKZ2	Cirebon Port Radio (INS)
PKZ34	Cigading Port Radio (INS)
PNK	Jayapura Radio (INS)
PPB	Sao Luis Radio (B)
PPC	Itajai Radio (B)
PPF	Fortaleza Radio (B)
PPJ	Juncao Radio (B)
PPL	Belem Radio (B)
PPM	Manaus Radio (B)
PPN	Natal Radio (B)
PPO	Olinda Radio (B)
PPR	Rio de Janeiro Radio (B)
PPS	Santos Radio (B)
PVD7	Almirante Barroso Oil Terminal (B)
PWB	Belem Radionaval (B)
PWF	Salvador Radionaval (B)
PWH3	Trinidade Radionaval (TRD)
PWI	Recife Radionaval (B)
PWL	Ladario Radionaval (B)
PWN	Natal Radionaval (B)
PWP	Florianopolis Radionaval (B)
PWZ	Rio de Janeiro Radionaval (B)
PZN	Paramaribo Radio (SUR)
RCV	Navy Moskva (URS)
RIW	Navy Khiva (URS)
RMP	Navy St.Petersburg (Leningrad) (URS)
ROT	Navy Moskva (URS)
S3D	Chittagong Radio (BGD)
S3E	Khulna Radio (BGD)
S7Q	Seychelles Radio (SEY)
S9M	Sao Tome Radio (STP)
SAA	Karlskrona Radio (S)
SAB	Göteborg Radio (S)
SAE	Tingstäde Radio (S)
SAG	Göteborg Radio (S)
SAH	Härnösand Radio (S)
SDJ	Stockholm Radio (S)
SPA	Gdynia Radio (POL)
SPB	Szczecin Radio (POL)
SPC	Gdynia Radio (POL)
SPE	Szczecin Radio (POL)

Rufz.	Stationsname, ITU-Land
SPH	Gdynia Radio (POL)
SPN	Witowo Radio (POL)
SPO	Szczecin Radio (POL)
SPS	Witowo Radio (POL)
SPW	Warszawa Radio (POL)
SSF	Port Said Naval Radio (EGY)
SSG	Mersa Matruh Naval Radio (EGY)
SSJ	Safaga Naval Radio (EGY)
SSK	Alexandria Naval Base Radio (EGY)
SSL	Alexandria Naval Radio (EGY)
SSM	Port Tewfik Naval Radio (EGY)
STP	Port Sudan Radio (SDN)
SUH	Alexandria Radio (EGY)
SUK	Kosseir Radio (EGY)
SUP	Port Said Radio (EGY)
SUQ	Ismailia Radio (EGY)
SUT	Tor Radio (EGY)
SUZ	Serapeum Marine Radio (EGY)
SVA	Athens Radio (GRC)
SVB	Athens Radio (GRC)
SVD	Athens Radio (GRC)
SVF	Athens Radio (GRC)
SVG	Athens Radio (GRC)
SVH	Iraklion Radio (GRC)
SVI	Athens Radio (GRC)
SVJ	Athens Radio (GRC)
SVK	Kerkyra Radio (GRC)
SVL	Limnos Radio (GRC)
SVN	Athens Radio (GRC)
SVR	Rhodos Radio (GRC)
SVS	Athens Radio (GRC)
SVT	Athens Radio (GRC)
SVU	Athens Radio (GRC)
SVX	Chios Radio (GRC)
SXA	Navy Athens (GRC)
SXE	Aspropyrgos Attikis Radio (GRC)
T3K	Tarawa Radio (KIR)
TAF	Samsun Radio (TUR)
TAH	Istanbul Radio (TUR)
TAI	Iskenderun Radio (TUR)
TAL	Antalya Radio (TUR)
TAM	Mersin Radio (TUR)
TAN	Istanbul Radio (TUR)
TAO	Trabzon Radio (TUR)
TAR	Zonguldak Radio (TUR)
TAT	Canakkale Radio (TUR)
TBA	Navy Ankara (TUR)
TBB	Navy Ankara (TUR)
TBH	Navy Izmir (TUR)
TBO	Navy Izmir (TUR)
TCR	Tophane Kulesi Radio (TUR)
TEC	Ocean Radio (CTR)
TEP	Limon Radio (CTR)
TFA	Reykjavik Radio (ISL)
TFM	Neskaupstadur Radio (ISL)
TFT	Hornafjördur Radio (ISL)
TFV	Vestmannaeyjar Radio (ISL)
TFX	Siglifjördur Radio (ISL)
TFZ	Isafjördur Radio (ISL)
TIM	Limon Radio (CTR)
TIO2	Limon Radio (CTR)

Rufz.	Stationsname, ITU-Land
TJC	Douala Radio (CME)
TKM	Grasse Radio (F)
TNA	Pointe Noire Radio (COG)
TRA	Libreville Radio (GAB)
TRP8	Gamba Radio (GAB)
TUA	Abidjan Radio (CTI)
TXU	St.Pierre Radio (SPM)
TYA	Cotonou Radio (BEN)
UAH	Tallin Radio (EST)
UAT	Moskau Radio (URS)
UBE2	Petropavlovsk Radio (URS)
UBN	Jdanov Radio (UKR)
UCO	Ialta Radio (UKR)
UCY2	Astrachan Radio (URS)
UDB	St.Petersburg (Leningrad) Radio (URS)
UDH	Riga Radio (LET)
UDK2	Murmansk Naval Radio (URS)
UEK2	Feodosia Radio (UKR)
UFB	Odessa Radio (UKR)
UFH	Petropavlovsk Radio (URS)
UFL	Vladivostok Radio (URS)
UFM	Nevelsk Naval Radio (URS)
UFN	Novorossiisk Radio (URS)
UGE2	Bellingshausen Radio (ANT)
UGH2	Yuzhno-Sachalinsk Radio (URS)
UGK5	Kaliningrad Radio (URS)
UHK	Batumi Radio (URS)
UJO3	Izmail Radio (UKR)
UJQ	Kiev Radio (UKR)
UKA	Vladivostok Radio (URS)
UKB	Riga Radio (LET)
UKK3	Nakhodka Radio (URS)
UKX	Nakhodka Naval Radio (URS)
UMN	Murmansk Radio (URS)
UMV	Murmansk Radio (URS)
UNI	Ventspils Radio (LET)
UNM2	Klaipeda Radio (LIT)
UNQ	Novorossiisk Radio (URS)
UNS	Tallin Radio (EST)
UON	Baku Radio (URS)
UPB	Providenia Bukhta Radio (URS)
UPM	Amderma Radio (URS)
UQB	Kholmsk Radio (URS)
UQK	Riga Radio (LET)
URD	St.Petersburg (Leningrad) Radio (URS)
URL	Sevastopol Radio (UKR)
USZ2	Dikson Radio (URS)
UXN	Archangelsk Radio (URS)
V8L1	Seria Port Radio (BRU)
V8L2	Seria Port Radio (BRU)
V8L3	Muara Harbour Radio (BRU)
VAE	Tofino Coast Guard (CAN)
VAF	Alert Bay Coast Guard (CAN)
VAI	Vancouver Coast Guard (CAN)
VAJ	Prince Rupert Coast Guard (CAN)
VAU	Yarmouth Coast Guard (CAN)
VBA	Thunder Bay Coast Guard Radio (CAN)
VCC	Quebec Coast Guard (CAN)
VCF	Mont-Joli Coast Guard (CAN)
VCG	Riviere-au-Renard Coast Guard (CAN)
VCK	Sept-Iles Coast Guard (CAN)

Rufz.	Stationsname, ITU-Land
VCM	St.Anthony Coast Guard (CAN)
VCN	Cap-aux-Meules Coast Guard (CAN)
VCO	Sydney Coast Guard (CAN)
VCP	St.Lawrence Coast Guard (CAN)
VCS	Halifax Coast Guard (CAN)
VFA	Inuvik Coast Guard (CAN)
VFF	Iqaluit Coast Guard (CAN)
VFN	Montreal Coast Guard (CAN)
VFR	Resolute Coast Guard (CAN)
VHC	NAVCOMSTA Canberra (AUS)
VHI	NAVCOMSTA Perth (AUS)
VHP	NAVCOMSTA Canberra (AUS)
VIA	Adelaide Radio (AUS)
VIB	Brisbane Radio (AUS)
VIC	Carnarvon Radio (AUS)
VID	Darwin Radio (AUS)
VIE	Esperance Radio (AUS)
VIH	Hobart Radio (AUS)
VII	Thursday Island Radio (AUS)
VIM	Melbourne Radio (AUS)
VIO	Broome Radio (AUS)
VIP	Perth Radio (AUS)
VIR	Rockhampton Radio (AUS)
VIS	Sydney Radio (AUS)
VIT	Townsville Radio (AUS)
VIX	Sydney Radio (AUS)
VL9NI	Norfolk Island Harbour Radio (NOF)
VM2PC	Penta Comstat (AUS)
VOJ	Stephenville Coast Guard (CAN)
VOK	Labrador Coast Guard (CAN)
VON	St.John's Coast Guard (CAN)
VOO	Comfort Cove Coast Guard (CAN)
VPS	Hongkong Radio (HKG)
VRT	Bermuda Radio (BER)
VTF	NAVCOMCEN Bombay (IND)
VTG	NAVCOMCEN Bombay (IND)
VTO	NAVCOMCEN Vishakapatnam (IND)
VTP	NAVCOMCEN Vishakapatnam (IND)
VWA1	Ramnagar Port Radio (IND)
VWB	Bombay Radio (IND)
VWC	Calcutta Radio (IND)
VWM	Madras Radio (IND)
VWV	Vishakapatnam Radio (IND)
WAH	Virgin Islands Radio (VIR)
WAK*	New Orleans Radio (USA)
WAN	Atlanta Radio (USA)
WAQ	Ocean Gate Radio (USA)
WAZ	Atlanta Radio (USA)
WBH29	NOAA Kodiak Weather Service (ALS)
WBL	Buffalo Radio (USA)
WCC	Chatham Radio (USA)
WCM	Withamsville Radio (USA)
WCT	Loiza Radio (PTR)
WDR	Miami Radio (USA)
WEC	Norfolk Radio (USA)
WFA	Tampa Radio (USA)
WFN	Jeffersonville Radio (USA)
WFP	McAllister San Juan (PTR)
WGB	Norfolk Radio (USA)
WGK	St.Louis Radio (USA)
WHV210	Miami Radio (USA)

Rufz.	Stationsname, ITU-Land
WHW705	Barge Bulk Transport Carolina (USA)
WHX893	Pan Oceans Marine Larose (USA)
WJG	Memphis Radio (USA)
WJK	Belcher Towing Miami Beach (USA)
WJO	Charleston Radio (USA)
WLC	Rogers City Radio (USA)
WLF	Wilmington Radio (USA)
WLN	San Juan Radio (PTR)
WLO	Mobile Radio (USA)
WMI	Lorain Radio (USA)
WMP	West Palm Beach Radio (USA)
WNJ	Jacksonville Radio (USA)
WNU	Slidell Radio (USA)
WOM	Miami High Seas Radio (USA)
WOO	Ocean Gate Radio (USA)
WOU	Boston Radio (USA)
WOX	New York Radio (USA)
WPD	Tampa Radio (USA)
WPE	Tug Communications Jacksonville (USA)
WRD577	Sea Star Corp. Marblehead (USA)
WRF	SeaLand Corporation Elizabeth (USA)
WRV516	St.Thomas Radio (VIR)
WSC	Tuckerton Radio (USA)
WWD	NOAA La Jolla (USA)
XDA	Mexico City Radio (MEX)
XDD	Mexico City Meteo (MEX)
XDP	Mexico City Meteo (MEX)
XFA	Acapulco Radio (MEX)
XFB	Ciudad del Carmen Radio (MEX)
XFC	Cozumel Radio (MEX)
XFE	Ensenada Radio (MEX)
XFF2	Pajaritos Radio (MEX)
XFK	La Paz Radio (MEX)
XFL	Mazatlan Radio (MEX)
XFM	Manzanillo Radio (MEX)
XFN	Progreso Radio (MEX)
XFP	Chetumal Radio (MEX)
XFQ	Salina Cruz Radio (MEX)
XFU	Veracruz Radio (MEX)
XFY	Guaymas Radio (MEX)
XSB48	Dan Dong Radio (CHN)
XSD	Yingkou Radio (CHN)
XSE	Qinhuangdao Radio (CHN)
XSF	Lianyungang Radio (CHN)
XSG	Shanghai Radio (CHN)
XSH	Basuo Radio (CHN)
XSI	Sanya Radio (CHN)
XSJ	Zhanjiang Radio (CHN)
XSK	Beihai Radio (CHN)
XSL	Fuzhou Radio (CHN)
XSL22	Fangcheng Radio (CHN)
XSM	Xiamen Radio (CHN)
XSN	Ningbo Radio (CHN)
XSO	Wenzhou Radio (CHN)
XSP	Shantou Radio (CHN)
XSQ	Guangzhou Radio (CHN)
XSR	Haikou Radio (CHN)
XST	Qingdao Radio (CHN)
XSU	Yantai Radio (CHN)
XSV	Tianjin Radio (CHN)
XSW	Kaohsiung Radio (TWN)

Rufz.	Stationsname, ITU-Land
XSW2	Taichung Radio (TWN)
XSY	Hualien Radio (TWN)
XSZ	Dalian Radio (CHN)
XUK	Kompong-Som-Ville Radio (CBG)
XVG	Hai Phong Radio (VTN)
XVN	Nhatrang Radio (VTN)
XVR4	Vungtau Radio (VTN)
XVS	Ho-Chi-Minh-Ville Radio (VTN)
XVT	Da Nang Radio (VTN)
XXG	Macau Radio (MAC)
XYR	Yangon (Rangoon) Radio (BRM)
YIR	Basrah Radio (IRQ)
YJM	Port Vila Radio (VUT)
YJY301	Luganville Harbour Radio (VUT)
YKI	Tartous Port Radio (SYR)
YKM5	Baniyas Port Radio (SYR)
YKM7	Lattakia Radio (SYR)
YKO	Tartous Radio (SYR)
YMA25	Samsun Meteo (TUR)
YMB	USNAVCOMSTA Izmir (TUR)
YMB20	Bandirma Meteo (TUR)
YQI	Constanta Radio (ROU)
YTSQ	Brodospas Split (YUG)
YUR	Rijeka Radio (YUG)
YUS	Split Radio (YUG)
YUW	Bar Radio (YUG)
YUX	Dubrovnik Radio (YUG)
YVG	La Guaira Radio (VEN)
YVM	Puerto Ordaz Radio (VEN)
YWM	Maracaibo Radionaval (VEN)
ZAC	Shengjin Radio (ALB)
ZAD	Durres Radio (ALB)
ZAS	Sarande Radio (ALB)
ZAV	Vlore Radio (ALB)
ZBI	Ascension Radio (ASC)
ZBP	Pitcairn Island Radio (PTC)
ZHH	St.Helena Radio (SHN)
ZJU	Funafuti Radio (TUV)
ZKN	Alofi Radio (NIU)
ZKR	Rarotonga Radio (CKH)
ZLB	Awarua Radio (NZL)
ZLD	Auckland Radio (NZL)
ZLO	Navy Irirangi (NZL)
ZLP	Navy Irirangi (NZL)
ZLW	Wellington Radio (NZL)
ZMH32	Taiaoroa Head Signal Station (NZL)
ZOE	Tristan da Cunha Radio (TRC)
ZPA	Asuncion Radio (PRG)
ZPB	Asuncion Radio (PRG)
ZPC	Asuncion Radio (PRG)
ZPD	Asuncion Radio (PRG)
ZPK	Asuncion Radionaval (PRG)
ZRH	NAVCOMCEN Capetown (AFS)
ZRQ	NAVCOMCEN Capetown (AFS)
ZSC	Capetown Radio (AFS)
ZSD	Durban Radio (AFS)
ZSJ	NAVCOMCEN Simonstown (AFS)
ZSQ	Port Elizabeth Radio (AFS)
ZSV	Walvis Bay Radio (WAB)
ZXA4	Tedut Oil Terminal (B)

KW-Empfänger für Seefunk

Wenngleich der Empfang von Sendungen des Seefunkdienstes auf Kurzwelle mit jedem besseren Weltempfänger möglich ist (SSB muß vorhanden sein), so darf man an Bord eines deutschen Seefahrzeuges nur solche Geräte verwenden, die dazu von der Deutschen Bundespost TELEKOM zugelassen sind und eine entsprechende FTZ- bzw. ZZF-Prüfnummer erhalten haben.

Auf die notwendige Genehmigung zum Empfang von Seefunksendungen wurde bereits am Anfang dieses Buches ausführlich eingegangen.

Ein Verzeichnis der Funkempfänger, die zum Einbau bei Empfangsfunkstellen für den Seefunkdienst zugelassen sind, ist zu bekommen beim

Fernmeldeamt 6
Postfach 301 792
2000 Hamburg 36
Tel. (0 40) 31 18 06-0

Dazu gehören übrigens auch Kurzwellenempfänger, die im Amateurfunkbereich bekannt sind, wie etwa von Kenwood der R-2000 und R-5000, von Yaesu der FRG-8800 und von JRC der NRD-525 ebenso wie der NRD-535 – jeweils allerdings in modifizierten Seefunk-Versionen, die natürlich teurer sind als das Grundmodell. Weitere Informationen dazu beinhaltet der RICOFUNK-Katalog, der erhältlich ist bei

RICOFUNK stabo Elektronik
Münchewiese 14-16
3200 Hildesheim
Tel. (0 51 21) 76 20-0

Bequemer Empfang von Telegrafie- und Funkfernschreib-Sendungen

Ein großer Teil der Sendungen im Seefunk wird entweder in Morsetelegrafie (CW) oder als Funkfernschreiben (RTTY in SITOR-A oder SITOR-B) ausgestrahlt.

Ein Berufsfunker muß Telegrafie beherrschen, d.h. ein Funkoffizier hat keine Schwierigkeiten, die Morsesignale zu verstehen und den Text gleichzeitig zu Papier zu bringen. Ein Hobbyseefahrer wird diese Fähigkeit in der Regel nicht besitzen. Für das Allgemeine

Sprechfunkzeugnis, das zum Empfang aller Seefunksendungen berechtigt (also nicht nur zum Sprechfunk-Empfang, sondern auch zum Empfang der Telegrafie oder Funkfernschreibsendungen), werden Morsekenntnisse auch gar nicht verlangt.

Was ist also zu tun, wenn man die Morsesendungen auf bequeme Art und Weise empfangen und verstehen möchte? Der unbequeme Weg wäre, das Morsen zu erlernen ...

Bevor diese Frage beantwortet wird, müssen wir noch auf den Empfang von Funkfernschreibsendungen zu sprechen kommen. Diese Sendungen kann man sowieso nur elektronisch verarbeiten. Es gibt wohl keinen Profi-Funker, der in der Lage wäre, die hektischen Tonfolgen von Funkfernschreibsendungen im Klartext mitzuschreiben wie beim Telegrafiefunk.

Dank der stürmischen Entwicklung in der Mikroelektronik gibt es seit ein paar Jahren sogenannte Decoder, die sowohl Telegrafie- wie auch Funkfernschreibsignale jeder Art umwandeln (decodieren). Ganz einfach dargestellt sieht die Sache so aus, daß man die Tonsignale vom Lautsprecherausgang des Empfängers in den Decoder leitet und dieser die Signale umwandelt und entweder auf eine Art Bildschirm oder einem alphanumerischen Display darstellt oder aber in geschriebener Form über einen Drucker auf Papier ausgibt. Das ist natürlich eine schöne und bequeme Einrichtung; zudem funktionieren diese Geräte heute sehr zuverlässig.

Für die semi-professionelle Anwendung und speziell für den Einsatz an Bord konstruiert ist der FASTNET RADIO Decoder MAD-44. CW und alle RTTY-Übertragungen können vollautomatisch decodiert und gespeichert werden. Zum Lesen der Meldung dient ein eingebautes Display und ein kleiner Drucker, der die Nachrichten auf einer normalen Kassenrolle ausdruckt. Informationsunterlagen zu diesem nützlichen Gerät gibt es bei:

FASTNET RADIO S. Harbach KG
Deichstr. 45
2000 Hamburg 11
Tel. (0 40) 36 35 11

Wer die Sendungen nicht an Bord eines Schiffes, sondern zu Hause empfangen will, hat eine größere Auswahl, denn im Amateurfunkbereich werden verschiedene CW/RTTY-Decoder angeboten. Die Spanne reicht vom preiswerten Einsteigermodell ERA Mikroreader MK2 (Preis ca. 500,– DM, Alltronic) über den bewährten Telereader CD-670 (Preis ca. 1.000,– DM, RICOFUNK) bis hin zum „Code-Knacker" W4010, dem Spitzengerät von WAVECOM (Preis: ca. 2.700,– DM). Informationen dazu gibt es bei:

Alltronic
Funkanlagen
Eichborndamm 178
1000 Berlin 51
Tel. (0 30) 4 14 50 65

RICOFUNK
stabo Elektronik
Münchewiese 14-16
3200 Hildesheim
Tel. (0 51 21) 76 20-0

WAVECOM Elektronik
Oberdorfstr. 4
7891 Hohentengen-Herdern
Telefon (0 77 42) 10 63

Mit dem Thema CW/RTTY-Decodierung befaßt sich ausführlich unser praxisnahes Buch „**Zusatzgeräte für den Funkempfang**", in dem auch Vorstellungen und Beurteilungen über alle aktuellen Geräte zu finden sind (siehe Leserservice am Ende dieses Buches!).

```
147,3 KHZ DDH9 11039 KHZ
RQ CQ CQ DE DDH47 147,3
KHZ DDH9 11039 KHZ DDHS
QQQQQQQQQQQ =
N U 121448 =
SEEWETTERBERICHT MITTELM
EE_N VOM 12 , 05 . 1985
=
WETTERLAGE HEUTE 09 UHR
UTC =
TIEF 1005 NORDWESTLICH
DER ALPEN NORDWEST - BIS
WESTZIEHEND , MORGEN
MITTAG WESTFRANKREICH .
TIEF 1003 ALGERIEN
LANGSAM OSTZIEHEND .
MORGEN MITTAG TUNESIEN .
TIEF 1015 54 NORD 18
WEST NORDOSTZIEHEND ,
MORGEN MITTAG 60 NORD 10
WEST . HOCH 1018 LIBYEN
WENIG AENDERND . TIEF
1010 EUROPAEISCHER TEIL
DE TUERKEI LANGSAM
AUFFUELLEND =
VORHERSAGE BIS MORGEN
MITTAG : GOLFE DU LION =
SCHWACHE OESTLICHE WINDE
, DIESIG , MORGEN NORDOS
T 4 =
BALEAREN =
NORDOST 4 , ZUNEHMEND 5
, MITTLERE SICHT =
LIGURISCHES MEER =
OST BIS SUEDOST 4 ,
ZUNEHMEND 5 , DIESIG =
WESTLICH KORSIKA -
SARDINIEN =
SUEDLICHE WINDE 3 BIS 4
, DIESIG =
TYRRHENISCHES MEER =
SUEDOST 4 , ZUNEHMEND 5
, DIESIG =
ADRIA UND IONISCHES MEER
=
SCHWACHE SUEDLICHE WINDE
, DIESIG =
BISKAYA : NORD 5 BIS 6 ,
IM NORDTEIL NORDOST 7 ,
MAESSIGE SICHT =
KKKSTATIONSMELDUNGEN VON
HEUTE 12 UHR UTC =
BREST NORDNORDOST 5 9
GRAD 1014 =
LA CORUNA NORDNORDOST 2
12 GRAD 1015 =
GIBRALTAR OT 4 18 GRAD
```

```
SEEWETTERBERICHT VOM
05.06.1985 06.40 UHR =
WETTERLAGE VON MITTWOCH
02 UHR =
GEWITTERTIEF 1008 OSTFRI
ESISCHE FSELN OSTNORDOST
ZIEHEND , HEUTE NACHT
DAENISCHE INSELN . TIEF
1007 SUEDSKANDINAVIEN
WENIG OSTZIEHEND . HOCH
1032 ISLAND ETWAS OSTWAN
DERND . HOCH 1020 UKRAIN
E OSTSUEDOSTWANDERND .
KEIL 1017 _LPEN WENIG
AENDERND . TIEF 1005
WESTLICH PORTUGAL WENIG
NORDOSTZI6END . VORHERSA
GEN BIS HEUTE 18 UHR =
DEUTSCHE BUCHT UND
SUEDWESTLICHE NORDSEE =
NOERDLICHE WINDE UM 4 ,
SUEDTEILE UMLAUFEND 3 ,
GEWITTERBOEEN , DIESIG =
FIS_HER =
NORDOSTDREHEND 5 ,
MITTLERE SICHT =
SKAGERRAK =
UMLAUFEND 3 , BALD
NORDOST 5 BIS 6 , GUTE
SICHT =
KATTEGAT =
SCHWACHWINDIG , GUTE
SICHT =
BELTE UND SUND =
SUEDOST BIS OST UM 3 ,
GUTE SICHT =
WESTLICHE UND SUEDLICHE
OSTSEE =
SUEDOST 4 , SPAETER
GEWITTERBOEEN , GUTE
SICHT =
AUSSICHTEN BIS MORGEN 06
UHR =
```

Diese beiden Ausdrucke, die mit dem Decoder CC33 von Fastnet erstellt wurden, hat uns freundlicherweise die Firma NAVACON zur Verfügung gestellt. Der linke Ausdruck zeigt die Mitschrift des Wetterberichtes und der Gebietsanalyse für das Mittelmeer, der rechte betrifft die Ostsee. Beide Wetterberichte stammen vom Deutschen Wetterdienst, Quickborn, auf dessen Sendungen am Anfang dieses Buches ausführlich eingegangen wird.

Amateurfunk an Bord

Schon vor Jahren hat sich unter den Yachties in aller Welt ein großes Interesse am Amateurfunk entwickelt. Der Seefunkdienst und der Amateurfunkdienst können sich an Bord, insbesondere auf größeren Reisen, wunderbar ergänzen. Das heißt aber nicht, daß der Amateurfunkdienst den Seefunkdienst ersetzen könnte. So ist es per Amateurfunk nicht möglich, mit Küstenfunkstellen Kontakt aufzunehmen oder gar Gespräche in das öffentliche Telefonnetz vermitteln zu lassen.

Wer am Amateurfunkdienst teilnehmen möchte, muß zuvor eine besondere Lizenzprüfung ablegen. Allein in der Bundesrepublik Deutschland gibt es über 60.000 Funkamateure und weltweit sind es mehr als eine Million Menschen, die sich mit dem Funkhobby als lizensierte „HAMs" (Highfrequency Amateur) befassen. Per Amateurfunk hat man die Möglichkeit, jederzeit mit einer großen Zahl von Funkstellen Kontakt aufnehmen zu können.

Der Amateurfunk spielt sich im wesentlichen auf Kurzwelle ab. Je nach Frequenzwahl und Tageszeit sind Funkverbindungen über Tausende von Kilometern völlig normal und weltweite Funkkontakte möglich. Dazu braucht man lediglich eine relativ kleine Funkanlage. Moderne Kurzwellen-Transceiver (Sende-Empfänger) kosten ein paar Tausend Mark. Eine Antenne läßt sich an Bord leicht installieren oder man benutzt vorhandene „Antennengebilde" (z.B. ein isoliertes Achterstag).

Wer einen längeren Törn unternimmt, ist oft froh, wenn der Kontakt zur Heimat nicht ganz abreißt. Hier bietet der Amateurfunk die schöne Möglichkeit, daß man zum Beispiel mit verschiedenen Funkamateuren regelmäßige Funkkontakte vereinbart. Solche Kontakte können rund um die Welt aufrecht erhalten werden. Auch die Verwandten zu Hause können so die Reise mitverfolgen und ggf. sogar die Funkgespräche mithören, denn der Empfang von Amateurfunksendungen ist allgemein genehmigt und mit jedem guten Kurzwellenempfänger möglich.

Eine schöne Schilderung der Vorteile des Amateurfunks an Bord ist im Buch „80.000 Meilen und Kap Hoorn" zu finden, das der bekannte Weltumsegler Bobby Schenk verfaßt hat (Verlag Delius Klasing). Er erzählt, wie belebend es ist, etwa mitten im Indischen Ozean, fernab von jedem Land, Funkkontakte mit Menschen in aller Welt aufzubauen und eine Verbindung zur Außenwelt zu haben. Auf diesem Weg lassen sich bereits Freundschaften knüpfen mit anderen Funkamateuren und man wird in vielen Häfen schon als Freund erwartet und empfangen, wenn man dort ankommt.

Und weil die Funkamateure als besonders hilfreich gelten, können manche Probleme schneller gelöst werden, z.B. die Beschaffung von Ersatzteilen für das Schiff oder die Beratung bei Reparaturen oder anderen Schwierigkeiten. Besonders wertvoll ist der Amateurfunk im Notfall. Zwar dürfen im Amateurfunkdienst keine Meldungen für Dritte gesendet oder weitergegeben werden, aber im Notfall wird man wohl kaum daran gehindert, alle zur Verfügung stehenden technischen Mittel zu nutzen, um auf sich aufmerksam zu machen und Hilfe zu veranlassen.

Informationen zum Amateurfunk gibt es beim:

Deutschen Amateur Radio Club (DARC) e.V.,
Postfach 1155,
3501 Baunatal.

Abkürzungen

Die nachfolgende Liste erklärt die in diesem Buch verwendeten Abkürzungen. Die ITU-Landesabkürzungen, Q-Codes und andere Telegrafieabkürzungen werden in den nachfolgenden Kapiteln aufgelistet – bitte ggf. dort nachschauen, wenn Sie hier eine Abkürzung nicht finden.

AM	Amplitudenmodulation
Bd	Baud, Schrittempo bei RTTY
Bft	Beaufort
C.	Cabo, Cap, Cape
C	Grad Celsius
Call	Rufzeichen
CPRM	Portugiesische Fernmeldeges.
C&W	Cable and Wireless Ltd. (G)
CW	Morsetelegrafie
D	deutsch (Deutschland)
DBP	Deutsche Bundespost TELEKOM
DHI	Deutsches Hydrografisches Institut
DSC	Digitales Selektivrufsystem
Duplex	Funkverkehr auf zwei verschiedenen Frequenzen
E	Englisch
ESB	Einseitenband (SSB)
F(q)	Frequenz
F	Französisch
FAX	Faksimile, Fernkopieren
FM	Frequenzmodulation (bei UKW)
FSt	Funkstelle
FTZ	Fernmeldetechn. Zentralamt (D)
FTZ-Nr.	Prüf- und Zulassungsnummer
geogr.	geografisch
GMDSS	Weltweites Seenot- und Sicherheitsfunksystem
GMT	Greenwich Mean Time, heute ersetzt durch UTC
GW	Grenzwelle
h	Stunde(n)
h+XX	stündlich jeweils XX Minuten nach der vollen Stunde
HF	Hochfrequenz
hPa	Hektopascal (= 1 mbar)
HW	Hochwasser
Hz	Hertz (Einheit für die Frequenz)
ICAO	Int. Zivil-Luftfahrt-Organisation
ID	Identifizierung, Stationsansage bzw. -kennung
IMO	Int. Schiffahrtsorganisation
INMARSAT	Int. Schiffahrts-Satelliten-Organisation
Isl.	Insel(n)
ITT	amerikan. Fernmeldeges.
ITU	Internationale Fernmeldeunion
kc/s	siehe kHz
KFSt.	Küstenfunkstelle
KüFuSt.	Küstenfunkstelle

kHz	Kilohertz (= 1.000 Hz)
Kn	Knoten (Seemeilen pro Stunde)
kW	Kilowatt (= 1.000 W) Sendeleistung
KW	Kurzwelle
LOG	Logbuch, Stationstagebuch
LORAN	Long Range Navigation System
LSB	unteres Seitenband (bei SSB)
LW	Langwelle
M	maritim (zu Wasser)
M	mobil, beweglich
MAR(ITIM)	zu Wasser, Seefunk
MARPRESS	Pressedienst für Seefahrer
max	maximal
Mayday	Notruf
mB	Meterband, Frequenzbereich
mbar	Millibar
METEO	Meteorologische Station
MESZ	Mitteleuropäische Sommerzeit (= UTC + 2 Stunden)
MEZ	Mitteleuropäische Zeit (= UTC + 1 Stunde)
MfS	Mitteilungen für Seefunkstellen
MHz	Megahertz (= 1.000 kHz)
MIL	Militärische Station
min	Minute(n)
mm	bewegliche SeeFSt. (maritime mobil)
Mode	Betriebsart
MW	Mittelwelle
NAVTEX	Wetter- und Warndienst per Telex
NAVY	Marine
NAVCOMCEN	Marine-Kommunikationsstelle
NBS	National Bureau of Standards (USA)
NDB	ungerichtetes Funkfeuer
NFD	Nautischer Funkdienst (Loseblattsammlung)
OTC	Australische Fernmeldeges.
OWS	Wetterschiff der WMO
Pt.	Point, Punta
PTT, PT	Post- und Fernmeldebehörde
R.	Radio
RCC	Such- und Rettungsdienst Zentrale
Rdfs.	Rundfunksender
RTTY	Radioteletype (Funkfernschreiben)
ry	Testschleife beim Funkfernschreiben
s	Sekunde(n)
SeeFSt	Seefunkstelle (Schiff/Wasserfahrzeug)
SfK	Sprechfunk für Küstenschiffahrt
Shack	Funkraum
Shift	Abstand der Kennfrequenzen bei RTTY
SITOR	Fernschreibverfahren im Seefunk
sm	Seemeile(n)
SOS	Notruf (save our souls)
SSB	Single-Side Band (Einseitenbandsprechfunk)
SSFC	Selektivrufsystem mit Einzeltonfolge
St(n)	Station(en)

SW	Kurzwelle (short wave)
SWA	Seewetteramt
SZ	Sommerzeit
Tel	Telefone, Telegramm
Telex	Fernschreiben
UKW	Ultrakurzwelle
USB	upper side-band: oberes Seitenband im SSB-Betrieb
USCG	US-Küstenwache (Coast Guard)
USN	US Navy, Amerikanische Marine
USNAVCOMSTA	US Navy Kommunikationsstelle
UTC	Weltzeit (UTC = MEZ - 1 Stunde bzw. = MESZ - 2 Stunden)
Utility	kommerzielle Funkdienste
W	Watt, Sendeleistung
vgl.	vergleiche
VO Funk	Vollzugsordnung für den Funkdienst
WMO	Welt-Meteorologische-Organisation

Abkürzungen im Telegrafieverkehr

AA	alles nach ... (für Wiederholungen)
AB	alles vor ... (für Wiederholungen)
ABT	ungefähr (about)
ADS	Adresse
AGN	noch einmal (again)
AM	vormittags (ante meridiem)
ANS	Antworten Sie auf ... kHz (answer)
AR	Ende der Übermittlung
AS	Warten Sie
BK	Unterbrechen Sie (break)
BN	alles zwischen ... und ... (für Wiederholungen)
BND	nach
BQ	Antwort auf RQ
BT	Trennungszeichen zwischen versch. Teilen einer Übermittlung
BV	Gute Reise (bon voyage)
C	Ja (bejahende Antwort)
CC	Küstengebühr
CFM	Bestätigen Sie (oder: Ich bestätige) (confirm)
CK	Wortzahl
CL	Ich schließe meine Funkstelle (close)
COL	Vergleichen Sie (oder: Ich vergleiche)
CONS DELD	Betrachten Sie als übermittelt
CORRECTION	Streichen Sie mein letztes Wort (oder meine letzte Gruppe); die Berichtigung folgt.
CP	allgemeiner Anruf an mehrere bestimmte Funkstellen
CQ	allgemeiner Anruf an alle Funkstellen
CS, C/S	Rufzeichen (wird benutzt, um ein Rufzeichen zu erfragen) (call sign)
DE	von ... (wird vor dem Namen oder jeder anderen Kennzeichnung der rufenden Funkstelle benutzt)
DEGS	Grade (degrees)
DELD	übermittelt
DF	Ihre Peilung um ... Uhr betrug ... Grad im meßunsicheren Abschnitt dieser Funkstelle, mit einer möglichen Abweichung von ... Grad.
DO	Peilung unzuverlässig. Fordern Sie Peilung später (oder um ... Uhr) an.
E	Ost (east)
ER, ERE	hier
ETA	voraussichtliche Ankunftszeit (estimated time of arrival)
ETD	voraussichtliche Abfahrtszeit (estimated time of departure)
EV	einseitiger Funkverkehr
FIG(S)	Zahlen (figures)
FM	von (from)
FONE	Sprechfunk (telefone)
GA, GE	Guten Abend
GB	Auf Wiederhören
GF	Gute Fahrt

GM	Guten Morgen
GN	Gute Nacht
HR	Hier
INTERCO	Es folgen Gruppen aus dem Internationalen Signalbuch.
K	Aufforderung zur Übermittlung
KA	Beginnzeichen der Übermittlung
KMH	Kilometer in der Stunde
KTS	Seemeilen in der Stunde (Knoten)
LAT	Geografische Breite (latitude)
LIST(E)	Sammelruf
LL	Landstreckengebühr
LONG	Geografische Länge
LSN	Hören Sie auf ... kHz (listen)
LT	Ortszeit (local time)
LV	Feuerschiff (light vessel)
LTR	später (later)
MIN	Minute(n)
MO(M)	Warten Sie einen Augenblick (moment)
MSG	Ankündigung einer Nachricht vom oder an den Schiffsführer (message)
N	Nord
ND	Ich höre nichts (oder: Ich habe nichts gehört)
NIL	Ich habe nichts für Sie vorliegen
NM	Ich habe nichts mehr vorliegen (no more)
NO	Nein
NW	jetzt (now)
NX	Nachricht für Seefahrer (folgt)
O/D	Bestimmungsort
OK	einverstanden (oder: das ist richtig)
OL	Ozeanbrief (ocean letter)
OM	Freundschaftliche Anrede (old man)
OP	Funker (operator)
ORIG	Aufgabeort
P	Ankündigung eines privaten Funktelegramms
PBL	Telegrammkopf (für Wiederholungen)
PM	nachmittags (post meridiem)
PSE	bitte (please)
PX	Pressemeldungen
R	erhalten (received)
RD	empfangen (received)
REF	bezugnehmend auf ... (refer)
RPT	wiederholen Sie (oder: ich wiederhole) (repeat)
RQ	Bezeichnung einer Anfrage (request)
S	Süd
SEC	Sekunde
SIG	Unterschrift (für Wiederholung)
SLT	Seefunkbrief (sea letter)
SP	Funkstille (silence period)
SRI	Es tut mir leid (sorry)
SVC	Ankündigung eines Diensttelegramms
SYS	Beziehen Sie sich auf Ihr Diensttelegramm
TEL	Telegramm

TFC	Verkehr (traffic)
TFC LIST	Sammelanruf (traffic list)
TKS	Ich danke (thanks)
TMW	morgen (tomorrow)
TOR	Funkfernschreiben (telex over radio)
TR	Standort und nächster Anlaufhafen (traffic route)
TRBL	Technische Störung (trouble)
TRI	Versuchen Sie (try it)
TU	Ich danke Ihnen (thank you)
TXT	Text (für Wiederholungen)
UP	höher (bei Frequenzwechsel)
UR	Ihr (your)
UTC	Koordinierte Weltzeit (universal time coordinated) – früher GMT
VA	Verkehrsschluß
VVV	allgemeiner Anruf (statt CQ)
W	West
WA	Worte nach ... (bei Wiederholungen)
WB	Worte vor ... (bei Wiederholungen)
WD(S)	Wort (Wörter) oder Gruppen
WX	Wetterbericht
XQ	Ankündigung einer Dienstnotiz
YZ	Die folgenden Wörter sind in offener Sprache
ZP	Mittagsposition
ZX	Zeitzeichen

Blick in die Einsatzzentrale/Seenotleitung Bremen der Deutschen Gesellschaft zur Rettung Schiffbrüchiger. (Foto: DGzRS)

Der Q-Code

Um die immer wiederkehrenden Informationen, Fragen und Antworten im Telegrafiefunkverkehr abzukürzen, wurde der sogenannte Q-Code geschaffen. Unter Benutzung des Q-Codes kann der Funkverkehr nicht nur wesentlich beschleunigt werden, sondern man umgeht auch Sprachschwierigkeiten, denn der Q-Code hat weltweit und in jeder Sprache die gleiche Bedeutung.

Der Q-Code besteht aus einzelnen Buchstabengruppen. Von den jeweils drei Buchstaben ist der erste immer ein Q.

Die Reihe QAA bis QNZ sind dem Flugfunkdienst und die Reihen QOA bis QQZ dem Seefunkdienst vorbehalten. Die Reihen QRA bis QZZ können von allen Funkdiensten (z.B. auch Amateurfunk) benutzt werden. Nachfolgend sind die Q-Codes aufgelistet und erklärt, die im Seefunkdienst zur Anwendung kommen.

Bei der Erläuterung der Bedeutung wird unterschieden, ob es sich um eine Frage oder eine Antwort/ Mitteilung handelt. Zur besonderen Verdeutlichung der Fragestellung kann man an die betreffende Q-Gruppe ein Fragezeichen anschließen. Die Q-Gruppen lassen sich durch Hinzufügen geeigneter anderer Abkürzungen, Namen, Nummern, Zahlen usw. ergänzen.

QOA Frage: Können Sie mittels Telegrafiefunk verkehren (500 kHz)?
Antwort: Ich kann mittels Telegrafiefunk verkehren (500 kHz).

QOB Frage: Können Sie mittels Sprechfunk verkehren (2182 kHz)?
Antwort: Ich kann mittels Sprechfunk verkehren (2182 kHz).

QOC Frage: Können Sie mittels Sprechfunk verkehren? (UKW-Kanal 16, Frequenz 156,8 MHz)
Antwort: Ich kann mittels Sprechfunk verkehren.

QOD Frage: Können Sie mit mir verkehren in ...
0. Niederländisch
1. Englisch
2. Französisch
3. Deutsch
4. Griechisch
5. Italienisch
6. Japanisch
7. Norwegisch
8. Russisch
9. Spanisch

Antwort: Ich kann mit Ihnen verkehren in ... (Sprachen wie zuvor).

QOE Frage: Haben Sie das Sicherheitszeichen von ... (Name und/oder Rufzeichen) empfangen? Antwort: Ich habe das Sicherheitszeichen von ... (Name und/oder Rufzeichen) empfangen.

QOF Frage: Wie ist die Betriebsgüte meiner Zeichen?
Antwort: Die Güte Ihrer Zeichen ist ...
1. nicht brauchbar
2. noch brauchbar
3. voll brauchbar.

QOG Frage: Wieviel Streifen haben Sie mir zu übermitteln?
Antwort: Ich habe ... Streifen zu übermitteln.

QOH Frage: Soll ich ... Sekunden lang ein Signal für das Einphasen aussenden?
Antwort: Senden Sie ... Sekunden lang ein Signal für das Einphasen.

QOI Frage: Soll ich meinen Streifen übermitteln?
Antwort: Übermitteln Sie Ihren Streifen.

QOJ Frage: Werden Sie auf ... kHz (oder MHz) auf Zeichen von Funkbojen zur Kennzeichnung der Notposition achten?
Antwort: Ich achte auf ... kHz (oder MHz) auf Zeichen von Funkbojen zur Kennzeichnung der Notposition.

QOK Frage: Haben Sie die Zeichen einer Funkboje zur Kennzeichnung der Notposition auf ... kHz (oder MHz) empfangen?
Antwort: Ich habe die Zeichen einer Funkboje zur Kennzeichnung der Notposition auf ... kHz (oder MHz) empfangen?

QOL Frage: Kann Ihr Schiff Selektivrufe empfangen? Wenn ja, wie lautet die Selektivrufnummer oder das Selektivrufzeichen?
Antwort: Mein Schiff kann Selektivrufe empfangen, die Selektivrufnummer oder das Selektivrufzeichen lautet ...

QOM Frage: Auf welchen Frequenzen kann Ihr Schiff durch Selektivruf erreicht werden?
Antwort: Mein Schiff kann auf der (den) folgenden Frequenz(en) durch Selektivruf erreicht werden ...

QOO Frage: Können Sie auf einer beliebigen Arbeitsfrequenz senden?
Antwort: Ich kann auf einer beliebigen Arbeitsfrequenz senden.

QOT Frage: Hören Sie meinen Anruf? Wie lange (in Minuten) muß ich ungefähr warten, bis wir Verkehr abwickeln können?
Antwort: Ich höre Ihren Anruf, die Wartezeit beträgt ungefähr ... Minuten.

QRA Frage: Wie ist der Name Ihres Schiffes (oder Ihrer Funkstelle)?
Antwort: Der Name meines Schiffes (oder meiner Funkstelle) ist ...

QRB Frage: In welcher Entfernung von meiner Funkstelle befinden Sie sich ungefähr?
Antwort: Die Entfernung zwischen unseren Funkstellen beträgt ungefähr ... Seemeilen (oder Kilometer).

QRC Frage: Von welcher privaten Betriebsgesellschaft (oder Staatsverwaltung) werden die Gebührenrechnungen Ihrer Funkstelle beglichen?
Antwort: Die Gebührenrechnungen meiner Funkstelle werden von ... beglichen.

QRD Frage: Wohin fahren Sie und woher kommen Sie?
Antwort: Ich fahre nach ... und komme von ...

QRE Frage: Wann werden Sie voraussichtlich in ... (oder über ...)(Ort) ankommen?
Antwort: Ich werde voraussichtlich um ... Uhr in ... (oder über ...) (Ort) ankommen.

QRF Frage: Kehren Sie zurück nach ... (Ort)?
Antwort: Ich kehre zurück nach ... (Ort).
oder: Kehren Sie zurück nach ... (Ort).

QRG Frage: Wollen Sie mir meine genaue Frequenz (oder die genaue Frequenz von ...) mitteilen?
Antwort: Ihre genaue Frequenz (oder die genaue Frequenz von ...) ist ... kHz (oder MHz).

QRH Frage: Schwankt meine Frequenz?
Antwort: Ihre Frequenz schwankt.

QRI Frage: Wie ist der Ton meiner Aussendung?
Antwort: Der Ton Ihrer Aussendung ist ... 1. gut
2. veränderlich
3. schlecht

QRJ Frage: Wieviel Funkgesprächsanmeldungen haben Sie vorliegen?
Antwort: Ich habe ... Funkgesprächsanmeldungen vorliegen.

QRK Frage: Wie ist die Verständlichkeit meiner Übermittlung (oder der Übermittlung von ... [Name und/oder Rufzeichen])?
Antwort: Die Verständlichkeit Ihrer Übermittlung (oder der Übermittlung von ... [Name und/oder Rufzeichen]) ist ... 1. schlecht
2. mangelhaft
3. ausreichend
4. gut
5. ausgezeichnet

QRL Frage: Sind Sie beschäftigt?
Antwort: Ich bin beschäftigt (oder ich bin mit ... [Name und/oder Rufzeichen] beschäftigt). Bitte nicht stören.

QRM Frage: Wird meine Aussendung gestört?
Antwort: Ihre Aussendung wird gestört.
oder: Ihre Aussendung wird ... 1. nicht
2. schwach
3. mäßig
4. stark
5. sehr stark ... gestört.

QRN Frage: Werden Sie durch atmosphärische Störungen beeinträchtigt?
Antwort: Ich werde durch atmosphärische Störungen beeinträchtigt.
oder: Ich werde ... 1. nicht
2. schwach
3. mäßig
4. stark
5. sehr stark
... durch atmosphärische Störungen beeinträchtigt.

QRO Frage: Soll ich die Sendeleistung erhöhen?
Antwort: Erhöhen Sie die Sendeleistung.

QRP Frage: Soll ich die Sendeleistung vermindern?
Antwort: Vermindern Sie die Sendeleistung.

QRQ Frage: Soll ich schneller geben?
Antwort: Geben Sie schneller (... Wörter in der Minute).

QRR Frage: Sind Sie bereit, automatische Geräte zu verwenden?
Antwort: Ich bin bereit, automatische Geräte zu verwenden. Senden Sie mit einer Geschwindigkeit von ... Wörtern pro Min.

QRS Frage: Soll ich langsamer geben?
Antwort: Geben Sie langsamer (... Wörter in der Minute).

QRT Frage: Soll ich die Übermittlung einstellen?
Antwort: Stellen Sie die Übermittlung ein.

QRU Frage: Haben Sie etwas für mich?
Antwort: Ich habe nichts für Sie.

QRV Frage: Sind Sie bereit?
Antwort: Ich bin bereit.

QRW Frage: Soll ich ... benachrichtigen, daß Sie ihn auf ... kHz (oder MHz) rufen?
Antwort: Benachrichtigen Sie bitte ..., daß ich ihn auf ... kHz (oder MHz) rufe.

QRX Frage: Wann werden Sie mich wieder rufen?
Antwort: Ich werde Sie um ... Uhr auf ... kHz (oder MHz) wieder rufen.

QRY Frage: Wann bin ich an der Reihe?
Antwort: Sie haben die Nummer ... (oder jede andere Angabe).
(Bezieht sich auf den Funkverkehr)

QRZ Frage: Von wem werde ich gerufen?
Antwort: Sie werden von ... (auf ... kHz [oder MHz]) gerufen.

QSA Frage: Wie ist die Stärke meiner Zeichen (oder der Zeichen von ... [Name und/oder Rufzeichen])?
Antwort: Ihre Zeichen (oder die Zeichen von ... [Name und/oder Rufzeichen]) sind ...
1. kaum
2. schwach
3. ziemlich gut
4. gut
5. sehr gut ... hörbar.

QSB Frage: Schwankt die Stärke meiner Zeichen?
Antwort: Die Stärke Ihrer Zeichen schwankt.

QSC Frage: Sind Sie eine Seefunkstelle mit geringem Verkehr?
Antwort: Ich bin eine Seefunkstelle mit geringem Verkehr.

QSD Frage: Sind meine Zeichen verstümmelt?
Antwort: Ihre Zeichen sind verstümmelt.

QSE Frage: Welches ist die geschätzte Abtrift des Rettungsgerätes?
Antwort: Die geschätzte Abtrift des Rettungsgerätes ist ...

QSF Frage: Haben Sie die Rettung durchgeführt?
Antwort: Ich habe die Rettung durchgeführt und steuere den Hafen/die Basis ... (mit ... Verletzten, die Ambulanz benötigen) an.

QSG Frage: Soll ich ... Telegramme in Reihe übermitteln?
Antwort: Übermitteln Sie ... Telegramme in Reihe.

QSH Frage: Können Sie mit Ihrem Peilfunkgerät Zielfahrt/Zielflug machen?
Antwort: Ich kann mit meinem Peilfunkgerät Zielfahrt/Zielflug machen (die Funkstelle von ... [Name und/oder Rufzeichen] in Zielfahrt/Zielflug erreichen).

QSI nur Antwort: Es war mir unmöglich, Ihre Übermittlung zu unterbrechen.
oder: Wollen Sie ... (Name und/oder Rufzeichen) mitteilen, daß es mir unmöglich war, seine Übermittlung (auf ... kHz [oder MHz]) zu unterbrechen.

QSJ Frage: Wie hoch ist die Gebühr nach ... einschließlich Ihrer Inlandsgebühr?
Antwort: Die Gebühr nach ... beträgt ... Franken einschließlich meiner Inlandsgebühr.

QSK Frage: Können Sie mich zwischen Ihren Zeichen hören? Wenn ja, darf ich Sie während Ihrer Übermittlung unterbrechen?
Antwort: Ich kann Sie zwischen meinen Zeichen hören; Sie dürfen mich während meiner Übermittlung unterbrechen.

QSL Frage: Können Sie mir eine Empfangsbestätigung geben?
Antwort: Ich gebe Ihnen Empfangsbestätigung.

QSM Frage: Soll ich das letzte Telegramm (oder ein früheres Telegramm), das ich Ihnen übermittelt habe, wiederholen?
Antwort: Wiederholen Sie das letzte Telegramm, oder das (die) Telegramm(e) Nr(n) ..., das (die) sie mir übermittelt haben.

QSN Frage: Haben Sie mich (oder haben Sie ... [Name und/oder Rufzeichen]) auf ... kHz (oder MHz) gehört?
Antwort: Ich habe Sie (oder ich habe ... [Name und/oder Rufzeichen]) auf ... kHz (oder MHz) gehört.

QSO Frage: Können Sie mit ... (Name und/oder Rufzeichen) unmittelbar (oder durch Vermittlung) verkehren?
Antwort: Ich kann mit ... (Name und/oder Rufzeichen) unmittelbar (oder durch Vermittlung) verkehren.

QSP Frage: Wollen Sie an ... (Name und/oder Rufzeichen) gebührenfrei vermitteln?
Antwort: Ich werde an ... (Name und/oder Rufzeichen) gebührenfrei vermitteln.

QSQ Frage: Haben Sie einen Arzt (oder ... [Name einer Person]) an Bord?
Antwort: Ich habe einen Arzt (oder ...[Name einer Person]) an Bord.

QSR Frage: Soll ich den Anruf auf der Anruffrequenz wiederholen?
Antwort: Wiederholen Sie den Anruf auf der Anruffrequenz. Ich habe Sie nicht gehört (oder ich wurde gestört).

QSS Frage: Welche Arbeitsfrequenz werden Sie benutzen?
Antwort: Ich werde die Arbeitsfrequenz ... kHz (oder MHz) benutzen (eventuell nur Angabe der letzten drei Ziffern).

QSU Frage: Soll ich auf der augenblicklich benutzten Frequenz (oder auf ... kHz [oder MHz]) (mit Sendeart ...) senden oder antworten?
Antwort: Senden oder antworten Sie auf der augenblicklich benutzten Frequenz (oder auf ... kHz [oder MHz]) (mit Sendeart ...)

QSV Frage: Soll ich eine Reihe V (oder Zeichen) zum Abstimmen auf dieser Frequenz (oder auf ... kHz [oder MHz]) (mit Sendeart ...) senden?
Antwort: Senden Sie eine Reihe V (oder Zeichen) zum Abstimmen auf dieser Frequenz (oder auf ... kHz [oder MHz]).

QSW Frage: Wollen Sie auf der augenblicklich benutzten Frequenz (oder auf ... kHz [oder MHz]) (mit Sendeart ...) senden?
Antwort: Ich werde auf der augenblicklich benutzten Frequenz (oder auf ... kHz [oder MHz]) (mit Sendeart ...) senden.

QSX Frage: Wollen Sie ... (Name und/oder Rufzeichen) auf ... kHz (oder MHz) oder in den Frequenzbereichen .../auf den Kanälen ... hören?
Antwort: Ich höre ... (Name und/oder Rufzeichen) auf ... kHz (oder MHz) oder in den Frequenzbereichen .../auf den Kanälen.

QSY Frage: Soll ich zum Senden auf eine andere Frequenz übergehen?
Antwort: Gehen Sie zum Senden auf eine andere Frequenz über (oder auf ... kHz [oder MHz]).

QSZ Frage: Soll ich jedes Wort oder jede Gruppe mehrmals geben?
Antwort: Geben Sie jedes Wort oder jede Gruppe zweimal (oder ... mal).

QTA Frage: Soll ich das Telegramm (oder die Nachricht) Nr. ... streichen?
Antwort: Streichen Sie das Telegramm (oder die Nachricht) Nr. ...

QTB Frage: Sind Sie mit meiner Wortzählung einverstanden?
Antwort: Ich bin mit Ihrer Wortzählung nicht einverstanden. Ich werde den ersten Buchstaben jedes Wortes und die erste Ziffer jeder Zahl wiederholen.

QTC Frage: Wieviel Telegramme haben Sie?
Antwort: Ich habe ... Telegramme für Sie (oder für ... [Name und/oder Rufzeichen]).

QTD Frage: Was hat das Rettungs-Seefahrzeug oder -Luftfahrzeug geborgen?
Antwort: ... (Kennzeichnung) hat geborgen ...
1. ... (Zahl) Überlebende
2. Wrackteile
3. ... (Zahl) Leichen.

QTE Frage: Wie peilen Sie mich rechtweisend?
oder: Wie peilt mich ... (Name und/oder Rufzeichen) rechtweisend?
oder: Wie wird ... (Name und/oder Rufzeichen) rechtweisend gepeilt?
Antwort: Ich peilte Sie rechtweisend ... Grad um ... Uhr.
oder: ... (Name und/oder Rufzeichen) peilte Sie rechtweisend ... Grad um ... Uhr.
oder: ... (Name und/oder Rufzeichen) wurde von ... (Name und/oder Rufzeichen) rechtweisend ... Grad um ... Uhr gepeilt.

QTF Frage: Wollen Sie mir meinen Standort angeben aufgrund der Peilungen der Peilfunkstellen Ihrer Gruppe?
Antwort: Nach den Peilungen der Peilfunkstellen meiner Gruppe war Ihr Standort ... Breite ...Länge (oder eine andere Angabe des Standortes), Klasse ... um ... Uhr.

QTG Frage: Wollen Sie zwei Striche von je zehn Sekunden Dauer (oder den Träger während zweimal zehn Sekunden) und danach Ihr Rufzeichen (oder den Namen) (...mal wiederholt) auf ... kHz (oder MHz) senden?
oder: Wollen Sie ... (Name und/oder Rufzeichen) auffordern, zwei Striche von je zehn Sekunden Dauer (oder den Träger während zweimal zehn Sekunden) und danach sein Rufzeichen (und/oder seinen Namen) (...mal wiederholt) auf ... kHz (oder MHz) zu senden?
Antwort: Ich werde zwei Striche von je zehn Sekunden Dauer (oder den Träger während zweimal zehn Sekunden) und danach mein Rufzeichen (oder meinen Namen)(...mal wiederholt) auf ... kHz (oder MHz) senden.
Oder: Ich habe ... (Name und/oder Rufzeichen) aufgefordert, zwei Striche von je zehn Sekunden Dauer (oder den Träger während zweimal zehn Sekunden) und danach sein Rufzeichen (und/oder seinen Namen) (...mal wiederholt) auf ... kHz (oder MHz) zu senden.

QTH Frage: Welches ist Ihr Standort nach Breite und Länge (oder nach anderen Angaben)?
Antwort: Mein Standort ist ... Breite, ... Länge (oder nach anderen Angaben).

QTI Frage: Welches ist Ihr wahrer Kurs?
Antwort: Mein wahrer Kurs ist ... Grad.

QTJ Frage: Welche Geschwindigkeit haben Sie?
Antwort: Meine Geschwindigkeit ist ... Knoten (oder Kilometer in der Stunde oder Landmeilen in der Stunde).

QTK Frage: Welche Geschwindigkeit hat Ihr Luftfahrzeug über Grund?
Antwort: Mein Luftfahrzeug hat eine Geschwindigkeit über Grund von ... Knoten (oder Kilometern in der Stunde oder Landmeilen in der Stunde).

QTL Frage: Welches ist Ihr rechtweisender Kurs?
Antwort: Mein rechtweisender Kurs ist ... Grad.

QTM Frage: Welches ist Ihr mißweisender Kurs?
Antwort: Mein mißweisender Kurs ist ... Grad.

QTN Frage: Um wieviel Uhr haben Sie ... (Ort) verlassen?
Antwort: Ich habe ... (Ort) um ... Uhr verlassen.

QTO Frage: Sind Sie aus dem Hafenbecken (oder aus dem Hafen) ausgelaufen? Oder: Sind Sie gestartet?
Antwort: Ich bin aus dem Hafenbecken (oder aus dem Hafen) ausgelaufen. Oder: Ich bin gestartet.

QTP Frage: Sind Sie im Begriff, in das Hafenbecken (oder in den Hafen) einzulaufen? Oder: Sind Sie im Begriff zu wassern (oder zu landen)?
Antwort: Ich bin im Begriff, in das Hafenbecken (oder in den Hafen) einzulaufen. Oder: Ich bin im Begriff zu wassern (oder zu landen).

QTQ Frage: Können Sie mit meiner Funkstelle unter Benutzung des Internationalen Signalbuches (INTERCO) verkehren?
Antwort: Ich werde mit Ihrer Funkstelle unter Benutzung des Internationalen Signalbuches (INTERCO) verkehren.

QTR Frage: Welches ist die genaue Uhrzeit?
Antwort: Es ist genau ... Uhr.

QTS Frage: Wollen Sie Ihr Rufzeichen (und/oder Ihren Namen) ... Sekunden lang senden?
Antwort: Ich sende mein Rufzeichen (und/ oder meinen Namen) ... Sekunden lang.

QTT Mitteilung: Die nachfolgende Kennung ist einer anderen Aussendung überlagert.

QTU Frage: Wann ist Ihre Funkstelle geöffnet?
Antwort: Meine Funkstelle ist von ... bis ... Uhr geöffnet.

QTV Frage: Soll ich an Ihrer Stelle die Hörbereitschaft auf Frequenz ... kHz (oder MHz) (von ... bis ... Uhr) übernehmen?
Antwort: Übernehmen Sie an meiner Stelle (von ... bis ... Uhr) die Hörbereitschaft auf Frequenz ... kHz (oder MHz).

QTW Frage: In welchem Zustand befinden sich die Überlebenden?
Antwort: Die Überlebenden befinden sich in ... Zustand und benötigen dringend ...

QTX Frage: Wollen Sie Ihre Funkstelle für den Verkehr mit mir bis auf weitere Nachricht von mir (oder bis ... Uhr) geöffnet lassen?
Antwort: Meine Funkstelle bleibt für den Verkehr mit Ihnen bis auf weitere Nachricht von Ihnen (oder bis ... Uhr) geöffnet.

QTY Frage: Steuern Sie den Unfallort an und, wenn ja, wann werden Sie voraussichtlich ankommen?
Antwort: Ich steuere den Unfallort an und werde voraussichtlich um ... Uhr (am ... [Datum]) ankommen.

QTZ Frage: Setzen Sie die Suche fort?
Antwort: Ich setze die Suche nach ... fort

QUA Frage: Haben Sie eine Nachricht von ... (Name und/oder Rufzeichen)?
Antwort: Hier sind Nachrichten von ... (Name und/oder Rufzeichen).

QUB Frage: Können Sie mir der Reihe nach Auskünfte geben über: die rechtweisende Richtung in Grad und die Geschwindigkeit des Bodenwindes; die Sicht; das Wetter; den Umfang und die Art der Wolken sowie die Höhe der Wolkenuntergrenze über ... (Ort)?
Antwort: Hier sind die erbetenen Auskünfte ...

QUC Frage: Welches ist die Nummer (oder andere Bezeichnung) der letzten Nachricht, die Sie von mir (oder von ... Name und/oder Rufzeichen) erhalten haben?
Antwort: Die Nummer (oder andere Bezeichnung) der letzten Nachricht, die ich von Ihnen (oder von ... Name und/oder Rufzeichen) erhalten habe, ist ...

QUD Frage: Haben Sie das Dringlichkeitszeichen von ... (Name und/oder Rufzeichen) um ... Uhr empfangen?
Antwort: Ich habe das Dringlichkeitszeichen von ... (Name und/oder Rufzeichen) um ... Uhr empfangen.

QUE Frage: Können Sie sich in ... (Sprache) nötigenfalls mit Hilfe eines Dolmetschers unterhalten; wenn ja, auf welchen Frequenzen?
Antwort: Ich kann mich in ... (Sprache) auf ... kHz (oder MHz) unterhalten.

QUF Frage: Haben Sie das Notzeichen von ... (Name und/oder Rufzeichen) empfangen?
Antwort: Ich habe das Notzeichen von ... (Name und/oder Rufzeichen) um ... Uhr empfangen.

QUH Frage: Wollen Sie mir den augenblicklichen Luftdruck, auf Meereshöhe bezogen, angeben?
Antwort: Der augenblickliche Luftdruck, auf Meereshöhe bezogen, ist ... (Einheiten).

QUM Frage: Darf ich den normalen Betrieb wieder aufnehmen?
Antwort: Der normale Betrieb darf wieder aufgenommen werden.

QUN Frage (wenn, an alle Funkst. gerichtet): Können die Schiffe in meiner unmittelbaren Nähe (oder in der Nähe von ... Breite, ... Länge)(oder in der Nähe von ...) mir ihren Standort, ihren rechtweisenden Kurs und ihre Geschwindigkeit angeben?
Frage (wenn an eine einzelne Funkstelle gerichtet): Geben Sie Ihren Standort, Ihren rechtweisenden Kurs und Ihre Geschwindigkeit an?
Antwort: Mein Standort, mein rechtweisender Kurs und meine Geschwindigkeit sind ...

QUO Frage: Soll ich in der Nähe von ... Breite ... Länge (oder nach anderen Angaben) nach ...
1. einem Luftfahrzeug
2. einem Seefahrzeug
3. einem Rettungsgerät suchen?

Antwort: Suchen Sie in der Nähe von ... Breite, ... Länge (oder nach anderen Angaben) nach ...
1. einem Luftfahrzeug
2. einem Seefahrzeug
3. einem Rettungsgerät.

QUP Frage: Wollen Sie Ihren Standort angeben durch ... 1. Scheinwerfer
2. schwarzen Rauch
3. Feuerwerkskörper?
Antwort: Mein Standort wird angegeben durch ... (wie zuvor)

QUR Frage: 1. Haben die Überlebenden die Rettungsausrüstung erhalten?
2. Sind die Überlebenden von einem Rettungsfahrzeug aufgenommen worden?
3. Sind die Überlebenden von der Boden-Rettungsmannschaft erreicht worden?
Antwort: Die Überlebenden ... 1. haben die Rettungsausrüstung erhalten die von ... ausgeworfen worden ist; 2. sind von einem Rettungsfahrzeug aufgenommen worden; 3. sind von der Boden-Rettungsmannschaft erreicht worden.

QUS Frage: Haben Sie Überlebende oder Trümmer gesichtet? Wenn ja, an welchem Ort?
Antwort: Ich habe ... 1. Überlebende im Wasser
2. Überlebende auf Flößen/Booten
3. Trümmer oder Wrackteile
auf ... Breite, ... Länge (oder nach anderen Angaben) gesichtet.

QUT Frage: Ist die Unfallstelle markiert?
Antwort: Die Unfallstelle ist markiert durch ...
1. Flammen- oder Rauchsignal
2. schwimmendes Zeichen
3. gefärbtes Wasser
4. ... (Angabe einer anderen Markierung)

QUU Frage: Soll ich das See- oder Luftfahrzeug auf meine Position leiten?
Antwort: Leiten Sie das See- oder Luftfahrzeug ... (Name und/oder Rufzeichen)
1. auf Ihre Position, indem Sie Ihr Rufzeichen und lange Striche auf ... kHz (oder MHz) senden;
2. indem Sie auf ... kHz (oder MHz) den wahren Kurs übermitteln, auf dem Sie zu erreichen sind.

QUW Frage: Befinden Sie sich im Suchgebiet ... (Benennung der Breite oder Länge)?
Antwort: Ich befinde mich im Suchgebiet ... (Bezeichnung).

QUX Frage: Haben Sie noch gültige nautische Warnnachrichten oder Sturmwarnungen vorliegen?
Antwort: Ich habe folgende noch gültige nautische Warnnachrichten oder Sturmwarnungen vorliegen ...

QUY Frage: Ist die Position des Rettungsgerätes markiert?
Antwort: Die Position des Rettungsgerätes ist um ... Uhr markiert worden durch ... 1. Flammen- oder Rauchsignal
2. schwimmendes Zeichen
3. gefärbtes Wasser
4. ... (Angabe einer anderen Markierung).

QUZ Frage: Darf ich einen eingeschränkten Betrieb wieder aufnehmen?
Antwort: Der Notverkehr ist noch nicht beendet, ein eingeschränkter Betrieb darf wieder aufgenommen werden.

ITU-Landesabkürzungen

In der Frequenz- und Rufzeichenliste werden die einzelnen Länder durch Abkürzungen gekennzeichnet, die auch in ITU-Veröffentlichungen Verwendung finden:

AAA	Weltweit
AAB	Mehrere Länder
ABW	Aruba
ADL	Adelie-Land
AFG	Afghanistan
AFS	Südafrika
AGL	Angola
AIA	Anguilla
ALB	Albanien
ALG	Algerien
ALS	Alaska, USA
AMS	St. Paul & Amsterdam I.
AND	Andorra
ANT	Antarktis
AOE	Spanish Sahara, MRC
ARG	Argentinien
ARS	Saudi Arabien
ASC	Ascension I.
ATG	Antigua & Barbuda
ATL	Ozean-Wetterschiffe, Atlantik
ATN	Niederländ. Antillen
AUS	Australien
AUT	Österreich
AZR	Azoren, POR
B	Brasilien
BAH	Bahamas
BDI	Burundi
BEL	Belgien
BEN	Benin
BER	Bermuda
BFA	Burkina Faso
BGD	Bangladesh
BHR	Bahrain
BHU	Bhutan
BIO	Britisches Gebiet, Indischer Ozean
BLR	Byelorußland
BLZ	Belize
BOL	Bolivien
BOT	Botswana
BRB	Barbados
BRM	Myanmar
BRU	Brunei
BUL	Bulgarien
CAF	Zentralafrikanische Republik
CAN	Kanada
CAR	Karolinen
CBG	Kambodscha
CHL	Chile
CHN	China (Volksrep.)
CHR	Christmas I., Ind. Ozean
CKH	Cook I.
CKN	Cook I., Nord-Gruppe
CLM	Kolumbien
CLN	Sri Lanka
CME	Kamerun
CNR	Kanarische Inseln
COG	Kongo
COM	Komoren
CPV	Kap Verde
CRO	Crozet Archipelago
CTI	Côte d'Ivoire
CTR	Costa Rica
CUB	Kuba
CVA	Vatikanstadt
CYM	Cayman Inseln
CYP	Zypern
D	Deutschland
DGA	Diego Garcia
DJI	Djibouti
DMA	Dominica
DNK	Dänemark
DOM	Dominikanische Rep.
E	Spanien
EGY	Ägypten
EQA	Ecuador
ETH	Äthiopien
F	Frankeich
FJI	Fiji
FLK	Falkland I.
FNL	Finnland
FSM	Micronesien
G	Vereinigtes Königreich Großbritannien u. Nordirland
GAB	Gabun

GCA	Britische Territorien in Region 1
GCB	Britische Territorien in Region 2
GCC	Britische Territorien in Region 3
GDL	Gouadeloupe, F
GHA	Ghana
GIB	Gibraltar, G
GMB	Gambia
GNB	Guinea-Bissau
GNE	Äquatorial Guinea
GRC	Griechenland
GRD	Grenada
GRL	Grönland
GTM	Guatemala
GUF	Guyana
GUI	Guinea
GUM	Guam
GUY	Guyana
HKG	Hong Kong
HND	Honduras
HNG	Ungarn
HOL	Niederlande
HTI	Haiti
HWA	Hawaii, USA
HWL	Howland I.
I	Italien
ICO	Kokos Keeling I.
IND	Indien
INS	Indonesien
IOB	Britisch West-Indien
IRL	Irland
IRN	Iran
IRQ	Irak
ISL	Island
ISR	Israel
J	Japan
JAR	Jarvis I.
JMC	Jamaica
JON	Johnston I.
JOR	Jordanien
KEN	Kenia
KER	Kerguelen I., F
KIR	Kiribati
KOR	Korea (Rep.)
KRE	Korea (dem. Volksrep.)
KWT	Kuwait
LAO	Laos
LBN	Libanon

LBR	Liberia
LBY	Libyen
LCA	Saint Lucia
LET	Lettland
LIE	Liechtenstein
LIT	Litauen
LSO	Lesotho
LUX	Luxembourg
MAC	Macao
MAU	Mauritius
MCO	Monaco
MDG	Madagascar
MDR	Madeira
MDW	Midway I.
MEX	Mexico
MLA	Malaysia
MLD	Malediven
MLI	Mali
MLT	Malta
MNG	Mongolei
MOZ	Mozambique
MRA	Mariana I.
MRC	Marokko
MRL	Marshall I.
MRN	Marion I.
MRT	Martinique, F
MSR	Montserrat
MTN	Mauretanien
MWI	Malawi
MYT	Mayotte I.
NCG	Nicaragua
NCL	Neu-Kaledonien, F
NFK	Norfolk I.
NGR	Niger
NIG	Nigeria
NIU	Niue I.
NMB	Namibia
NOR	Norwegen
NPL	Nepal
NRU	Nauru
NZL	Neuseeland
OCE	Französisch Polynesien, F
OMA	Oman
ONC	U.N.MOGIP (PAK)
ONJ	U.N.TSO (ISR)
PAK	Pakistan
PAQ	Oster I., CHL
PHL	Philippinen

PHX	Phoenix I.
PLM	Palmyra I.
PLW	Palau I
PNG	Papua New Guinea
PNR	Panama
POL	Polen
POR	Portugal
PRG	Paraguay
PRU	Peru
PTC	Pitcairn I.
PTR	Puerto Rico, USA
QAT	Katar
REU	Reunion, F
ROD	Rodriguez
ROU	Rumänien
RRW	Rwanda
S	Schweden
SCN	St. Kitts & Nevis
SDN	Sudan
SEN	Senegal
SEY	Seychellen
SHN	St. Helena I.
SLM	Salomonen
SLV	El Salvador
SMA	Amerikanisch Samoa
SMO	West Samoa
SMR	San Marino
SNG	Singapore
SOM	Somalia
SPM	St. Pierre & Miquelon
SRL	Sierra Leone
STP	Sao Tome & Principe
SUI	Schweiz
SUR	Surinam
SWN	Swan I.
SWZ	Swaziland
SYR	Syrien
TCA	Turks & Caicos
TCD	Tchad
TCH	Tschechoslowakei
TGO	Togo
THA	Thailand
TKL	Tokelau I.
TMP	Portugies. Timor
TON	Tonga
TRC	Tristan da Cunha
TRD	Trinidad & Tobago
TUN	Tunesien
TUR	Türkei
TUV	Tuvalu
TWN	Taiwan
TZA	Tanzania
UAE	Vereinigte Arabische Emirate
UGA	Uganda
UKR	Ukraine
URG	Uruguay
URS	UdSSR
USA	U.S.A.
VCT	S.Vincent & Grenad.
VEN	Venezuela
VIR	Jungferninseln (US)
VRG	Jungferninseln
VTN	Vietnam
VUT	Vanuatu
WAK	Wake I.
WAL	Wallis & Futuna I.
YEM	Yemen
YUG	Jugoslavien
ZAI	Zaire
ZMB	Sambia
ZWE	Simbabwe

Buchstabiertafel

Wenn das Buchstabieren von Rufzeichen, Q-Gruppen, sonstigen Abkürzungen sowie Wörtern nötig ist, geschieht dies nach folgender Buchstabiertafel:

Buchstabe	Zum Buchstabieren zu benutzendes Schlüsselwort	Aussprache des Schlüsselwortes *)
A	Alfa	**AL**FAH
B	Bravo	**BRA**WO
C	Charlie	**TSCHAH**LI
D	Delta	**DEL**TAH
E	Echo	**ECK**O
F	Foxtrot	**FOX**TROTT
G	Golf	GOLF
H	Hotel	HO**TELL**
I	India	**IN**DIAH
J	Juliett	**JUH**LI**ETT**
K	Kilo	**KI**LO
L	Lima	**LI**MAH
M	Mike	MEIK
N	November	NO**WEMM**BER
O	Oscar	**OSS**KAR
P	Papa	PA**PAH**
Q	Quebec	**KI**BECK
R	Romeo	**RO**MIO
S	Sierra	SSI**ER**RAH
T	Tango	**TANG**GO
U	Uniform	**JU**NIFORM
V	Victor	**WICK**TAR
W	Whiskey	**WISS**KI
X	X-ray	**EX**REH
Y	Yankee	**JENG**KI
Z	Zoulou	**SUH**LUH

*) Die zu betonenden Silben sind fett gedruckt.

Literaturverzeichnis

Handbuch für den Dienst bei Seefunkstellen (Handbuch Seefunk)

Auf dieses amtliche Handbuch haben wir schon am Anfang dieses Buches ausführlich hingewiesen. Private Bezieher können das Handbuch Seefunk zum Preis von DM 20,– bestellen beim Fernmeldeamt 6, Postfach 301792, 2000 Hamburg 36.

Nautischer Funkdienst (NFD)

Als umfangreichstes Nachschlagewerk zu allen Gebieten des weltweiten Seefunkdienstes gibt das Bundesamt für Seeschiffahrt und Hydrologie (ehemals: Deutsches Hydrografisches Institut [DHI]) das vierbändige Werk „Nautischer Funkdienst" heraus. Die vier Loseblatt-Ringbücher sind wie folgt aufgeteilt:

Band 1: Funkverkehr (Küstenfunkstellen, Peil-, Zeit- und Warnfunk, Seenotfunk, internationale Regelungen des Funkverkehrs).

Band 2: Funkortung (See- und Flugfunkfeuer, verschiedene Navigationsverfahren wie Decca, Loran-C und Omega, Radar).

Band 3: Wetterfunk (Wetter- und Eisfunk, Facsimile-Sendungen, Meteorologische Ausdrücke und viele Erläuterungen).

Band 4: Revierfunk (Abwicklung des Revier-Sprechfunkverkehrs).

Jeder Band kostet mit Ringordner etwa 65,– DM. Nachträge erscheinen regelmäßig und können abonniert werden. Bezug: nur über die offiziellen Seekartenvertriebsstellen, z.B. Eckardt & Messtorff oder Bade & Hornig.

Sprechfunk für Küstenschiffahrt (SfK)

Der SfK ist ein Auszug aus dem 4-bändigen NFD und umfaßt die Gebiete Ostsee, Nordsee bis Island, Britische Inseln und Biscaya bis Gibraltar. Ebenfalls als Ringordner zum Preis von etwa 65,– DM zu beziehen.

Jachtfunkdienst Nord- und Ostsee
Jachtfunkdienst Mittelmeer

Wer nur die Nord- und Ostsee oder das Mittelmeer befährt, kann spezielle, handliche Zusammenfassungen des NFD bekommen, die jährlich überarbeitet werden und etwa 20,– DM kosten.

Verwendung der Wettersprüche an Bord

Diese Zusammenfassung der wichtigsten Erläuterungen aus dem Band 3 des NFD ist für etwa 20,– DM zu bekommen.

Weitere Unterlagen .....

gibt es gerade für den maritimen Bereich in Hülle und Fülle, z.B. Seehandbücher für alle Seegebiete, Lehrbücher für Yachtnavigation, Wetterkunde etc. Einen ausgezeichneten Überblick über das gesamte Buchangebot gibt der Katalog der Schiffahrtsbuchhandlung Eckhardt & Messtorff („Handmappe für Sportschiffer" genannt) ebenso wie der Katalog von Bade & Hornig. Bei beiden Firmen können sämtliche Bücher/Unterlagen und Seekarten per Post bestellt werden. Die Adressen:

Schiffahrtsbuchhandlung
Eckardt & Messtorff
Rödingsmarkt 16
2000 Hamburg 11
Tel. (0 40) 37 13 34

Schiffahrtsbuchhandlung
Bade & Hornig
Stubbenhuk 10
2000 Hamburg 11
Tel. (0 40) 36 45 87

Lehrbücher für die Sprechfunkzeugnisse gibt es nicht nur in den Spezialgeschäften, sondern auch in vielen Buchhandlungen, z.B. aus dem Delius Klasing Verlag:

Sprechfunk an Bord

von Günter Hommer zur Vorbereitung auf die Prüfung für das Allgemeine Sprechfunkzeugnis für den Seefunkdienst.

Sprechfunkzeugnisse für den Seefunk

Ein umfassendes Lehrbuch sowohl für das Allgemeine Seefunk-Sprechzeugnis wie auch für das UKW-Sprechfunkzeugnis mit allen Prüfungsfragen. Auch für die Praxis des Funkverkehrs an Bord ist dieses Buch eine große Hilfe.

Und das Buch **UKW-Sprechfunkzeugnis** befaßt sich speziell mit diesem Teilgebiet.

Leserservice

Der Siebel Verlag ist der Spezialist für Sendertabellen und Funk-Hobbybücher. Ausführliche Informationen enthält der Funk-Buch-Katalog, den wir auf Anfrage gern kostenlos und unverbindlich verschicken.

Nachfolgend eine Übersicht über die zur Zeit aktuellsten und wichtigsten Bücher. Zur Bestellung genügt eine Postkarte oder ein Anruf. Wir liefern sofort!

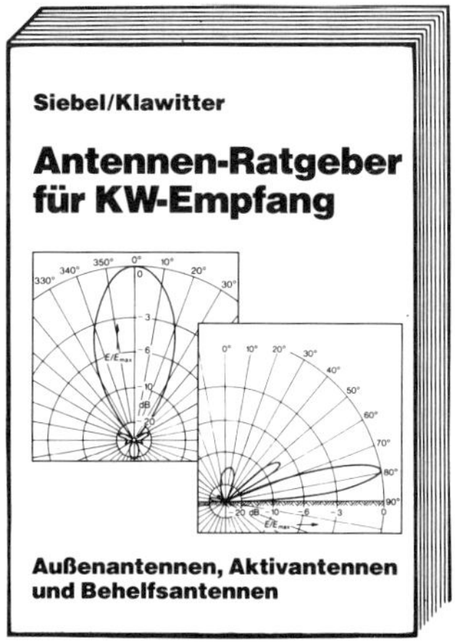

Rundfunk auf UKW 1991

Völlig neubearbeitet und auf den neuesten Stand (1991) gebracht ist dieses Nachschlagewerk über unseren heimischen Rundfunk. Es gibt einen kompletten und detaillierten Überblick über alle Rundfunkanstalten und Privatradios. Sie finden in diesem Buch ausführliche Sendertabellen, viele andere wichtige Informationen, alle Adressen und eine komplette UKW-Frequenzliste (BRD und angrenzendes Ausland). Ein Extra-Kapitel befaßt sich mit Technik-Tips für besseren UKW-Empfang. Dieses Buch ist eine große Hilfe für jeden Rundfunkhörer.

3., völlig neubearbeitete Auflage 1991, 176 Seiten, Preis. DM 15,80

Weltempfänger-Testbuch Nr. 6

Das Weltempfänger-Testbuch schafft „Durchblick" im Geräte-Angebot! Der Autor sagt klipp und klar, welche Empfänger – für wen und für welchen Zweck – etwas taugen, und welche nicht! Damit ist dieses aktuelle Buch ein äußerst hilfreicher Ratgeber beim Empfänger-Kauf.

Alle auf dem Markt befindlichen Weltempfänger werden ausführlich vorgestellt und beurteilt. Außerdem finden Sie in diesem Buch viele leichtverständliche Erläuterungen zur Empfängertechnik. Damit ist dieses aktuelle Testbuch ein äußerst hilfreicher Ratgeber beim Empfänger-Kauf!

Aktuelle 6. Ausgabe 1991/92, 192 Seiten im Großformat mit vielen Fotos, Preis: DM 26,80

Antennen-Ratgeber

Außenantennen, Aktivantennen, Behelfsantennen

Handfeste, praxisgerechte Informationen, wertvolle Ratschläge und Anleitungen für den Laien, der ohne große Mühe die richtige Antenne für erfolgreichen Weltempfang einsetzen will.

Leichtverständliche Einführung in die Antennentechnik, Außenantennen, Antennen-Bausätze, Behelfsantennen, Aktivantennen, Anpaßgeräte, viele praktische Tips. Entscheidungshilfe: Welche Antenne für welchen Empfänger?

136 Seiten, viele Abbildungen, 4., völlig neubearbeitete Auflage 1991, Preis: DM 19,80

Hobby Kurzwelle

Sie haben die meisten deutschsprachigen Sender und die wichtigsten anderen internationalen Dienste schon gehört und Ihnen gelüstet nach mehr? Sie wollen zum Senderjäger werden? – Dann hat Sie das Kurzwellenfieber gepackt! Genau für solche Hörer hat Wolf Siebel das Buch „Hobby Kurzwelle" geschrieben. Sie finden darin praxisnahe Einführungen in verschiedene, äußerst interessante Spezialgebiete des Weltempfangs: Arabien auf Kurzwelle, Tropenband-DX, Rundfunk aus Afrika, Lateinamerika-Empfang, Fernempfang auf Mittelwelle, Morsetelegrafie- und Funkfernschreib-Empfang (CW/RTTY), Amateurfunk, Volmet-Wetterfunk, Zeitzeichensender, ...
120 Seiten mit vielen Abbildungen, 4., völlig neubearbeitete Auflage 1991, Preis: DM 19,80.

Zusatzgeräte für den Funkempfang

Dieses Buch ist das einzige Nachschlagewerk, in dem alle Zusatzgeräte für den Funkempfang vorgestellt, in der Anwendung erklärt und beurteilt werden.

Wer seine Empfangsanlage optimieren oder die Empfangsmöglichkeiten erweitern und verbessern möchte, kann sich anhand dieses Buches über die in Frage kommenden Geräte gründlich informieren. Und wer über den Rundfunk hinaus auch andere Funkdienste empfangen will, findet hier neben den Gerätevorstellungen auch leichtverständliche Einführungen, z.B. in den Empfang von Funkfernschreiben (RTTY).

Inhalt in Stichworten: Decoder für den Empfang von Funkfernschreiben (RTTY) und Morsezeichen (CW), Konverter für Bildfunkempfang (FAX), Lang-/Längstwellen-Konverter (LW/VLF), Spectrolyzer, Aktivantennen, Mittelwellen-Rahmenantenne, Antennen-Anpaßgeräte, Preselektor, NF-Filter, Notch-Filter, Kopfhörer/Zusatzlautsprecher, Netzfilter, Störaustaster, u.v.a.

Dieses praxisnahe Buch ist ein guter Ratgeber mit vielen Tips zur Anwendung von Zusatzgeräten und deutlichen Beurteilungen der Frage, welches Gerät sich für wen lohnt – oder auch nicht.

112 Seiten im Großformat
(fast DIN A4), mit vielen Fotos,
2., völlig neubearbeitete Auflage 1992,
Preis: DM 24,80.

Sender & Frequenzen 1992

Jahrbuch für weltweiten Rundfunk-Empfang

Das einzige aktuelle deutschsprachige Handbuch über weltweiten Rundfunk
Dieses Jahrbuch der Welthörer ist das einzige aktuelle deutschsprachige Handbuch für weltweiten Rundfunk-Empfang, das sich speziell am Informationsbedürfnis der Hörer im deutschsprachigen Raum Europas orientiert. Es erscheint jährlich völlig aktualisiert und wird zusätzlich durch Nachtragshefte dreimal im Jahr ergänzt.

Alle wichtigen Informationen über die Sender aus 170 Ländern der Erde
Sie finden in diesem Jahrbuch alle wichtigen Informationen über sämtliche hörbaren Rundfunksender aus 170 Ländern der Erde: Sendefrequenzen und -zeiten, Sendepläne (Deutsch, Englisch, Französisch u.a.), Adressen, Hinweise auf QSL-Bestätigung und weitere interessante Anmerkungen.

Hinweise auf die besten Empfangschancen
Zu jedem Sender geben wir Hinweise auf die besten Empfangschancen – eine wertvolle Hilfe für Wellenjäger bei der Suche nach neuen Sendern!

Hörfahrpläne – eine praktische Hilfe
Weiterhin enthält das Buch die kompletten Hörfahrpläne der Sendungen in Deutsch, Englisch, Französisch, Spanisch und Esperanto, geordnet nach Sendezeiten.

Komplette Frequenzliste 150 kHz – 30 MHz
Das Jahrbuch enthält außerdem die komplette Frequenzliste der Rundfunksender auf Langwelle/Mittelwelle/Tropenband/Kurzwelle im Bereich von 150 kHz bis 30 MHz. Alle Angaben orientieren sich an den tatsächlichen Empfangsmöglichkeiten.

Die Frequenzliste nennt zu jeder Frequenz alle Stationen, die dort senden und wirklich gehört werden können und gibt außerdem Auskunft über Empfangsstärke und Empfangsmöglichkeiten.

Praxis des erfolgreichen Weltempfangs
Dieser aktuelle und mit größter Sorgfalt recherchierte Datenteil wird ergänzt durch verschiedene Kapitel, in denen Sie alle Grundlagen und wichtigen Informationen über die Praxis des erfolgreichen Weltempfangs finden: Weltweiter Rundfunk – Begriffe – Frequenzbereiche – Praxisnahe Tips zeigen, wie Ihnen der weltweite Empfang gelingt – Gebrauchsanleitung – Alles über das Schreiben von Empfangsberichten – So bekommen Sie QSL-Karten – SINPO-Code zur Empfangsbeurteilung – Kurzvorstellung aktueller und empfehlenswerter Weltempfänger – u.v.a.

Und zu guter Letzt der Riesen-Pluspunkt: 3 Nachträge sind im Preis enthalten!
Im Verkaufspreis ist die Lieferung von drei Nachträgen enthalten. Sie erhalten kostenlos im Februar, Mai und September das Nachtragsheft „Sender & Frequenzen – aktuell", mit allen up-to-date-Informationen über die Sender aus aller Welt und mit den neuesten Hörfahrplänen (jeweils 32 Seiten, vollgepackt mit Informationen). Anforderungskarte im Buch.

Umfang des Jahrbuches 496 Seiten, Handbuchformat DIN A5. Viele Abbildungen und Fotos, zahlreiche Tabellen.

Preis des Jahrbuches: DM 39,80 (inklusive 3 Nachträge)

Hinweis: Die neue Ausgabe erscheint jeweils Mitte November des Jahres.
Bestellungen werden jederzeit entgegengenommen.

So urteilten die Fachzeitschriften:
„Praxisgerecht, übersichtlich, aktuell und preisgünstig – ein wertvolles Nachschlagewerk." (Weltweit Hören)
„Kann uneingeschränkt sowohl dem Hobbyneuling wie auch dem schon erfahrenen Kurzwellenhörer empfohlen werden." (ADDX-Kurier)

Spezial-Frequenzliste

SSB-CW-FAX-RTTY
9 kHz – 30 MHz

Diese Frequenzliste enthält alle wichtigen Informationen über die „speziellen" Sender wie See- und Flugfunk, Wetterfunk, Presseagenturen, Zeitzeichen und andere Funkdienste ...

Aufgelistet sind weit über 10.000 Sender im Bereich von 9 kHz bis 30 MHz (ausgenommen Rundfunk) mit allen wichtigen Angaben (Frequenz, Sender, Rufzeichen, Betriebsart/Modulationsart und bei RTTY auch Code/Shift/Baud/...).
Anhang: umfangreiche Rufzeichenliste und Adressenverzeichnis.

7. Auflage 1991/92, 320 Seiten, Preis: DM 34,80.

Rechtstips

für Funkamateure und Kurzwellenhörer

Rechtsanwalt Dr. Wendt gibt in verständlicher, flott geschriebener Form Antwort auf alle rechtlichen Fragen, die sich dem Kurzwellenhörer oder Funkamateur stellen können. Einige Stichworte aus dem Inhalt:

Ihr Recht beim Gerätekauf. Ärger bei Reparaturen. Wer darf was hören? (Rundfunk, Amateurfunk, andere Funkdienste, strafrechtliche Bestimmungen, FAG). Wer darf welches Gerät benutzen? (FTZ/ZZF-Nr.). Als Spion verdächtigt? Schwarzsenden/Funkpiraterie. Antennenverbote. Ärger mit dem Vermieter/Rechte als Mieter.

Auch wer kein aktuelles Problem hat, wird dieses interessante Buch mit Spannung lesen und Nutzen daraus ziehen. 112 Seiten, 1. Auflage 1989, Preis: DM 15,80.

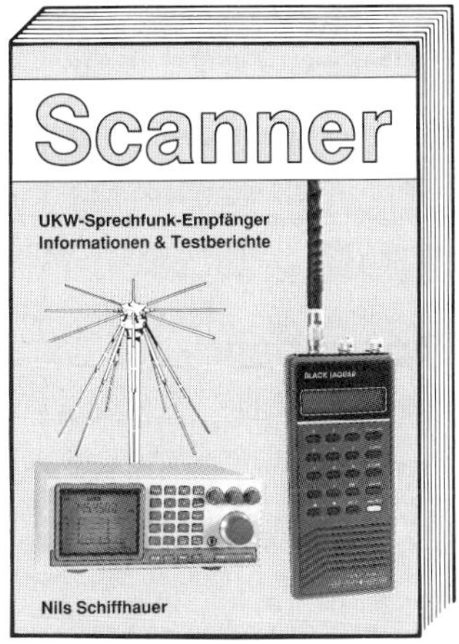

Scanner

UKW-Sprechfunk-Empfänger
Informationen & Testberichte

Obwohl der Betrieb der Scanner verboten ist, werden Empfänger für den UKW-Sprechfunkbereich hunderttausendfach verkauft. Dieses neue Buch erläutert auf seriöse Weise, was es mit diesen „verbotenen" Geräten auf sich hat und welche Funkdienste man damit – theoretisch – empfangen kann. Was erlaubt und was verboten ist, wird konkret erklärt.

Im Hauptteil des Buches werden alle aktuellen Geräte, vom Handscanner bis hin zum professionellen Überwachungsempfänger, ausführlich vorgestellt und beurteilt. Ein weiteres Kapitel befaßt sich mit den dazugehörigen Antennen.

Dieses Buch vermittelt umfangreiche Informationen zum Thema UKW-Sprechfunk und gibt viele nützliche Tips für alle, die sich für dieses reizvolle Thema interessieren.

112 Seiten, viele Abbildungen, Preis: DM 19,80.

Langwellen- und Längstwellenfunk

Entdecken Sie das faszinierende Spektrum dieses bislang weitgehend unbekannten Frequenzbereiches! Stichworte: Militär auf Längstwelle (U-Boot-Kommunikation) – Navigationsfunk OMEGA, ALPHA, LORAN-C, DECCA – Funkfeuer (Radiobaken) – Rundfunk auf LW – Seefunk u. NAVTEX – Wetterdienste (inkl. DWD-FAX) – Presseagenturen (dpa, VWD, sid, etc.). Empfangspraxis: Empfänger, Konverter, Antennen, tatsächliche Empfangsmöglichkeiten. Komplette Frequenzliste.

128 Seiten, viele Abbildungen, Neuerscheinung 1991. Preis: DM 19,80.

UKW-Sprechfunk-Handbuch

VHF/UHF-Frequenzliste
30 MHz – 400 GHz

Alle interessanten Informationen und Frequenz/Kanal-Tabellen über die Sprechfunkdienste: Betriebsfunk, Autotelefon, Behörden und Sicherheitsdienste (BOS), Seefunk, Rheinfunk, Flugfunk, Zugfunk, Amateurfunk u.a.

160 Seiten mit vielen Tabellen, 4. Auflage 1991, Preis: DM 19,80.

Die SINPO-Cassette

Empfangsbeurteilung akustisch erklärt!

Anhand von vielen akustischen Beispielen wird leichtverständlich und nachvollziehbar erklärt, welche Bedeutung der SINPO-Code hat und wie man ihn richtig anwendet. Toncassette 60 Minuten. Preis: DM 14,80.

Tropenband-Handbuch

Dieses Buch führt Sie sicher durch den Dschungel der tropischen Radiowellen! Zahlreiche faszinierende und exotische Stationen warten auf Ihre Entdeckung! Mit vielen Erläuterungen zu den Besonderheiten des Tropenbandempfangs und Tips für die Empfangspraxis.
192 Seiten, viele Abbildungen,
1. Auflage 1989, Preis: DM 24,80.

CQ, QRX & Co.

Abkürzungen und Codes im Funkverkehr

Alle Abkürzungen, die im täglichen Funkgeschehen, in Unterlagen, Zeitschriften und Büchern auftauchen, werden in diesem Buch erklärt. Inklusive der kompletten Q- und Z-Codes.
176 Seiten, Preis: 14,60.

Vordrucke für Empfangsberichte

Wer eine QSL-Karte (Empfangsbestätigung) von einer Rundfunkstation haben möchte, muß einen Empfangsbericht nach bestimmten Regeln schreiben. Die Vordrucke für Empfangsberichte erleichtern dies ganz erheblich. Ein Muster dieser Formulare finden Sie im Kapitel über Empfangsberichte. Nutzen Sie diese praktischen und zeitsparenden Formulare im Format DIN A5, die Raum für alle notwendigen Einzelheiten eines Empfangsberichtes bieten. 100-Stück-Packung. DM 8,50.

DX-Vokabular

Musterbriefe, Textbausteine und Wortlisten für Empfangsberichte

in Englisch, Französisch, Spanisch, Portugiesisch u.a. Mit Hilfe dieser Broschüre ist es jedem DXer problemlos möglich, Empfangsberichte und Briefe in allen wichtigen Sprachen zu verfassen – eine notwendige Voraussetzung, um die begehrten Empfangsbestätigungen von vielen kleinen Sendern zu bekommen.

72 Seiten, Preis: DM 9,80.

Ionosphäre und Wellenausbreitung

Zusammenhänge zwischen Sonne, Ionosphäre und weltweitem Funkempfang – Vorhersage von Ausbreitungsbedingungen – Funkprognosen

Ein wertvolles Buch für alle KW-Hörer, die wissen wollen, warum weltweiter Funkempfang überhaupt möglich ist und wie man Empfangschancen erkennen und ausnutzen kann.

128 Seiten mit vielen Zeichnungen und Graphiken, 1. Auflage 1990. Preis: DM 17,80.

Logbuch für KW-Hörer

Ein Logbuch als Arbeits- und Dokumentationsunterlage ist unerläßlich, wenn man das Kurzwellenhören als Hobby erfolgreich betreiben möchte. Alle wichtigen Empfangsdaten der gehörten Sender können während des Empfangs in das Logbuch eingetragen werden. Angaben über Datum, Zeit, Sender, Frequenz und SINPO-Bewertung sind obligatorisch. Daneben steht viel Raum für Programmeinzelheiten, Bemerkungen und andere Angaben nach eigenen Wünschen zur Verfügung.
64 Seiten DIN A5, Preis: DM 6,80.

Flugfunk

Der moderne Luftverkehr wäre ohne die Funktechnik undenkbar. Dieses völlig neubearbeitete Buch gibt einen kompletten Überblick über die vielfältigen Seiten des Flugfunks:

Regionaler Flugfunk auf UKW: Einführung, Geräte, Funkbetrieb, Praxisbeispiele, Frequenzliste (VHF/UHF), Flughäfen und Kontrollzentren.

Weltweiter Flugfunk auf KW: Einführung, Technik, Funkbetrieb. Frequenzliste: Flugfunk auf KW, Stationsliste, Betriebsfrequenzen der Fluggesellschaften, Wetterfunk (VOLMET).
Fester Flugfunkdienst auf KW: Entschlüsselung von Flugfunkmeldungen.

Navigationsfunkdienste: Funkfeuer (NDB) u.a. Navigationsverfahren.

Ergänzt wird das Buch durch umfangreiche Abkürzungs- und ICAO-Code-Verzeichnisse. Ein überaus informatives, leichtverständliches und anschauliches Buch zu einem faszinierenden Funk-Thema!

176 Seiten mit vielen Fotografien und Abbildungen. 2., völlig neubearbeitete und erweiterte Auflage 1990. Preis: DM 26,80.

Bestellung: Postkarte genügt! Wir liefern innerhalb weniger Tage mit Rechnung. Auch ins Ausland.
Den aktuellen **Funk-Buch-Katalog** erhalten Sie auf Anfrage kostenlos.
Bitte richten Sie Ihre Anfragen und Bestellungen an folgende Adresse:

Siebel Verlag – Leserservice

D-5309 Meckenheim, Auf dem Steinbüchel 6,
Telefon (0 22 25) 30 32, Telefax (0 22 25) 33 78